Environmental Engineering

Fourth Edition

环境工程学

（原著第四版）

U0221647

（美） 露丝·F. 韦纳　　罗宾·A. 马修斯　　编著　　张杭君　译
Ruth F. Weiner　　Robin A. Matthews

化学工业出版社

·北京·

内容简介

《环境工程学》由世界环境工程领域的两位专家 Ruth F. Weiner 和 Robin A. Matthews 编著，对环境工程领域的研究人员和工程师都有很高的学习和借鉴意义。作为一本入门级的环境工程教材，本书包含了环境工程的基本主题和原理，结合当代的实例，系统全面地介绍了水资源、空气质量、固体和危险废物（包含放射性废物）、噪声的污染监测和控制处理，还包含了关于环境影响评价和风险分析的章节。

《环境工程学》可作为高等院校环境工程专业具备基本物理、化学和生物知识，了解流体力学相关知识的本科生和研究生的教材使用，也可作为环境科学、环境管理、环境评价、环境监测等专业和行业有关的学生、技术和管理人员的培训教材和实践指导用书，还可供政府环保机构管理人员参考阅读。

注意

本书涉及领域的知识和实践标准在不断变化。 新的研究和经验拓展我们的理解，因此须对研究方法、专业实践作出调整。 从业者和研究人员必须始终依靠自身经验和知识来评估和使用本书中提到的所有信息、方法或本书中描述的实验。 在使用这些信息或方法时，他们应注意自身和他人的安全，包括注意他们负有专业责任的当事人的安全。 在法律允许的最大范围内，爱思唯尔、译文的原文作者、原文编辑及原文内容提供者均不对因产品责任、疏忽或其他人身或财产伤害及/或损失承担责任，亦不对由于使用或操作文中提到的方法、产品、说明或思想而导致的人身或财产伤害及/或损失承担责任。

北京市版权局著作权合同登记号：01-2015-241

图书在版编目（CIP）数据

环境工程学 /（美）露丝·F. 韦纳（Ruth F. Weiner），（美）罗宾·A. 马修斯（Robin A. Matthews）编著；张杭君译 . —北京：化学工业出版社，2024. 3
书名原文：Environmental Engineering
ISBN 978-7-122-42205-7

Ⅰ.①环… Ⅱ.①露… ②罗… ③张… Ⅲ.①环境工程学 Ⅳ.①X5

中国国家版本馆 CIP 数据核字（2024）第 030546 号

责任编辑：满悦芝　郭宇婧　　　　　装帧设计：张　辉
责任校对：李雨晴

出版发行：化学工业出版社
　　　　　（北京市东城区青年湖南街 13 号　邮政编码 100011）
印　　刷：三河市航远印刷有限公司
装　　订：三河市宇新装订厂
787mm×1092mm　1/16　印张 22　字数 540 千字
2024 年 6 月北京第 1 版第 1 次印刷

购书咨询：010-64518888　　　　　售后服务：010-64518899
网　　址：http://www.cip.com.cn
凡购买本书，如有缺损质量问题，本社销售中心负责调换。

定　　价：99.80 元　　　　　　　　版权所有　违者必究

献给 Hubert Joy（休伯特·乔伊），Geoffrey Matthews（杰弗里·马修斯）和 Natalie Weiner（纳塔利·韦纳）

译者的话

本书由美国密西根大学的 Ruth F. Weiner 教授和西华盛顿大学的 Robin A. Matthews 教授共同撰写。他们学识渊博，以最常见的环境污染类型为主线，以造成污染的基本原理为起点，详细介绍了环境工程专业技术，并且对于相关的内容包括环境风险评价、检测方法和法律法规等都进行了说明，这样更有利于读者理解和掌握环境工程技术。

本书作为国外环境工程专业的经典教科书，特点鲜明。全书一共有 22 章，内容非常全面，这种全面不是体现在包罗万象，而是对每一类环境工程技术问题都进行全面讲解，比如对于固体废物处理，专门设计了固体废物基本理论、固体废物处置、固体废物资源化、污泥处理处置、危险固废处理、相关法律法规等多个专题章节。本书理论研究与实践研究相结合，既有根据环境要素分类的环境污染理论探讨，又根据污染类型针对性提出相关控制技术，相互结合，进行重点剖析，对于掌握环境污染控制工程技术具有很好的指导意义。本书尤其适合环境工程专业的本科生、硕士研究生和博士研究生以及相关行业技术人员阅读。

本书在翻译过程中也得到了许多朋友的帮助，在此特别向他们表示衷心的感谢。限于个人学养，在翻译本书过程中难免有许多不完善之处，请读者不吝指正。

张杭君

2024 年 3 月 10 日

第四版前言

环境工程中的一切似乎都很重要。对环境工程实践来说，社会科学、人文科学以及自然科学都和经典的工程技能一样重要。许多环境工程师发现，这种技能和学科的结合，以及其固有的广度，同时具有挑战性和回报性。然而在大学里，掌握这些学科知识往往需要环境工程专业的学生在学习中跨越学科和系的边界。确定一本入门级环境工程教材的内容是非常关键和困难的，并且这种困难随着这本教材第一次出版后环境工程学科的发展被进一步提高了。

本教材根据对所有环境工程师都非常重要的领域组织内容，包括：水资源、空气质量、固体和危险废物（包含放射性废物）以及噪声。本书还包含有关环境影响评价和风险分析的章节。由于环境工程专业快速发展，因此本书内容的时效性仅以出版时间为准。这本书已经包含了环境工程基本的主题和原理，并且采用当代的例子进行了阐述。这本书还尽可能地涉及新的环境问题，例如全球气候变化和线性无阈理论的争论。

本书面向具备基本物理、化学和生物知识以及已经了解过流体力学的工科学生，可以很容易地在一学期内完成相关课程的讲授。

我们感谢原《环境工程学》教材的作者伯克利大学的 P. A. Vesinid 教授和杜克大学的 J. J. Peirce 教授。没有他们的工作和以前的书籍，本版《环境工程学》将永远不会实现。

Ruth F. Weiner（露丝·F. 韦纳）
Robin A. Matthews（罗宾·A. 马修斯）

目　录

第1章
环境工程

环境工程是一个相对较新的专业，但又有着悠久而光荣的历史。随着工程与公共卫生学院的学术计划不断扩大专业范围，需要更加精确的专业名称来描述它们的课程和毕业生所得的学位名称，"环境工程"这个专业术语从 20 世纪 60 年代开始使用。该专业的根源可追溯到有文字记录的历史时期，这些根源涉及几大学科，包括土木工程、公共卫生、生态学、化学和气象学。环境工程专业从每个基础学科出发挖掘知识、技能和专业性理论。从道德伦理上来说，环境工程提高了人们对美好事物的关注度。

1.1 土木工程

贯穿于整个农耕时期以及农业技术改善的西方文明中，农业技术发展创造了一个合作的社会结构，并催生了社会的发展，用它对自然环境超大的影响力，改变了地貌。随着耕作效率的提高，劳动力分工变为可能，进而社会开始建立了公共和个人的机构，这些机构针对某一公共问题设计解决方案。由于保护这些机构和土地非常重要，随后的一些机构纯粹就是为了这个保护目的而出现的。在某些历史时期，战争装备的建造者以工程师的身份为人们熟知，而且直到 18 世纪"工程师"这个术语仍然意味着与军事相关联。

1782 年，英国道路、建筑物、运河的建造者 John Smeaton 先生，意识到他的专业倾向是专注于建造公共设施，而不是纯粹的军工业，他应该被称为土木工程师。这一说法得到了从事公共设施建设的工程师的广泛认可（Kirby 等 1956）。

美国第一个公立大学的工程课程于 1802 年在美国西点军校军事学院开设。第一个学院外的工程课程于 1821 年在美国的诺维奇大学开办。Renssalaer 理工学院在 1835 年颁发了第一个真正意义上的土木工程学位。1852 年，美国土木工程师协会成立（Wisely 1974）。

供水和废水排放的管道是土木工程师设计的用来控制环境污染和保护公共卫生安全的公共设施之一。水资源的合理利用是城市文明的关键因素。例如，古罗马通过 9 条不同的灌水渠来供水，其长达 80 km，并且管子直径达 2～15 m。这些沟渠是用来运输泉水的，即使是罗马人都知道这泉水比台伯河河水好喝多了。

随着城市的发展，人们对水的需求急剧增加。在 18—19 世纪期间，欧洲贫困人群生活在极其糟糕的条件下，水源严重污染，有些水价格昂贵，甚至有些地方根本就没有水源。在伦敦，9 家不同的私人公司控制着水源并将水销售给公众。那些买不起水的人，常常去乞讨水或者偷水喝。在流行病暴发之际，社会陷入贫困，人们只好从耕地的犁沟取水。干旱引起水供应缩减，由此形成大量的断水人群在等待着供水泵输送水（Rigeway 1970）。

在新世纪里，首个公共供水系统是由木质管（用金属环套裹以防水管裂开）做成的。第一根这样的水管在 1652 年投入使用。在 1776 年，温斯顿-塞勒姆第一次在全市供水系统中使用该种水管。美国第一个水厂建立在宾夕法尼亚州的摩拉维亚人定居地，其采用一个由 Monocacy 溪水给木泵提供动力的木制水轮，使得木泵把水提升到那些按照重力势分布的木质储层中（美国公共工程协会 1976）。巴豆渡槽是最早的主要供水工程之一，该项目于 1835 年开始动工，6 年后完工。这个奇迹般的工程，给严重缺少地下水的曼哈顿岛带来了干净的水源（Lankton 1977）。

尽管城市供水系统为城市提供了足够多的水，但是水质却令人担忧。一个观察家说过，对于那些供应的水，穷人用来熬汤，中产阶级用来染布料，富人则用来浇灌草坪。

最早认识到不干净的水对人体的影响可追溯到约公元前 2000 年，这个可以从 *Susruta Samhitta* 这本推荐喝煮沸开水的寓言集和有关健康的观察记录中找到证据。19 世纪中期，过滤水变得流行起来。1804 年，首个供水过滤器在苏格兰欧芹成功运行，当然其发展也伴随着许多不太成功的滤水尝试（Baker 1949）。最著名的失败事件是新奥尔良的密西西比河水过滤系统。密西西比河水非常浑浊，以至于滤网很快被堵塞了，使得系统不能完全正常工作。直到投放硫酸铝（明矾）作为过滤系统的预处理手段，这个问题才得以缓解。早在 1757 年，就有人提出了用明矾可以净化水质的想法，但是当时没有确凿的证据，直到 1885 年，这一方法才得以应用。1902 年的比利时和 1908 年的美国新泽西州的泽西市开始用氯消毒水源。在 1900—1920 年之间，因传染病而死亡的人数急剧下降，部分原因就是供水水源变得更干净了。

在早期城市中，出于自身对废物的厌恶感和由废物引起健康问题的考虑，人们只是对废物进行简单的处理。通常，处理废物的方法无非是将人们自身的排泄物倒到窗外（图 1-1）。大约 1550 年，国王亨利二世曾多次尝试，让议会通过在巴黎修建下水道的提议，然而，国王和议会都不愿意自己投钱修建下水道。直到 19 世纪的拿破仑三世时期，巴黎最著名的下水道才得以建成（De Camp 1963）。

雨水排放是让人头疼的问题。事实上，许多城市把废物扔进沟渠和雨水管道视为是非法的。随着供水系统的发展❶，雨水管道被用来排放生活污水和雨水。到了 20 世纪 80 年代，在一些主要的大城市里，还存在有组合下水道。

大约在 18 世纪初期，美国波士顿建造了第一个城市排水系统，该系统的修建遇到了极大的阻力。大多数美国城市有了化粪池和地窖，即使有些是在 19 世纪后期才有的。最经济可行的废水处理方式是定期用泵输送污水并用马车将废物运到城外。许多工程师认为尽管生活污水排水沟很费钱，但是，从废水处理的长期运营来看，这种方法是最经济的。这个论点得到普遍认可，在 1890 年到 1900 年十年间，排水构筑物得到蓬勃发展。

19 世纪 80 年代，美国的孟菲斯市建立了第一个独立的排水系统。只是这个孟菲斯系统是完全失败的。它使用很小的管子，必须要定期更换。没有设计人工检修口和清洗口是该系统的主要问题。随后，该系统移除了小水管，换上了大管子，并且开凿了人工检修口，最终该系统成功重新启动了（美国公共工程协会 1976）。

最初，所有排水渠的废水未加处理就全部引入最近的水源地。结果，许多湖和河道的水质污染很严重，正如 1885 年波士顿卫生局报道指出的那样："有更多的地方，常常处于一种恶臭气味萦绕的环境中，气味臭得让人昏睡，使得虚弱的人们感到恐惧，使每个人感到恶心和愤怒。"

---

❶ 1844 年，为了减少废水排放量，波士顿市通过了一个条例：没有医生的允许不准洗澡。

图 1-1　古老的木刻中向窗外倾倒人类排泄物

（来源：W. Reyburn, *Flushed with Pride*. McDonald, London, 1969.）

　　起初的污水处理仅仅是使用网筛来去除废水中大的漂浮物，以免堵住污水管道。网筛需要手动清洗并且废物要填埋或者焚烧。1915 年，第一个自动网筛在萨克拉门托市启用，同时，第一个自动研磨粉碎网筛在达勒姆启用。在世纪之交，第一个完整的污水处理系统投入运行，而将污水喷洒到土地上进行处理的技术成为污水处理的流行方法。

　　土木工程师有责任针对污水处理问题提出建设性的改进方案。然而，直到 20 世纪中期，人们才开始关注环境污染控制和管理。20 世纪 50 年代，在美国，初始污水还是直接排到地表水中，甚至是公园里的小溪中，所以，许多城市因乱排未处理的废水而受到严重污染。1957 年，第一个综合性的联邦水污染控制法案由美国国会颁布，1972 年的《清洁水法案》出台后，要求废水须经过二级污水处理才可排放。人们对水质净化的关注来自公共卫生专业和生态学研究。

1.2　公共卫生

　　中世纪，在工业革命时期，城市居民的生活苦难、悲伤，而且往往很短暂。1842 年，在济贫委员会调查英国劳动人口的卫生条件报告中，描述了这样一种卫生条件：许多穷人的居住地被安排在狭窄的不连通主干道口的庭院周围，或者仅仅是个狭窄的过道。在那些场所里，居住者中的一些人聚成一片。在庭院中，也有这样的情况，居住者分别聚团，中间放着用来倾倒水（污水）的大容器。另外还有些情况是，在庭院中间挖一个大坑，供所有的居住者用来排泄各种废液。一些庭院和门上沾满了污垢。

事实上，在城市化地区，大河流就是一个开放的排放渠。泰晤士河多年来遭受严重的污染。传说维多利亚女王参观剑桥大学三一学院时，问硕士生："那些漂向河流下游的一张张纸片是什么？"对于这个问题，硕士生镇定自若地回答："夫人，那是在提示我们，河里不能洗澡了"（Raverat 1969）。

19 世纪中期，公共卫生措施是不到位的，常常达不到预期的目标。致病微生物理论还没有广泛普及，流行病时不时地席卷世界上的主要城市。但是，人们凭借直觉或者经验采取的公共卫生措施，还是起到了积极的作用。在流行病期间消除尸体，及时清洁，毫无疑问改善了公共卫生状况。

19 世纪 50 年代，由公共卫生倡导者例如英国的 Edwin Chadwick，以及奥地利的 Ludwig Semmelweiss 引领的"大卫生觉醒"运动为世人熟知，他们推崇正确和高效的公共卫生措施。由约翰·斯诺在 1849 年霍乱横行时期提出的经典流行病学说成了研究公共卫生基础性问题的重要内容。斯诺借助地区地图，明确接触过传染病居民的区域，能够确定流行病的源头是牛津宽街上的公共水泵。移除牛津宽街供水泵的手柄，从而消除霍乱病原体传播途径，流行病就平息了❶。水源性传播疾病已经成为公共卫生的主要关注点之一。通过提供安全甘甜的饮用水来控制疾病传播途径，已成为公共卫生专业取得的令人瞩目的成就之一。

如今，人们对于公共卫生的关注不仅仅包括水质，还包括文明生活的方方面面，例如：食物、空气、有毒物质、噪声以及环境中其他的不良因素。环境工程师的工作越来越困难，这是因为人们越来越将许多疾病，包括心理压力，归咎于环境来源，而不论二者之间是否有因果联系。环境工程师承担着重大的任务，即需要阐明原因与结果间的联系，这可能需要花上几年甚至十几年的时间来调查人类健康和环境本身与环境污染的关联情况。

1.3   生态学

生态学定义生态系统为一个相互依赖的生物群落，并且它们通过物理的、化学的方式与环境交互影响。物种群落在生态系统中不是独立地变化，而是在一个相对稳态的情况下上下波动，即所谓的自我调节或负反馈（平衡）。稳态平衡是动态的，但是受物理、化学和生物环境（平衡）的变化调节影响的正反馈机制约束着种群的数量。

自我平衡机制可以通过两个种群之间的简单交互影响来说明，如图 1-2 野兔和猞猁种群数量的变化。当野兔的种群数量比较多，猞猁的食物供应充足、繁殖能力较强时，猞猁处于增加状态，直到其数量超过野兔的数量。由于没有足够的食物，猞猁种群数量随后减小，与此同时，由于天敌数量的减少，野兔的数量增加。这种增长反过来为猞猁提供更多的食物，并且不断循环重复。每个群体的数量在不断变化，使得系统处于动态平衡。一段时间后，这种自我反馈调节的存在使得该系统处于稳定状态，称之为动态平衡。在现实中，很少有种群在长时间的情况下保持稳定状态。相反，种群在环境中沿着正反馈轨迹，发生物理、化学和生物方面的变化，最终将形成一个新的且暂时的动态变化。一些变化是自然形成的（例如火

---

❶ 有趣的是，直到 1884 年，Robert Koch 才证实 *Vibrio comma* 是霍乱的病原体。

山爆发的灰或熔化的岩石覆盖了猞猁和野兔栖息地），也有许多是人为的（例如破坏或改变栖息地、引入天敌、诱捕或猎杀）。

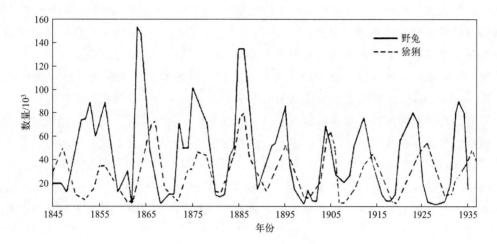

图 1-2　野兔和猞猁的动态平衡

（来源：D. A. MacLurich，"Fluctuations in the Numbers of Varying Hare，" University of Toronto Studies，Biological Sciences No. 43，Reproduced in S. Odum，*Fundamentals of Ecology*，3rd ed.，W. B. Saunders，Philadelphia，1971. ）

生态系统中的相互作用也可以包括两个以上的物种。例如，海獭、海胆和海带在相互作用下处于稳态。沿着太平洋沿岸的海带森林由 60 m（200 ft）固定在海底的飘带组成。海带具有经济价值，它是食品、涂料、化妆品和褐藻胶的重要原料。海带在 20 世纪初开始神秘地消失，留下一片荒芜的洋底。当人们认识到海胆食海带、损伤海带的茎，并促使它们分离和漂走时，海带数量锐减的问题得到了解决。原因是天敌海獭大幅减少，海胆数量增加。解决方案是保护海獭，并增加它的数量，从而减少海胆数量，维护海带森林。

一些生态系统非常脆弱，容易被破坏，而且恢复缓慢；有些难以被改变，甚至能够承受严重扰动；还有一些非常有弹性，如果有好的时机，便能够从扰动中恢复。工程师必须意识到对生态系统的威胁可能会明显不同于对公众健康的威胁。例如，酸雨对一些湖泊生态系统和农产品造成了相当大的威胁，但几乎没有直接危害人类健康。一个相反的例子是，致癌物质分散在大气环境中，可以进入人的食物链，被人体吸入，给人类健康带来威胁，但它们可能不会对分散、传播它们的生态系统构成威胁。工程师们必须明白这样的基本原则，即对于脆弱的生态系统，应减少对其的不利影响，并在设计时秉承这些原则。例如，由于深海是所有生态系统中最脆弱的，在利用海洋处理废物时，必须考虑其脆弱性。工程师工作时，必须权衡对人体健康潜在的损害和对生态系统的破坏程度，这将更加困难。在工程决策中纳入生态原则是环境工程专业的主要组成部分。

1.4　道德标准

历史上，在一般的工程类专业和特殊的环境工程领域中，工程师都没有考虑这些问题解决方案的道德标准。因为他们所要做的就仅仅是满足客户或雇主的要求，而在某个决策中起到框架作用的道德似乎是不相关的工程。

　　然而，今天的工程师不得不关注伦理问题。科学家和工程师利用客观的技术工具来观察世界，但是他们也经常面对那些技术工具回答不了的问题。在一些情况下，所有的备选解决方案中都包含有不道德的元素，比如从事污染控制，或者对自然环境有冲击的任何活动的工程师都与环境道德相联系。❶ 环境伦理关注的是人面对其他生物和面对自然环境的姿态，以及它们对彼此的态度。寻找环境伦理引出了人们对环境的态度的起源问题。

　　值得一提的是，传统的农业实践比人类的其他任何活动更多地改变了地球的面貌；然而，Phaestos Disk——象征着最早使用象形文字的米诺斯人——试图提升那些在北非把从狩猎群居转到传统农耕的冒险家的英雄地位。土地资源私有制的传统，紧密地伴随着定居式农耕的发展，另外，在传统的计划经济中，某些以土地和资源作为主要载体的国家政策的实施加剧了这些资源的开发。从那些皇室或贵族富人拥有所有土地的欧洲国家移民到新世界的较早欧洲移居者认为拥有和开发土地是他们的权利。西伯利亚和苏联的东部地区（现为俄罗斯）发生了类似的情况：曾经属于私人拥有的土地，现在属于国家。事实上，在美国和俄罗斯，自然资源似乎如此丰富以至于超级丰富神话得到发展，包括石油在内的所有自然资源消耗殆尽的可能性被认为是极小的（尤德尔　1968）。这些观点和传统观念是相反的，即土地和自然资源是公共的，而人们只是作为这些资源的管理者。

　　游牧民族和采集狩猎的人比定居农业文明的人缺少管理训练。在后工业革命时期，工业化程度较低的国家对环境的破坏程度确实比工业化较高的国家要小，这是因为他们无法迅速有效地提取资源。美国西南部的纳瓦霍牧民过度放牧，随之而来的是与欧洲南部的巴斯克牧民同样程度的水土侵蚀和流失。公共的土地所有权并不能保证生态保护。

　　无论是原始宗教还是农业实践早期改善行动（例如梯田、让休耕地），都可以保护资源，特别是农业资源。在19世纪，伴随着工业革命不断发生的环境毁坏，公众信任和管理的争论不断增加。亨利·大卫·梭罗、拉尔夫·华尔多·爱默生，以及后来的约翰·缪尔、吉福德·平肖和西奥多·罗斯福总统都促成了公民环保意识的增长。其中第一个环境伦理的声明是由阿尔多·利奥波德执笔（1949）。从那时起，许多人对道德和环境价值问题的综合性和实用性的发展进行了深思熟虑和理性的论证。

　　自从1970年第一个地球日开始，环境和生态意识已融入公众的思想，现在环境和生态意识在工艺流程设计中已成为一个组成部分。1970年《国家环境政策法》（NEPA）的通过，使得环保意识已经基本上成为了美国公共话题永久的组成部分。在现在的美国，每个新闻杂志、每日报纸和电视台都会定期发布环境报告。国家、各个州和地方候选人的演讲都涉及环境问题。由于《国家环境政策法》的通过，所有联邦公共工程项目均在对其环境影响进行全面的评估和探索替代方案后进行施工（在后面的章节中讨论）。许多州和地方政府都采纳了这样的要求，所以，几乎所有的公共工程项目都包括这样的评估。工程师们分为项目工程师和评估工程师两类。随着国家环境伦理的发展，工程师要回答的问题的难度和复杂程度增加了。

　　日益增加的全国范围的由于缺乏科学认识导致的环境伦理问题是公众对类似于重大漏油、有毒或放射性物质释放等"生态灾害"之类的报道进行公开回应的根源。这样一来，这

---

❶ 例如，可参见《环境伦理》，佐治亚州雅典市的佐治亚大学出版的季刊。

种公众响应包括一定量的徒劳的绝望、偶尔的歇斯底里以及对特殊的灾难事件进行指责。环境工程师通常在这种情况下设计解决方案，并防止今后类似灾害的发生，并且能够作出建设性的反应。

在 1979 年三哩岛核电厂的事故、1984 年异氰酸甲酯在印度博帕尔化工厂的扩散、1986 年切尔诺贝利核电厂灾难性的核爆炸之后，由有毒或污染物质所构成的人类和生态系统的威胁总体显著增强。1982 年，美国环境保护署（EPA）开始开发针对致癌物质的一种"基于风险"标准的系统。基于风险标准的基本原则的原理是在校准的基础上，认为致癌作用没有临界值。美国核管理委员会也正在考虑基于风险的标准。由于公众风险意识的增加，一些市民似乎不愿意接受与他们直接接触的环境中有不受控制的风险。涉嫌生产有毒、有害或有污染的废弃物的设施越来越难找到建设场所，如市政垃圾填埋场、放射性废物的场地、污水处理厂或垃圾焚烧厂。从审美上看不适合发展的，甚至监狱、精神病院或军事设施这些缺乏社会赞许而不是环境合意性的设施也难以找到建设场所。波普尔（1985）将这种不受欢迎的设施称为是不受当地欢迎的土地用途（LULUs）。

当地对 LULUs 的反对一般聚焦在基础设施的选址地点，特别是反对者住所附近的地点，这通常被称为"只要别发生在我家后院"（也称"邻避"）。当地的反对者往往就被称为 NIMBY，即这一短语的首字母缩写。邻避现象也被用于政治利益，从而导致荒谬的环境管理决定。环保工程师需要谨慎地鉴定出对环境退化真正关心和几乎是自动"邻避"反应之间的最佳界线。他们意识到，几乎所有的人类活动都将导致一定环境改变和风险，而且零风险的环境是不可能实现的，而这一点很多人都没意识到。各阶层人群的风险和收益之间的平衡，往往涉及环境伦理问题。

从道理上说，针对某处不受欢迎的污水处理设施，与其因为它接近生态学意义上或者政治意义上的敏感区域，从而反对其建在某一特殊的位置，还不如想办法努力缓解该设施不受欢迎的特征。另外，将这样的设施建在反对较少的地方（或许是因为雇佣需要）而不是危害最小的地方是否有悖道德？美国污染控制立法的制定已经有一种"邻避"反应副产品产生：排放有害或有毒污染物的美资工厂，如石油脱硫和铜冶炼工厂，建在很少或没有污染防治立法的国家。这种"污染出口"的道德值得进一步研究。

1.5　环境工程学作为一个专业

高校的任务是让学生智力得到发展，并为职业生涯做好准备。该职业也是当作副业的理想之选。这应该是一个愉快的工作，即使经历许多挫折，我们仍充满热情。对于环境工程师而言，设计能提供清洁的饮用水的污水处理设施，可以服务社会，并能获得自我满足。环境工程师正受聘于美国几乎所有的重工业和公用事业公司、EPA 和其他联邦机构以及这些机构咨询的公司，从事公共工程建设和管理的所有领域。此外，每一个州和大部分地方政府机构中处理空气质量、水质和水资源管理、土壤质量、森林和自然资源管理、农业管理问题的部门均雇用了环境工程师。污染控制工程已成为一个极其美好的职业发展方向。

环境工程有光荣的历史和光明的未来。它是一种具有挑战性，令人愉快、使个人得到满足并有金钱奖励的职业。环境工程师致力于高标准的人际关系和环境伦理。他们认识到所有人，包括他们本身也是问题的一部分，同时试图成为解决方案的一部分。

1.6 本书脉络

第 2 章评估环境影响，简要介绍了评估工程对环境的影响所需要的工具，引入了风险的概念以及环境伦理的概念。第 3 章论述了风险分析的一些细节。后面的章节分为四个部分：

① 水资源、水质和水体污染检测与控制。

② 空气质量和空气污染检测与控制。

③ 固体废物：城市固体废物、化学危险废物和放射性废物。

④ 噪声。

这些章节包含了有关污染控制法律法规的部分内容。所有的章节都设有读者单独或在教室里共同探讨的思考题。

第 2 章
环境影响评估

环境工程要求任何项目都应考虑工程结构对自然环境的影响和两者之间的相互作用。在 1970 年，这一原则被纳入美国联邦法律。《国家环境政策法》（NEPA）要求，不论何时，只要联邦工程对环境有影响，都需要评估环境影响，并考虑替代方案。许多州都面向州或州授权的行动制定了类似法律。自 1990 年起，政府陆续起草了一些"纲领性"环境影响报告书。

联邦项目的环境影响评估分几个阶段进行：环境评估、无显著影响的调查结果（如果环境影响适当）、环境影响报告书（如果未发布 FONSI）和环境评估之后做出的决议记录（ROD）。本章我们将考虑环境评价方法，并介绍环境工程的经济和伦理问题。

工程师根据公共决策理论按一定顺序解决问题较为合理：①问题定义；②生成替代方案；③评估替代方案；④实施选定的解决方案；⑤检查和适当修改实施方案。这循序渐进的方法本质上就是由联邦政府和州政府定义的 NEPA 过程。本章简要介绍了环境影响分析。具体的分析工具及具体的影响和缓解措施在本书的其他章节进行详细讨论。总的来说，影响评估可使读者对环境工程问题有综合的了解。

2.1　环境影响

1970 年 1 月 1 日，理查德·尼克松总统签署 NEPA 成为法律，通过制定一项国家政策来鼓励人与环境之间的"高效且愉快的和谐"。该法建立了环境质量委员会（CEQ），监控所有联邦活动的环境影响，协助主席评估环境问题，并确定解决这些问题的方案。然而，在 1970 年，很少有人意识到 NEPA 包含一个"深层含义"，即第 102 条第 2 点 C 项，要求联邦机构用公众力量来评估建议采取的行动对环境的影响：

国会尽最大努力授权和指导（1）美国的政策、法规、公众法律应依据本章所列的政策解释和管理；（2）联邦政府的所有机关在任何严重影响人类环境质量的立法提案及其联邦政府决定的所有建议和报告中，须包括由主管官员提交的详细报告书。报告书针对的问题如下。

① 建议采取的行动对环境的影响。

② 如果任何不利的环境影响无法避免，项目是否应实施？

③ 建议采取的行动的替代方案。

④ 当地人居环境短期使用和长期生产力的维持与提高之间的关系。

⑤ 如果包含在建议采取的行动中的资源存在不可逆和不可复原的承诺，项目是否应当实施？

换句话说，联邦政府资助或需要联邦许可的每个项目必须经过环境评估。这一评估的结果是颁发下列三类文件中的一个：

① 无显著影响的调查结果（FONSI）。这样突出的结果指对环境的潜在影响，与一份显著影响清单相比无明显可被识别的显著影响。

② 环境评估（EA）。指向以下两个结论之一的环境潜在影响详细评估：环境评估必须扩大到全面的环境影响报告书，或者从环境评估得到无显著影响结果的结论。

③ 环境影响报告书（EIS）。一份环境影响报告书必须详细评估建议采取的行动和替代方案中的潜在环境影响。另外，机构在继续进行工程或获得许可之前，必须对每份环境影响报告书进行详细而公开的检查。应当注意影响包括正面和负面影响，即"影响"并不意味着"不利影响"。

这些影响报告书是评估，不包含对有关项目的正面或负面价值的判断。环境影响报告书的公布顺序由法律规定。首先，相关的联邦机构发布环境影响报告书草案（DEIS），然后经过授权的公众听证会和意见纳入之后，联邦机构发布最终的环境影响报告书（FEIS）。包括关于该项目最终决策与选定的替代方案，以及所有价值评定的决议记录（ROD）也一并发布。

环境评估的目的不是为项目做解释也不是挑错误，而是要将环境因素纳入决策机制，并在有关项目作出决定之前让公众讨论。然而，这一目标在实践中很难实现。替代方案会经由政府内外不同的利益群体传播开来，或者项目工程师需要提出自己的替代方案。在这两种情况下，通常从一开始就有一个或两个似乎更可行和合理的计划，而这些计划有时通过欺骗的手段合法化，例如，轻微更改时间尺度的大小或执法模式标准，然后将其称为替代方案，从狭义范畴来看，它们是替代方案。但这一手段将造成"难以抉择"的现象（Bachrach and Baratz 1962），即感知问题和构思方案完全不同的方式被忽略，环境影响报告书的主要目的被回避。事实上，在过去的几年中，法院判决和各机构的指导有益于环境影响报告书的形成。

随着环境评估程序的完善，对项目的社会经济影响评估日益重要。除了直接的经济影响（就业岗位数、家庭总收入、地产价值等）、社会经济影响，还包括对考古和历史遗址、具有文化意义和文化习俗的景点的影响，以及对环境公正的影响（对少数民族人口的过度影响的评估）。随着影响评价进入"软"科学，伦理和社会价值重叠问题逐渐增多，工程师必须注意区分容易受到价值判断影响的定量测量和定性评估。在环境评价中，风险评价也日益重要。

本书的重点是"硬"科学和环境评估的风险评估。环境评估的社会经济影响通常是由社会科学和经济学领域的专家分析，因此不再详述。未来影响评估通常需要用概率风险分析而不是确定性分析。本章及第3章将对风险分析进行讨论。

环境评估必须全面、跨学科，并尽可能定量。环境评估的书写涉及四个不同的阶段：确定范围、编制目录、评估和评价。第一阶段确定评估的范围和程度。举例来说，如果项目涉及运送建筑材料到地点，评估范围可能包括也可能不包括运输造成的环境影响，但至少有一个与制定运输范围有关的公开听证会。

第二阶段是将包括社会经济影响地区在内的环境敏感地区和活动进行编目分类。第三阶段是评估所有替代方案的影响，包括累积影响和"未采取行动"的替代方案的影响。最后一个阶段是对这些结果的阐释，常与影响预估同时进行。

目前，所有联邦机构在评估其管辖的项目的同时，需要对扩展项目的环境影响进行评估。一个扩展项目或多元项目的影响评估通常称作一般环境影响报告书（GEIS），而对整个项目的影响评估则被称为纲领性环境影响报告书（PEIS）。例如，在 1980 年，美国能源部发布了关于商业产生的核燃料处置影响的 GEIS。1984 年，博纳维尔电力管理局就其提出的节能方案发布了 PEIS。

2.1.1　环境清单

评价项目替代方案的环境影响的第一步是列出所有可能受建议采取的行动影响的因素。现有条件已进行测量和说明，但尚未有人对变量重要性进行评估。包含的变量数量不限，种类繁多，如以下几种。

① 学科：水文学、地质学、气候学、人类学和考古学；

② 环境质量：陆地、地表和地下水质、空气、噪声和交通影响；

③ 植物和动物的生命；

④ 对周边社区的经济影响：就业岗位数、平均家庭收入等；

⑤ 项目实施期间人和自然环境可能发生的事故风险分析；

⑥ 其他相关的社会经济参数，如未来土地的利用、扩张，市区及远郊人口的缩减，非居民人口的影响和环境公正的考虑。

2.1.2　环境评估

计算建议采取的行动或建设项目对环境质量产生的预计影响的过程称为环境评估。需要选择有条理、可重复操作且合理的方法来评估拟建项目及能达到相同效果但对环境造成不同影响的替代方案的影响。许多半定量方法，如清单、交互矩阵、加权排名清单已开始使用。

清单中罗列了主要和次要的潜在环境影响。主要影响是指拟建项目直接导致的后果，如水生生物对大坝的影响。次要影响是指拟建项目造成的间接后果。例如，一个公路立交桥可能不直接影响野生动物，但间接造成服务站和快餐店这类设施的出现，从而改变土地利用模式。

一个公路项目清单可分为三个阶段：规划、建设和运行。在规划过程中，要考虑高速公路路线与土地并购和征用对环境的影响。建设阶段的清单将包括人口安置、噪声、水土流失、空气和水污染以及能源的使用。最后，在运行阶段将列出由噪声、径流水体污染、能源使用等造成的直接影响，以及由区域发展、住房、生活和经济发展所致的间接影响。

该清单方法列出了所有的相关因素，然后就可以对影响的大小和重要性进行评估，评估影响的重要性可以量化成任意标度，如：

0＝无影响；

1＝影响最小；

2＝轻度影响；

3＝中度影响；

4＝显著影响；

5＝严重冲击。

这些数字可以合并，这样就可以用定量方式预估给定替代方案对环境的影响的严重性。

清单方法中，大多数变量必须主观评价。此外，预测进一步的条件，如土地利用格局变化或生活方式改变，非常困难。即使有这些缺点，这种方法还是因具简单性而经常为工程师所用。尚有争议的项目影响评估不经常使用清单方法，因为数值排名仅代表着环境评估小组的主观判断。尽管无显著影响结果需要主观筛选显著性最低的数值，但清单方法仍然是得出无显著影响结果的一种便捷方法。

例 2.1   填埋场置于河漫滩，通过使用清单方法来评估影响。

先列出被影响的选项，然后定量判断影响的重要性和程度大小。表 2-1 中所列项目为通常考虑的影响的样本。重要性和程度大小相乘并加总。

表 2-1   填埋场置于河漫滩的影响清单列表

潜在影响	重要性×程度大小
地下水污染	$5 \times 5 = 25$
地表污染	$4 \times 3 = 12$
气味	$1 \times 1 = 1$
噪声	$1 \times 2 = 2$
就业岗位数	$-2 \times 3 = -6$
总和	**34**

然后将总和 34 与替代方案的总和进行比较。注意工作岗位数是一个积极的影响，不同于其他变量的负面影响，被任意分配一个负值，所以它的影响值是要从其他影响值中减去的。

在这个例子中为确定一个 FONSI，代表显著性较低的值可被任意分配给影响的重要性或者程度大小，或它们的乘积。因此，如果变量的重要性和程度大小的乘积的绝对值占总量的 10% 时被视为重要，则气味和噪声被视为不重要，在进一步考虑环境影响评估时不予考虑。此外，还有另一种选择，即如果变量的重要性与程度大小的乘积的绝对值大于 5，能获得相同的结论。

交互矩阵方法是环境的现存特征与情况和可能影响环境的具体建议采取的行动的二维列表。例 2.2 描述了这种方法。例如水的特征可细分为：

• 地表；

• 海洋；

• 地下；

• 数量；

• 温度；

• 地下水；

• 回流；

• 雪、冰和永久冻土。

类似的特征方法也要用于定义大气、土壤、社会经济条件等。列表中与这些特征相对的是可能的行动列表。在这一例子中，这样的行为被标注为资源开采，包含以下步骤：

• 爆破和钻井；

- 地表开采；
- 地下开采；
- 钻井；
- 疏浚；
- 支架；
- 商业渔猎。

与清单方法中一样，交互作用也依据影响的重要性和程度大小来测量。程度大小代表了环境特点与建议采取的行动之间的交互程度，且通常可以测量。另一方面，交互作用的重要性常常取决于工程师主观判断。

如果某交互作用存在，例如地下水和钻井之间有交互作用，那么对应的区块中应设置对角线，然后为交互作用赋值，其中 1 表示程度小或是重要性较小，而 5 代表程度大或重要性较大，对应区块中程度大小与重要性的值分别位于对角线上下方。依据大量的判断和个人主观意见适当填充区块，然后在另一行或列中计算总和，这样就得出了建议采取的行动或环境特征的数值等级。

例 2.2 褐煤是在阿巴拉契亚山脉露天开采的。构造一个基于水资源（环境特征）与资源开采（建议采取的行动）的交互矩阵。

表 2-2　褐煤开采影响的交互矩阵

环境特征	建议采取的行动							总计
	爆破＋钻井	地表挖掘	地下挖掘	钻井	疏浚	支架	商业捕鱼	
地表水	3 / 2	5 / 5						8 / 7
海水								
地下水		3 / 3						3 / 3
数量								
温度		1 / 2						1 / 2
回流								
雪、冰								
总计	3 / 2	9 / 10						12 / 12

在表 2-2 中，可以看到建议采取的行动会对地表水质产生重大影响，并且地表挖掘也会产生很大的影响。当矩阵应用于替代方案时可看出该方法的价值，可对矩阵中单个元素，还有行与列的总和进行比较。

例 2.2 只是一小部分，并不能完全说明交互矩阵方法的优势。大型项目有许多阶段和不同的影响，相对来说更容易挑选出它特别不利的方面与受到最大影响的环境特征。

寻找一个全面、系统、跨学科且定量评估环境影响的方法，造就了加权排名清单方法。这是为了用该清单法来确保覆盖环境的各个方面，同时为这些项目赋予同样单位的数值评分。

EA 或 EIS 通常分成以下部分。

2.1.2.1 引言

引言简要介绍了建议采取的行动、替代方案和使用的评估方法。它包括目的陈述，即为什么要进行评估。它通常包括最关键和重要的评估结果的摘要。引言常常可以作为 EA 或 EIS 的执行摘要。

2.1.2.2 建议采取的行动和替代方案的描述

这部分描述拟建项目和所有须考虑的替代方案，包括"不采取行动"的替代方案。最后是在拟建项目未能完成的情况下，对未来发展规划的描述。这部分不需要包括所有可能的替代方案，包含的内容取决于试行的项目。例如，对在内华达州尤卡山的高放射性核废料库的环境评估，不需要考虑不同废物仓库的地点。

2.1.2.3 描述受建议采取的行动影响的环境

这个描述最好以列表形式列出受拟建替代方案影响的环境参数，并将其组织成逻辑系统。列表如下：

- 生态
——种类和数量
——栖息地和群落
——生态系统
——湿地
- 美学
——陆地
——空气
——水
——生物群
——人造物
——历史对象或文化意义
- 环境污染和人类健康
——水
——大气
——土壤
——噪声
- 经济
——创造或者失去的工作岗位
——房产价格
——岗位种类

每个标题下可能有几个特定的小主题有待研究，例如，在美学中，"空气"列表中可能包含气味、声音以及视觉影响。

数值评分可能会应用于这些项目。首先是估计理想的或自然的环境质量水平（没有人为污染前），并计算预期值与理想的水平的比值。例如，如果在溪流中理想的溶解氧为 9 mg/L，建议采取的行动的效果是将其降至 3 mg/L，这一比值将是 0.33，这叫做环境质量指数

（EQI）。另一个选择会产生非线性的关系，如图 2-1 所示。例如溶解氧低于 4 mg/L 时，降低几毫克每升几乎不会降低 EQI，因为溶解氧低于 4 mg/L 肯定会给鱼类带来严重的不利影响。

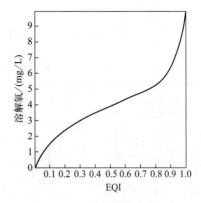

图 2-1　溶解氧与预计环境
质量指数的曲线

可为所有存在自然数值范围的列表项目计算 EQI。为了评估那些没有定量范围的项目，如美学或历史对象，需要通过特定领域的专家产生基于定性考虑的数值范围。例如，历史建筑可能造成的影响可根据恢复大量毁坏建筑所需的成本来衡量，像视觉美学之类东西可以简单指定一个尺度。

下一步将每个参数的 EQI 制成表格。接下来，将权重赋给项目，通常是将 1000 个参数重要单位（PIU）分布在所有项目中。设定权重是一种主观的行为，且通常是决策者主观的决定。EQI 与 PIU 的乘积，被称为环境影响单元（EIU），是影响的程度大小与重要性的乘积：EIU＝EQI×PIU。

这种方法有几个优点。我们可以计算 EIU 并评估提议项目的累计影响和多种替代方案的"价值"，包括"没采取行动"的方案。我们也可能会发现严重的负面影响，受这样的影响 EIU 值在项目施行后可能会比以前更低，表明环境质量在降低。这种方法的主要优点是，它可以输入数据并做出更加定量且客观的影响评估。

例 2.3　评估褐煤露天开矿的方案对当地河流的影响。使用 10 PIU 和 EQI 的线性函数。

第一步是列出可能有环境问题的部分。可能有以下几点：

- 水的表征；
- 悬浮物；
- 气味和漂浮物；
- 水生生物；
- 溶解氧。

可能还有其他因素，先列出这几类来示范。接下来，需要分配 EQI 到各个因素中。假设一个线性关系，可以估算出表 2-3。

表 2-3　方案实行前后不同水质指标的变化

项目	方案施行前	方案施行后	EQI
色度	10	3	0.33
悬浮物	10 mg/L	1000 mg/L	0.01
气味	10	5	0.50
水生生物	10	2	0.20
溶解氧	9 mg/L	8 mg/L	0.88

注意，必须为三个项目——水的表征、气味和水生生物，赋主观值，其数值范围为从 10 到 1，代表质量递减。实际的大小并不重要，因为我们计算的是前后之比。另外还要注意，沉积物之比取倒数，使 EQI 指示环境质量下降，即 EQI＜1。EQI 指数由 10 个 PIU

来加权计算，这样 EIU 就计算出来了。

在表 2-4 中，用这一方案的 EIU 总和 2.73 与其他替代方案的总和比较。

表 2-4　项目实施后 EIU 值与项目 PIU 值

项目	项目 PIU	项目后 EQI×PIU＝EIU
色度	1	$0.33×1＝0.33$
悬浮体	2	$0.01×2＝0.02$
气味	1	$0.50×1＝0.50$
水生生物	5	$0.20×5＝1.00$
溶解氧	1	$0.88×1＝0.88$
总和	10	2.73

多属性效用分析是由 Keeney 开发的一种更为复杂的排序和权重方法（Keeney 和 Raiffa 1993；Bell 等 1989），现如今被许多联邦机构应用。该方法的细节不在本书的介绍范围内。

2.1.3　评价

环境影响评估的最后一部分反映在决议记录上，是关于前期研究结果的评价。通常负责清单和评估阶段的工程师和科学家负责评价阶段。相关政府机构用环境评估结果去证明决议记录的合理性。

2.2　环境评估的风险分析

环境影响评估中的风险分析的基本原理包括三个层面：

① 风险分析对低概率、高效果影响与高概率、低效果影响进行了对比。

② 风险分析允许对未来不确定的影响进行评估，并结合不确定性进行评估。

③ 美国和国际机构关心环境影响的调节，采用基于风险的标准而不是基于结果的标准。

下面的案例将风险分析融于环境影响评估：1985 年，EPA 颁布放射性废物处置标准，规定放射性物质少量释放的概率不能超过 10％，且十倍上述放射性物质释放量的概率不超过 0.1％（USEPA 1985）。该标准如图 2-2 的阶梯图所示。

曲线互补累积分布函数，代表了排放三种不同的放射性物质的风险评估。这是有害物质或放射性废物填埋堆中材料释放概率的典型代表。备选方案可能是三个不同的选址地点，三种不同的地形，或三个不同的工程障碍。在 EPA 标准中，曲线代表着三个不同的地质结构。风险分析对于评估未来或预期影响以及不大可能发生的小概率事件的影响时特别有用，如影响货物的交通事故、地震或其他自然灾害。

最近，有报道指出向社会大众传播风险和风险感知的困难，因其不同于已评估的风险（Slovic 1985；Weiner 1994）。工程师必须记住，应用于环境影响评估时，公众所感知或看到的风险是独立于风险评估的，他们应该尽可能定量分析风险。执行风险分析的细节在第 3 章中介绍。

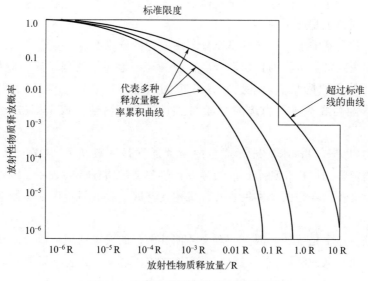

图 2-2　放射性物质释放量和释放概率

2.3　社会经济影响评估

从历史上看，由最高权力环境质量委员会（CEQ）负责监督环境评估的准备，同时 CEQ 条例规定了联邦机构开展环境评估时需做的事。在本章前面所讨论的拟建项目的主要问题是公共健康危险和环境恶化。根据最初的 NEPA 和 CEQ 条例，无论何时开发和比较替代方案，这两个问题是必须被解决的。

联邦法院规定了在评估一系列活动、项目的可选方案时（可参见 Nevada vs. Herrington 1987），仅仅考虑公共健康或是环境保护都是不充分的。社会经济方面的考虑，如人口增长、学校等公共服务需求、工作岗位的增长或者减少等也被纳入 NEPA 的考虑之中。最近（O'Leary 1995），联邦机构也强制将环境公正纳入环境影响评估系统当中。通常，在评估过程中，公众的接受度也应考虑。即使一个备选方案能保护公众卫生并减小对环境的损害，但是它也可能不被普遍接受。就经济情况和广泛的社会关注而言，影响备选方案的公众可接受度的因素往往会被讨论。经济情况包含备选方案的成本，包括国家、地区、当地和私有组成部分，对用户收费和价格产生的影响，以及支持资本花费的能力。社会关注包括公众对选址的偏好（如不接受在富裕的住宅区附近建立垃圾填埋区）和公众对于某特定的处理方法的排斥（如城市固体垃圾焚烧拒绝一般性原则）。此外，随着预算越来越紧张，降低缓解特定环境影响时的成本收益比越来越重要。因此，每个解决公众卫生和环境保护问题的方案也都需要进行严格的经济学分析和广泛的社会效益分析。

2.3.1　金融资本花费

市政局或企业无法再供给资本花费必定会影响备选方案的选择，同时也很可能会影响他们遵从环境约束的意愿。传统的经济影响评估会审核摊销资本、项目的运营和维护成本，以及社区的支付能力。但是该分析方法忽略了一些关于筹集用于实现方案的原始资本基金的问题。金融问题是面向不同规模的市民和产业的，但是对于一些面对融资体制障碍的小型社区和公司会更加麻烦。接下来的讨论只研究保护水质的金融能力，但是这些讨论对于其他类型的公共或私有的项目也是通用的。

对于相对小的资本需求，社区可以充分利用银行借贷或者通过营业收入供资的资本改造基金。然而，在个人债券市场的长期借贷会普遍提高当地污水处理设施中股权的资本成本。在其他基金来源缺失的情况下，基金在债券市场的可得性和企业或社区承担借贷的成本的意愿都可能影响高成本项目当选的可能性。而基金可用性和成本则被资本管理的方式所影响。

市政发行的用于募集污水处理厂资金的债券通常是一般义务（GO）债券或者收益债券。它们都有固定的到期日和利率，但债券发行机关满足债务清偿条件，即还本付息的担保质押不同。一般义务债券是由基本税收发行机构支持的，收益债券仅仅是特定项目所提供的服务收入。

一般义务债券通常是首选，因为一般义务债券融资的成本费用较低，而且它们良好的安全性允许它们提供较低的利率。一些地区受宪法规定不能发行或者被限制只能发行一定数量的一般义务债券，所以那些城市就必须采用收益债券。尽管如此，大部分废水处理项目所发行的债券是一般义务债券。

大部分市政债券具有至少一个来自标准普尔或穆迪投资者服务公司的信用评级。这两个公司都试图估量借款人的信用价值，重点关注由附随的债务导致的债券质量下降和违约风险的可能性。虽然信用评级并不是唯一的决定因素，但是由于个人债券的购买者没有其他东西可供借鉴，且在最高评级类别中，商业银行希望购买受联邦政府约束的债券以支持投资，发行人的评级有助于决定借款利息。

在用的评级类别中仅最高的几个会被考虑作为投资质量的评定标准。甚至在这些等级当中，利率差别会显著提高低分社区的借贷成本。例如在 20 世纪 70 年代，最高等级（Moody's Aaa）和最低等级（Moody's Baa）债券的投资平均利率差为 1.37%。这种差异意味着如果需要大量设施建设的借贷，融资成本会有大幅变化。

可以用一个例子来突出控制融资成本的重要性，试想一下，一个城市计划支出 200 万美元来建造一个容量为每天 1500 万加仑的焚烧炉来支持公共废水处理的工作（POTW）。在一系列的假设下，这样的一个设施将支持大约 75000 人口，这些人口将承担 12.5%～100% 的总成本，具体取决于州和联邦机构同意支付多大部分的资本支出。在更为保守的假设下，这一花费相当于 25 万美元。假设通过一个 Aaa 级别的债券来筹集，其中 25 年摊销，利率为 5.18%，整个借款期内的利息支付总额将达到 21.25 万美元。如果 Baa 等级的利率为 6.34%，整个借款期内的利息支付总额将达到 26.2 万美元。概括而言，总利息约等于本金，对利率变化敏感。

评级也决定了债券在市场上的可接受性。一个低评级或者不存在评级的城市可能会发现其信贷不可用。小社区的财政问题对评级程度特别敏感，这使得小城镇面临潜在的"高违约风险"，并因此评级更低，即使并无证据证明它的高违约风险。因此，小城镇往往必须承受更高的支付利息。某些固定的买卖债券开销费用，这一问题又因小债券发行需更高平均成本而加剧。

尽管一般义务融资和良好信用评定有可用性，但直辖市可能因为市场情况而面临融资困难，而一些借款人将完全被排除在借款外。有两种特别重要的趋势。第一，对于所有的市政借款人来说，高通货膨胀率时期通常有更高的利率。这个影响对于有边缘信用评级的借款人是非常重要的，这些借款人将由于高低等级债券之间的利率差异而被挤出市场。第二，在经济增长缓慢的时期，由于市政借贷增加而导致的债券供给扩大与需求萎缩的结合会推动利率的上涨，从而增加所有市政借款人的成本。

显然，资本支出融资资金的可获得性尚未可知。信贷约束不局限于那些经常面临严重预算问题的大城市。地方政府的财务状况也需要分析。工程师考虑拟建项目的影响时按以下两步流程很有用：

　　① 确定每一个替代方案的资金需求；

　　② 应用金融分类标准。

评级机构的分析师经常使用多种因素去评估一个城市的财政实力，但是目前的未偿债务是债券评级主要决定因素。债务一般表现为资产的比例或将不同城市的人均资产进行比较。3 个有关于市政债务的比率对确定债券发行的承兑市场相当重要。采样率和市场可接受的门槛预估值如下：

- 债务/资本≤300；
- 债务/资本对于人均收入的百分比≤7%；
- 债务/全物业价值≤4.5%。

经研究表明，超过这 3 个比值的城市发行债券不太可能成功。

2.3.2　用户费用增加

经济影响评估的第二部分是分析项目用户费用的增加额。例如，如果某城市建立一个大型污水处理设施，那么该城市的家用下水道费用可能发生什么变化？根据支持这项设施的用户数量计算他们所产生的废水的比例，以及在替代方案下每个家庭的预计成本。然后将这个成本与现有家庭费用进行比较，从而确定归因于替代方案的百分比增长。

用户收费分析结果往往表明工程师可能很难完全基于用户收费的增加区分替代方案。例如，图 2-3 中的 1 和 2 两个替代方案中每个家庭每年平均差预计为 36 美分。这两个选择分别代表了较不严格和更严格的出厂水水质监管。图 2-3 总结了在 350 个城市里对用户收费的预计影响。每年 36 美分的平均差几乎按任何标准都是微不足道的。研究结果表明，本例中替代方案 1（对减少污染的要求低）和替代方案 2（对减少污染的要求高）之间的选择，必须基于例如对环境的影响和公众卫生问题等标准，而不是用户收费变化。

2.3.3　社会学影响

一个社区人口的大变化，比如临时建筑工人涌入或建立军事基地带来相关移民人员及其家属，可能有许多正面或负面的影响。新的就业机会不断被创建，尤其是在小社区里，但这同时也会出现犯罪率增加、街道上警务人员需求增加、火灾防护需求增加等情况。对这种"新兴城市"现象的研究导致在任何环境评估中都需包含这些评估。

EISs、EAs、FONSIs 业务是真正的全球增长业务。环境评估过程不仅在美国和欧洲被称为环境监管的基石，而且现在已经遍布世界各地了。比如在巴西，根据巴西法律规定，海底污水排放口的设计和选址要求有环境影响评估（Jordao and Leitao 1990）。为保护环境而采取行动的同时，这样的任务和程序逐渐减缓了发展，同时为许多国家能胜任环境评估系统工作的人创造了不断扩大的就业市场。

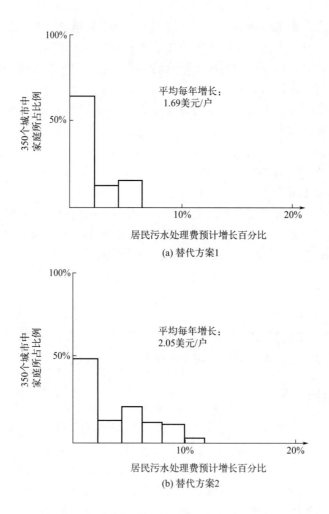

图 2-3　建造新的污水处理设施时，样本社区中每户污水处理收费预计增幅

2.3.4　伦理考虑

　　一个好的环境影响评估不依赖任何道德体系且不受主观价值影响。然而，在生成基于环境影响评估的决策记录时会产生伦理问题。部分问题如下：

　　伴随环境的不断破坏，通过提高资源价格从而将资源利用限于那些能负担起价格的人来限制资源开采是道德的吗？

　　为了下一代保护环境而减少某区域内的工作岗位是道德的吗？

　　相反，耗尽资源导致下一代没有资源可用是道德的吗？

　　在金融资源有限的情况下，花费数百万减轻一个极不可能发生的影响（小概率但后果严重的事件）是道德的吗？

　　通过提供 50 年的伐木工作但破坏分水岭是道德的吗？

　　相反，为保护原始森林关闭木材厂，从而减少小社区的工作岗位是道德的吗？

　　工程师应该记住这些注意事项不属于环境评估，NEPA 也并未提及。解决这些问题或许是决议记录的一部分，是决策者的责任。

2.4　总结

对任何环境污染问题，工程师们必须开发、分析并比较不同的解决方案。这些替代方案必须从它们各自的环境影响与经济评估出发来考察。在考察过程中一个严谨的问题是：在严格的"科学"意义上，个人是否能够检测环境的恶化？比如，我们能为原始的荒地估价吗？不幸的是，任何项目的影响评估都需要定性判断。

思考题

2.1　下面列出了在你的家乡为清理城市污水而提出的建议采取的行动，请为它们构建和应用交互矩阵：（a）兴建一个大型污水处理厂；（b）家庭需要化粪池；工业小型包装处理厂；（c）在集镇中建设分散的小规模处理设施；（d）采用土地利用技术；（e）未经处理的污水继续直接排放到河里。从矩阵中获取结论，哪一个方案更好？哪一个环境特性最重要？这个镇应该做什么？

2.2　关于下列三个城镇为拟建的水处理设施提供资金的能力，可以得出什么结论？

城市	人均负债值/美元		人均债务占人均收入的百分比/%		债务占总财产的百分比/%	
	当前	项目预计	当前	项目预计	当前	项目预计
A	946	950	22.3	22.3	15.0	15.1
B	335	337	9.1	9.1	7.8	7.9
C	6	411	0.1	10.7	0.1	8.6

讨论每个城镇当前的财务状况及这个新拟建项目的预计增量影响。

2.3　讨论用效益成本比来决定一个镇是否应该建立一个污水处理厂的优点和缺点。关注分析这种工程影响的价值问题。

2.4　确定下列三个城市平均住宅污水处理收费。如果污泥处置的成本增加，对这些费用会产生什么增量影响？

城市	每年		预计	
	废水流量 /(10^6 gal/d)	占居民日常排放量的 百分比/%	废水处理/美元	污泥处理预算 增加值/美元
A	20.0	60	5100000	1500000
B	5.0	90	3600000	1000000
C	0.1	100	50000	20000

请讨论你的假设。

2.5　在华盛顿州北部的普吉特海湾，一个大型石油公司希望在一个有着 4 万人口的社区建立一个大型游轮的港口，该社区中有 5000 个人是美国土著部落的成员。港口的建设可以提供 500 个临时工作岗位，港口的运营可以提供 300 个永久工作岗位。社区现在有一个炼油厂、造纸厂以及一个有着 8000 名学生的大学。装载的一部分石油将供应给当地的炼油厂，但也有相当一部分会被通过管道运输到明尼苏达州。港口设施的建设和管道的扩展需要得到联邦的许可。

（a）你是否会要求一份 EA 或 EIS？请给出原因。

（b）构建一个环境清单，需要包括社会经济因素。

（c）写下 6 个以上可能出现的伦理问题。

2.6   在内华达州尤卡山，针对拟建的高放射性废物库问题已有大量的环境影响评估。部分影响分析是对建筑材料运送到选址地点、选址地点所产生的非放射性废物从选址地点运输到适合的垃圾填埋场、通勤运送工人到选址地点的影响分析。运输材料的卡车和铁路、运输通勤工的汽车和公共汽车在运输途中有发生致命交通意外的风险，这一风险与其行驶距离成正比。铁路和卡车运输的风险约为每 1 亿公里 3.5 人死亡，而汽车运输的风险约为每 1 亿公里 1 人死亡。运输材料的卡车和火车的总行程为 0.28 亿公里，载人的车则可行驶 8 亿公里。你认为任一交通方式预计的交通事故死亡人数是否应归到 EIS 中？请给出你的答案及原因。注意，这个问题没有正确或错误的答案。

2.7   一个芯片制造商希望在你大学所在的社区中建立工厂。他需要获得空气和水排放许可，而这许可需要经过环境评估。如果是你的社区，你是否会要求一个 EIS 或是 EA？简要概述一下 EIS 或 EA 中需要包括的项目。在你的社区中，你是否会提出 FONSI？这个问题最好通过团队合作来解决，不同社区之间会有不同的结果。

第3章
风险分析

环境工程师的任务之一是了解并减少环境污染危害对环境和公共卫生造成的长期和短期的风险。环境工程师常常被要求去预测或评估未来的风险，然后运用科学、工程和科学技术去设计设备或工艺流程来预防或减轻这些风险。为实现这个目标，首先须评估和量化与风险相关联的多种危害。

本章介绍的风险分析不局限于科学、工程学以及风险分析的界限，是环境工程师使用的一种工具。这一章不是关于风险分析的综述，而是介绍了风险分析中一些环境工程师最需要理解与使用的原理。

3.1 风险

在 20 世纪 70 年代初期，大部分污染控制和环境法是为了保护公众健康和利益而制定的❶。本书中对人类健康或环境造成不利影响的物质被认为是污染物。近年来，不断增加的污染物的数量对环境造成很多威胁。例如在 1970 年到 1989 年间，《清洁空气法案》列出的危险物质有 7 种，现在已高达约 300 种。因此环境工程师又多了一项任务：从各种环境污染物中确定最有风险的物质，并进一步确定哪一项最急需减少和消除。

对人类健康的不利影响通常很难确定和判断。即使确定了某种不利影响，依然很难判断与这种不利影响相关联的个体环境要素。风险分析把这些因素称为风险因素。一般情况下风险因素应满足以下条件：

① 风险因素的显露先于不利影响。

② 风险因素与不利影响始终相互联系。也就是说，缺少风险因素的不利影响一般不会被发现。

③ 风险因素越多，或强度越大，则不利影响越大，虽然这种关系并未呈现出线性或单调性。

④ 存在风险因素时不利影响的出现次数或程度显著大于没有风险因素的情况。

只有当风险因素与不利影响之间的关系与导致不利影响的细胞与生物机制知识协调且互不矛盾时，工程师才能以足够的信心确定特定不利影响的风险因素。

确定风险因素比确定不利影响更困难。例如，我们现在清楚地知道吸烟有害健康，包括对吸烟的人（一手烟的危害）和吸烟者周围的人（二手烟的危害）。具体地说，习惯性抽烟者发生肺癌、慢性阻塞性肺病和心脏病的概率高于不抽烟者。为了简化问题，我们将"习惯

---

❶ 见第 11、17 和 21 章美国空气、水和土壤法律与管理的细述。

性"吸烟定义为每天抽两包烟或者更多。这些疾病发生频率的增加在统计意义上非常显著。❶ 香烟烟雾正是这些疾病的风险因素，吸烟者以及被吸二手烟者患这些疾病的风险增加。

但是请注意，这里我们没有说吸烟导致肺癌、慢性阻塞性肺病或心脏病，因为我们还没有确认这些疾病的真正原因或任何与之相关的病因学。然而，如果不能确定吸烟是致病来源，又怎么确定它是一种风险因素呢？直到 20 世纪中期，发达国家的人口寿命长度足以让人发现这些疾病与吸入香烟烟雾有关，人们才发现吸烟是这些疾病的危险因素，在这之前，这些情况无法发现也无法捏造。在 20 世纪的前半部分，传染性疾病是造成死亡的主要原因。随着抗生素的出现和治疗传染性疾病能力的提高，世界上发达地区的人口寿命增加，癌症和心脏病成为造成死亡的主要原因。自 20 世纪 60 年代起，当美国人均寿命约为 70 岁的时候，死于肺癌的终生性吸烟者的寿命在 55 岁到 65 岁之间。结合早期死亡与吸烟之间的关系，确定了吸烟为风险因素。

3.2　风险评估

风险评估是一个分析体系，它包括四个任务：

① 可能危害健康的物质（毒物）的鉴定；

② 接触有毒物质的情况；

③ 健康效应的特征；

④ 健康效应发生的预计概率（风险）。

确定空气、水或食物中某一有毒物质的浓度是否在可接受范围之内，通常建立在风险评估的基础上。

有毒物质的发现通常发生在不良的健康影响被注意时。在大多数案例中，有毒物质出现其毒物特性是其与异常的死亡人数之间有联系的。人口死亡率，或者说是死亡风险比发病率（疾病风险）更易确定，尤其是在发达国家。死亡证明上记录着所有的死亡及死因，而疾病发病率的记录开始于近期，且只是针对一小部分疾病。死亡证明数据可能产生误导，比如：在车祸中丧生的高血压患者，其死亡会被记录在事故统计中，而不是心血管疾病统计。另外，职业死亡率中仅男性死亡率有据可查；而女性死亡率数据则由于极少有女性终生在外工作，至今仍难以形成完备的数据基础。通过分离特定原因的影响，评估源于某一特定原因或有毒物质的风险是可以克服这些特殊的不确定性。这样的分离需要研究两种人群，这两种人群的环境因素几乎完全一致，除了其中一个带有所研究的风险因素，另一人群则没有。这样的研究被称为队列研究，用于确定发病率以及死亡率。有个队列研究表明，暴露于砷的铜冶炼区的居民比起同类工业区居民而言，患某种肺癌的概率明显更高。

由于数据、习惯以及其他风险等的不确定性，回顾性队列研究几乎不可能完成。队列研究需要队列规模、年龄构成、生活方式和其他环境风险匹配良好，并且样本量需要足够大，才能区分死亡率和发病率。

---

❶ 值得注意的是吸烟是不能强制性控制的，其他的污染物是可控的。

3.3　概率

关于概率，本书未对其进行广泛讨论，对此我们鼓励读者参阅统计学读物。本书仅提供一些关于概率的基础注意事项。概率时常与频率相混淆，因为在风险评估中频率常被用来预估概率。例如在车祸的风险评估中就运用了上述方法。我们十分了解美国不同类型车祸的频率，并运用这些频率去预估车祸死亡率，将死亡作为结果，将致命车祸的频率作为概率。频率对概率的预估比其他评估方法更可靠。预计概率随观察到的频率的变化而变化。

需要注意的是，概率是一个无量纲的数字，且总是小于 1。概率为 1 表明事件 100％ 会发生或者这个事件是必然事件。而频率具有大小，可以大于 1，其数值取决于频率如何定义。考虑以下例子。

美国的平均货车事故率是每公里 3.5×10^{-7} 意外事故（Saricks 和 Tompkins 1999）。这是一个观测频率，但是它使我们能估算出每年美国货车发生事故的平均概率为 3.5×10^{-7}。如果 10 年内每年有 20000 辆运输危险物质的货车，每次运输的平均行程是 1000 km，那么：

$$(10 \text{ a}) \times [3.5 \times 10^{-7} \text{ 意外事故}/(\text{a·车次·km})] \times (2 \times 10^4 \text{ 车次}) \times (1000 \text{ km}) = 70 \text{ 意外事故}$$

这个结果可以用四种不同的方式来表达：

① 10 年里，携带危险物质的货车发生意外事件的频率是 70；

② 携带危险物质的货车的 10 年平均意外事件频率为每年 7 次；

③ 携带危险物质的货车发生意外事件的 10 年平均频率为每年每公里 0.007 次；

④ 在这 10 年内，携带危险物质的货车发生意外事件的平均频率为每公里 0.07 次。

由观察到的意外事件频率可估算出，携带危险物质的货车发生意外事件的概率为 3.5×10^{-7}。

相同事件的多种后果的绝对概率之和是单位 1。也就是说，假设一辆汽车出行，车上有一个司机和一个乘客，可能有 10 种结果：

① 这辆汽车不发生事故安全到达目的地。

② 这辆汽车发生事故但车上没人受伤。

③ 这辆汽车发生事故且车上的乘客将受伤，司机没有受伤。

④ 这辆汽车发生事故且车上的司机将受伤，乘客没有受伤。

⑤ 这辆汽车发生事故且车上的乘客死亡，然而司机没有受伤。

⑥ 这辆汽车发生事故且车上的司机死亡，然而乘客没有受伤。

⑦ 这辆汽车发生事故且车上的乘客死亡，司机受伤。

⑧ 这辆汽车发生事故且车上的司机死亡，乘客受伤。

⑨ 这辆汽车发生事故且车上的司机和乘客都受伤。

⑩ 这辆汽车发生事故且车上的司机和乘客都死亡。

这 10 个结果的概率之和为 1，因此 10 个里面只有 9 个的概率是独立的。

关于这些概率更精确的表述为有些是独立的，有些是绝对的，而有些是有条件的。例如：其中 2～10 的概率是以车会出事故为条件，可以更精确地表示为

$$P(\text{无事故}) + P(\text{事故}) = 1$$

$$P(\text{事故}) = P(2) + P(3) + P(4) + P(5) + P(6) + P(7) + P(8) + P(9) + P(10)$$

$$= 1 - P(无事故)$$

条件概率是几个概率的乘积。例如，如果发生事故的概率是 10%（或 0.1），并且在发生事故的条件下车上人员任意一个受伤的概率为 10%（或 0.1），则乘员受伤的总概率是

$$P(非致死性伤害)= P(事故)\times P(受伤|事故)=0.1\times 0.1=0.01(或 1\%)$$

条件概率的和也必须为 1。因此，如果因事故受伤的条件概率是 1%（0.01），那么不涉及受伤的事故的条件概率是 $1-0.01 = 0.99$。事故中既没有受伤也没有死亡的总概率即为 $0.1\times 0.99=0.099$，或 9.9%。

这个问题可以利用图 3-1 所示的事件树状图来说明，其中，净概率都列在图的右侧。虽然这些不是实际的频率或概率，但也反映出一般情况下该事件树状图的每个分支的概率。事件树状图有助于确定任何情况下出现的所有可能的结果。

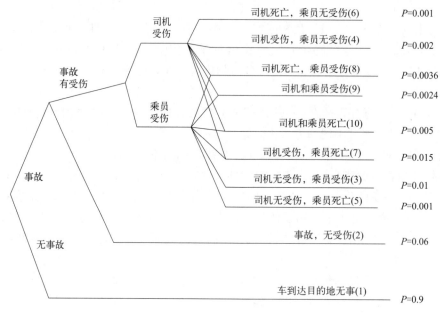

图 3-1　汽车事故示例的事件树
括号中的数字指的是 25 页中列出的情况

一般来说，接触有害物质的风险是伴随着多个条件出现的条件概率，即癌症死亡的概率是三个概率的乘积，接触的概率、接触导致癌症的概率以及癌症致死的概率。这三个概率值都远低于 1，例如"接触"意味着致癌物发现一个敏感目标。

3.4　剂量反应评估

确定某一潜在污染物的危险情况和描述某种健康效应时都需要剂量反应评估。有机体对污染物的响应在一定程度上取决于污染物的数量和剂量。反过来剂量的大小又取决于接触途径。相同的物质可能因它是否被吸入、摄入或者通过皮肤吸收或者外部接触而有不同的效果。接触途径决定了生物体内污染物的生化性质。一般来说，人体自身排毒时，排出摄入污染物的效率要比吸入污染物的效率高。

污染物的剂量和有机体的反应之间的关系可以通过剂量响应曲线来表示，如图 3-2 所

示。图中显示了四个基本类型的某特定污染物剂量及反应的剂量反应曲线。例如，这样的曲线可以根据不同浓度的一氧化碳、不同的剂量以及与之相关联的血液羧基血红蛋白浓度之间的响应关系来绘制。剂量反应关系的一些特征如下：

（1）阈值。污染物的健康效应的阈值是否存在已经被争论了很多年。剂量阈值是使目标物产生可观察到的影响的最低剂量。图 3-2 中的曲线 A 表明了一个阈值反应：从没有观察到效果直到浓度达到特定值后才看到明显效果。这个浓度被指定为阈值浓度。曲线 B 显示无阈值的线性响应，即其作用强度与污染物的剂量成正比，并且目标污染物在任何可检测浓度下的影响都可以观察到。曲线 C 有时也被称为次线性，是一个 S 形剂量-反应曲线，它反映了许多污染物的剂量反应特点。虽然曲线 C 没有明确定义的阈值，但可以检测到响应的最低剂量称为阈限值（TLV）。职业性接触准则经常以 TLV 为基准。曲线 D 显示超线性剂量-响应关系，出现在低剂量的污染物存在也能引起不成比例的巨大反应的时候。

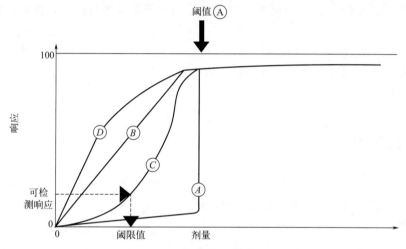

图 3-2　可能的剂量-响应曲线

（2）全身负荷。生物体或人可以同时接触几个不同来源的特定污染物。我们从周围空气中吸入的铅约为 50 $\mu g/d$，从食物和水中摄取的铅约为 300 $\mu g/d$。体内铅的浓度是吸入和摄入量再加上之前接触时残留在身体内的铅含量的总和，减去被排出体外的很少一部分。这些总和就是这一污染物的全身负荷。

（3）生理半期。生物体内污染物的生理半衰期是机体通过新陈代谢或其他正常的生理功能消除体内污染物的一半浓度所需的时间。

（4）生物富集与生物浓缩。生物富集是说一种物质集中在生物体内的器官或是组织上，比如碘积聚在甲状腺上。污染物在器官上的积聚量远远超过全身负荷所预测的量。生物浓缩发生在食物链流动过程中。科研人员对密歇根湖的生态系统的研究（Hickey 等 1966）发现以下双对氯苯基三氯乙烷（DDT）的生物浓缩。

- 底部沉积物：0.014 mg/kg（湿重）；
- 底部掠食的甲壳动物：0.41 mg/kg；
- 鱼：3～6 mg/kg；
- 食鱼鸟类：2400 mg/kg；
- 工程师设计的污染物控制标准必须要考虑生物富集和生物浓缩。

（5）接触时间和接触时间与剂量。大多数污染物需要一定的时间来作出反应，因此接触时间与接触水平同样重要。因为时间-响应的相互作用，环境空气质量标准按照给定的时间内的最大允许浓度来设定。

（6）协同作用。协同作用发生在两个或两个以上互相增进彼此影响的物质间，且这种结合对生物体产生的影响大于这些物质分别作用于生物机体时的影响。例如，吸烟的矿工要比不吸烟的更容易患尘肺病，吸入煤尘和吸烟的协同作用使矿工患病的风险更高。与协同作用相反的是拮抗作用，指两种物质相互抵消影响的现象。

（7）LC_{50} 和 LD_{50}。人类健康的剂量-响应关系通常是由健康数据或流行病学研究确定。志愿者显然不能承受产生重大或持久的健康影响的污染物剂量，更别说致命剂量。然而，通过对非人类生物增加污染物剂量直至其死亡可以确定毒性。LD_{50} 是指使 50% 实验动物死亡的剂量；LC_{50} 则指致死的浓度而非致死剂量。对于农药和农用化学药品来说，LD_{50} 的值在比较毒性方面非常有用；而无论是在人类或是其他物种中都不可能直接推断 LD_{50} 的值。当大量人口遭受到意外时，LD_{50} 有时是可以被确定的，但在这种情况下，剂量的估计是非常不准确的。

（8）毒物兴奋效应。一些物质在小剂量时会出现有利影响，而当剂量变大时会出现有害影响。例如，非常小剂量的温和（低能量）的 X 射线照射可以刺激骨折愈合。但是迄今为止，这一效应极少见且具有不确定性。

3.5 种群响应

个体对特定污染物的反应可能会有很大不同，不同个体的剂量-响应关系也不一样。其中，阈值尤为不同。某一群体中的阈值一般遵循高斯分布。

个体反应和阈值也取决于年龄、性别、一般的生理和精神健康状态。总体来说，健康的成年人对污染物的敏感程度没有老人和那些有慢性或急性病的人以及儿童那样强。理论上污染物允许排放量限制在确保整个人群健康的范围之内，包括人群中最敏感的成员。然而，在许多情况下，这种保护意味着零排放。

排放的水平实际上需要考虑到技术和经济发展的可行性。即便如此，监管机构仍试图为95% 及以上的美国人口建立低于阈值水平的标准。但是对于非阈污染物没有这样的判定标准。在这种情况下，没有排放水平来保证每个人都受到保护，因此适当的风险分析是必要的。所有致癌物都被认为是这类非阈值污染物。

3.6 暴露和潜伏

一些健康风险表征需要很长的时间。暴露于潜在的致癌物后，许多肿瘤生长非常缓慢，需要经过几年甚至几十年时间才被发现。现代医学认为某些致癌物通过破坏肿瘤抑制因子起作用，而当肿瘤抑制因子被摧毁后肿瘤的症状就显现出来了。从暴露于风险因素，到表现出不良症状的这段时间被称为潜伏期。成年人患癌症一般有明显的 $10\sim40$ 年的潜伏期。把癌症和特定的危险暴露联系起来充满了固有的不准确性，观察一个人一生中的三四十年的生命时，很难把某一单一致癌物的影响隔离开来。许多致癌物质的影响在个体生命中是不可辨别的。在一些实例中，某种特定的癌症只有暴露在某一特定的药剂下才会被发现（比如说，一种特定类型的血管瘤只有暴露在氯乙烯单体下才能被发现）。但是大多数情况下，暴露和结果之间的联系非常不清楚。许多致癌物在动物研究中被确认，但是我们不能总是利用动物的研究结果推断人类的致病原因。EPA 把已知的但没有充分证据表明对人类有致癌性的动物致癌物归类为可能的人类致癌物。

人们日益注重监管任何对健康有不利影响迹象的物质（即使是不确定的迹象），这被认为只是保守的假设，可能不是在所有案例中都有效，这样一种对监管和控制的保守作风是由于围绕污染物质的流行病学的累积不确定性造成的。

3.7 风险表达

为了像 EPA 那样在确定污染标准时运用风险，有必要确立风险的定量表达式。定量的表达式反映了不利影响中风险因素的比例和影响的统计显著性。

风险被定义为概率和结果的乘积，用不希望事件出现的概率或频率来表示。举个例子，如果在一门课程中 10% 的学生被随机地给予"F"，那么获得"F"的"风险"就是每个人分配到 0.1 个"F"。这里的概率是 0.1，结果是"F"。这个风险的单位明显包含了概率和结果的某种检测。在讨论人类健康或环境危害时，其结果是不利健康影响或对一些种类的动植物的不利影响。某一人群中不利健康影响发生的频率可以表示为：

$$F = \frac{X}{N} \tag{3.1}$$

式中　F——频率；

　　　X——受到不利健康影响的个体的数量；

　　　N——人群中个体数量。

这个频率一般被称为概率 P，没有单位。根据它的普遍用法，我们在接下来的章节中称它为"概率"。

如果这个不利影响是因为癌症而死亡，而且癌症是在很长的潜伏期之后发生的，这种不利的健康影响被称为潜在的癌症死亡（LCF）。

相对危险性是在两个不同人群中发生不利影响的概率之比。打个比方，吸烟者患致命肺癌的相对危险性可以表示为

$$\frac{P_S}{P_n} = \frac{X_S/N_S}{X_n/N_n} \tag{3.2}$$

式中　P_S——吸烟者患致命肺癌的概率；

　　　P_n——不吸烟者患致命肺癌的概率；

　　　X_S——吸烟者患致命肺癌的数量；

　　　X_n——不吸烟者患致命肺癌的数量；

　　　N_S——吸烟者总数；

　　　N_n——不吸烟者总数。

死亡的相对危险也被称为标化死亡比（SMR），也写作

$$SMR = \frac{D_S}{D_n} = \frac{P_S}{P_n} \tag{3.3}$$

式中　D_S——惯性吸烟者中观测到的肺癌死者数量；

D_n——相同数目的不吸烟者中预计会因肺癌而死亡的数量。

在这个特定的例子中，标化死亡比大约为 11/1，显著大于 1❶。

三个流行病学推论中的重要特性就是通过这个实例阐述的：

① 不是每个重度吸烟者都会死于肺癌；

② 一些不吸烟者也会死于肺癌；

③ 因此，我们不能武断地把所有人死于肺癌的原因归结于吸烟❷。

风险可以通过几种方式表现：

① 每 100000 个人中的死亡数量。根据国家健康统计中心，在 1998 年的美国有 260000 个吸烟者死于肺癌和慢性阻塞性肺炎（COPD）。那一年，美国的人口是 27030 万。因此，与惯性抽烟相联系的死亡风险（从这两个因素出发）可以表示为每 100000 人中死亡人数，或

$$\frac{260000 \times 100000}{2.703 \times 10^8} = 96$$

换句话说，一个惯性吸烟者每年在美国死于肺癌或 COPD 的风险是 96/100000，或大约是 1/1000。这里的概率是 9.6×10^{-4}，结果是死于肺癌或 COPD。表 3-1 呈现了美国的一些典型统计数据（国家健康统计中心　2000）。

② 每 1000 个死亡人口中死亡的人数。再看 1998 年的数据，那年美国的死亡数为 2337256。在这些死亡数中，260000，或者说 1000 个死者里有 111 位与惯性吸烟有关。

③ 寿命损失，或对职业风险而言，工作天数或工作年的损失。寿命损失取决于预期寿命，不同国家之间有显著的区别。美国人民现在的平均预期寿命是 75 岁，加拿大是 76.3 岁，加纳是 54 岁（世界资源研究所　1987）。表 3-2（来自国家健康统计中心）给出了美国不同的死亡原因造成的预期寿命损失。

这些数据表明有意义的风险分析只能在非常庞大的人群中进行。健康风险远低于表 3-1 和表 3-2 所示的风险，且在小的人群中可能根本观察不到。第 19 章和第 20 章援引了一些统计上有效的来自空气污染的风险案例。

例 3.1　一家丁二烯塑料制造厂位于比弗维尔，周围大气都被可疑的致癌物——丁二烯所污染。在这个社区常驻的 8000 居民中，癌症死亡率是每年 36 人，总的死亡率是每年 106 人。比弗维尔到底是保障人们健康的居住胜地，还是癌症风险异常高的地方呢？

表 3-1　每 10 万美国成人按照不同原因死亡人数统计

死亡原因	死亡数/10^5 人
心血管疾病	328
癌症(所有类型)	200
慢性阻塞性肺炎	40
车祸	16.2

---

❶ 统计显著性的确定超出了本书的范围。在确定统计中的意义时，显著性测验（例如费希尔的测验或 T 检验）可以适当地应用于合适的人群。

❷ 1990 年，Rose Cipollino 全家，不管这种风险分析原则，成功起诉香烟制造商和广告商，声称 Cipollino 女士被广告诱惑而吸烟，香烟制造商也隐瞒了已知的香烟对健康的不利影响。Cipollino 女士在 59 岁时死于肺癌。

续表

死亡原因	死亡数/10^5 人
与酒精相关的疾病	19.0
其他原因	594
所有原因	1197

资料来源：国家健康统计中心。

表 3-2　每 10 万美国人民在 75 岁之前因各种原因造成的寿命损失

死亡原因	每 10 万人预期寿命的损失/a
心血管疾病	1343
癌症(所有类型)	1716
呼吸系统癌症	458
慢性阻塞性肺炎	188
车祸	596
与酒精有关的疾病	159
急性肺炎和流感	123
艾滋病	177

资料来源：国家健康统计中心。

从表 3-1 我们可以看到，在美国每年的癌症死亡率是每 10 万人中有 200 死亡数，所有原因造成的死亡率是每 10 万人中有 1197 死亡数。所以比弗维尔预期每年癌症死亡率是

$$\frac{200\ 死亡数}{10^5\ 人}\times(8000\ 人)=16.0\ 死亡数$$

所有原因造成的死亡率是

$$\frac{1197\ 死亡数}{10^5\ 人}\times(8000\ 人)=95.8\ 死亡数$$

癌症的年 SMR 是

$$SMR(癌症)=\frac{36}{16.0}=2.25$$

而所有原因导致的死亡，其年 SMR 是

$$SMR(总)=\frac{106}{95.8}=1.1$$

在没有进行统计检验的情况下，我们可以假设每一年的癌症 SMR 显著大于 1，因此比弗维尔居民表现出过多的癌症死亡。此外，在任何给定的一年中，一个比弗维尔居民处于任何原因的死亡概率只有比美国居民的平均死亡率多一点。我们还可以计算比弗维尔的每 1000 人癌症死亡人数是否比整个美国要高。在美国，每 1000 人癌症死亡的人数是

$$\frac{200}{1197}\times1000=167$$

而在比弗维尔，每 1000 人癌症死亡的人数是：

$$\frac{36}{106}\times1000=340$$

因此，我们可以进一步得出结论，在任何给定的一年中，比弗维尔居民死于癌症的概率几乎是整个美国公民的两倍。

　　风险评估通常是用来比较风险的，因为风险的绝对值并不是很有意义。EPA 采纳了讨论潜在风险时提出的单位风险概念。空气和水污染的单位风险被定义为个体接触 $1\ \mu g/m^3$ 的空气污染物或者 10^{-9} g/L 浓度的水污染物的危险。单位终生风险指个体在 70 年内（EPA 定义的终生）接触这些浓度的危险物的风险。单位职业寿命风险意味着 47 年（工作寿命）里每天 8 小时、每月 22 天或每年 2000 小时接触危险物的风险。

　　关于许多有害物质对身体的风险，EPA 关注的是有害物质致癌的可能性，因此，风险的"结果"部分就是潜在的癌症死亡（LCF）。我们可以为单位风险写出不同表述的方程，并使用这些方程来计算风险值。在下列例子中，这些计算假定风险随着时间和浓度的增加线性增长。EPA 将一段时间内较少接触致癌物视为一个保守的假设。非线性剂量-响应关系意味着风险、浓度和暴露时间之间更为复杂的关系，这里将不考虑关系更为复杂的例子。对于水污染物：

$$单位年度风险 = \frac{LCF/a}{10^{-9}\ g/L} \tag{3.4a}$$

$$单位终生风险 = \frac{LCF}{(10^{-9}\ g/L) \times (70\ a)} \tag{3.4b}$$

$$单位终生职业风险 = \frac{LCF}{(10^{-9}\ g/L) \times (47\ a) \times (2000/8760)} \tag{3.4c}$$

　　在方程（3.4c）中，因数 2000/8760 是每年花在工作上的小时所占分数。对于空气污染物：

$$单位年度风险 = \frac{LCF/a}{10^{-6}\ g/m^3} \tag{3.5a}$$

$$单位终生风险 = \frac{LCF}{(10^{-6}\ g/m^3) \times (70\ a)} \tag{3.5b}$$

$$单位终生职业风险 = \frac{LCF}{(10^{-6}\ g/m^3) \times (47\ a) \times (2000/8760)} \tag{3.5c}$$

例 3.2　据 EPA 的统计，含有二溴乙烷（EDB）饮用水的单位终生风险是每 10^5 人 0.85 LCF。五年来一直饮用浓度为 5 pg/L 的水有哪些风险呢？

　　这个风险可以用单位年度风险或单位终生风险来评估。由于单位终生风险是给定的，可以这样写：

$$风险 = \frac{(5 \times 10^{-12}\ g/L) \times (0.85\ LCF) \times (5\ a)}{10^5 \times (10^{-9}\ g/L) \times (70\ a)} = 3.0 \times 10^{-9}\ LCF$$

　　预估风险是每 10 亿个五年中喝含 5 pg/L EDB 的水的人中可能会引发三种致命的癌症。尽管人们更趋向于用"十亿分之三患上致命癌症的概率"的"个人风险"来解读这一风险，但这样的风险声明不如人口风险声明有意义。

3.8　风险感知

　　自 1983 年以来，大量学者撰写了有关风险感知的书籍，也有相当多的人调查和推测为什么风险和他们的预期如此地不同。举个例子说明，有些人认为伴随着运输放射性废物的风险会比用油罐卡车运输汽油的风险要大得多，但是事实上后者的风险更大。读者参阅 Paul Slovic 和 Hank Jenkins-Smith 的作品来了解关于风险感知的详细讨论，这些作品罗列在参考书目中。通常来说，影响风险感知的因素包括对风险的熟知程度、与风险有关的知识的了解、风险是否是自愿承担的（或被视为是自愿承担的）以及预估和感知到的转移风险的活动的利益。即使工程师可以降低预计风险，他们也必须经常考虑风险感知。

3.9　生态风险评估

对有毒或有害物质的监管经常要求评估人类以外的一些生物物种受到的危害和风险，或对整个生态系统进行风险评估。Suter 和其他人正在开发一些生态风险评估的方法（Suter 1990）。生态风险评估采用了和人类健康风险评估相同的方法，但识别危险物种和暴露途径比人类健康风险评估更加复杂。评估项目是被保护的生态环境的价值，且在早期分析中已经确定。这些项目可能包括不同物种的数量，某一给定物种的生命周期阶段、生殖模式或者生长模式。特定项目的确定意味着潜在目标物种之间的选择。生态风险评估还处于起步阶段，这种实践的细节超过了这本书的范围。

3.10　总结

最佳的非阈值污染物的控制仍然会产生残留的风险。工业社会需要准确的定量风险评估技术去评价不同级别污染控制所提供的保护效果。人们必须时刻意识到那些基于风险评估的污染物安全线的划定只是暂时的，直到那些污染物的破坏机制被阐明和理解。现在，我们只能识别大多数污染物和某特定健康效应之间明显的联系。我们应该注意到分析流行病学数据和确定影响的显著性需要统计学显著性检测的应用。有很多常用的检测方法，但是它们的应用不是这本书的核心内容，这里将不会考虑。

所有有关不利健康效应的知识几乎都来自职业暴露，其暴露时间在数量级上远远高于普通大众。对于大众来说，那些剂量太低以至于过高的死亡率，甚至过高的发病率都不易被识别。然而，控制污染物技术的发展继续降低着风险。哲学、管理方法和控制环境污染工程设计组成了这本书的余下部分。

思考题

3.1　使用本章中给出的数据，计算美国预期因大量吸烟而死亡的人数（所有疾病）。

3.2　计算美国吸烟和酗酒产生的相对风险。你认为是否有必要采取监管措施来限制食用酒精？

3.3　国际辐射防护委员会已经确定低能量的电离辐射导致癌症的单位终生风险是 5.4×10^{-4}/rem。上述背景允许电离辐射（EPA 标准）水平是每个源每年 25 mrem。平均背景约为每年 360 mrem。如果所有人口处于 EPA 标准水平下，美国每年会有多少电离辐射引起的致命癌症？有多少癌症可归因于背景？如果只有 10% 的癌症是致命的，美国每年癌症死亡中有多少是归因于暴露于放射性背景？（注意这个问题中单位风险意味着什么。）

3.4　允许的电离辐射职业剂量是每年 1 雷姆。什么因素导致一个暴露在超标准剂量环境中的工人的癌症风险增加？

3.5　工人在一个化工厂生产成型聚氯乙烯塑料容易患血管瘤，血管瘤是肝癌的一种形式，这个病通常是致命的。在工厂运作的 20 年期间，工厂的 350 位员工中有 20 名雇员患上了血管瘤。在工厂中工作存在超额的癌症风险吗？为什么？需要做出什么假设？

3.6　另外，之前有关血管瘤无法获得的数据显示，在从未从事非塑料行业工作的人中，每年每 10 万人中只有 10 人死于血管瘤。那么你将如何回答问题 3.5？

3.7　空气中砷的单位终生风险为 9.2×10^{-3} 的潜在癌症死亡（LCF）。EPA 认为单一来源 10^{-6} 的年度风险是可接受的。一个铜冶炼厂排放砷进入空气，且冶炼厂 2 mile 半径范围内砷的平均浓度为 $5.5\ \mu g/m^3$。冶炼厂的砷排放量的风险是否可为 EPA 所接受？

3.8　问题 3.7 中的社区中，大约有 25000 人生活在冶炼厂两公里半径范围内。假设居民的一生都生活在那里，在这个人口状态下预计每年有多少超额 LCF？

3.9　利用问题 3.7 和 3.8 的数据，估计出一个工作环境中可接受的砷浓度标准。

3.10　钚的生理半衰期是一年。其同位素钚 239 的放射性半衰期为 24600 年，钚 238 的放射性半衰期为 87 年。如果志愿者摄入 5.0 mg 钚 239，三年后他体内还有多少残留？如果他摄入 5.0 mg 的钚 238，三年后体内残留多少？

3.11　第二次世界大战期间，美国一个在欧洲上空执行单飞轰炸任务的飞行员面临着 4% 被击落而不能返航的概率。在成功完成 25 个任务并顺利返航之后，飞行员不需要再飞其他任务。一个飞行员在执行他的第 25 个任务时被击落的概率是多少？（答案不是 100%！）

3.12　图 3-1 的事件树状图能否用另一种方式绘制？用另一种方式绘制树状图，并估计每个分支的概率。

3.13　人们普遍认为"拉夫运河"和"时代海滩"意外事件对人们造成了不利健康影响，这两起事件中常住居民多年来不知不觉地暴露在含有毒化学物质的环境中。假设五年期间有毒物质一直泄漏到土壤、空气和饮用水中，设计一个流行病学研究来证实是否因为这些事件引起健康影响。

3.14　一对夫妻正在买一幢较老的房子，他们有一个 18 个月大和一个 4 岁的孩子。这个房子是铝布线系统，天花板有 10 ft 高，像涂满石棉的"爆米花"，地下室氡含量较高。这对夫妇只能负担起降低其中一个风险的费用（假设消除这三个风险的成本是相同的）。在你看来应该消除哪些风险？请给出答案。

3.15　请对下列风险进行排序（风险从高到低）：

- 吸烟；
- 接触二手烟；
- 乘汽车；
- 饮用山泉水；
- 技术登山；

- 在城市街道的自行车道上骑自行车；
- 在城市的街道上骑自行车；
- 下坡滑雪；
- 蹦极；
- 乘坐商业喷气式飞机；
- 乘坐双引擎小飞机；
- 居住在距核电站 5 mile 的地方；
- 居住在距燃煤发电厂 5 mile 的地方。

这个问题最好由一个团队或者一个班级共同讨论。在课程结束的时候，重新研究这个问题也很有趣。

第 4 章
水污染

虽然人们直观上认为污秽和疾病有着莫大的联系，但是直到 19 世纪中叶人们才认识到疾病是通过污水中的致病微生物传播的。宽街水泵手柄处理事件极好地证明了水可以携带疾病。

1854 年，一位名叫约翰·斯诺的公共卫生医师被派去控制霍乱的传播，他注意到一个十分古怪的现象——许多霍乱病例都集中发生在伦敦的一个地方。几乎所有受到感染的人的饮用水都取自于宽街中央一个泵，但是在附近啤酒厂的员工却没有被感染。斯诺意识到啤酒厂的员工明显对已出现的霍乱免疫，因为啤酒厂的水源取自一个独立配备的井，而非宽街泵（虽然免疫可能是由于啤酒的养生价值引起的）。市政府相信斯诺提供的证据，并且下令禁止受污染的水供应，拆除了宽街水泵手柄，由此宽街水泵也就没用了。传染源被切断，霍乱传播也平息了，政府开始意识到干净的饮用水的重要性。

由于细菌和病毒通过水迁移传播，水污染直到最近才被认为是人类健康的首要威胁。在欠发达国家和大部分处于战争期间的国家，水媒疾病仍然是公众健康的主要威胁。但在美国和其他发达国家，水处理和水分配方法已经基本消除了饮用水中的微生物污染。现在我们认识到水污染构成了一个更大的威胁，它对公众和水生生物造成了严重的健康风险。这一章我们将讨论水污染来源及这种水污染对溪流、湖泊、海洋的影响。

4.1 水污染来源

水体污染物分为点源污染物和非点源污染物，前者是指所有在干燥天气下通过管道或通道进入河道的污染物。而雨水排放，即使是经由管道或通道进入河道的水，都被认为是非点源污染。其他来自农田径流、建筑工地和地表干扰的非点源污染在第 11 章中讨论。点源污染主要来自工业设备和城市废水处理厂。仅根据污染物产生来源来看，污染物种类广泛。

需氧物质，例如从牛奶处理厂、啤酒厂、造纸厂和城市废水处理厂排放的物质，是最重要的污染物种类之一。这是因为这些物质可以在河道内分解，使得水中的溶解氧降低。

沉积物和悬浮固体同样被划分为污染物。沉积物包括大部分由土地耕作、建设、拆迁和矿业操作产生并被冲刷进入河流的无机物。沉积物可以遮盖砾石床，阻止光线穿透，导致鱼类觅食困难，产卵受到干扰。沉积物同样也会直接破坏鳃结构，使得一些水生昆虫和鱼类窒息。有机沉淀物可以降低水体溶解氧，产生厌氧（无氧）条件，而且可能造成糟糕的状况，产生难闻的气味。

营养物质主要是氮和磷，可以加速富营养化或加快湖泊、河流、河口的生物老化。在生活和农业领域，磷和氮是常见的污染物，往往和植物残骸、动物排泄物或肥料有关。即使污水已经经过常规处理，磷和氮在城市污水处理厂排放中也很常见。磷黏附于无机沉淀物，在暴雨径流后随着沉积物一起迁移。氮随着有机物迁移，或从土壤中过滤出来，随着地下水迁移。

来源于工业废水的热量或者是因人为改变河床植被导致河流温度因太阳辐射而上升所产生的热量，可以归类为水体污染。热污染的排放可能大大改变河流或湖泊的生态环境。虽然局部加热可以产生像解除港口冰层一样的有益作用，但是生态效应一般都是有害的。加热废水会降低水中氧的溶解度，这是因为在水中气体溶解度与温度成反比，从而减少了需氧（氧依赖性）物种可用的溶解氧的量。热也提高了水生生物的代谢率（除非水温过高并且杀死有机体），这导致呼吸增加从而进一步降低了溶解氧的含量。

城市废水常含有高浓度的有机碳、磷和氮，同时可能含有杀虫剂、有毒化学品、盐类、无机固体（如淤泥）以及致病细菌和病毒。一个世纪前，大部分城市排放污水没有经过任何处理。自那时以来，人口和市政排放导致的污染双双增加，但治理力度也有所增加。

我们定义"城市排放污水的人口当量"为给定数量人口贡献的未处理污水排放量。例如，如果一个 20000 人口的社区有 50% 有效的污水处理，人口当量为 0.5×20000 或 10000。同样地，如果每人每天废水中的固体贡献量是 0.2 lb，一个工厂排放 1000 lb/d，该工厂人口当量为 1000/0.2 或 5000。排入美国地表的城市污水的人口当量目前估计约为 1 亿，美国人口为近 3 亿。在过去的几十年，城市污水排放对水污染的贡献没有明显下降，也没有显著增加，至少没有落后。

美国老城市的污水系统导致废水排放情况恶化。这些城市初建时，工程师们意识到要排放暴雨和生活废水，下水道很必要，它们通常设计能同时将这两种排放物排放到最近的适当水体中的系统。这样的系统被称为组合下水道。

几乎所有配有组合下水道的城市的污水处理厂只能处理旱季流量（即没有雨水径流）。下雨时，组合下水道系统的流量增加到旱季流量的许多倍并且大部分必须直接排进河、湖或海湾。溢流包含原污水以及雨水，对受纳水体来说也是一种重要的污染物。收集和存储用于后续处理的过量水流费用昂贵，分离组合下水道系统的成本可能高得惊人。

随着时间的流逝，城市人口不断增加，污水处理的需求日益突出。人们建立了分离的下水道系统：一个把生活污水运输到处理设施的系统以及另一个运输雨水径流的系统。这种改变改善了污水处理的整体效果，降低了旁道的量，使得污水处理水平得到提高，如污水处理厂增加了磷去除工艺。但这种方法还没有解决雨水径流问题，这也是现在美国水污染的主要来源之一。

直接流入地表水的农业废水的人口当量相当于约 20 亿。农业废水中，营养物质（磷和氮）、可生物降解的有机碳、农药残留、粪便大肠杆菌（通常生活在温血动物肠道，动物粪便的指示污染物）含量特别高。饲养场把大量的动物划分在相对较小的空间，这可以有效地饲养动物。它们通常位于屠宰场附近，也在城市附近。饲养场排水（和集约化的畜禽养殖排水）有极高的水污染潜力。水产养殖也有类似的问题，因为废料都集中在相对小的空间。如果允许动物践踏河堤或允许粪便池径流流入附近水道，即使动物密度相对较低都可以显著降低水质。在农业区，由于化肥和农药广泛应用，地表水和地下水的污染十分普遍。

石油化合物污染（"石油污染"）最初引起公众关注是在 1967 年托里·峡谷灾难事件。满载原油的油轮进入英吉利海峡时触礁。尽管英国和法国试图烧油，但是几乎所有石油都泄漏出来并污染了英法海滩。最终采用秸秆来吸油，用洗涤剂分散油（后来发现洗涤剂对沿海生态系统有害）。

迄今为止，近期最臭名昭著的事件是在阿拉斯加威廉王子湾发生的埃克森公司瓦尔迪兹号漏油事件。阿拉斯加石油产自阿拉斯加北部普拉德霍湾地区，通过管道输送至南部海岸的瓦尔迪兹油轮码头。1989 年 3 月 24 日，埃克森公司瓦尔迪兹号，一个满载原油的巨大油轮偏离轨道，撞上了暗礁，溢出的 1100 万加仑石油进入威廉王子湾。这对脆弱的生态环境而言是毁灭性的影响。这个事件中，约 40000 只鸟类死亡，其中包括约 150 只秃鹰。野生动物的最终死亡数量不得而知，但此次泄漏事件对当地渔业经济可以计算出来的影响超过 1 亿美元。埃克森公司花费至少 20 亿美元清理漏油，其法律责任仍在争论不休。

虽然埃克森公司瓦尔迪兹号那么大的漏油事件获得了大量关注，但据估计在美国每年大约有 10000 起严重漏油事故，那些没有成为头条新闻的日常操作引起的轻微泄漏则更多。其中一些泄漏的后果可能永远不会为人所知。除了漏油，大气源中的石油碳氢化合物（例如汽车尾气）也时常在路面上沉积。到了下雨的时候，这些油性沉积物被冲刷到附近河流和湖泊中。

石油对鸟类、鱼类和其他水生生物能够产生的严重效应都有很详细的记录，而石油对水生生物轻微的影响并未被详尽研究，其潜在的危害更大。例如，如果追逐着水里气味溯河产卵的鱼受到了外来碳氢化合物的干扰，就不会进入其产卵的水流。

工业和采矿活动产生的酸和碱性物质会改变河流或湖泊的水质，在某种程度上可以杀死生活在其中的水生生物，或妨害它们的繁殖。矿石开采之初，矿山排放的酸性水就已经污染了地表水。旧的和废弃矿山以及活跃矿山的浸出载硫水，含有与空气接触后将其氧化成硫酸的化合物。工业区大气酸沉降造成湖泊酸化现象在加拿大、欧洲和斯堪的纳维亚的广大地区很普遍。

合成有机物和杀虫剂会对水生生态系统产生不利影响，同时使得人类不能接触或使用这些水。这些化合物可能来自点源工业废水或非点源的农业和城市径流。

通过研究一种或多种污染物与生态系统的特定相互作用，水污染的影响可以在水生生态系统范围内得到很好的理解。

4.2 水生态要素

植物和动物及其所处的物理和化学环境组成了生态系统。生态系统的研究被称为生态学。虽然我们经常划定某一特定生态系统以更充分地研究它（例如一个农场的池塘），并假定该系统是完全独立的，这显然是不正确的。生态学的原则之一就是"所有事物都与其他事物相联系"。

三类生物组成一个生态系统。生产者利用来自太阳的能量和土壤中的氮、磷等营养物质，通过光合作用过程产生高能化合物。来自太阳的能量被存储在这些化合物的分子结构中。生产者通常被称为第一营养（生长）级，也叫作自养生物。生态系统的第二类生物包括消费者，它们通过摄取高能化合物利用光合作用过程中存储的能量。在第二营养级的消费者直接使用生产者的能量。也可能有几个更高营养级的消费者，它们会将低营养级作为能量来源。如图 4-1 所示的简化生态系统展示了各种营养级，显示了通过营养级对能源的逐级利用。第三类生物是分解者或衰变生物体，它们利用动物废弃物以及动植物残体中的能量，把有机化合物转化为稳定的无机化合物（如硝酸盐），这类无机化合物可用作生产者所需的营养元素。

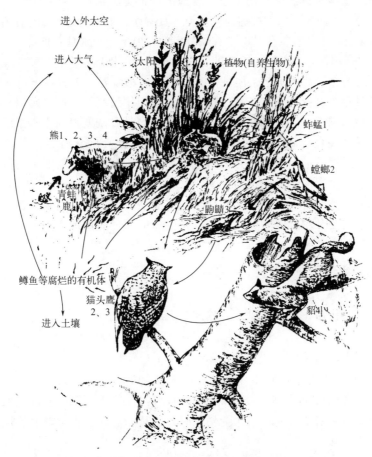

图 4-1　典型陆地生态系统

数字指自养以上的营养水平，箭头表示逐渐丧失的能量

（来源：Turk，A. et al.，*Environmental Science*. Philadelphia：W. B. Saunders，1974.）

生态系统有能量和营养物质的流动。几乎所有生态系统的原始能量来源是太阳（唯一的例外是海洋热液喷口区域的能量来自地热活动）。能量只沿一个方向流动：来源于太阳，经过每个营养级。营养物质流动是一个循环：植物利用营养物生产高能量分子，最终被分解成原来的无机营养物，接着准备再次投入使用。

大多数生态系统非常复杂，植物或动物群体中小的变化不会对生态系统产生长期性的损害。生态系统不断地变化（即使没有人工干预），所以生态系统的稳定性的最佳定义是生态系统在受到干扰时回到初始状态的能力。例如，期望在一个"重建"的河流生态系统中找到与未受任何干扰之前的河流完全一样数量和种类的水生无脊椎动物是不现实的。即使是在不受干扰的河流中，每一年的无脊椎动物种群都相差甚远。相反，我们应该寻找相似类型的无脊椎动物，看其数量是否恢复到与不受干扰的河流中同样的比例。

一个生态系统可以吸收的干扰量被称为抵抗力。以大且寿命长的植物为主的群落（如森林）往往有相当强的抗干扰力。生态系统抵抗力部分取决于对特定干扰最为敏感的物种。即使对于处于"食物链顶端"的食肉动物（包括人类）或重要类型的植物（如提供不可替代的栖息地的植物）而言，哪怕是人口或数量上相对较小的变化都会对生态系统的结构产生很大的影响。当前正在进行的企图限制太平洋西北部古老森林砍伐的行为是保护那些依赖于古老森林的（如斑点猫头鹰和斑海雀）的重要栖息地的一种尝试。

生态系统从扰动中恢复的速度被称为恢复力。具有恢复力的生态系统往往有快速定植和生长率的物种。大多数水生生态系统是非常有恢复力的，但不是特别具有抵抗力。例如，在暴雨期间，河流底部被冲刷，除去大部分附着的、充当小型无脊椎动物食物的藻类。暴雨消退后藻类生长很快，所以无脊椎动物不至于挨饿。与此相反，深海海洋生态系统是非常脆弱、不具有恢复力的，并且很难抵抗环境的干扰。因此将海洋用作垃圾仓库前必须慎重考虑。

尽管内陆水域（河流、湖泊、湿地等）往往是相当具有恢复力的生态系统，但是它们并不是完全对外界扰动免疫。除了金属、杀虫剂和合成的有机化合物等有毒材料的直接作用外，内陆水域污染最严重的后果之一是溶解氧的枯竭。所有水生生物的更高形式仅在有氧环境下生存，且最适宜生存的微生物也需要氧气。天然河流和湖泊通常情况下是有氧的。如果一个水道变为无氧，整个生态环境将发生变化，水会变得糟糕且不安全。在水道中的溶解氧浓度和污染物的影响与分解和降解这一用于维持生命的部分能量传递系统密切相关。

4.3 生物降解

植物生长或光合作用，可以由以下方程式来表示：

$$6CO_2+12H_2O+光\longrightarrow C_6H_{12}O_6+6H_2O+6O_2 \tag{4.1}$$

在该简化示例中，葡萄糖（$C_6H_{12}O_6$）、水（H_2O）和氧（O_2）产自二氧化碳（CO_2）和水（H_2O），同时太阳光作为能源，叶绿素作为催化剂。光合作用主要是氧化还原反应，其中 CO_2 被还原成葡萄糖或其他高能的碳化合物，其一般形式是 HCOH，使用水作为氢供体。当葡萄糖被动植物消费代谢（用作食物）时，能量释放就像各类燃料燃烧时一样，最终产物是热、二氧化碳和水。

除了太阳光、CO_2 和 H_2O，植物成长还需要无机养分，尤其是氮和磷。公式（4.2）表明，生产藻类原生质（藻类细胞活的部分）需要碳、氮、磷以 106：16：1 的比例出现：

$$106CO_2+16NO_3^-+HPO_4^{2-}+122H_2O+18H^+$$

$$\longrightarrow [(CH_2O)_{106}(NH_3)_{16}(H_3PO_4)](藻类原生质)+138O_2 \tag{4.2}$$

如前面所讨论，植物（生产者）使用无机营养物质和阳光作为能源来源生产高能化合物。消费者食用并代谢这些化合物，释放能量，供消费者使用。代谢的最终产物（排泄物）成为分解者的食物，得到进一步分解，但速率慢得多，这是因为许多容易消化的化合物已经被消耗掉。经过几次这样的步骤，只有能量非常低的化合物仍然存在，分解者无法再以残渣为食。然后植物使用这些化合物，通过光合作用生产更多的高能化合物，该过程重新开始。图 4-2 象征性地展示了该过程。

引起水体污染的大量有机物质以高能量形式进入水道。生物链对化合物进行生物降解或逐渐利用能量，从而引起了众多水污染问题。

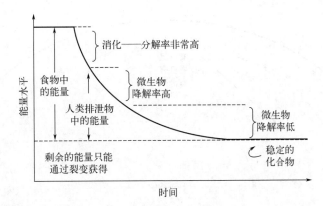

图 4-2　生物降解中的能量损失

（来源：McGauhey，P. H.，*Engineering Management of Water Quality*. NewYork：McGraw-Hill，1968.）

4.4　好氧与厌氧分解

分解或生物降解可经由两个截然不同的方式完成，好氧（游离氧）和厌氧（不存在游离氧）。复杂有机化合物好氧分解的基本公式是

$$HCOH+O_2 \longrightarrow CO_2+H_2O+能量 \tag{4.3}$$

在有氧条件下，生物呼吸作用或葡萄糖的分解（公式（4.1）的逆反应）会产生 CO_2、H_2O 和释放用于代谢的能量：

$$C_6H_{12}O_6+6H_2O+6O_2 \longrightarrow 6CO_2+12H_2O+能量 \tag{4.4}$$

二氧化碳和水始终是好氧分解的两个最终产物。两者都很稳定、能量低，且是植物光合作用所需物质（植物光合作用是地球一个重要的 CO_2 汇）。

分解的一般性讨论包括有氮、磷和硫的化合物，因为有机物的分解过程中分解和释放这些化合物可能会引起水质问题。在有氧环境中，硫化合物被氧化为硫酸根离子（SO_4^{2-}），磷被氧化成磷酸根离子（PO_4^{3-}）。任何微生物不能吸收的磷酸盐将通过物理或化学方式，与悬浮沉积物和金属离子结合，从而不能被大多数水生生物利用。氮通过以下一系列过程被逐步氧化：

$$有机氮 \longrightarrow NH_3（氨） \longrightarrow NO_2^-（亚硝酸盐） \longrightarrow NO_3^-（硝酸盐）$$

由于这种独特的过程，各种形式的氮被用作水污染指标。图 4-3 为碳、氮、硫和磷的氧循环的示意图。该图仅展示出了基本的现象，大大简化了实际步骤和机制。

厌氧分解通常是由一组完全不同的微生物进行，向其中加入氧气甚至可能是有害的。只能在厌氧环境中生存的微生物被称为专性厌氧菌，兼性厌氧菌可以在好氧或厌氧环境生存。厌氧生物降解的基本公式为

$$2HCOH \longrightarrow CH_4+CO_2+能量 \tag{4.5}$$

图 4-4 是厌氧分解的示意图。注意循环的左半部分是植物的光合作用，这一点与好氧循环相同。许多厌氧分解的最终产物生物性质不稳定。例如，甲烷（CH_4）是被称为"沼气"的高能气体（或作为燃料的"天然气"）。尽管甲烷物理性质稳定（不会自发分解），但是它可被氧化并用作多种好氧细菌的能量来源（食物）。氨（NH_3）也可以由好氧细菌氧化或由植物作为营养使用。硫厌氧降解后产生难闻气味的巯基化合物如硫化氢（H_2S），可以作为好氧细菌的能量源。厌氧分解过程中释放的磷酸盐极易溶于水，而且不与金属离子结合也不容易发生沉积。可溶性磷酸盐容易被植物摄取，用作营养素。

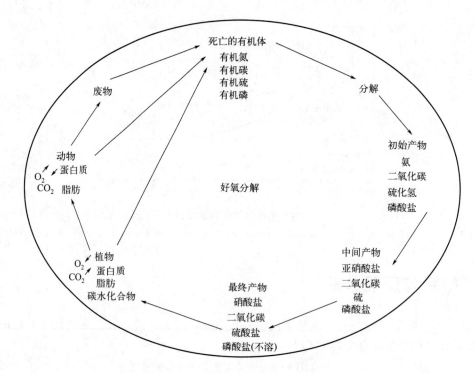

图 4-3　好氧碳、氮、磷和硫循环

（来源：McGauhey, P. H. , *Engineering Management of Water Quality*. New York：McGraw-Hill, 1968. ）

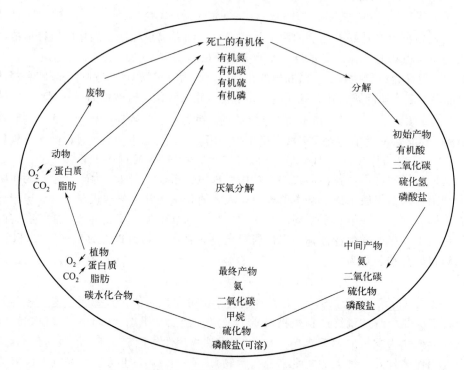

图 4-4　厌氧碳、氮、磷和硫循环

（来源：McGauhey, P. H. , *Engineering Management of Water Quality*. New York：McGraw-Hill, 1968. ）

生物学家通常称某些化合物为氢受体。当能量从高能量的化合物中释放，某 C＝H 或 N＝H 键断裂释放，且释放的氢肯定在某处附着。在好氧分解条件下，氧气用作氢清除剂或氢受体并形成水。在厌氧分解条件下，氧气是不可用的。下一个优选的氢受体是硝酸盐（NO_3^-）或亚硝酸盐（NO_2^-），形成氨（NH_3）。如果没有合适可用的氮化合物，硫酸盐（SO_4^{2-}）接受氢形成硫（S）和硫化氢（臭名昭著的臭鸡蛋味）。

4.5　污染对河流的影响

污染对河流的影响取决于污染物的类型。一些化合物对水生生物有急剧毒性（如重金属），将导致污染源下游的死亡区。某些类型的污染物会引起人类的健康问题，但对河流群落的影响不大。例如，大肠杆菌是动物粪便污染的指标，是一个重要的人类健康问题，但大肠菌群的存在并未伤害到绝大多数的水生生物。

最常见的一种河流污染物是可生物降解的有机物质。当一种高能量的有机物质，如原始污水排入河流，从排污点起，沿着河流将发生一系列的变化。当污水中的有机成分被氧化，所用氧气比污水排放上游使用速率更大，河流中溶解氧（DO）显著下降。复氧速率，或空气中的氧气溶解量同样增加，但往往不足以防止氧气沿河流完全耗尽。一旦溶解氧完全耗尽，河流就会变成厌氧。但是通常溶解氧不会降到零，河流未经过厌氧时期就会恢复。图4-5 描述了这两种情况。溶解氧垂曲线中可看出溶解氧的下降。

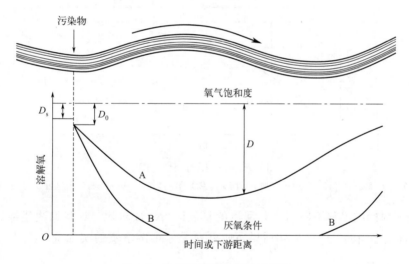

图 4-5　有机污染源下游的溶解氧

曲线 A 描绘了非厌氧条件下的氧垂，曲线 B 显示了污染集中程度足以创造厌氧环境时的氧垂，D_0 是河流混入污染物后的氧亏，而 D_s 是上游河流水的氧亏

可生物降解的有机废物对河流含氧量水平的影响可以用式（4.6）估计。

$$\frac{\mathrm{d}}{\mathrm{d}t}z(t)=k_1'z(t) \tag{4.6}$$

式中　$z(t)$——在时间 t 仍需要的氧气量，mg/L，随时间的变化率与 k_1' 成正比；

　　　　k_1'——脱氧常数，d^{-1}，取决于垃圾的类型、温度、流速等。

这个微分方程有一个简单的解：

$$z(t) = L_0 e^{-k_1' t} \tag{4.7}$$

式中，L_0 是最终碳需氧量，mg/L，也是污水最初进入并混入河流时降解废水中含碳有机物的需氧量（见第 4 章）。这个方程在图 4-6 绘出，包括不同值大小的 k_1'，$L_0 = 30$ mg/L。

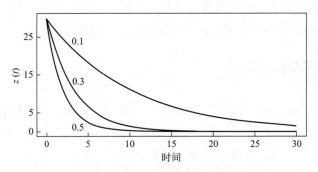

图 4-6   需氧量随时间变化图

当最终的碳氧需求（L_0）为 30 mg/L 时，不同脱氧常数（k_1'）条件下时间 t 的需氧量 $[z(t)]$

由于最终氧的需求为 L_0，在任何给定时间的需氧量为 z，时间 t 后氧的使用量，即生化需氧量（BOD），是 L_0 和 $z(t)$ 的差值：

$$\text{BOD}(t) = L_0 - z(t) = L_0(1 - e^{-k_1' t}) \tag{4.8}$$

图 4-7 描绘了这种关系。可以看出，随着时间的推移 BOD 趋近于 L_0。

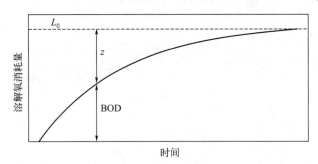

图 4-7   BOD 随时间变化图

时间点 t 时使用的溶解氧（BOD）加上时间 t 仍需要的溶解氧 $[z(t)]$ 与最终需氧量（L_0）相等

BOD 随着时间的推移不断增加和河流的复氧能力形成对比。这将取决于溶解氧含量和饱和溶解氧含量之间的差额。换句话说，如果 d 是水中溶解氧的实际量，d_s 是饱和溶解氧的量，那么

$$\frac{\text{d}}{\text{d}t} d(t) = k_2' [d_s - d(t)] = k_2' D(t) \tag{4.9}$$

式中，$D(t)$ 是在时间 t 的缺氧量，mg/L；k_2' 是复氧常数，d^{-1}。

k_2' 值是通过示踪流的研究获得。如果不能做到这一点，可以采用一个广义的表达式（O' Connor 1958）：

$$k_2' = \frac{3.9 v^{1/2} \sqrt{1.037^{T-20}}}{H^{3/2}} \tag{4.10}$$

式中，T 是水的温度，℃；H 是平均深度，m；v 是平均每秒气流速度，m/s。

k_2' 的值可以用表 4-1 来估计。

表 4-1　复氧常数

河道类型	20℃时的 k_2' [1]/d^{-1}
小池塘或死水	0.10～0.23
缓慢的溪流	0.23～0.35
大溪流，低速	0.35～0.46
大溪流，正常速度	0.46～0.69
快速流	0.69～1.15
急流	>1.15

[1] 温度不包括20℃，$k_2'(T) = k_2'(20℃) \times 1.024^{T-20}$

含有机物质的河流，水同时脱氧和复氧形成溶解氧垂曲线，这一曲线首先由斯特里特和菲尔普斯在 1925 年提出。图 4-5 所示为氧垂曲线的形状，它是氧的利用速率和氧气供给速率的总和。有机污染源的下游的耗氧速率往往会立刻超过复氧速率，溶解氧浓度也将急剧下降。排出的有机物质被氧化后，留下的高能有机化合物更少，耗氧速率降低，氧供给超过氧消耗，溶解氧将再次达到饱和。

这可以用数学公式表示：

$$\frac{\mathrm{d}}{\mathrm{d}t}D(t) = k_1'z(t) - k_2'D(t) \tag{4.11}$$

解得：

$$D(t) = \frac{k_1'L_0}{k_2' - k_1'}(\mathrm{e}^{-k_1't} - \mathrm{e}^{-k_2't}) + D_0\mathrm{e}^{-k_2't} \tag{4.12}$$

式中，D_0 表示在河流和废水混合后，河流污水排放点初始氧亏，mg/L。

氧亏方程也可以用对数表示：

$$D = \frac{k_1L_0}{k_2 - k_1}(10^{-k_1t} - 10^{-k_2t}) + D_010^{-k_2t} \tag{4.13}$$

$$\mathrm{e}^{-k't} = 10^{-kt}, \quad k = 0.43k'$$

初始缺氧量（D_0）是初始河流缺氧量与废水缺氧量的流量加权比例值：

$$D_0 = \frac{D_sQ_s + D_pQ_p}{Q_s + Q_p} \tag{4.14}$$

式中，D_s 是排放点径直上游区域的氧亏，mg/L；Q_s 是废水排放点上游河流流量，m^3/s；D_p 为流入河流的废水氧亏，mg/L；Q_p 是废水的流速，m^3/s。

同样，最终的含碳 BOD（L_0）为

$$L_0 = \frac{L_sQ_s + L_pQ_p}{Q_s + Q_p} \tag{4.15}$$

式中，L_s 是废水排放点上游最终 BOD，mg/L；Q_s 是废水排放点上游流速，m^3/s；L_p 是废水的最终 BOD，mg/L；Q_p 是废水的流速，m^3/s。

最严重的水质问题在下游位置，下游位置的氧亏最大，或者说其中溶解氧的浓度最低。通过设置 $\mathrm{d}D/\mathrm{d}T = 0$，我们可以解出溶解氧最低时的关键时间，即

$$t_c = \frac{1}{k_2' - k_1'}\ln\left[\frac{k_2'}{k_1'}\left(1 - \frac{D_0(k_2' - k_1')}{k_1'L_0}\right)\right] \tag{4.16}$$

式中，t_c 是下游溶解氧浓度最低的时间，d。

实际的溶解氧垂曲线如图 4-8 所示。值得注意的是，在约 3.5 mile 处的河流开始出现厌

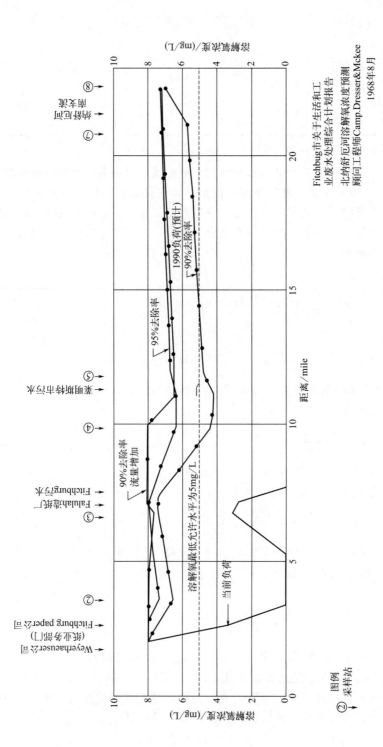

图 4-8　实际的溶解氧亏（达到 0，厌氧条件）和有不同的废水处理时的预计氧亏

（来源：Courtesy of Camp Dresser & McKee, Boston, MA.）

氧、恢复情况，然后在汇入城市和纸浆厂废水后溶解氧浓度下降到 0。如图中所示，如果除去 95％的对氧的需求，图 4-8 所示的是预期的溶解氧垂曲线。

例 4.1　假定一条大河的复氧系数 k_2' 是 0.4 d^{-1}，流速是 5 mile/h，且污染物排放点的河流饱和氧浓度是 10 mg/L。与河流流量相比，废水流量很小。这样的混合流被认为是溶解氧饱和，饱和值为 20 mg/L。脱氧常数 k_1' 是 0.2 d^{-1}。下游 30 mile 处的溶解氧水平是多少？

河流速度＝5 mile/h，因此 30/5 即 6 h 经过 30 mile。由此 t＝6h/（24 h/d）＝0.25 d。

因为河流溶解氧饱和，所以 $D_0 = 0$

$$D = \frac{0.2 \times 20}{0.4 - 0.2} \times (e^{-0.2 \times 0.25} - e^{-0.4 \times 0.25}) = 1.0 \text{ mg/L}$$

30 mile 的下游溶解氧的量是饱和溶解氧减去氧亏，或者 10－1.0 ＝ 9.0 mg/L。

当然，河流流量是变化的，当流量最低时可预测临界溶解氧水平的出现。因此，大多数州监管机构基于统计低流量进行计算，如可以预期 10 年发生一次连续 7 天的最低流量。这是通过先估计每年的最低 7 日流量，然后分配等级计算：$m＝1$ 时流量最少（最严重），$m＝n$ 时流量最大（最不严重），其中 n 是考虑的年数。大于或等于河流特定低流量发生的概率为

$$P = \frac{m}{n+1} \qquad (4.17)$$

将 P 按流量在概率纸上作图，结果往往是直线（有时使用对数概率更适合）。可以从图中 $m/(n+1) = 0.1$（或 10 年中的 1 年）点估算出 10 年低流量。将例 4.2 中的数据绘制在图 4-9 中，10 年内 7 天最小流量预计为 0.5 m^3/s。

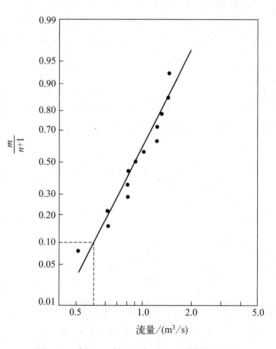

图 4-9　例 4.2 的 10 年里 7 天低流量图

例 4.2　采用以下数据计算 7 天、10 年低流量。

年份	连续 7 天最低流量 /(m³/s)	等级(m)	$m/(n+1)$	严重程度排序中的最低流量 /(m³/s)
1965	1.2	1	1/14＝0.071	0.4
1966	1.3	2	2/14＝0.143	0.6
1967	0.8	3	3/14＝0.214	0.6
1968	1.4	4	4/14＝0.285	0.8
1969	0.6	5	5/14＝0.357	0.8

续表

年份	连续7天最低流量 /(m³/s)	等级(m)	m/(n+1)	严重程度排序中的最低流量 /(m³/s)
1970	0.4	6	6/14=0.428	0.8
1971	0.8	7	7/14=0.500	0.9
1972	1.4	8	8/14=0.571	1.0
1973	1.2	9	9/14=0.642	1.2
1974	1.0	10	10/14=0.714	1.2
1975	0.6	11	11/14=0.786	1.3
1976	0.8	12	12/14=0.857	1.4
1977	0.9	13	13/14=0.928	1.4

当耗氧速率超过复氧速率，河流将会变成厌氧。根据悬浮污泥、鼓泡气体和臭味，很容易辨认厌氧的河流。气体的形成是因为氧不再能充当氢受体，生成 NH_3、H_2S 和其他气体。一些气体溶于水，而其他气体可以通过形成气泡附着污泥（黑色或深色底沉积物固体）并将污泥浮到水面。此外，硫化氢的气味显示了一定程度的厌氧条件，水一般是黑色或深色，还有丝状菌（污水"真菌"）长成长长的黏细丝粘在岩石上，顺流好似舞动着的优美的飘带。

对水生生物的其他不利影响伴随着厌氧河流令人不快的物理外观。从污染排放点下行，物种类型和数量变化显著。浊度增加、固体物质下沉、低溶解氧等都将导致鱼类寿命缩短。越来越少的鱼种能够生存下来，但那些生存下来的物种食物丰富，经常大量繁殖。鲤鱼和鲶鱼可以在肮脏的水中存活，甚至可以跳出水面呼吸空气。相反，鳟鱼则需要非常纯净、寒冷、有氧的水，它出了名的不耐污染。

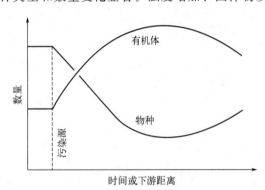

图 4-10   有机污染点下游的物种数量和有机体总数

如图 4-10 所示，厌氧条件下，其他水生物种的数量也降低。剩下的物种，如污泥蠕虫、红虫和鼠尾蛆，比比皆是，往往以惊人的数字呈现——每平方英尺多达五万条污泥蠕虫。物种的多样性可以使用指数来量化，如香农-韦弗多样性指数（Shannon 和 Weaver 1949）：

$$H' = \sum_{i=1}^{S} \frac{n_i}{n} \times \ln \frac{n_i}{n} \tag{4.18}$$

式中，H' 是多样性指数；n_i 为第 i 个物种个体的数目；n 是所有的 S 物种个体总数。

多样性指数相当难以解释，因为它们由两种不同的检测构成：物种丰富度（目前有多少种不同的物种）和物种均匀度（物种之间是如何均匀分配的）。解决这个问题的一种方法是将多样性指数转换成一个均匀度指数，如 Pielous 均匀度 J（Pielou 1975）：

$$J = \frac{H'}{\ln S} \tag{4.19}$$

Pielous 均匀度 J 检测了 H' 与任何给定样本最大值的接近程度，接近 1.0 时为最大生物均匀度。虽然在一般比较中仍然广泛应用，但是 H' 和 J 都被换成了考虑到耐污染物种丰富程度的相对复杂的指标。表 4-2 显示了污染排放口上游和下游的生物多样性和均衡性的一个简化例子。

表 4-2　水生生物多样性和均匀度

物种	污染耐受程度	样本中的个体数	
		排污口上游	排污口下游
蜉蝣	不受	20	5
鼠尾	耐受	0	500
蛆	/	/	/
鳟鱼	不受	5	0
鲤鱼	耐受	1	20
多样性（H'）		0.96	0.22
均匀度（J）		0.87	0.20

　　如前面所提到的，含氮化合物可以用作污染的指标。如图 4-11 所示是氮随下游距离不断变化的不同形式。在好氧和厌氧分解中的第一变换是氨的形成，因而随着有机氮浓度降低，氨的浓度增加。只要河流保持有氧状态，硝酸盐的浓度将增加，成为氮的主要形式。

　　当快速分解的有机物质是垃圾时，河流对污染的这些反应就会发生。河流对无机污染物质的反应有很大的不同，如金属电镀厂的污水。如果废物对水生生物有

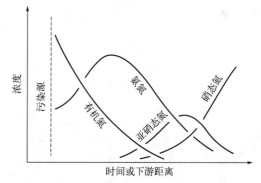

图 4-11　有机污染点下游处含氮有机物的典型变化

毒，沿着排污口下游无论是微生物种类和总数都将降低。溶解氧不会下降，甚至会上升。污染类型多样，且河流对每种污染的响应都不同。如果两个或更多的污染物质参与其中，情况更加复杂。

4.6　污染对湖泊的影响

　　污染对湖泊的影响和对河流的作用有几个方面的区别。湖泊中的水流动比河流慢，所以与河流相比复氧问题更大。因为湖里的水流动缓慢，沉积物和附在沉积物上的污染物往往会在水里竖直沉淀，而不是顺流而下。

　　光照和温度都对湖泊有重要影响，任何湖沼学分析（湖沼学是对湖泊的研究）都必须包括这两项。光是光合作用的能量来源，所以透入湖水的光决定了湖中不同深度的光合作用发生程度。光的透入量是波长的对数函数。短波（蓝、紫外线）穿透力远高于长波（红、红外线）。在有高浓度溶解性有机物的湖泊中，所有波长的光穿透量都较少。在原始湖泊中，$60\%\sim80\%$ 的入射蓝光/ UV 光，$10\%\sim50\%$ 的红光/红外可以穿透前 3 ft；在腐殖质（沼泽）湖泊中，大量的有机物质导致 $90\%\sim99\%$ 的所有波长在 3 ft 内被吸收。因此，藻类生

长集聚在湖水的表面附近的透光区，限制于最大深度内，仍有足够的光来支持光合作用。

温度和热往往对湖泊产生深远的影响。水在4℃具有最大密度，更暖或更冷的水（包括冰）密度较小且会上下浮动。水是热的不良导体，可以较好地保持热量。

湖水温度通常发生季节性变化（见图4-12）。在冬季，如果湖泊不结冰，温度随深度变化相对恒定。随着大地回春，天气见暖，湖泊顶层的水开始变暖。由于温暖的海水密度较小，而水是热的不良导体，湖水最终分为两层，温暖、密度较小的表面层称为混合层，温度较低、密度较大的底层是滞温层。热梯度即斜温层，存在于这两个层之间。温度梯度的拐点被称为温跃层（早期湖泊学家使用"温跃层"来描述整个热梯度）。水循环仅发生在低层，因此在混合层和滞温层之间存在的生物或化学物质（包括溶解氧）转移有限。随着冷天临近，顶层冷却，变得更致密，不断下沉。这将引起湖内循环，即人们所知的秋季流转。如果湖水在冬天结冰，湖水表面温度将低于4℃，而冰会浮在稍微密集的但依然寒冷的底层水的顶部。每当春天来临，湖面会稍稍变暖，随着冰的解冻会有一个春季流转。

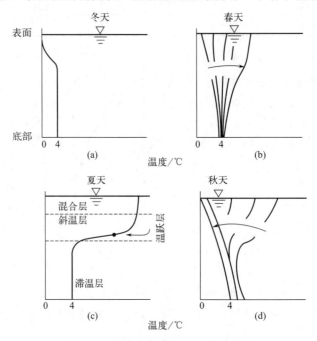

图4-12　湖泊中典型的温度-深度关系

图4-13是天然湖泊中的生化反应示意图。一条河流汇入湖泊将带来碳、磷、氮等，高能量的有机物或低能量的化合物。浮游植物（自由悬浮藻类）摄取碳、磷和氮，利用太阳光作为能源，生产高能量的化合物。浮游动物（微小水生动物）摄取藻类为食，反过来又被较大的水生生物（如鱼）所食用。所有这些生物排便或排泄代谢废物，促进形成一个可溶性有机碳池。水生生物的死亡以及藻类几乎固定地向水中释放水溶性有机化合物，为该池进一步提供了营养。细菌利用溶解有机碳产生二氧化碳，二氧化碳又由藻类利用。鱼和浮游动物的呼吸以及从空气直接溶解到水都是二氧化碳的来源。

在大多数湖泊中，藻类的增长受到可用性磷的限制，如果磷供应充足，氮通常是下一个限制性营养元素。限制性营养物是控制藻类生长速度的基本元素或化合物，因为养分不容易获得。某些藻类物种具有特定的成长要求而被其他营养物质共同限制，例如硅藻生长需要硅石。

无论是来自自然雨水径流还是污染源，一旦磷和氮被引入湖中，养分就会促进混合层藻类快速增长。藻类死亡后会沉降到湖底（滞温层），成为分解者的碳源。在分解物质的过程

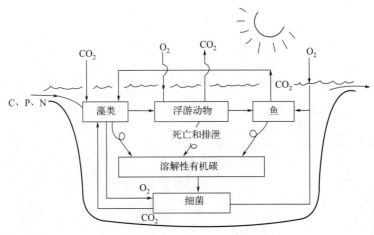

图 4-13　湖泊中生化反应的示意图

中，好氧细菌会利用所有可用溶解氧，溶解氧可能被耗尽并引起滞温层厌氧。随着越来越多的藻类死亡，它们分解所需的溶解氧也越来越多，斜温层也可能厌氧。如果发生这种情况，好氧生物活性将被限制在混合层。

历年来这种现象出现的频率越来越高的情况被称为水体富营养化。富营养化是湖泊老龄化的自然过程中不断产生的，经历三个阶段：

① 贫营养阶段，其特征是生物的生产力低下，滞温层中的氧含量高；

② 中营养阶段，其特征是生物生产力处于中等水平，湖泊分层后氧含量下降；

③ 富营养化阶段，此时湖面生产力高，藻类大量繁殖，在滞温层厌氧条件持续恶化。

天然水体的富营养化可能需要几千年。如果湖泊生态系统引入足够多的营养物，可能是由于人类活动，富营养化过程可能会被缩短到只有十年。

因为磷通常是限制湖泊藻类生长的养分，添加磷可以加快富营养化。如果只有磷被引入湖泊，它会一定程度上促进藻类生长，但氮很快成为大多数藻类的限制因素。但是只有一群光合生物适于利用高磷浓度：蓝藻或蓝绿藻。蓝藻是一类能够在其细胞内存储过量磷的自养细菌，这个过程被称为过度消耗。这种细菌可以利用过量的磷来支持未来的细胞生长（高达20多次细胞分裂）。蓝藻还能够利用溶解的氮气作为氮源的能力，溶解的氮气可以很快由大气补充。大多数其他水生自养生物不能使用氮气作为氮源，所以蓝藻可以在其他以氮为限制因素的藻类的生长环境中茁壮成长，也可以长期使用细胞磷维持其生长。不足为奇的是，蓝藻往往是磷污染的水质特征性指标。

这些营养物质来源于哪里？一个是排泄物，这是因为人类和动物废料都含有有机碳、氮和磷。另一个更主要的来源是合成洗涤剂和化肥。据估计，美国湖泊约一半的磷来自农业径流，大约四分之一来源于洗涤剂，其他来源的占四分之一。

0.01～0.1 mg/L 之间的磷酸盐浓度似乎足以加速富营养化。污水处理厂的废水含有5～10 mg/L 以磷酸盐形式存在的磷，流经农场的河流可能含有磷 1～4 mg/L。住宅和城市径流中磷浓度可能高达 1 mg/L，大多是来自宠物垃圾、洗涤剂和肥料。因为藻类不断被冲刷而无法积累，流动的水中磷浓度升高的影响通常并不明显。富营养化主要发生在湖泊、池塘、河口，有时也会发生在流速非常缓慢的河流中。

图 4-14 显示了一个湖泊实际剖面的众多参数。前面的讨论阐明了为什么一个湖泊顶部比较低深度的地方更温暖，溶解氧如何降到 0，为什么氮和磷高度集中在湖水的深处而藻类往往在湖面爆发。

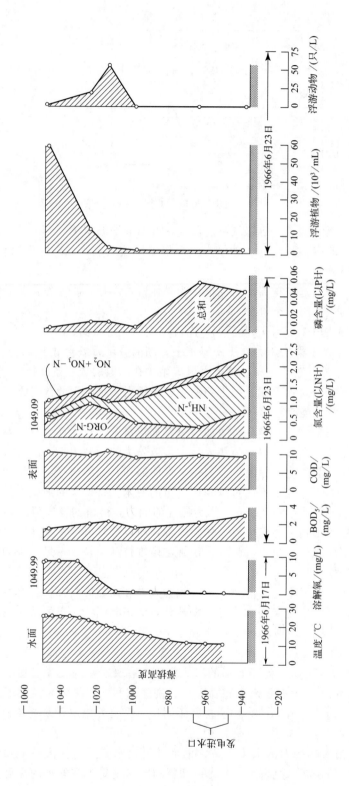

图 4-14　供水水库不同深度的水质参数变化

（来源：Berthouex，P. and D. Rudd，*Strategy of Pollution Control*. New York：Wiley，1977．）

4.7 污染对地下水的影响

一个常见的误区是所有流经土壤的水都将"理所当然"会被净化，并会恢复到原始状态。不幸的是，土壤清除能力有限，地下水污染逐渐成为全世界关注的问题。

土壤确实能去除某些类型污染物，包括磷、重金属、细菌和悬浮固体。可溶性污染物，如硝酸盐和氨，可能会流经土壤进入地下水。在农业地区，化肥或动物粪便中的氮和其他可溶性化学物质会渗入地下水，然后以超高浓度出现在当地饮用水井中。阿伯茨福德/苏马斯含水层（岩石、沙子、石子等组成的含水区）向加拿大西部地区超过 10 万的居民提供水源，最近一项关于它的研究表明，40%测试水井的硝酸盐水平高于 10 mg/L（EPA 推荐饮用水等级的最大值），60%硝酸盐水平高于 3 mg/L（饮用水硝酸盐一般警告等级）。

农业社会越来越意识到农业活动和地下水污染之间的联系。很多州已经开始与奶牛场主和农民合作开发农场管理计划，将施肥限制在生长旺盛期的农作物，通过隔离硝酸盐使之进入生长中的农作物来帮助遏制地下水污染。这些农场的计划还包括地表水的污染防治技术，如限制动物进入溪岸、设置最大的动物密度目标、建立化粪池、在河岸（溪流边）重建植被。

地下水污染的其他潜在来源包括泄漏的地下储油罐、生活垃圾填埋场、储存不当的危险废物、溶剂的不当弃置和凹凸不平地面上的危险化学品、道路盐和除冰化合物。目前美国许多超级基金场址（参见第 17 章"固体及危险废物法"）都与已经污染了或有可能污染地下水的物质的清理有关。

4.8 污染对海洋的影响

不久前，海洋被认为是无尽的水槽，浩瀚的海洋似乎不受任何威胁。现在我们知道，海洋环境是脆弱的，我们已经能够预测不利影响。

海水是复杂的化学溶液，数百万年来似乎也改变不大。然后，因为这个不变性，海洋生物已变得特殊化，且不耐环境变化。因此，海洋是脆弱的生态系统，很容易受到污染。

海底的地形图中出现了两个主要区域：大陆架和深海。大陆架，尤其是靠近主要河口的大陆架，是最有生产力的食物供应源。因为靠近人类活动，它受到了最大的污染负荷。太靠近商业性捕捞的许多河口受到了严重的污染。波罗的海和地中海正处于被永久破坏的危险之中。

美国严格限制未经处理的污水的海洋处理，但在世界各地许多大城市仍向海洋中排放未经处理的污水。虽然污水从岸上用管道运输了很长的距离，并通过扩散器排出实现了最大的稀释，但是这个实践仍存在争议，并且长期影响仍饱受争议。即使在美国，大部分污水仅接受二级处理（见第 7 章"水处理"），这在去除某些污染物（包括磷）方面效果并不可观。

4.9 重金属和有毒物质

1970 年，Barry Commoner（Commoner 1970）和其他科学家警告全国湖泊、河流和海

洋水域的汞污染问题日益严重。由卤水生产氯和碱液的过程，即氯碱工艺，已被确定为汞污染的主要来源。元素汞可被水生生物（通常是厌氧菌）甲基化，甲基汞进入鱼类和贝类体内，从而进入人类食物链。甲基汞是一种强大的神经毒素。最早甲基汞中毒事件发生在1950年日本，也叫作"水俣病"。含汞废液从智索化工有限公司流出，后被发现是食用鱼体内汞的来源。当时，海洋鱼类汞污染十分普遍，引起了人们的高度关注。2001年3月9日，美国食品和药物管理局发出消费警示，建议孕妇、育龄妇女、哺乳期妇女、婴幼儿应避免食用鲨鱼、旗鱼、鲭鱼和方头鱼。美国的许多州也发出类似的有关淡水鱼体内汞或其他生物积累毒素潜在危险级别的警告。

排放设施附近空气中的砷、铜、铅和镉常常沉积在湖泊和河流中。这些物质还可能从径流渣堆、矿井排水和工业污水进入河道。电镀废水含有一些重金属成分。重金属铜尤其可能对水生物种有毒，对人体健康有害。

在过去的四分之一世纪中，美国有相当数量的地表水污染事件是由危险和致癌有机物引起的。这些来源包括石化工业废水和农业径流，其中主要是农药和化肥残留污水。饮用水中微量的氯代烃类化合物可能也是由于添加了氯的消毒剂的氯化有机残留物。虽然在饮用水处理过程中这些消毒副产物的产生难以消除，但保持干净无污染的水源是最重要的。

4.10　总结

水污染有许多来源和原因，在这里只讨论其中的少数原因。对于某些污染物，河流和小溪具有一定的恢复能力，但湖泊、海湾、池塘、缓流和海洋几乎对水污染的影响没有抵抗力。长期以来，我们把污染物引入水生环境，且只能成功修复部分已造成的损害，控制引起环境恶化的活动。非点源污染仍然对受纳水体造成严重威胁，世界各地的生活污水和工业废水排放仍在继续。正如我们在鱼类汞污染事件中看到的那样，环境污染可以产生广泛而持久的影响。

思考题

4.1　一些研究人员提出，一些藻类的实证分析给出了它的化学组成为$C_{106}H_{181}O_{45}N_{16}P$。假定湖水分析如下：$c(C) = 62$ mg/L，$c(N) = 1.0$ mg/L，$c(P) = 0.01$ mg/L。哪些元素会成为湖水中藻类生长的限制营养成分？

4.2　某溪水以1 ft³/s的平均流量流入湖泊，其磷浓度是10 mg/L。水离开湖泊后含磷浓度是5 mg/L。

（a）湖中每年沉积的磷酸盐质量是多少？

（b）出流的磷浓度低于入流的磷浓度，那么磷去哪了？

（c）平均磷酸盐浓度会比湖面附近或底部附近高吗？

（d）湖泊富营养化会加快吗？为什么？

4.3　在两处溪流站点收集了以下水质数据。针对每个点的情况，能得出什么结论？

站点	溶解氧/(mg/L)	氨/(mg/L)	磷/(mg/L)
站点 1	1.8	1.5	15
站点 2	12.5	<0.01	<0.01

4.4 说明化合物硫利达嗪 $C_{21}H_{26}N_2S_2$ 如何进行厌氧分解以及这些最终产物如何反过来好氧分解形成稳定硫和氮的化合物。

4.5 如果某工厂排放的固体浓度为 5000 lb/d,人均贡献率是 0.2 lb/d,这些固废相当于多少人口当量?

4.6 湖的温度探测和溶解氧测量如下:

深度/ft	温度/°F❶	氧气浓度/(mg/L)
0(表面)	70	9.5
10	70	9.5
20	70	9.5
30	50	4.0
40	40	2.0
50	40	0.0
60	40	0.0

绘制深度与温度图和深度与氧气浓度图,标注滞温层、混合层和温跃层。这是贫营养湖还是富营养湖?

4.7 根据以下河流污染物数据,画出溶解氧下垂曲线。假设河流流量=污水的流量(不计算)。

废物来源	BOD/(mg/L)	悬浮固体/(mg/L)	磷/(mg/L)
日常生活	2000	100	40
制砖	5	100	10
肥料制造	25	5	200
电镀厂	0	100	10

4.8 从含氮的死亡有机物开始,通过写下氮的所有形式追踪好氧和厌氧循环中的氮。

4.9 描述在以下过程中发生了什么。这个过程是好氧还是厌氧过程?你认为这个过程可能发生在哪里?

$$2NH_3❷ + 3O_2 \longrightarrow 2NO_2^- + 2H_2O + 2H^+$$
$$2NO_2^- + O_2 \longrightarrow 2NO_3^-$$

4.10 假定某河流流速是 1 ft/s,流量是 1000 百万加仑每天,最终的 BOD 是 5 mg/L,排入其中的废水的流量是 5×10^6 gal/d,最终 BOD(L_0)为 60 mg/L。河水温度是 20℃,在河流的污水排放点处氧的饱和度是 90%,废水温度 30℃,无氧(见表 4-1)。测量显示脱氧常数 $k_1' = 0.5 \ d^{-1}$,复氧常数 $k_2' = 0.6 \ d^{-1}$。计算:(a)下游一英里处的氧亏;(b)溶解氧的

---

❶ $t_{°F}/°F = (9/5)t_℃/℃ + 32$

❷ 此处疑应为 NH_3,原著为 NH_4。

最小值（氧垂曲线最低处）；(c) 假定处理厂排放水的最终 BOD 是 10 mg/L，求最小的溶解氧值（或最大氧亏）。

可以借助计算机程序或者电子表格程序来解决这个问题。

4.11 某工厂排放足量有机废物导致下游 5 英里处氧垂曲线降至 2 mg/L，在这一点溶解氧开始增加。国家监管机构发现该产业不符合规定，因为最低溶解氧违反国家标准，想要处以罚款。委托污水处理厂处理生产废水太贵，所以这个工厂正在寻找另一种解决方案。某销售员建议在排污点倾倒一种特殊的、十分适应工厂的有机废物的冻干细菌；冻干的细菌会复活，然后分解有机物质，解决这个问题。这种方法会奏效吗？为什么能或为什么不能？画出添加细菌前后溶解氧垂曲线并解释发生了什么。

4.12 某企业排放污水进入河流的速度为 0.1 m/s，气温 26℃，平均深度为 4 m。废水混入河水的排放点下游的最终需氧量（L_0）为 14.5 mg/L，溶解氧为 5.4 mg/L。实验室研究表明，$k_1' = 0.11 d^{-1}$。找到溶解氧临界点和最低溶解氧的点。你可以通过编写计算机程序或使用电子表格程序解决这个问题。

第 5 章
水质检测

在水污染被控制之前对污染物进行定量检测是十分必要的，但是检测过程十分困难。有时我们无法得知造成污染的具体物质，且这些污染物一般浓度很低，因此需要很高精度的检测方法。

本章只讨论了少数用于检测水中污染物的分析试验。《水和废水标准检验法》（Clesceri等 1998）中编译了大量用于水和废水工程的分析技术。这些监测方法每几年就更新一次，可以结合最新的信息对其进行标准化。这一标准在其领域起决定性作用且具有法律权威。

大多水污染以每升水中污染物质的质量（mg/L）来检测。在以前的出版物中污染物浓度通常用百万分之一（ppm）表示，为质量/质量参数。如果水是唯一的液体，ppm 与 mg/L相同，因为 1 L 水的质量为 1000 g。对于许多水生污染物，ppm 约等于 mg/L。然而，由于一些废物的比重可能与水不同，因此优先选用 mg/L。

5.1 取样

因为获取样品的过程可能会影响检测结果，一些指标需要进行现场检测。例如，检测河流或湖泊中的溶解氧，不仅需要现场检测，而且样品需要非常小心地提取，避免其中的溶解氧含量在接触空气后损失或增加。同样的，如果抽取的水样 pH 缓冲能力较差，那么 pH 检测最好也现场完成。

大多数测试是以河流中抽取的水样为样本，而取样的过程可能大大影响结果。样品的三种基本类型分别是随机样、混合样和流量加权混合样。

如名字所示，随机样只在某一个采样点衡量水质。随机样只能表示取样当时的水质，而不能代表取样前后的水质。将一系列随机样混合即得到混合样。采取每个样品，使样品的体积正比于当时的流量，得到流量加权混合样。最后一个方法对预测污水处理厂每天的负荷十分有用。无论哪种技术或方法，分析只能精确到样品，分析测定通常比取样法更精确。

5.2 溶解氧

溶解氧是衡量水质的重要指标之一。尽管氧气在水中的溶解度很低，却是水生生物存在的根本。如果没有溶解氧，河流和湖泊将不适合鱼类以及大多数无脊椎动物等需氧有机体生存。溶解氧含量与温度成反比，0℃的水中最多能溶解 14.6 mg/L 氧气。如表 5-1 所示，随着水温的升高，饱和溶解氧急剧下降。因此饱和和消耗之间的平衡是脆弱的。

表 5-1   水中氧气溶解度

水温/℃	饱和溶解氧/(mg/L)	水温/℃	饱和溶解氧/(mg/L)
0	14.6	16	10.0
2	13.8	18	9.5
4	13.1	20	9.2
6	12.5	22	8.8
8	11.9	24	8.5
10	11.3	26	8.2
12	10.8	28	8.0
14	10.4	30	7.6

通常用氧探测仪或碘滴定法确定水中溶解氧的含量。后一种方法被称为温克勒试验，大约于 100 年前被提出，比当时的所有其他测量方法都要优秀。温克勒试验的化学反应过程如下：

在水样中加入硫酸锰（$MnSO_4$）及氢氧化钾（KOH）和碘化钾（KI）的混合液。若没有氧气存在，$MnSO_4$ 会与 KOH 反应形成氢氧化锰 [$Mn(OH)_2$] 白色沉淀。若有氧气存在，$Mn(OH)_2$ 会进一步反应生成 $MnO(OH)_2$ 棕色沉淀：

$$MnSO_4 + 2KOH \longrightarrow Mn(OH)_2 + K_2SO_4 \tag{5.1}$$

$$2Mn(OH)_2 + O_2 \longrightarrow 2MnO(OH)_2 \tag{5.2}$$

在 $MnO(OH)_2$ 溶液中加入硫酸，与之前添加的 KI 共同作用，生成橘黄色的 I_2：

$$2MnO(OH)_2 + 4H_2SO_4 \longrightarrow 2Mn(SO_4)_2 + 6H_2O \tag{5.3}$$

$$2Mn(SO_4)_2 + 4KI \longrightarrow 2MnSO_4 + 2K_2SO_4 + 2I_2 \tag{5.4}$$

碘的含量用硫代硫酸钠（$Na_2S_2O_3$）滴定至橘黄色消失来确定：

$$4Na_2S_2O_3 + 2I_2 \longrightarrow 2Na_2S_4O_6 + 4NaI \tag{5.5}$$

在接近滴定终点时加入淀粉，碘存在时变为深紫色使得滴定终点更加明显。

第一步中反应生成的 $MnO(OH)_2$ 的量与有效溶解氧浓度成正比，第二步中碘的生成量与 $MnO(OH)_2$ 成正比。因此，滴定法测定了与原溶解氧浓度直接相关的碘量。温克勒试验的不足之处包括化学干扰和实地进行化学测试的不便。通过使用溶解氧电极或探针可以弥补这两个缺点。

最简单（历史上第一个）的氧探头如图 5-1 所示。该工作原理是原电池。如果电解质溶液的电极为铅和银，在其中安装电流表，铅电极的电极反应为：

$$Pb + 2OH^- \longrightarrow PbO + H_2O + 2e^- \tag{5.6}$$

在铅电极处，释放的电子通过电流表流向银电极并发生下列反应：

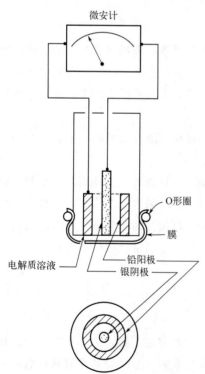

图 5-1   原电池氧探头示意图

$$2e^- + \frac{1}{2}O_2 + H_2O \longrightarrow 2OH^- \tag{5.7}$$

若不存在有效溶解氧则不发生反应且电流表无电流通过。必须构建并校准电流表以确保记录的电流和电解质溶液中的氧气含量成正比。

商业模式中，电极采用不导电塑料制成，彼此之间绝缘，且在膜和电极之间覆盖着有少量电解质的渗透膜。通过膜的氧气量与溶解氧浓度成正比。溶解氧探头方便野外工作，但需要精心维护和校准（经常与温克勒结果不符）。大多数氧探头对温度的变化很敏感，探头处附有热敏电阻故能实地对温度进行调节。

5.3　生化需氧量

氧的利用速率通常被称为生化需氧量（BOD）。生化需氧量不是一种特定的污染物，而是细菌和其他微生物在规定时间内分解可分解的有机物所需的氧气量的检测。

BOD 测试常用于估计含有大量的可生物降解有机物的污水的影响，比如来自食品加工厂、养殖场、城市污水处理设施和纸浆厂的污水。高需氧量意味着在微生物氧化废水中的有机物时，有可能出现溶解氧下垂（见第 4 章）。需氧量非常低意味着清洁水或水中存在有毒或难降解污染物。

19 世纪后期，皇家委员会首次运用 BOD 试验来测量英国河流中的有机污染物含量。当时，测试被标准化为 18.3 ℃，持续时间为 5 天。选择这些数字是因为所有英国河流从源头流入海洋的时间都不超过 5 天，且夏季河流的平均气温为 18.3 ℃。因此，这应该能揭示英国任意河流"最坏情况"下的需氧量。后来 BOD 培养温度被四舍五入到 20 ℃，而 5 天测试期依旧作为当前的标准。

测试 5 天生化需氧量（BOD_5）的最简单的版本是先将水或废水样品放置于两个标准的 60 mL 或 300 mL 的 BOD 瓶中（图 5-2）。其中一瓶立刻进行分析，测量废水中的初始溶解氧浓度，通常采用温克勒滴定法。第二个 BOD 瓶密封保存在 20 ℃下的黑暗中（将样品储存在黑暗中可以避免光合产氧）。5 天后，测定样品中的溶解氧含量。起始与结束的氧浓度之差即 BOD_5。

有机质氧化服从指数衰减曲线，如图 4-6 所示。如果每天测定溶解氧浓度，结果将如图 5-3 中的曲线所示。在这个例子中，A 样品的初始溶解氧浓度为 8 mg/L，5 天后下降到 2 mg/L。因此，BOD 为 $8-2=6$（mg/L）。

图 5-2　生化需氧量（BOD）瓶

样品 B 的初始溶解氧浓度也为 8（mg/L），但因氧气消耗太快，第二天即下降到 0。由于在 5 天后没有可测量的溶解氧，样品 B 的 BOD 肯定超过 $8-0=8$（mg/L），但我们不知道具体数值，因为如果溶解氧足够，样品中的有机物可能会使用更多的有效溶解氧，像这样的样品就需要稀释。通常建议将未知来源的废水进行 5 次 1/10 稀释。假设图 5-3 中的 C 样品为 B 样品稀释 1/10 后得到的。B 样品的 BOD_5 即为

$$\frac{8-4}{0.1}=40 （mg/L）$$

任何有机物质（例如糖）的生化需氧量都可以测量，因此可以估计其对河流的影响，即使材料在原始状态下不包含能分解有机物的必要微生物。接种是将能氧化有机物质的微生物

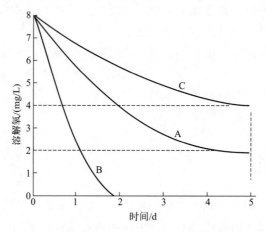

图 5-3　BOD 测试中典型的耗氧曲线

添加到 BOD 瓶的过程，对测量 BOD 浓度非常低的样品有很大帮助。接种源来自于未经消毒的生活污水或接收可降解废水的地表水。

假设我们使用之前曲线 A 中描述的含有微生物的水作为接种水（其 BOD_5 为 6 mg/L）。我们将 100 mL 某未知溶液倒入瓶中，加入 200 mL 的接种水，装满 300 mL 的瓶子。假设混合溶液的初始溶解氧是 8 mg/L，最终溶解氧量为 1 mg/L，总耗氧量为 7 mg/L。其中一部分是由于接种水也有生化需氧量，只有一小部分是由于未知物质的分解。因为瓶中只有 2/3 为接种水，纯接种水的 BOD 为 6 mg/L，因此，因接种水而消耗的氧气为

$$6 \times \frac{2}{3} = 4 \text{ （mg/L）}$$

剩余耗氧量［$7-4 = 3$（mg/L）］是由于未知材料的分解。方程式（5.8）说明了如何计算一个被稀释与接种的污水样品的 BOD_5：

$$BOD(mg/L) = \frac{(I-F)-(I'-F')(X/Y)}{D} \tag{5.8}$$

式中　I——含有污水样品和接种稀释水的瓶中的初始溶解氧量，mg/L；

　　　F——含有污水样品和接种稀释水的瓶中的最终溶解氧量，mg/L；

　　　I'——接种稀释水的初始溶解氧量，mg/L；

　　　F'——接种稀释水的最终溶解氧量，mg/L；

　　　X——瓶中接种稀释水的体积，mL；

　　　Y——瓶中溶液总体积，mL；

　　　D——样品稀释度。

例 5.1　根据下列数据计算水样中的 BOD_5：

——样品温度为 20℃；

——初始溶解氧饱和；

——接种稀释水的稀释倍数为 1：30；

——接种稀释水的最终溶解氧为 8 mg/L；

——混合溶液的最终溶解氧为 2 mg/L；

——BOD 瓶的体积为 300 mL。

从表 5-1 看出，20 ℃时饱和溶解氧的浓度是 9.2 mg/L，即初始溶解氧。由于 BOD 瓶含量为 300 mL，按 1∶30 稀释的接种水包含 10 mL 样品和 290 mL 接种稀释水，由式 (5.8) 得出：

$$\mathrm{BOD}_5(\mathrm{mg/L}) = \frac{9.2 - 2 - (9.2 - 8) \times (290/300)}{0.033} = 183 \ (\mathrm{mg/L})$$

BOD 是衡量氧气使用量或潜在氧气消耗的指标。BOD 高的废水，如果其耗氧量大到足以形成厌氧条件，会对河流产生有害影响。显然，无论小溪的 BOD 浓度如何，它汇入大河的影响微不足道。相反，一条大河流入小溪时，即使其 BOD 浓度再低，也可能严重影响河流。工程师们常说"多少磅的 BOD"，是用浓度与流量相乘，再乘以一个转换因子来计算，即：

$$\mathrm{BOD} 的质量(\mathrm{lb/d}) = \mathrm{BOD} 的质量浓度(\mathrm{mg/L}) \times 流量(\times 10^6 \mathrm{gal/d}) \times 8.34 \quad (5.9)$$

国内大多数污水的 BOD 约为 250 mg/L，而许多工业废水的 BOD 则高达 30000 mg/L。未经处理的牛奶厂废水的 BOD 可能高达 20000 mg/L，存在显著的潜在不利影响。

正如第 4 章所讨论的，可用方程式（4.8）绘制 BOD 曲线：

$$\mathrm{BOD}(t) = L_0(1 - \mathrm{e}^{-k_1't})$$

式中　BOD (t) ——微生物在时间 t 所需的氧气量，mg/L；

　　　L_0 ——最终碳氧需求，mg/L；

　　　k_1' ——耗氧速率常数，d^{-1}；

　　　t ——时间，d。

为河流溶解氧纵分布曲线建模时，如果需要知道 k_1' 和 L_0，二者都采用实验室 BOD 实验来测定。

有许多用于计算 k_1' 和 L_0 的方法。其中最简单的是由托马斯（1950）设计的一种方法。用下列普通对数式改写等式（4.8）：

$$\mathrm{BOD}(t) = L_0(1 - 10^{-k_1't})$$

改写后的等式可以写作

$$\left(\frac{t}{\mathrm{BOD}(t)}\right)^{1/3} = (2.3 k_1' L_0)^{-1/3} + \left(\frac{k_1'^{2/3}}{3.43 L_0^{1/3}}\right) t \quad (5.10)$$

此方程式呈直线形式：

$$x = a + bt$$

式中，x 为 $[t/\mathrm{BOD}(t)]^{1/3}$；截距 a 为 $(2.3 k_1' L_0)^{-1/3}$；斜率 b 为 $k_1'^{2/3}/(3.43 L_0^{1/3})$。绘制 BOD 随 t 变化的曲线，斜率 b 和截距 a 可以用来计算 k_1' 和 L_0：

$$k_1' = 2.61(b/a)$$

$$L_0 = 1/(2.3 k_1' a^3)$$

例 5.2　BOD 试验的前 5 天的 BOD 与时间数据如下表所示：

时间/d	BOD/(mg/L)
2	10
4	16
6	20

计算 k_1' 和 L_0。

$[t/\text{BOD}(t)]^{1/3}$ 值分别为 0.585，0.630，0.669 的图已绘制，如图 5-4。截距 $a=$ 0.545，斜率 $b=0.021$，所以：

$$k_1' = 2.61 \times \frac{0.021}{0.545} = 0.10 \ (\text{d}^{-1})$$

$$L_0 = \frac{1}{2.3 \times 0.10 \times 0.545^3} = 26.8 \ (\text{mg/L})$$

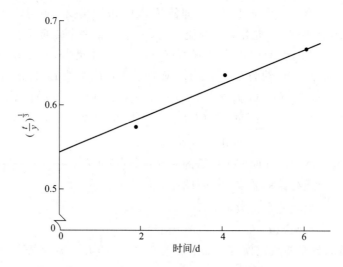

图 5-4　根据例 5-2 中的 k_1' 和 L_0 绘制的曲线

如果在 5 天后不停止 BOD 测试而是继续测定每天的溶解氧量，会得到如图 5-5 所示的曲线。可以看出约 5 天后曲线急剧上升。这种不连续性是由于将含氮有机物分解为无机氮的微生物的氧气需求。下式为微生物分解简单的含氮有机物尿素（$\text{NH}_2 \cdot \text{CO} \cdot \text{NH}_2$），释放出氨（$\text{NH}_3$，$\text{NH}_4^+$ 形式），并进一步分解成亚硝酸盐（NO_2^-）和硝酸盐（NO_3^-）：

$$\text{NH}_2 \cdot \text{CO} \cdot \text{NH}_2 + \text{H}_2\text{O} \longrightarrow 2\text{NH}_3 + \text{CO}_2 \qquad \text{氨化作用} \qquad (5.11)$$

$$\text{NH}_4^+ + \frac{3}{2}\text{O}_2 \longrightarrow \text{NO}_2^- + 2\text{H}^+ + \text{H}_2\text{O} \quad \text{硝化作用第一步} \qquad (5.12)$$

$$\text{NO}_2^- + \frac{1}{2}\text{O}_2 \longrightarrow \text{NO}_3^- \qquad \text{硝化作用第二步} \qquad (5.13)$$

注意第一步氨化作用不需要氧气，可由各种好氧与厌氧植物、动物及微生物来完成。

因此，BOD 曲线可分为氮质 BOD 和碳质 BOD 两个区。最终的 BOD，如图 5-5 所示，包括氮质 BOD 和碳质 BOD。对流动时间超过 5 天的小溪和河流来说，最终的 BOD 必须包括氮质 BOD。

尽管溶解氧下降计算中，BOD_{ult}（碳质加氮质）的使用并不完全准确，但可估计最终 BOD 为

$$\text{BOD}_{\text{ult}} = a(\text{BOD}_5) + b(\text{TKN}) \qquad (5.14)$$

式中　TKN 为凯氏氮总量（有机氮和氨氮），mg/L；a 和 b 为常数。

例如，北卡罗来纳州取了 $a=1.2$，$b=4$ 来计算最终 BOD，该值在溶解氧下降方程中用最终碳质 BOD（L_0）替代。

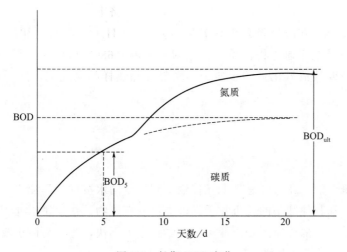

图 5-5　长期 BOD 变化

注意：这里的 BOD_{ult} 包括最终碳质 BOD（L_0）和氮质 BOD

5.4　化学需氧量

BOD 实验的一个问题是需要 5 天时间来运行。如果将有机物进行化学氧化而不是生物氧化，试验时间能够大大缩短。这种氧化可以通过化学需氧量（COD）测试来完成。由于在 COD 实验中几乎所有有机物都会被氧化，而 BOD 实验中只有一部分被分解，COD 测试结果总是比 BOD 高。一个典型的例子就是木材制浆废料，其中如纤维素这样的化合物很容易被化学氧化（高 COD），但其生物分解却十分缓慢（低 BOD）。

标准的 COD 实验用重铬酸钾和硫酸的混合液来氧化有机物（HCOH），加入银离子（Ag^+）作为催化剂。简化的反应式如下所示，采用了重铬酸根离子（$Cr_2O_7^{2-}$）和氢离子（H^+）：

$$2Cr_2O_7^{2-} + 3HCOH + 16H^+ \xrightarrow{\text{加热}+Ag^+} 3CO_2 + 11H_2O + 4Cr^{3+} \tag{5.15}$$

将已知量的 $K_2Cr_2O_7$ 溶于适量浓硫酸后加入到一定量的样品中，在空气中煮沸混合物。在这一反应中，氧化剂六价铬［Cr(Ⅵ)］被还原为三价铬［Cr(Ⅲ)］。停止沸腾后，通常使用还原剂硫酸亚铁对剩余的 Cr(Ⅵ) 进行滴定。加入样品中的 Cr(Ⅵ) 初始量与有机物被氧化后剩余的 Cr(Ⅵ) 量之间的差与化学需氧量成正比。

5.5　总有机碳

有机碳的最终氧化产物为 CO_2，样品完全燃烧能揭示一些废水样品潜在需氧量的信息。总有机碳含量测定的一个更为普遍的应用是评估产生消毒副产物的可能性。消毒副产物是饮用水消毒过程中卤素（例如，溴、氯）或臭氧与天然有机碳化合物相互作用的产物。例如，致癌物质三卤甲烷，是由卤素取代甲烷的三个氢原子生成的。总有机碳含量高的水生成消毒副产物的可能性更高。一些有机物可以通过添加针对不同有机碳吸收的不同的添加剂去除，然而从消毒后的饮用水中去除所有天然有机物通常在经济上不可行。

总有机碳含量测定方法是将有机碳氧化为 CO_2 和 H_2O，然后利用红外碳分析仪测定 CO_2 气体含量。氧化过程通过将样品直接注射到高温（680～950℃）燃烧室或将样品置入一个含有过硫酸钾或其他氧化剂的小瓶中，密封并加热样品来完成，然后用碳分析仪测量 CO_2 含量。

5.6   浊度

不干净而"脏"的，在某种意义上光传输受到抑制的水被称为浑浊水。许多物质都会引起浑浊，包括黏土和其他细小的无机粒子、藻类以及有机物。在饮用水处理过程中，浊度是非常重要的参考数据，部分原因是浑浊水在美学上令人不快，还因为微小胶体颗粒的存在使得去除或灭活致病生物更加困难。

浊度用浊度计测量。浊度计是测量散射光强度的光度计。不透明颗粒物所散射的光，其在与入射光成直角的方向上测定的光强度与浊度成正比。福尔马肼聚合物目前被用作校准浊度计的基准物质，其测量结果称为散射浊度单位（NTU）。

5.7   颜色、味道、气味

颜色、味道和气味是确定饮用水质量的重要指标。与浊度一样，颜色、味道和气味从美学角度上看都是很重要的。如果水看起来有颜色，气味难闻，或味道如沼气，即使它在公共卫生方面是完全安全的，人们也会本能地避免使用它。饮用水的颜色、味道和气味问题通常由有机物质引起，如藻类、腐殖质或铁等溶解化合物。

颜色可以通过与氯铂酸钾标准品比较或通过在不同分光波长下扫描来直观地测量。浊度影响色度测定，所以样品将经过滤或离心去除悬浮物质。气味测量是用无异味的水来连续稀释样品，直到气味消失。（无异味的水是将经过蒸馏、去离子的水通过活性炭过滤器制备而成。）这个试验明显是主观的，并完全取决于测试者的嗅觉。许多测试人员是用来弥补不同个体对气味感知的变化。

味道使用三个方法进行评估：味阈值测试（FTT）、味等级评定（FRA）和味特性分析（FPA）。FTT 是用参照水不断稀释水样直至测试小组认为无味。FRA 要求一组测试人员对味道从非常好到非常不好进行评级。FPA 是最古老最有用的味道测试，它将水样的味道和气味与味道和气味参照标准进行比较从而衡量水样的味道和气味。具体味道和气味的强度用 12 分制描述，从没有任何味道或气味（0）到有味道或气味（12）。

5.8   pH

溶液的 pH 是氢离子（H^+）浓度的检测，也是相应的酸度度量。纯净水电离形成少量浓度相同的氢离子（H^+）和氢氧根离子（OH^-）：

$$H_2O \Longleftrightarrow H^+ + OH^-$$

(5.16)

过量的氢离子使溶液呈酸性，反之 H^+ 不足或过量的氢氧根离子使之呈碱性。该反应的平衡常数 K_W 为 H^+ 和 OH^- 浓度的乘积，等于 10^{-14}。这种关系可表示为

$$[H^+][OH^-] = K_W = 10^{-14} \tag{5.17}$$

式中，$[H^+]$ 和 $[OH^-]$ 分别代表氢离子和氢氧根离子的浓度，mol/L。

在纯水中考虑式（5.16）并解出式（5.17），$[H^+]$ 和 $[OH^-]$ 相等。

$$[H^+] = [OH^-] = 10^{-7} \, mol/L$$

氢离子浓度在水溶液中十分重要，且目前已经制定了一个简便的表示氢离子浓度的方法。我们将 pH 定义为 $[H^+]$ 的负对数而不是每升水中的物质的量，即

$$pH = -lg[H^+] = lg \frac{1}{[H^+]} \tag{5.18}$$

或者

$$[H^+] = 10^{-pH} \tag{5.19}$$

在中性溶液中，H^+ 的浓度为 10^{-7}，所以 pH 为 7。随着 H^+ 浓度增加，pH 值降低。例如，如果 H^+ 浓度为 10^{-4}，则 pH 为 4，该溶液呈酸性。在此溶液中，我们可算出 OH^- 浓度为 $10^{-14}/10^{-4}$，即 10^{-10}。由于 10^{-4} 比 10^{-10} 大得多，此溶液中含有大量过量的 H^+，确认其确实为酸性。任何 H^+ 浓度小于 10^{-7} 或 pH 值大于 7 的溶液为碱性。稀溶液的 pH 值变化范围为 0（强酸性）～14（强碱性），水样的 pH 通常很少低于 4 或高于 10。

现在我们普遍使用电子 pH 计来测量 pH 值。典型的 pH 计由一个电位器、一个玻璃电极、一个参考电极（或单一的"组合"电极）和一个温度补偿装置构成。玻璃电极对 H^+ 的活性十分敏感，且能将信号转换为电流，从而可以表示电极电位（mV）或 pH。

在饮用水和废水处理的几乎所有阶段中，测量排水或水样的 pH 是特别重要的。在水处理以及消毒和腐蚀控制中，pH 值对确保适当的化学处理非常重要。水生生物对 pH 的变化以及水的实际 pH 值很敏感。极少水生生物能忍受 pH 小于 4 或大于 10 的水域。酸性矿山排水、工业废水中游离的酸或碱或大气酸沉降可能会大大改变水体的 pH 值，对水生生物的生命造成不利影响。

5.9　碱度

碱度检测水对 pH 的缓冲能力。高碱度的水可以接受大剂量的酸或碱，而 pH 值却没有显著改变。低碱度的水，如雨水或蒸馏水，只添加少量的酸或碱就会造成 pH 的巨大变化。

自然水域中大多数碱度由碳酸盐/碳酸氢盐缓冲系统提供。二氧化碳（CO_2）溶于水形成碳酸（H_2CO_3），电离时伴随碳酸氢根离子（HCO_3^-）和碳酸根离子（CO_3^{2-}）的平衡：

$$CO_2(g) \Longleftrightarrow CO_2(aq) \tag{5.20}$$

$$CO_2(aq) + H_2O \Longleftrightarrow H_2CO_3 \Longleftrightarrow H^+ + HCO_3^- \Longleftrightarrow 2H^+ + CO_3^{2-} \tag{5.21}$$

如果将酸加入到水中，氢离子浓度将增加，与碳酸根离子和碳酸氢根离子结合，使平衡向左边即生成 CO_2 方向移动，将二氧化碳释放至大气中。只要水中存在碳酸氢根和碳酸根，所添加的氢离子都将通过平衡方程的调整被吸收。只有当所有的碳酸根离子和碳酸氢根离子耗尽，加入的酸才会引起 pH 值的明显下降。

水中碳酸氢根离子的含量由天然存在的碳酸盐补充，如 $CaCO_3$（石灰石）在酸性雨水

与流域土壤或河床接触时溶解。碳酸钙溶解后形成碳酸氢钙 [Ca (HCO$_3$)$_2$]，后者发生电离，增加水中碳酸氢根离子的浓度：

$$CaCO_3 + H_2CO_3 \rightleftharpoons Ca(HCO_3)_2 \rightleftharpoons Ca^{2+} + 2HCO_3^- \tag{5.22}$$

水样中碱度对 pH 变化的缓冲能力如图 5-6 所示。

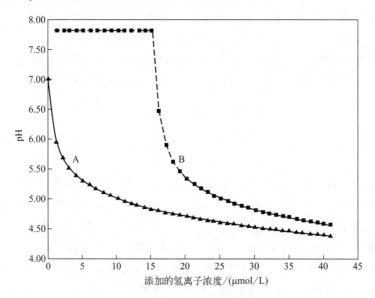

图 5-6　碱度对 pH 变化的缓冲能力

A—酸加入去离子水（碱度非常低）；B—酸加入一价磷酸盐缓冲溶液（高碱度）

碱度通过测量使水样 pH 降低到某一特定值所需加入的酸的量来确定，结果的标准单位通常表示为每升水样中碳酸钙的质量。缓冲能力弱的水碱度可能低于 40 mg/L（以 CaCO$_3$ 计），若水样来自流经石灰岩或"喀斯特"区域的河流，其碱度可能超过 200 mg/L（以 CaCO$_3$ 计）。

5.10　固体颗粒

废水处理因其包含的溶解和悬浮的无机物而变得复杂。在水处理的讨论中，溶解和悬浮物质都被称为固体。从水中分离这些固体是水样处理主要目标之一。

总固体包括蒸发除去水后容器中残留的所有物质，通常在 103～105 ℃。总固体可以分离成总悬浮固体（即留在 2.0 μm 过滤器中的固体）和总溶解固体（通过过滤器的已溶解物质和胶体物质）。总悬浮固体和总溶解固体之间的差异可通过下例阐述：

一茶匙食盐溶于一杯水中，形成无色透明的溶液。但是水蒸发后盐仍会析出。而沙子不会溶解，在水中依然以沙粒的形态存在，并形成浑浊液。水蒸发后沙子依然保留。盐是溶解固体的一个例子，沙子则是一种悬浮固体。

悬浮固体是利用名为古氏坩埚的特殊坩埚从溶解固体中分离出来的。古氏坩埚的底部有个洞，洞口放置着玻璃纤维过滤器（图 5-7）。水样借助负压通过坩埚。悬浮物质被保留在过滤器上，而溶解的部分则穿过过滤器。如果已知坩埚和过滤器的初始干重，则坩埚、过滤器和未通过过滤器的干燥固体的总质量与初始坩埚和过滤器总质量之差即为悬浮固体质量，表示为毫克每升。

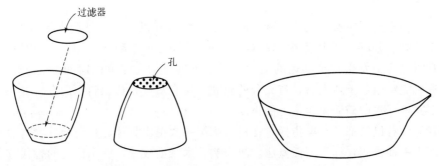

图 5-7　带有过滤器的古氏坩埚
古氏坩埚用来测定悬浮固体的含量，蒸发皿用来测定总固体

固体可按另一种方式进行分类：在高温（550 ℃）下是否会挥发。前者被称为挥发性固体，后者为难挥发性固体。挥发性固体通常是有机化合物。550 ℃下一些无机物也会被分解、挥发，但并不严重。例 5.3 表明了总固体和总挥发性固体之间的关系。

例 5.3　已知数据如下：

——蒸发皿的质量（如图 5-7 所示）＝48.6212 g；

——将 100 mL 的样品置于培养皿中并蒸发浓缩，蒸发皿与干固体的质量＝48.6432 g；

——将蒸发皿置于 550 ℃ 的炉中，冷却后重新称重＝48.6300 g。

计算总固体、挥发性固体和固定固体的含量。

$$总固体 = \frac{（蒸发皿＋干物质）－蒸发皿}{样品体积}$$

$$= \frac{48.6432－48.6212}{100}$$

$$= 220 \times 10^{-6}（g/mL）$$

$$= 220 \times 10^{-3}（mg/mL）$$

$$= 220（mg/L）$$

$$固定固体 = \frac{（蒸发皿＋未燃烧固体）－蒸发皿}{样品体积}$$

$$= \frac{48.6300－48.6212}{100}$$

$$= 88（mg/L）$$

$$总挥发性固体 = 总固体－总固定固体$$

$$= 220－88$$

$$= 132（mg/L）$$

5.11　氮和磷

第 4 章中提到氮和磷是对生物生长十分重要的营养素。氮在水环境中有五个主要存在形式：有机氮、氨氮、亚硝态氮、硝酸氮及溶解氮气。磷几乎都以有机磷酸酯、无机磷酸盐或多磷酸盐存在。

氨是生物代谢过程中所形成的一种中间化合物，与有机氮一起被列入最近的污染指标。有机氮和氨的好氧分解会产生亚硝酸盐（NO_2^-），最终形成硝酸盐（NO_3^-）。因此硝酸盐浓度高表明有机氮污染发生在足够远的上游，以至于有机物有足够的时间被完全氧化。同样地，如果有机肥料施到土地上后，有充分的时间（且有氧气）让肥料中的有机氮在土壤中进行氧化，则其地下水中硝酸盐含量可能很高。

因为氨氮和有机氮都是污染指标，在科学家第一次提出具体分析流程后，这两种形式的氮常被合并为一种检测，称为凯氏氮法。凯氏法技术难度较大，一个流行的替代方法是测量总氮含量和分别测量硝酸盐加亚硝酸盐含量，两个浓度之差就等于有机氮加氨氮。

磷常通过总磷（所有形式的组合）含量或溶解态磷（通过 $0.45\mu m$ 过滤器的部分）含量来测定。正磷酸盐（$PO_4^{\bullet}$）溶解量是水体污染的一个重要指标，因为它很容易被动植物快速吸收，因此在未受污染的水域中几乎没有检出过高浓度磷酸盐。

各种形式的氮和磷都可以通过比色技术来进行分析检测。在比色法中，所讨论的离子与反应物结合形成有色化合物，颜色的强度正比于离子的初始浓度。例如，用"酚盐方法"分析氨时，氨、次氯酸盐和苯酚以硝普钠作为催化剂，生成鲜蓝色化合物（靛酚）（Clesceri 等 1999）。颜色通过光度测定，有时也用视觉对比颜色标准。

光度计如图 5-8 所示，由光源、滤光器、样品和光电池组成。滤光器只允许特定波长的光穿过，然后被测化合物将吸收光。光穿过样品到达光电池，将光能转换成电能。强烈着色的样品将吸收大量光，仅允许有限光线通过，从而产生小电流。另一方面，含极少目标化学物质的样品颜色较浅，能允许几乎所有光通过，引起强电流。

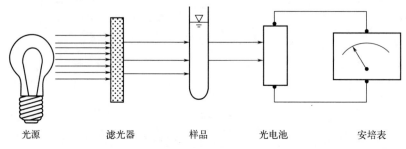

光源　　　　　滤光器　　　　样品　　　光电池　　　　安培表

图 5-8　滤光器的原理

透过有色溶液的光强度遵循朗伯-比尔定律

$$\lg \frac{P_0}{P} = ebc = A \tag{5.23}$$

式中　P_0——入射光的辐射功率；

P——光通过样品后的辐射功率；

e——吸收率，$L/(mol \cdot cm)$；

b——路径长度，cm；

c——吸收物质浓度，mol/L；

A——吸光度（无单位）。

---

❶ 此处疑为 PO_4^{3-}。——编者注

如图 5-8 所示的光度计，测量光通过样品前后的强度差异 [式（5.23）中的 P] 和光通过蒸馏水或参考样品的强度（P_0）得出吸光度（A）以及透光率（T）

$$A = \lg \frac{1}{T} \tag{5.24}$$

在比色分析中，通常用标准稀释系列估计未知样品的浓度，如例 5.4。

例 5.4　几种已知浓度的氨和一个未知样品采用酚盐方法进行分析，并用光度计测量其吸光度。计算出未知样品中的氨质量浓度。

标准溶液	吸光度
0μg/L 氨水	0.050
5μg/L 氨水	0.085
10μg/L 氨水	0.121
50μg/L 氨水	0.402
100μg/L 氨水	0.747
350μg/L 氨水	2.450
未知样品	1.082

图 5-9 中氨的标准溶液浓度和吸光度曲线为直线，吸光度 1.082（未知样品）对应的氨质量浓度为 150 μg/L。

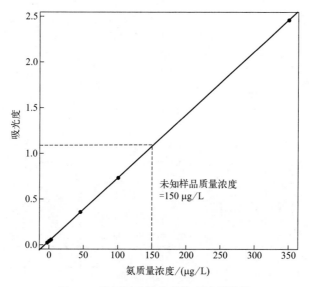

图 5-9　利用标准溶液吸光度进行计算

尽管大多数的氮磷分析是利用分光光度计完成，其他技术也正逐渐被接受。选择性离子电极可用于测量氨、亚硝酸盐和硝酸盐（前面所述的 pH 计是测量 H^+ 的选择性离子电极）。离子色谱法（ICP）可用于测量亚硝酸盐、硝酸盐和磷酸盐，若先氧化样品将所有形式的氮和磷转化为硝酸盐和磷酸盐则也可测量总氮和总磷。离子色谱法使水样通过一系列离子交换柱，分离阴离子，使它们在不同的时间被释放到探测器。对于简单（即不是特别精确）的测量，已有一些为测试水和土壤样本中氮、磷含量提供精心设计的化学物质包的现场工具包。这些工具包通常使用的比色技术类似于分析实验室中所使用的更复杂版本，但它依赖于颜色

参考卡而不是确定化学物质浓度的分光光度计。

5.12　病原体

从公共健康角度来看，水的细菌学质量与化学质量一样重要。大量传染性疾病，包括伤寒和霍乱，可由水传播。虽然我们显然希望饮用水不被病原体（致病有机体）污染，然而判断水中是否存在病原体以及它们是否对健康有威胁都是比较复杂的。第一，病原体数量繁多，表 5-2 仅列出了一些最常见的水源性微生物病原体。每种都有其特定的检测过程，且必须单独隔离。第二，这些微生物的浓度，虽然量大到足以传播疾病，却细小到不能被检测出，检测它们犹如大海捞针。

表 5-2　常见的水源性微生物病原体

微生物	对人类的影响
细菌	
弯曲杆菌	肠胃炎
肉毒梭菌	肠胃炎（肉毒杆菌中毒）
产气荚膜梭菌	肠胃炎
大肠杆菌 O157：H7	肠胃炎
军团菌	肺炎性肺疾病
副伤寒沙门氏菌	副伤寒
伤寒沙门氏菌	伤寒
志贺菌（若干种）	细菌性痢疾
金黄色葡萄球菌	肠胃炎
霍乱弧菌	霍乱
小肠结肠炎耶尔森菌	肠胃炎
原生动物	
隐孢子虫	隐孢子虫病
痢疾阿米巴	阿米巴痢疾
兰伯贾第鞭毛虫	贾第鞭毛虫病
病毒	
甲型肝炎病毒	肝炎
脊髓灰质炎病毒	骨髓灰质炎

该如何衡量细菌学质量？答案就暗含在指示生物的概念中，它们虽然不一定直接有害，但有指示其他病原体存在的可能。

最经常使用的指示生物是大肠杆菌（$E.coli$），大肠菌群的一员（大肠菌群是无芽孢的杆状细菌，35 ℃下在 48 h 内会发酵乳糖）。虽然许多大肠菌群天然存在于水生环境中，但是大肠杆菌，通常被称为粪大肠菌群，与恒温动物的消化道相关联。粪大肠菌群是特别好的指示生物，因为用简单的测试就能检测出，且通常是无害的（有些菌株是极易致病的，但大多数都没有致病性），不能在宿主外部长期生存。水样中存在大肠杆菌并不能证实病原体的存在，没有大肠杆菌也不保证病原菌就不存在。但如果存在大量大肠杆菌，很可能近期受到来自恒温动物的废物污染。

最后要着重强调的是大肠杆菌的存在并不能证实水中确有病原微生物，只能表明这类生物体可能存在。因此，大肠杆菌含量高的水非常值得怀疑，即使其可能是安全的，也不应使用。

测量大肠杆菌的方法有如下几种，其中使用最广泛是膜过滤（MF）技术。水样通过无菌微孔过滤器抽吸过滤，捕获所有大肠菌群。该过滤器放置于无菌培养基的加盖培养皿中，无菌培养基促进大肠杆菌生长，同时抑制其他生物生长。在 35 ℃下孵育 24 h 后，统计有光泽的金属红点（大肠杆菌菌落）的数量。大肠菌群的浓度通常表示为每 100 mL 样品的大肠菌群数。用于这种测试的设备如图 5-10 所示。

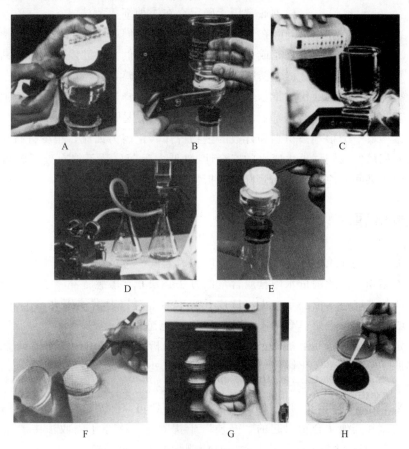

图 5-10　测量大肠菌群数的微孔过滤装置

A—微孔滤膜放在过滤器上；B—更换漏斗；C—将测量的样品倒入漏斗；D—应用实验室真空抽吸；
E—停止抽吸并移除滤膜；F—将滤膜放在含有生长培养基的加盖培养皿中；G—培养皿置于 35 ℃下孵化 8 h；
H—用显微镜计数大肠杆菌菌落

测量大肠菌群的第二种方法叫做最大可能数（MPN）试验。这个实验是基于以下观察，即大肠菌群在乳糖肉汤中会产生气体，使肉汤浑浊。实验方法是将一个小管颠倒放置于大管内（图 5-11），使小管中没有气泡，从而完成气体产生的检测。培养后若产生气体，其中一部分会被困在小管中，这与浑浊的肉汤可以表明管中至少已接种一种大肠菌群。样品非常浑

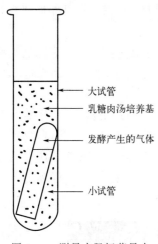

图 5-11 测量大肠杆菌最大
可能数（MPN）的试管

大试管
乳糖肉汤培养基
发酵产生的气体
小试管

浊、微咸、取自泥浆或沉积物都是 MF 方法的干预条件，这些情况下常使用 MPN 测试。

测量大肠菌群的第三种方法是使用名为大肠杆菌计数的专有设备。将含有所有必需营养物质的无菌垫浸入水样并培养，进行菌落计数。衬垫用来完全吸收 1mL 水样，使菌落计数得出每毫升的大肠杆菌浓度。虽然大肠杆菌计数快速简单，但其结果在饮用水测试中是不可取的。

病原体检测中愈发受到关注的问题是检测食品和饮用水供应中大肠杆菌（如大肠杆菌 O157：H7）毒菌株的存在。标准的 MF 和 MPN 测试不区分致病和无害的大肠杆菌菌株，基因检测通常用于确定存在哪种细菌菌株。

在过去的二十年里，我们越来越重视使用其他的指示物种补充或替代大肠杆菌测试。例如，已发现粪链球菌的肠球菌亚群（粪肠球菌、屎肠球菌、鹑鸡肠球菌和鸟肠球菌）可作为衡量再生水（如泳滩）质量的优秀指示物种。和大肠杆菌一样，肠球菌细菌是恒温动物胃肠道的正常居住者，且在选择性培养基上培养后用膜滤法能轻易计数。

致病病毒构成一个很难被识别和计数的生物群体。正因为如此，很少进行病毒的常规检测，除非有疾病暴发或测试再生废水的安全性。（低大肠菌群数不能有效反映再生废水病原体的灭活，因为某些病原体比大肠菌群更能抵抗消毒方法。）

5.13 重金属

重金属如砷、铜和汞，即使在水中的浓度相对较低，也可能会损害水生生物，或在食物链中产生生物累积。因此测量水中金属含量的方法必须非常敏感。测量水样中金属含量的方法多样，方法的选取通常取决于所需灵敏度及成本。重金属通常使用火焰、电热（石墨炉）或冷原子吸收（AA）、电感耦合等离子体（ICP）、电感耦合等离子体/质谱（ICP/MS）和比色技术测定。样品可以对溶解的金属进行过滤和分析或用强酸消化后衡量金属总量。

在火焰原子吸收中将氯化镧溶液加入到样品中，处理过的样品用喷雾器喷入火焰。样品中各金属元素会产生特征颜色的火焰，其强度可用分光光度计测量。石墨炉原子吸收法使用电加热装置来雾化金属元素，并且与火焰原子吸收相比可以测量浓度低得多的金属，但往往存在样品中的盐和其他化合物引起的"基质"干扰问题。冷原子吸收法主要用于测量砷和汞。ICP 和 ICP/MS 对基质问题较不敏感且能测量的浓度范围较广。

5.14 其他有机物

污染评定最多样化（且最困难）的部分之一是测量水中有毒、致癌或有其他潜在危害的有机化合物。这些有机物包括之前介绍的消毒副产物、杀虫剂、洗涤剂、工业化学品、石油烃，以及它们在环境中经过化学或生物反应后的降解产物（例如，DDT 生物降解为有害的 DDD 和 DDE）。

第 5 章描述的一些方法可以用于评估水中有机物的总含量（例如总有机碳分析）。气相色谱（GC）和高效液相色谱（HPLC）是测量微量的特定有机物的有效方法。气相色谱采用流动相（载气）和固定相（填充有惰性颗粒的固体柱）来分离有机化合物。蒸发的有机物中各种特定的有机组分以不同的速率通过固体柱。在柱中分离后，用对被测有机物类型敏感的检测器测定各有机物的量。峰值和停留时间被用来鉴别和量化每种有机物。高效液相色谱法类似于气相色谱，除了流动相是高压液体溶剂。

5.15　总结

本章只讨论了水污染控制中部分最重要的测试。数以百计的分析流程已记录在案，其中许多只能由熟练的技术人员在特殊设备上操作。了解这一点并认识到水污染测量的复杂性、偏差与目的后，如果某人将一壶水放到你办公室的桌上并问："你能告诉我水被污染了吗?"，你会如何回答?

思考题

5.1　已知下列 BOD 测试结果：
——初始溶解氧量＝8 mg/L；
——最终溶解氧量＝0 mg/L；
——稀释度＝ 1/10。
（a）计算 BOD_5。
（b）计算最终 BOD。
（c）计算 COD。

5.2　如果在两个瓶子中装满湖水，一个置于黑暗条件下，另一个正常光照，几天后哪瓶中的溶解氧含量更高？为什么？

5.3　列举三种测量 BOD 所需的接种样品类型。

5.4　下列数据来自某样品：
——总固体量＝4000 mg/L；
——悬浮固体＝5000 mg/L；
——挥发性悬浮固体＝2000 mg/L；
——固定悬浮物＝1000 mg/L。
这些数据中哪些是可疑的？为什么？

5.5　一份水样的 BOD_5 为 10 mg/L。BOD 瓶中的初始溶解氧为 8 mg/L，稀释度为 1/10。BOD 瓶中的最终溶解氧为多少？

5.6　若废水的 BOD_5 为 100 mg/L，画一条曲线来显示加入剂量逐渐增加的铬（一种有毒的化学物质）对 BOD_5 的影响。

5.7　某工厂每天排放 1×10^7 gal BOD_5 为 2000 mg/L 的废水。请问每天共排放了多少磅 BOD_5？

5.8　如果每天将 0.5 gal 牛奶倒入河流中，每天将排放多少磅 BOD_5？

5.9　根据下列 BOD 测试所得数据求：（a）BOD_5。（b）最终碳质 BOD（L_0）。（c）最

终 BOD（BOD_{ult}）。

天数/d	DO/(mg/L)	天数/d	DO/(mg/L)
0	9	5	6
1	9	10	6
2	9	15	4
3	8	20	3
4	7	25	3

为什么直到第三天才有氧气被消耗？如果样品被接种，最终溶解氧含量会变高还是变低？为什么？

5.10 现有例 5.4 中氨标准曲线，若测得未知样品吸光度为 0.050，则其氨质量浓度为多少？

5.11 假设进行复式管大肠菌群实验得到以下数据结果：10 mL 样品，5 个全为阳性；1 mL 样品，5 个全为阳性；0.1 mL 样品，5 个全为阴性。使用标准方法表来估计大肠菌群浓度。

5.12 如果粪大肠菌群被用作病毒污染以及细菌污染的指标，大肠杆菌必须具备与病毒有关的什么特征？

5.13 画出一条典型的 BOD 曲线。标记出如下参数：（a）最终碳质 BOD（L_0）；（b）最终氮质 BOD；（c）最终 BOD（BOD_{ult}）；（d）BOD_5。在同一张图中画出在 30 ℃下进行 BOD 实验得到的曲线，并绘出在样品中加入大量有毒物质得到的 BOD 曲线。

5.14 根据下列 BOD 数据（没有稀释，没有接种）：

（a）计算最终碳质 BOD。

（b）分析可能是什么原因造成了实验开始阶段的滞后。

（c）计算 k_1'（反应速率常数）。

天数	DO/(mg/L)	天数	DO/(mg/L)
0	8	7	6
1	8	15	4
3	7	20	4
5	6.5		

5.15 一个废水样品的 BOD 大约为 200 mg/L。

（a）用常规手段测量该 BOD 时需要怎样稀释？

（b）如果测得初始和最终溶解氧分别为 9.0 mg/L 和 4.0 mg/L，稀释水的 BOD 为 1.0 mg/L，如何稀释？

第6章
给水

众所周知，水对生命的存活非常重要。人需要喝水，动物需要喝水，植物需要喝水。社会的基本功能都需要水，如公共卫生的清洁、工业流程的消耗、发电冷却。本章中，我们从以下几个方面讨论水的供应：

- 水循环和水的可用性
- 地下水供给
- 地表水供给
- 水传输

我们的讨论前提是世界及整个国家都有充足的水供应，但是很多地区缺水而其他地方则水资源丰富。充足的水供应需要设计供应及水从一个地方到另一个地方的运输，还要考虑到水运输系统对环境的影响。在许多情况下，人向有水的地方迁移对环境的损害比运输水要小。本章关注水供应的检测，下章讨论水运输到需求区域后可行的清洁处理方法。

6.1 水循环和水资源可用性

水循环是研究水供应的有效出发点。如图 6-1 所示，水循环包括来自云的降水、地面入渗、地表径流、蒸发与蒸腾入大气。降水量与蒸发/蒸腾速率能帮助确定供人类消费的水的基准量。降水包括降落到地面的所有形式的水分，现已有多种用于衡量雨、雪、雨夹雪、冰雹的量和强度的方法。在许多可用水的研究中，基于暴雨、季节或者年度基础的给定区域的平均水深非常重要。任何开放的具有垂直侧面的容器都可以被用作常用的雨量计，但是对不同的容器收集的水量进行比较时，要考虑不同的风和飞溅的影响。

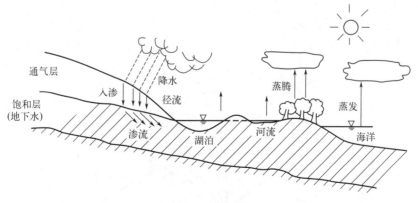

图 6-1　水循环

蒸发和蒸腾是水从开放的水面和植物呼吸返回大气的过程。太阳辐射、环境空气温度、湿度、风速等影响蒸发的气象因素同样也能影响蒸腾过程。植物可获得的土壤水分含量也影响蒸腾速率。蒸发量通过测定平面的水分流失来检测。蒸腾可通过植物蒸腾表来衡量，植物蒸腾表是一个装满土、种上特定植物的大容器。土壤表面被密封以防止蒸发，这样水分只能通过蒸腾流失。水分流失的速率是通过间隔称量整个系统的质量，直到植物死亡来确定的。由于植物蒸腾表无法仿真自然条件，因此结果价值有限。但是，在野外条件下，它们可被用作作物的水需求指标，涉及一些帮助工程师确定作物供水需求的计算。因为往往没有必要区分蒸发和蒸腾，这两个过程往往被看作是蒸散，或流失到大气中的总水分。

6.2 地下水供给

地下水不仅是井水供给的重要直接来源，也是一个重要的间接来源，因为地表溪流常由地下水供给。

在接近地表的通气区域，土壤孔隙包含空气和水。这种区域在沼泽地可能没有厚度，但在山区可能有几百英尺厚，有三种不同类型的水分。一场暴风雨后，重力水通过较大土壤孔隙运输。毛细水通过毛细作用在小孔隙空间运输，可供植物吸收。在除干燥气候条件的其他气候条件下，吸湿水分受分子间作用力约束。在通气层的水分不能作为供水水源。

通气层下的饱和区域，土壤孔隙充满了水，这就是我们所说的地下水。含有大量地下水的那一层是含水层。两个区域间的表层称为地下水位或潜水面，其静水压力等同于大气压力。含水层可以延伸到很深的地方，但由于覆盖层材料的重量通常封闭孔隙，在深度超过600 米（2000 英尺）的地方几乎找不到水。

含水层能储存的水量就是土壤颗粒之间的孔隙空间的体积。孔隙体积与土壤总体积的分数比被称为孔隙率，因此

$$孔隙率＝孔隙体积/总体积 \tag{6.1}$$

但是因为它们与土壤颗粒紧密相连，并不是所有的这种水都可利用。可以被提取的水量为单位产水量，是从含水层自由排出的水量占含水层总水量的百分比。

水的流动如图 6-2 所示，用连续性方程分析表示如下：

$$Q＝Av \tag{6.2}$$

式中 Q——流量，m^3/s；

  A——多孔材料面积，m^2；

  v——表观速度，m/s。

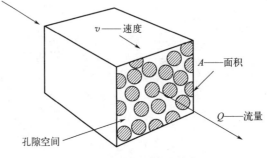

图 6-2 水流过土壤取样器

表观速度当然不是水在土壤中的真实速度，因为土壤颗粒所占体积极大地减少了流动的有效面积。如果用 a 表示流动的有效面积，则

$$Q = Av = av'$$

式中，v' 是水在土壤中的实际速度；a 是流通有效面积。

$$v' = (Av)/a \qquad (6.3)$$

如果一个土壤样本的长度为 L，则

$$v' = (Av)/a = (AvL)/(aL) = v/孔隙率 \qquad (6.4)$$

以流速 v' 在土壤中流动的水消耗能量，就像水在管道或者明渠里流动一样。水头损失被定义为

$$\frac{\Delta h}{\Delta L} \qquad (6.5)$$

式中，h 为压力水头。

通过多孔介质如土壤中的流量与水头损失的关系用达西方程表示：

$$Q = KA \frac{\Delta h}{\Delta L} \qquad (6.6)$$

式中 K——渗透系数，$m^3/(d \cdot m^2)$；

A——横截面积，m^2。

不同土壤渗透系数变化很大，从黏土的 $0.04 \ m^3/(d \cdot m^2)$ 到砂砾的 $200 \ m^3/(d \cdot m^2)$。

孔隙率、单位产水量及渗透系数典型数值如表 6-1 所示。在实验室里，渗透系数一般用渗透仪测定，渗透仪由流体（例如水）在压力下能穿过的土壤样本构成。流量是在给定驱动力下测定的，渗透率也同样计算。

表 6-1 估算选定材料的平均渗透系数和孔隙率

材料	孔隙率/%	单位产水量/%	渗透系数	
			$K/[gal/(d \cdot ft^2)]$	$K/[m^3/(d \cdot m^2)]$
黏土	45	3	1	0.04
沙子	35	25	800	32
砂砾	25	22	5000	200
砂岩	15	8	700	28
花岗岩	1	0.5	0.1	0.004

资料来源：R. K. Linsley and J. B. Franzini, *Elements of Hydrology*, McGraw-Hill, NewYork. Copyright © 1958. Used with permission of the McGraw-Hill Book Company.

例 6.1 如图 6-3 所示，土壤样品被放在渗透仪中。样品长度为 0.1 m，横截面积为 0.05 m^2。施加在土壤上的压力水头为 2 m，流量为 2.0 m^3/d，求渗透系数。

通过上述公式可得：

$$K = \frac{Q}{A(\Delta h/\Delta L)} = \frac{2.0}{0.05 \times (2/0.1)} = 2[m^3/(d \cdot m^2)]$$

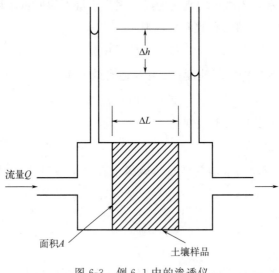

图 6-3   例 6.1 中的渗透仪

被困在两个不透水表面之间的含水层叫承压含水层，可以看作是一个大的渗透仪。流动造成的压力损失可通过测定两个井的水位确定，第二个井就是另一个的下游。

例 6.2   某个承压含水层深 6 m，在土壤中的渗透系数为 $2 \, \text{m}^3/(\text{d} \cdot \text{m}^2)$。井之间相距 100 m，两口井的水高度差为 3 m。求含水层流量和表观速度。

压力梯度的斜率为 $\Delta h / \Delta L = 3/100 = 0.03$，1 m 宽的含水层的流量为

$$Q = KA \frac{\Delta h}{\Delta L} = 2 \times 6 \times 0.03 = 0.36 \, (\text{m}^3/\text{d})$$

表观速度为

$$v = \frac{Q}{A} = \frac{0.36}{1 \times 6} = 0.06 \, (\text{m}/\text{d})$$

如图 6-4 所示，如果一个井沉入非承压含水层，且水被泵出，含水层中的水就会流向井。当水趋近于井时，水流过的面积会越来越小，因此，需要更大的表观（实际）速度。较高的速度必定引起能量损失增加，压力梯度增加，形成凹陷的锥形。地下水位的降低在地下水定义中称为水位降落。如果水流向井的流速与井泵出的速率一致，则是平衡的，水位保持不变。但是如果水泵出的速率增加，那么径向流必会进行补偿，这就导致更严重的水位降落。

圆柱形中水流向中心，如图 6-5。使用公式 6.6。

$$Q = KA \frac{\Delta h}{\Delta L} = K(2\pi r h) \frac{\text{d}h}{\text{d}r}$$

式中，r 为圆柱体半径；$2\pi r h$ 为圆柱体的表面积。

如果水从圆柱体中心泵出的速率与水从圆柱体表面流入的速率相同，以上方程可以积分：

$$\int_r^{r_1} Q \frac{\text{d}r}{r} = 2\pi K \int_h^{h_1} h \, \text{d}h$$

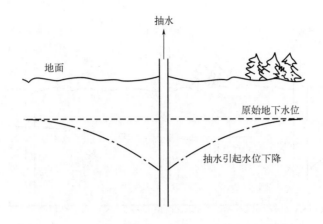

图 6-4　当水被泵出井时地下水中水位下降

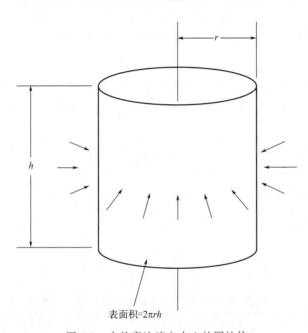

图 6-5　水从旁边流向中心的圆柱体

或者

$$Q\ln\frac{r_1}{r}=\pi K(h_1^2-h^2)\tag{6.7a}$$

$$Q=\frac{\pi K(h_1^2-h^2)}{\ln(r_1/r)}\tag{6.7b}$$

注意积分是对 r 和 h 任意值的积分。

这些方程可以利用非承压含水层（地下水位可随意改变）中两个观察井的水位测量来估计距井任何距离的给定水位降低的泵送率，如图 6-6 所示。同时，已知井的直径，就有可能求得井的地下水位下降，锥形凹陷的关键点。如果水位降低到含水层的底部，井就会进入"干枯"状态——它不能以期望泵出率出水。尽管上述方程的推断是在非承压含水层的基础上，但是承压含水层也会出现同样的情况，承压含水层的压力可以通过观察井测定。

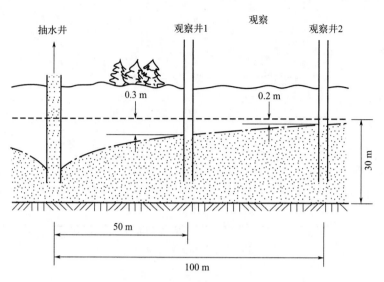

图 6-6   两个地表监测井确定抽水过程中地下水下降的幅度

例 6.3   一井直径为 0.2 m，非承压含水层深 30 m，泵的平衡流量为 1000 m³/d。两个观察井位于 50 m 和 100 m 处，且水位下降分别为 0.3 m 和 0.2 m。求井的渗透系数和水位下降估值。

$$K = \frac{Q\ln(r_1/r_2)}{\pi(h_1^2 - h_2^2)} = \frac{1000 \times \ln(100/50)}{\pi(29.8^2 - 29.7^2)} = 37.1 [\text{m}^3/(\text{d} \cdot \text{m}^2)]$$

如果假设井的半径为 $0.2/2 = 0.1$（m），可将其代入方程，得

$$Q = \frac{\pi K (h_1^2 - h_2^2)}{\ln(r_1/r_2)} = \frac{\pi \times 37.1 \times [29.7 \times 29.7 - h_2^2]}{\ln(50/0.1)} = 1000 (\text{m}^3/\text{d})$$

解 h_2 可得

$$h_2 = 28.8 \text{ m}$$

因为含水层深 30 m，则井的水位下降为 $30 - 28.8 = 1.2$（m）。

含水层多个井能相互影响，引起过度的水位下降。考虑图 6-7 的情况，一口井形成一个锥形凹陷。如果安装了第二个抽水井，锥体就会重叠，引起每个井严重的水位下降。如果很多井沉入含水层，井的联合影响能耗尽地下水来源，所有的井将枯竭。

反过来同样成立。假设其中的一个井变为注入井，那么注入水会从这个井流入其他的井，建立地下水位，减少水位下降。抽水井和注入井的合理利用是控制危险物质或者污染物流动的一种方式。

最后，在以上的讨论中做了很多的假设。一是假设含水层是均匀和无限的。这就是说含水层处在一个水平面上，且在各个方向上特定距离内的任何地方，土壤的渗透性都是相同的。二是假设了稳态和均匀的径向流。假设井穿透整个含水层，对含水层的任何深度都是开放的。三是假设泵率是不变的。显然这些假设都是无保证的，会造成分析错误。这个含水层行为的模型是相对比较简单的，对于地下水行为的建模来说则是复杂而精细的过程。

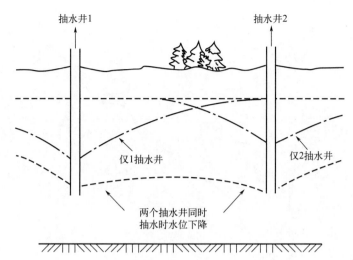

图 6-7 两个抽水井之间的相互干扰

6.3 地表水供给

地表水供给不如地下水可靠,因为其水量在一年或者一周内波动太大,水质也因为污染源受到影响。如果一条河的流量为 10 ft^3/s,这并不意味着使用该水供应的社区的供水随时有 10 ft^3/s。

地表水流量变化太大,以至于在干旱期,即使是小的需求都不能满足,在雨季时必须建立储水设施存水。储水库必须要足够大以提供可靠的供水。但是储水库费用昂贵,而且储水库建得过大,将是对社区资源的浪费。

估测储水库的适当大小的一种方法是用一个累积曲线图来计算历史储存需求,然后再使用统计学计算风险和成本。历史储存需求通过计算拟建储水库的选址地点的河流总流量,并绘制总流量随时间变化的曲线来确定。然后在同一曲线上绘制水需求随时间的变化。如果满足需求的话,水总流量与需求量间的差值就是储水库所需储存的量。这种方法在例 6.4 中说明。

例 6.4 一个储水库要持续供应 15 ft^3/s 的流量。每月的河流流量记录,用总的立方英尺表示为

月份	1	2	3	4	5	6	7	8	9	10	11	12
水量/10^{6}ft^3	50	60	70	40	32	20	50	80	10	50	60	80

储存需求按图 6-8 所示的流量累计曲线计算。注意,该图表示 1 月份流量为 50×10^6 ft^3,2 月份就是 $60 + 50 = 110 \times 10^6$ ft^3,3 月份就是 $70 + 110 = 180 \times 10^6$ ft^3,依此类推。

水的需求保持在 15 ft^3/s,或者

$$15 \frac{\text{ft}^3}{\text{s}} \times 3600 \frac{\text{s}}{\text{h}} \times 24 \frac{\text{h}}{\text{d}} \times 30 \frac{\text{d}}{\text{月}} = 38.8 \times 10^6 \frac{\text{ft}^3}{\text{月}}$$

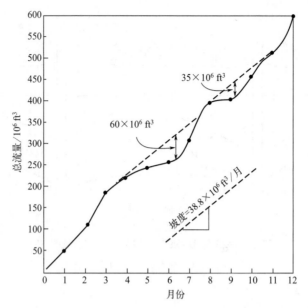

图 6-8　确定储水库所需容量的累积曲线图

图 6-8 所示为斜率为 38.8×10^6 ft³/月的一条直线，其表示的持续需求在供应曲线中绘制出来。注意，5 月的水流量低于需求，这是干旱的开始，并一直持续到 6 月。7 月供给增加，直到大约 8 月末储水库再次装满。这段时间内储水库必须要填补需求和供给的差额，容量需求为 60×10^6 ft³。第二个干旱期从 9 月到 12 月，所需容量需求为 35×10^6 ft³。因此，市民所需的储水库的容量为 60×10^6 ft³，用于储存全年的用水。

如果可以得到的河流流量数据有限，那么像图 6-8 这样的累积曲线图作用不是很大。对于长期的变化来说，一年的数据只能表示出非常少的信息。例 6.4 的数据不能表明 6×10^7 ft³/s 的短缺是 20 年来最干旱的，有可能是年均干旱，甚至可能是发生在异常湿润的年代。

当实际数据不可用时，长期变化可以用统计学的方法估量。水的供应往往是为了满足 20 年周期的需求，水库容量不足以抵消干旱的情况大约是 20 年一次。例如，社区可以选择建造一个更大的储水库，最终证明每 50 年将发生一次水容量不足的情况。计算比较增加水供应的追加资本和效益增值可能会帮助做出这样的决定。一种计算方法要求先汇集数年的储水库容量需求的数据，并根据旱情对这些数据进行排序，然后计算每年的干旱概率。如果汇集了 n 年的数据，排序为 m，$m=1$ 是指干旱最严重，所需的库存要求最大，那么任一年水供应都充足的概率为 $m/(n+1)$。例如：如果储存容量不足，平均而言，20 年中每 1 年水供应充足的概率为

$$m/(n+1)=1/21=0.05$$

如果储水能力不当，平均而言，100 年中每 1 年水供应充足的概率是

$$m/(n+1)=1/101=0.01$$

储存计算在例 6.5 中说明。

例 6.5　某储水库需要供应 10 年中 9 年的水需求。使用例 6.4 中所示的方法计算的储水库所需容量如下所示：

年份	所需储水能力/($\times 10^6 m^3$)	年份	所需储水能力/($\times 10^6 m^3$)
1961	60	1971	53
1962	40	1972	62
1963	85	1973	73
1964	30	1974	80
1965	67	1975	50
1966	46	1976	38
1967	60	1977	34
1968	42	1978	28
1969	90	1979	40
1970	51	1980	45

这些数据必须排序，具有最高的、最严重的干旱为 1 级，次高为 2 级等等。收集的是 20 年的数据，因此 $n=20$，$n+1=21$。而 $m/(n+1)$ 用于计算干旱概率。

排序	储水能力/($\times 10^6 m^3$)	$m/(n+1)$	排序	储水能力/($\times 10^6 m^3$)	$m/(n+1)$
1	90	0.05	11	50	0.52
2	85	0.1	12	46	0.57
3	80	0.14	13	45	0.62
4	73	0.19	14	42	0.67
5	67	0.24	15	40	0.71
6	62	0.29	16	40	0.76
7	60	0.33	17	38	0.81
8	60	0.38	18	34	0.86
9	53	0.43	19	30	0.90
10	51	0.48	20	28	0.95

这些数据绘制在图 6-9 中。半对数图通常呈现出直线。如果储水库能力需满足 10 年中的 9 年，就有可能满足不了 10 年中的另 1 年。将 $m/(n+1)=1/11=0.1$ 代入图 6-9，得到

$$m/(n+1)=2/21=0.1$$

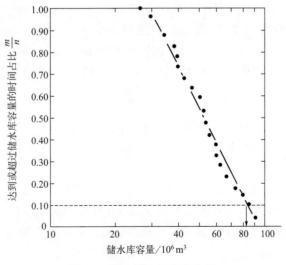

图 6-9 储水能力的频率分析

10%概率的适度容量要求储水库容量为 $82 \times 10^6 \, \mathrm{m}^3$。如果社区仅要求 5 年中的 1 年，那么由图 6-9 可知概率为 $m/(n+1) = 0.2$，储水容量为 $71 \times 10^6 \, \mathrm{m}^3$ 已足够。

这个过程是重现历史事件的频率分析。选定的调查频率为 10 年一次、5 年一次，或者 10 年干旱、5 年干旱。连续 3 年发生且其后 30 年不会发生的干旱仍构成 10 年干旱。计划为 10 年的复发间隔虽然通常是可靠的，但并不是绝对如此。

6.4　水传输

水可以从地表或地表供应直接运输到社区中的用户或者先运输到水处理设施。水通过不同类型的管道运输，包括以下几种。

① 压力管道：隧道、沟渠、管道。

② 重力流管道：顺坡隧道、顺坡沟渠、管道。

井群或水库的位置确定了管道的长度，而地形决定设计管道是通过明渠运输水还是通过压力管道输水。供水管道的外形设计应根据水力坡降线，利用重力优势，减少抽运成本。

在传输系统中，配水库和水塔也有必要，以帮助高峰需求。它们的大小要满足三个设计要求：

① 服务区内每小时耗水量的波动；

② 服务供应网络的短期停工；

③ 控火的备用水要求。

这些水库大多数建成开放或覆盖的盆地、高架罐，或者像过去时的立管。充分设计的配水库或储水库要求管道供应超过 50% 系统或子系统的日均需求的水的运输。

6.4.1　封闭式管道液压元件

在讨论流动之前，先回顾液体的一些重要性质。

液体密度是指每单位体积的质量。密度用 $\mathrm{g/cm}^3$、$\mathrm{kg/L}$、$\mathrm{kg/m}^3$ 表示，英制中以 $\mathrm{slugs/ft}^3$ 或者 $\mathrm{lb \cdot s^2/ft^4}$ 表示。20 ℃时水的密度为 $1\mathrm{g/cm}^3$ 或 $1.94 \, \mathrm{slugs/ft}^3$。

单位重量是重力在单位体积的液体上施加的力。单位重量和密度的关系是

$$w = \rho g$$

式中　w——单位重量，$\mathrm{N/m}^3$ 或 $\mathrm{lbf/ft}^3$；

　　　ρ——密度，$\mathrm{kg/m}^3$ 或 $\mathrm{lbf \cdot s^2/ft^4}$；

　　　g——引力常数，$\mathrm{m/s}^2$ 或 $\mathrm{ft/s}^2$。

在公制系统中，kg（或 g）是质量单位。20 ℃时水的密度在公制中为 $1000 \, \mathrm{kg/m}^3$，在英制中为 $62.4 \, \mathrm{lb/ft}^3$。液体的相对密度为标准温度下密度与纯水密度的比值。水的相对密度为 1.00。液体的动力黏度可用于衡量其抗剪和角变形，被定义为剪切力 τ 对变形速率的 $\mathrm{d}u/\mathrm{d}y$ 的比例常数，通常写为

$$\tau = \mu \mathrm{d}u/\mathrm{d}y$$

这个表达式假定剪切力与变形速率是直接成比例的，符合这个表达式的流体被称为牛顿流体。对非牛顿流体，像生物污泥，剪切力与变形速率不成比例。因此，除非剪切力和变形速率都是指定的，在应用于非牛顿流体如生物污泥时动力黏度会更显著。在公制里动力黏度的单位是 P❶或 g/(cm·s)。20 ℃（68.4 ℉）时水的动力黏度为 0.01 P 或 1 cP。在英制中，动力黏度单位是 lbf·s/ft^2。因此 1 lbf·s/ft^2 等于 479 P。

运动黏度 ν 是动力黏度除以流体密度，即

$$\nu = \mu/\rho$$

式中，ν 为运动黏度，cm^2/s。

液体动力黏度是温度的函数。表 6-2 展示水的动力黏度的一些代表性的值。

表 6-2　水动力黏度作为温度的函数

温度		动力黏度	
℉	℃	lbf·s/ft^2	cP
40	4.4	$3.1×10^{-5}$	1.5
50	10.0	$2.7×10^{-5}$	1.3
60	15.5	$2.3×10^{-5}$	1.1
68.4	20.0	$2.1×10^{-5}$	1.0
70	21.0	$2.0×10^{-5}$	0.96
80	26.6	$1.8×10^{-5}$	0.86
90	32.2	$1.6×10^{-5}$	0.77

6.4.2　封闭式管道流

水力学一个最基本原则表明，在系统中，理想条件下，一种完美流体从一个点流动到另一个点，其总能量不变。总能量是位置能量、压力能量、速度能量的总和。这些通常以流体的米或英尺来表述，所以：

Z——静压头＝高程，m 或 ft；

P——压强，N/m^2 或 lbf/ft^2；

ω——液体密度，kg/m^3；

v——速率，m/s 或 ft/s；

g——重力加速度，m/s^2 或 ft/s^2；

P/ω——压力能或压力水头；

$v^2/(2g)$——速度能或速度水头。

考虑如图 6-10 所示的系统。水通过管道以恒定的表面高程流入储水库。假定系统没有损失，虽然在系统内能量或压头可以从一种形式被转换为另一种，但总能量或总水头保持恒定。在点 1，储水库的表面，所有的能量都是静压头，而在点 3、点 4 和点 5 处，能量分布

---

❶ 1 泊（P）＝100 厘泊（cP）＝10^{-1}Pa·s。

在静压头、压力水头和速度水头之间。在点 6，水喷射进入大气，射流的能量是速度水头和静压头之和。但是系统中的所有点的总能量不变。

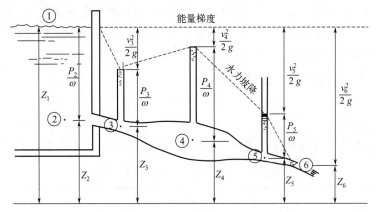

图 6-10   理想封闭式管道流的液压系统

能量恒定原理应用于流体流动时被称为伯努利定理。考虑到系统内的损失，系统内任意两点之间的伯努利方程为

$$Z_1 + \frac{P_1}{\omega} + \frac{v_1^2}{2g} = Z_2 + \frac{P_2}{\omega} + \frac{v_2^2}{2g} + h_L \tag{6.8}$$

其中 h_L 表示系统的能量损失。能量损失会发生在系统内的许多地方，比如阀门、弯管、管道直径突变。能量的主要损失之一为运动流体和管壁之间的摩擦。

由于理论上完善的摩擦损失方程式应用中涉及的实际问题，工程师通常使用拟合的或实证的指数方程来计算流量。其中，在美国广泛使用哈森-威廉姆斯公式用于承压管道流量计算，用于明渠或没有满流的管道的是曼宁公式。这些公式限制在湍流及常见的环境温度下使用。哈森-威廉姆斯公式为

$$v = 1.318 Cr^{0.63} s^{0.54} \tag{6.9a}$$

式中 v——流体平均速度，ft/s；

　　　　r——水力半径（r＝截面积/湿周长），ft；

　　　　s——水力坡降线斜率；

　　　　C——哈森-威廉姆斯系数。

结合连续性方程，$Q = Av$，流量 Q（以 ft^3/min 表示）在直径为 D（以 ft 表示）的圆形管中表示为

$$Q = 25.933 CD^{2.63} s^{0.54} \tag{6.9b}$$

在公制单位中，这两个方程为

$$v = 0.849 Cr^{0.63} s^{0.54} \tag{6.10a}$$

$$Q = 0.278 CD^{2.63} s^{0.54} \tag{6.10b}$$

式中，D 和 r 的单位为 m，v 和 Q 的单位分别是 m/s 和 m^3/s，图 6-11 所示的图表是以上方程在英制和公制单位中的对应方程解。表 6-3 总结了不同管道材料的哈森-威廉姆斯系数。

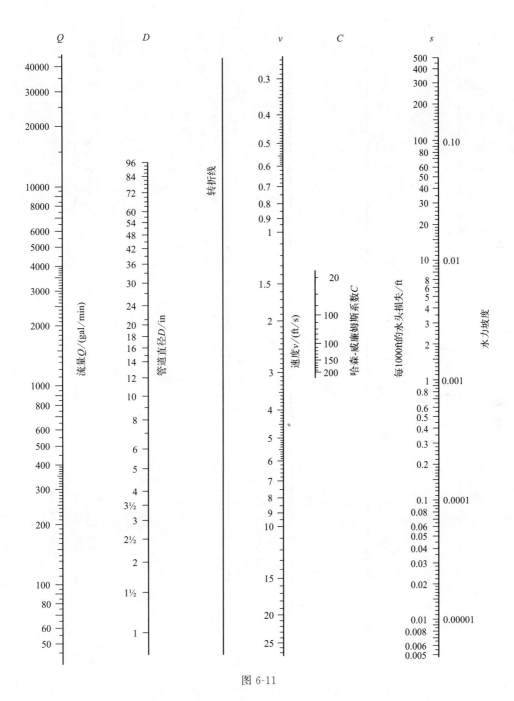

图 6-11

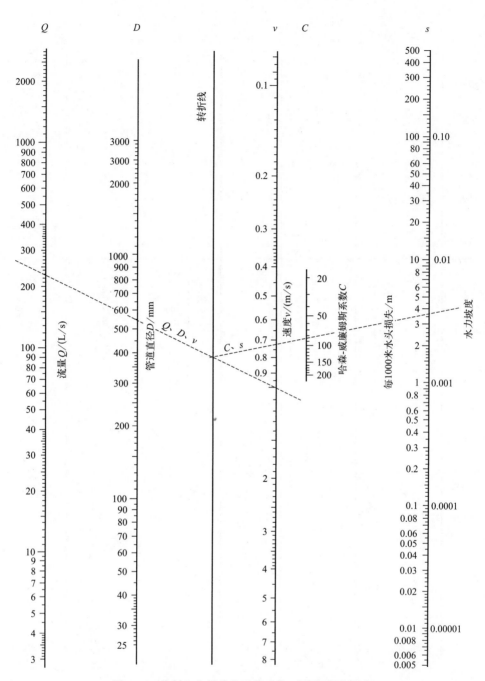

图 6-11　英制和公制单位下的哈森-威廉姆斯方程表

表 6-3 哈森-威廉姆斯公式中的 *C* 值

管道的不同类型	*C*
石棉水泥	140
黄铜	130~140
砖砌污水沟	100
铸铁	
新的,无衬里的	130
旧的,无衬里的	40~120
水泥内衬	130~150
沥青的搪瓷内衬	140~150
焦油涂层	115~135
混凝土或混凝土内衬	
钢模板	140
木模板	120
离心浇注	135
铜	130~140
消防软管(橡胶内衬)	135
镀锌铁	120
玻璃	140
铅	130~140
砌体导管	120~140
塑料制品	140~150
钢铁	
煤焦油搪瓷内衬	145~150
新的,无衬里的	140~150
铆接	110
锡	130
陶瓷	100~140
柴炉	120

例 6.6 通过一根 3000 ft 长、管径为 6 in 的石棉水泥管的压力损失为 20 psi[①],求流速。

$$h_L = 20 \text{ psi} \times 2.31 \text{ ft/psi} = 46.2 \text{ ft}$$

$$s = \frac{46.2 \text{ ft}}{3000 \text{ ft}} = \frac{15.4 \text{ ft}}{1000 \text{ ft}}$$

从表 6-3 中可知,*C* 为 140。图 6-11 所示流量为 460 gal/min。

能量或水头损失会发生在进入管道或沟渠时,也发生在阀门、仪表、配件及其他不规则的点,还发生在扩张以及流动收缩时,这些损失称为局部损失。在相同长度的直管道或沟渠

[①] 1 psi＝6894.757 Pa。

中，局部损失比摩擦损失大，可表示为

$$h_L = K \frac{v^2}{2g} \qquad (6.11)$$

式中，K 为封闭管道中局部损失的能量损失系数，K 值可以用表 6-4 估算。

表 6-4 局部水头损失

阻力性质	损失系数 K	阻力性质	损失系数 K
45°弯头	相同半径的 90° 弯头损失的 3/4	22.5°弯头	相同半径的 90° 弯头损失的 1/2
完全开放的角阀	2～5	进口损失	
蝶阀		管道工程进入水箱	0.8～1.0
$\theta = 10°$	1	管端与水箱齐平	0.5
$\theta = 40°$	10	略圆	0.23
$\theta = 70°$	320	喇叭口	0.04
止回阀		从管道进入静水或者大气的出口损失	1.0
升降式	8～12		
球形	65～70	突然收缩	
旋启式	0.6～2.5	$d/D = 0.25$	0.42
闸阀		$d/D = 0.5$	0.33
完全开放		$d/D = 0.75$	0.19
0.25 关闭	1.2	突然放大	
0.5 关闭	5.6	$d/D = 0.25$	0.92
0.75 关闭	24.0	$d/D = 0.5$	0.56
完全开放的截止阀	10	$d/D = 0.75$	0.91
90°弯头			
常规法兰	0.21～0.30		
长半径法兰	0.14～0.23		
短半径螺纹	0.9		
中等半径螺纹	0.75		
长半径螺纹	0.60		

例 6.7 $1.0 \, \text{ft}^3/\text{s}$ 的流体通过闸阀完全开放的 6 in 管道，其损失为 20 ft。求闸阀关闭 75% 时的水头损失。

从表 6-4 可知，当闸阀部分关闭时，K 值增加为 $K = 24.0$。

$$v = \frac{Q}{A} = \frac{1.0}{0.2} = 5 \, (\text{ft/s})$$

$$h_L = h_0 + K \frac{v^2}{2g} = 20 + 24 \times \frac{5^2}{64.4} = 29.2 \, (\text{ft})$$

当流速相同的流体的水头损失相等（或水头损失相等时水流量相同）时，两个管道与两个管道系统，或单个管道和单个管道系统是等效的。复合管道，无论是并联或串联（图6-12），都可以减少到单个的等效管道。下面的例子可说明。

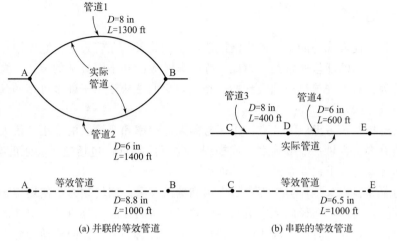

图 6-12　等效管道示意图

例 6.8　对于图 6-12(a) 中的平行管道，求等效管道的直径（假定长度为 1000 ft）。

(1) 点 A 和点 B 之间，穿过管道 1 与管道 2 的水头损失一定相等。

(2) 假定任意水头损失为 10 ft。

(3) 计算管道 1 和管道 2 每 1000 ft 的水头损失。

管道 1：$(10/1300) \times 1000 = 7.7$ ft/1000 ft

管道 2：$(10/1400) \times 1000 = 7.1$ ft/1000 ft

(4) 用图 6-11 来得到用 gal/min 表示的流量。

管道 1：$D = 8$ in，$s = 0.0077$，$Q = 495$ gal/min

管道 2：$D = 6$ in，$s = 0.0071$，$Q = 220$ gal/min

两个管道的总流量为 715 gal/min

(5) 在 $s = 0.010$，$Q = 715$ gal/min 时，用图 6-11 查出等效管道的尺寸为 $D = 8.8$ in。

例 6.9　对于图 6-12(b) 中所示串联管道，求等效管道的直径（假定长度为 1000 ft）。

(1) 通过管道 3 和管道 4 的水量相同。

(2) 假定通过管道 3 和管道 4 的任意流量为 500 gal/min。

(3) 根据图 6-11，求管道 3 和管道 4 的压头损失。

管道 3：$D = 8$ in，$L = 400$ ft，$Q = 500$ gal/min，$h_1 = s_1 \times L_1 = 0.008 \times 400 = 3.2$ (ft)

管道 4：$D = 6$ in，$L = 600$ ft，$Q = 500$ gal/min，$h_1 = s_1 \times L_1 = 0.028 \times 600 = 16.8$ (ft)

两个管道总的压头损失为 20 ft。

(4) 水头损失 20 ft，$s = 20/1000$，$Q = 500$ gal/min，根据图 6-11 得到等效管道尺寸为 $D = 6.5$ in。

通过实际管道和等效管道的分段转换，再复杂的系统都可以简化为单个的等效管道。尽管计算烦琐，但网络流问题的解决与单个管道一样，都依赖于相同的基本物理原理，即整个网络必须满足能量守恒和连续性原则。

6.4.3 泵和抽水 [1]

泵是用来将其他形式的能量转换为液压能的机械装置。在管道上，它们增加了通过管道的液体的能量。增加的能量通常是压力能。除了非常大的和不同寻常的装置，泵就像机动车辆一样，不是为公共工程项目单独设计的。相反，它们是从适用于许多可用的预先设计和已制造的个体中选择的。

经济上的选择要求考虑以下几点：①正常的泵送速率和泵输送的最小和最大速率；②满足流量需求的总水头容量；③吸入水头或扬程；④泵的特点，包括速率、泵的数目、能源、其他的空间和环境的要求；⑤泵送液体的性质。

回转动力泵和容积泵是环境工程中最常遇到的两种泵。回转动力泵使用旋转元件或叶轮使液体具有动能，迫使水在径向流中沿与旋转轴成直角的方向向外流动，迫使液体在轴向流中沿轴向方向流动，或同时给予液体径向和轴向速度。离心泵是径向流动和混流装置，螺旋桨泵是轴流泵。容积泵包括往复式和旋转式。往复式是指活塞将水吸入气缸，并强制排出；旋转式中，两个凸轮或齿轮啮合在一起并沿相反方向旋转，迫使水连续排出。还有喷射泵（喷射器）、气举泵、水锤泵、隔膜泵，以及其他可能在特殊情况下应用的泵。

泵液压系统如图 6-13 所示。泵的静吸入水头是从吸水的自由液面到泵中心线的垂直距离。如果没有自由表面，在泵法兰（吸入或排出）的表压为零时为泵高程中心线，此时的表压可以代替静水头。静吸入水头可以是正的或负的；负静吸入水头有时也被称为吸程。净吸入水头是静吸入水头和摩擦水头损失的差，摩擦水头包括进口损失。静排出水头是从泵中心线到排放管路的自由表面的垂直距离。因此，净排出水头是静排出水头和摩擦压头损失的总和。总水头 H 表示为：

$$H = h_d - h_a \tag{6.12}$$

式中，h_d 为净排出水头；h_a 为净静压水头。

泵在输送液体过程中，在吸入管线的任意位置的压力都应保持高于该液体的蒸气压，以避免空气阻塞、吸入损失和空穴现象。使液体通过吸引管线到叶轮的能量称为净正吸入压头（NPSH），是净吸入压头和存在于吸入供应管线的所有压力的总和，减去液体在泵送温度下的蒸气压。任何真空都被视为负压。泵的有用功是泵送液体的质量和泵产生的水头的乘积。所需要的功率，即功/时间，被称为水马力 [2]（WHP）。因此

$$WHP = QH\omega \tag{6.13}$$

式中，Q 为泵流量，gal/min；H 为总水头，ft；ω 为密度。水在 20 ℃时

$$WHP = \frac{QH}{3960}$$

制动马力（BHP）是驱动泵所需的总功率。泵效率 η 是水马力和制动马力的比值，即

$$\eta = \frac{WHP}{BHP} \times 100 \tag{6.14}$$

---

[1] 关于泵和抽水的讨论取自 F. E. McJunkin 和 P. A. Vesilind 的 *Practical Hydraulics for Public Works Engineers*，作为一个独立讨论部分由 *Public Works Magazine*（1968）出版。

[2] 1 PS（米制马力）= 735.49875 W，1 hp（英制马力）= 745.6999 W。

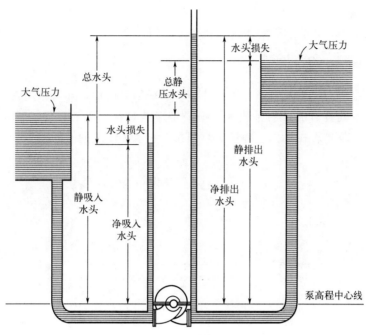

图 6-13　泵液压系统

对于 20 ℃时的水

$$BHP = \frac{100QH}{3960\eta}$$

其他水温和其他液体条件下，BHP 可通过修正密度来确定。自然水的温度校正通常是可以忽略不计的。

6.4.4　泵的特性曲线

泵产生的总水头、驱动泵所需的功率及其产生的效率会随着流量的变化而变化。总水头、功率、效率的相互关系如图 6-14 所示，被称为泵的特性曲线。

① 水头-流量曲线 H-Q 显示了流量和总水头之间的关系。泵常根据水头-流量曲线分类。

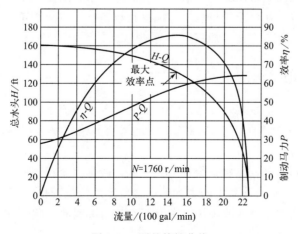

图 6-14　泵的特性曲线

② 效率曲线 η-Q 显示了流量和效率之间的关系。

③ 功率曲线 P-Q 显示了流量和输入功率之间的关系。

6.4.5   系统水头曲线

泵输送系统中水头损失随着通过该系统流量的增加而增加，并可以用系统水头曲线图来表示，如图 6-15。对任意流量的系统水头损失是摩擦水头损失和系统总静压头之和。静压头一直存在，无论泵是否在工作。静压头绘制在系统水头曲线的下面部分。

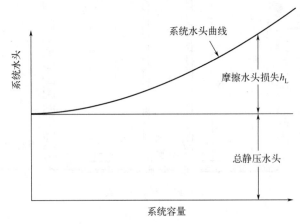

图 6-15   系统水头曲线

摩擦损失及局部损失在本章前面部分已讲过。系统管路和管件可被转换成一个等效管道，对于一些流量的水头损失从哈森-威廉姆斯列线图中可以轻易确定。或者，通过所有管道和管件的水头损失可以用单个流量来计算，其他流量的水头损失可以根据以下关系式确定：

$$\frac{Q_1}{Q_2} = \left[\frac{h_{L_1}}{h_{L_2}} \right]^{0.54} \tag{6.15}$$

对于零排放而言，总水头等于总静压水头。这个点加上几个计算点就足以绘制曲线。系统的静压水头随贮罐和储水库被填充或水位下降而变化。在这种情况下，可以容易地构建出最小和最大水头的系统曲线，从而能在所有可能的静压水头的整个范围内预测系统的泵送容量。对精心设计的装置，在泵及管道成本之间进行权衡的经济分析可能是合理的。但是对于相对短的管道，摩擦损失不应超过静压水头的 20%。

6.4.6   工作水头和排出流量

通常的设计条件为给定系统，且选定合适的泵。泵水头流量曲线与系统曲线的交点就是工作点。图 6-16 就是一个例子。工作点就是给定系统和给定泵运行的排放量和水头。运行效率和功率要求也会落在这个叠加位置。应选择工作点接近于峰值效率的泵。

串联两个完全相同的泵，泵水头会加倍。另外，两个完全相同的泵并列，泵送能力会加倍（如图 6-17）。但是泵水头或泵送能力加倍不会使系统流量加倍。图 6-18 显示并列的两个泵增加的流量导致更大的摩擦水头损失，并且系统流量并没有加倍。相似地，串联的时候系统水头和排出流量也不会加倍。

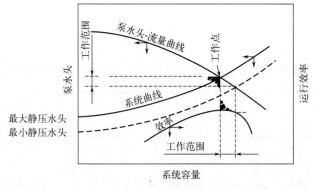

图 6-16　确定泵的工作点

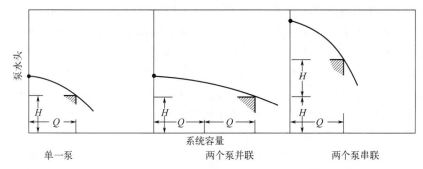

图 6-17　两个泵并联和串联时的泵特性曲线

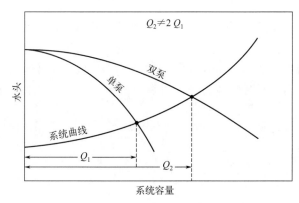

图 6-18　两个泵并联时的系统水头曲线

6.5　总结

水循环表明水是可再生资源，因为能量的驱动来自太阳。地球上的水不会耗尽，尽管某些地区因为气候等原因不能有足够的水或洁净水。整个地球表面都有不同数量的地下水和地表水供应，并且可以通过完善的工程和环境测评保护地下水和地表水供应。

下一章介绍了当有水供应时，水分配与消费的准备与处理方法。

思考题

6.1   蓄水库对于确保城市供水流量为 20 ft^3/s 是必要的。每月的河流流量记录为

月份	1	2	3	4	5	6	7	8	9	10	11	12
流量/(10^6 ft^3/s)	60	70	85	50	40	25	55	85	20	55	70	90

计算存储要求。

6.2   非承压含水层 10 m 厚，并用泵送水，所以 76 m 远的观察井显现出 0.5 m 的水位下降。抽水井的对面是另一个观察井，距离抽水井 100 m，这个井显现出 0.3 m 的水位下降。假定渗透系数是 50 m^3/(d·m^2)。

（a）抽水井的排出量是多少？

（b）假定对距抽水井 100m 的井用泵抽水，用草图表示水位会怎样下降。

（c）假定蓄水层处在斜率为 1/100 的隔水层上，用草图表示水位下降是怎么改变的。

6.3   如果水龙头以两滴每秒的速率滴水，25000 滴汇成 1 gal 的水，每天丢失多少水？每年呢？如果每千加仑水收费 1.60 美元，多长时间后水泄漏浪费的费用相当于修复泄漏（如果你自己修）的零件花费的 75 美分？使用水管工的花费为最低 40.00 美元再加 75 美分的零件费，多长时间后水泄漏费用达到这一费用？

6.4   24 in 的管道流量为 $1×10^7$ gal/d，管道材料为离心旋转混凝土衬砌，求单位长度的水头损失和速度。

6.5   6 in 的总管道有 1.0 ft^3/s 的流体，两个 45°弯头的普通法兰和半关闭的闸阀造成的水头损失是多少？

6.6   三个长 1500 ft 的管道并联排列，其中两个直径为 6 in，另一个直径为 10 in，三个管道的哈森-威廉姆斯 C 值均为 100。求 1500 ft 长的等效管道的直径。

6.7   泵运输流量为 900 gal/min，总水头为 145 ft。假设泵效率为 90%，求 BHP。

6.8   两个完全相同的泵其特性曲线如图 6-14 所示，求以下两种情况下水头为 100 ft 的排放流量：

（a）两个泵串联运行；

（b）两个泵并联运行。

第 7 章
水处理

许多蓄水层和隔离的地表水的水质较好，可以从供给和传输网络直接输送到各个终端，包括食用、灌溉、工业生产过程或消防。然而，在世界的许多地方，特别是人口密集或存在大量农业用途的区域，清洁水源很少。在这些地方，供水在分配前必须要经过不同程度的处理。

水在大气、地表及土壤颗粒之间移动时，杂质进入水中。人类活动会增加杂质含量。来自工业排放的化学物质和来源于人类的病原微生物如果被允许进入水分配系统，会导致健康问题。过多的淤泥或其他固体使水变得难看并且不美观。包括铅、锌和铜在内的重金属污染，可能是由运输管道的腐蚀引起的。

水处理方法和水处理程度是环境工程师重要的考虑事项。一般来说，原水的特性决定了处理方法。大多数公共供水系统被用于饮用水以及工业消耗和消防，因此，水的最主要使用渠道——人类消费决定了水的处理程度。因此，我们关注生产饮用水的处理技术。

典型水处理厂处理工艺如图 7-1 所示。它可用于去除气味、颜色、浊度、细菌和其他污染物。原水进入水处理厂通常有明显的浑浊度，主要是由胶质黏土和淤泥颗粒引起。这些颗粒带有静电荷，这些静电荷可使其保持持续不断地运动，并阻止它们碰撞或结合在一起。化学物质如明矾（硫酸铝）添加到水中，不仅能中和带电颗粒，还能使其有"黏性"以便它们结合并形成大颗粒，称其为絮凝体。把这个过程称为混凝与絮凝，如图 7-1 中的阶段 1 和阶段 2 所示。

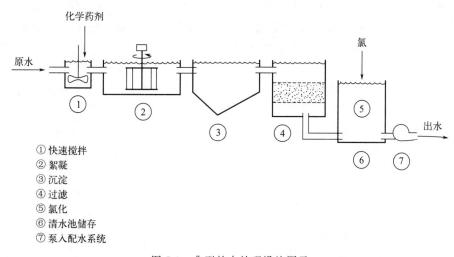

① 快速搅拌
② 絮凝
③ 沉淀
④ 过滤
⑤ 氯化
⑥ 清水池储存
⑦ 泵入配水系统

图 7-1　典型的水处理设施图示

7.1 混凝与絮凝

悬浮在水中天然存在的淤泥颗粒难以除去，因为它们非常小，通常如胶体大小并带有负电荷，因此小颗粒不能聚在一起形成更容易沉淀出来的大颗粒。通过沉降除去这些粒子的要求有：第一，其电荷被中和；第二，促进粒子彼此碰撞。电荷中和被称为混凝，小颗粒形成较大絮凝物的过程被称为絮凝。

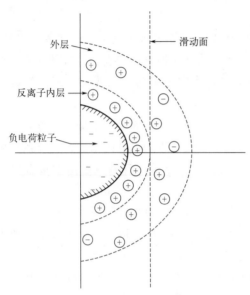

图 7-2 双层理论解释的悬浮粒子电荷

在双层模型中，关于混凝已有比较简单但又不完全圆满的解释。图 7-2 表示了包围粒子的静电场。固体颗粒带负电，并吸引周围流体中带正电的离子——反离子。其中一些负离子被强烈地吸引，以致它们几乎附到粒子上和它一起运动，从而形成滑动面。围绕内层的是主要由正离子组成的外层，但它们受到的引力不太强，附着松散并能滑脱。随着粒子穿过流体，粒子的电荷是负电荷，并被内层的正离子削弱，后者被称为 ζ 电位。

如果净负电荷被认为是一个相斥电荷，由于相邻粒子也如此带电，则电荷可如图 7-3(a)描绘。然而，除了这个斥力电荷，所有颗粒均带有一个有吸引力的静电电荷——范德华力，即颗粒分子结构的一种功能。吸引电荷如图 7-3(a) 所示。这些力的结合导致净排斥电荷，即防止颗粒聚在一起的能量垒或"能量山"。混凝的目标是将能量垒减少到 0，使颗粒不再彼此排斥。向水中添加三价阳离子是减少能量垒的方法之一。这些离子对带负电荷的粒子有静电吸引，并且由于它们带的正电荷数更多，它们能取代一价阳离子。净负电荷及净排斥力因此减少，如图 7-3(b) 所示。在这种条件下，颗粒不互相排斥，并会碰撞且粘在一起。稳定的胶体悬浮液也可以用这种方法变得不稳定，且较大的颗粒不会保持悬浮状态。

明矾（硫酸铝）是水处理中三价阳离子的常见来源。除了高正电荷，明矾还有一个优点：一些铝离子可通过反应生成氧化铝和氢氧化物

$$Al^{3+} + 3OH^- \longrightarrow Al(OH)_3 \downarrow$$

这些络合物有黏性且沉重，如果不稳定的胶体粒子与该絮凝物接触，将大大有助于澄清沉淀池中的水。絮凝能增强这个过程。

絮凝池将速度梯度引入水中，使得快速移动的粒子能够追赶并碰撞移动缓慢的粒子。通常通过旋转桨引入这样的速度梯度，如图 7-4 所示。移动桨所需的功率为

$$P = \frac{C_D A \rho v^3}{2} \tag{7.1}$$

式中 P——功率，J/s 或 ft·lbf/s；

A——桨面积，m^2 或 ft^2；

ρ——流体密度，kg/m^3 或 lb/ft^3；

C_D——阻力系数。

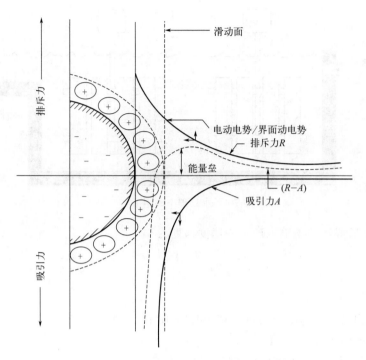

(a) 料子携带净负电荷和范德华正电荷，能量势垒阻止凝结

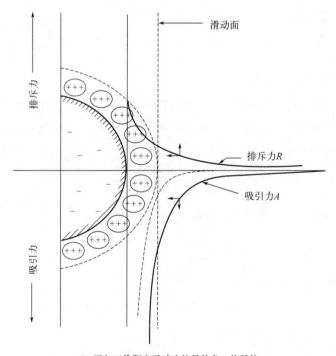

(b) 添加三价阳离子减少能量势垒，使凝结

图 7-3　添加反离子导致粒子净电荷减少

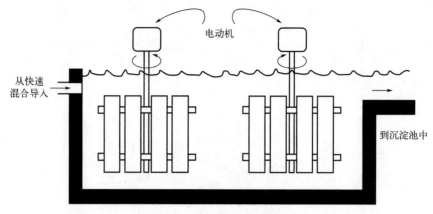

图 7-4   水处理中的絮凝器

水的体积为 V 时，功率输入产生的速度梯度为

$$G=\left(\frac{P}{V\mu}\right)^{\frac{1}{2}}$$

(7.2)

式中 G——速度梯度，s^{-1}；

μ——动力黏度，dyn❶ · s/cm^2 或 lbf · s/ft^2；

V——水槽体积，m^3 或 ft^3。

普遍接受的设计标准规定 G 介于 $30\sim60$ s^{-1}。

时间也是絮凝的一个重要变量，术语 $G\bar{t}$ 在设计中经常使用，其中 $\bar{t}$ 表示在絮凝池中的水力停留时间。$G\bar{t}$ 值通常在 $10^4\sim10^5$ 之间。

例 7.1   某水处理厂每天可处理 3×10^7 gal 的水。絮凝池长 100 ft，宽 50 ft，深 16 ft。连接在四个水平轴上的回转桨转速为 1.7 r/min。每个轴支持四个宽 6 in、长 48 ft 的桨。桨在轴中心 6 ft 处。假设 C_D 为 1.9，水的平均流速是桨速度的 35%。求桨与水的速度差。在 10 ℃ 时，水的密度为 1.94 lb/ft^3，动力黏度为 2.73×10^{-5} lbf · s/ft^2。计算 G 值及絮凝时间（水力停留时间）。

旋转速度为

$$v_t=\frac{2\pi rn}{60}$$

式中，r 为半径，ft；n 为转速，r/min。所以

$$v_t=\frac{2\pi\times6\times1.7}{60}=1.07(\text{ft/s})$$

桨和流体的速度差假定为 65% 的 v_t，所以

$$v=0.65v_t=0.65\times1.07=0.70(\text{ft/s})$$

根据方程 7.1 得出总功率输入为

$$P=\frac{1.9\times16\times(0.5\ \text{ft})\times(48\ \text{ft})\times1.94\ \text{lb/ft}^3\times(0.70\ \text{ft/s})^3}{2}=243\ \text{ft}^2\cdot\text{lb/s}^3$$

---

❶ 1 dyn=10^{-5} N。

根据方程 7.2 得出速度梯度为

$$G = \sqrt{\frac{243 \text{ ft}^2 \cdot \text{lb/s}^3}{100 \text{ ft} \times 50 \text{ ft} \times 16 \text{ ft} \times 2.73 \times 10^{-5} \text{ lbf} \cdot \text{s/ft}^2}} = 1.9 \text{ s}^{-1}$$

G 略小。絮凝时间为

$$\bar{t} = \frac{V}{Q} = \frac{100 \times 50 \times 16 \times 7.48 \times 24 \times 60}{3 \times 10^7} = 28.7 (\text{min})$$

所以，$G\bar{t}$ 值是 3.3×10^3。这个数在可接受的范围内。

7.2 沉淀

絮凝体形成后必须从水中分离，这总是在允许比水重的颗粒沉降至底部的重力沉淀池中完成。沉淀池被设计成液体近似均匀流动，且能尽可能减少湍流。因此，沉淀池的两个关键要素是入口和出口配置。图 7-5 展示了一种用于分配流体进出水处理沉淀池的入口和出口配置。

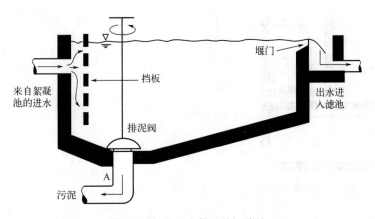

图 7-5　水处理中使用的沉淀池

明矾污泥的生物降解性不是很好，且在水池底部也不会分解。一段时间后，通常是几周后，明矾污泥在水池底部积累到必须被移除。通常情况下，污泥通过底部排泥阀排出，然后被丢弃到下水道或污泥干燥池。与水处理污泥相比，在有气味的气体开始产生和固体污泥浮起前，污水处理厂的污泥在沉淀池底部只能停留几个小时。污水处理使用的沉淀池将在第 9 章讨论。离开沉淀池的水基本上是干净的。快速砂滤系统能够进一步提升水质。

7.3 过滤

水通过土壤颗粒的运动及粒子对水中污染物的去除效果在第 6 章已经讨论过了。想象一下从"地下溪流"往上冒泡，如泉水一样非常清澈的水。土壤颗粒有助于过滤地下水，多年来，环境工程师已学会将这个自然过程应用在水处理和供水系统中，并开发出了我们现在所知道的快速砂滤池。快速砂滤池从载液中分离杂质的实际过程包括两个步骤：过滤和反冲洗。

图 7-6 展示了一个略微简化的快速砂滤池的剖面图。来自沉淀池的水进入过滤池，通过砂砾石层渗透，穿过底部，进入储存已处理水的清水池。阀门 A 和 C 在过滤期间是开着的。

快速砂滤池最后会发生堵塞，必须进行清洁。清洗利用液压进行。操作人员首先关闭阀门 A 和 C，切断水向过滤池的流动，然后打开阀 D 和 B，允许洗涤水（存储在高位槽的水或从清洁池泵出的水）进入滤床下方。这股冲水迫使砂砾石层膨胀，使单个砂粒颠簸运动，并与相邻的砂粒摩擦。被截留在过滤池内的轻的胶体材料被释放出来并随洗涤水流出。几分钟后切断洗涤水，过滤重新开始。

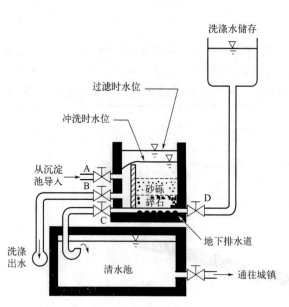

图 7-6　快速砂滤池

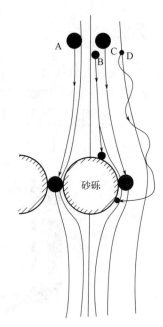

图 7-7　过滤器中固体去除的机制
A—滤除；B—沉降；C—拦截；D—扩散

水中固体杂质通过许多道工序去除，其中最重要的是滤除、沉降、拦截与扩散（见图 7-7）。滤除作为最重要的机制，仅发生在最初几厘米的过滤介质中。过滤过程开始时，滤除仅去除水中大到足以被夹在孔隙的颗粒（图 7-7 中 A）。一段时间后这些截留颗粒本身开始形成具有比原始过滤介质更小的开口的筛网。悬浮在水中较小的颗粒被该网截留并立即开始充当筛网的一部分。因此，去除效率趋向于与过滤阶段时间成一定比例而增加。

沉降时较大和较重的颗粒不遵循绕砂粒的流体流，而是停留在颗粒上（图 7-7 中 B）。拦截发生在粒子遵循流体流时，因过大而碰到砂粒被截留（图 7-7 中 C）。最后，非常小的颗粒做布朗运动，随机与砂粒碰撞。这个过程被称为扩散（图 7-7 中 D）。

前三个机制对较大的颗粒非常有效，而扩散只针对胶体粒子。不同尺寸的颗粒的典型去除效率曲线如图 7-8。大颗粒和小颗粒去除效率高，中等大小的（约 1 微米）颗粒的去除效率明显降低。不幸的是，许多病毒、细菌和细黏土颗粒的尺寸约为 1 微米，因此过滤器在去除这些颗粒方面不太有效。

滤床常被分为单一介质、双重介质和三重介质。后两者常用于废水处理，因为它们允许固体渗透到滤床，有更大的存储容量，从而增加反冲洗之间所需的时间。此外，多重介质过滤器往往会随着时间的推移积聚扩散水头损失，进一步允许延长过滤器运行。

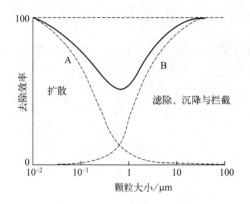

图 7-8　过滤器中各种大小粒子的去除效率曲线

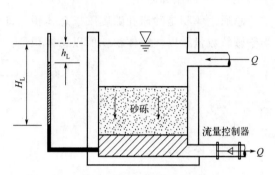

图 7-9　使用压力计测定过滤器的水头损失

注意：h_L 是干净过滤器的水头损失，

H_L 是弄脏了的过滤器的水头损失

过砂水头损失是过滤器设计的一个首要条件。砂逐渐变脏时，水头损失增加。图 7-9 展示了过滤器水头损失的简图。虽然具体应用时的水头损失无法预测，在净砂层的水头损失可以通过几种不同的方程式来估计。其中一个最古老且使用最广泛的方法是卡曼-科泽尼方程。估算过滤时净砂层的水头损失，可先把过滤器视为大量的管道，在这种情况下应用达西-魏斯巴赫水头损失方程

$$h_L = f \frac{L}{D} \frac{v^2}{2g} \tag{7.3a}$$

式中　L——过滤器深度；

　　　　D——管道直径；

　　　　v——管道内速度；

　　　　f——摩擦因子。

但是，通过砂的管道或者通道不是直的，D 是变化的，所以我们以 $D=4R$ 来代替，其中

$$R = \frac{面积}{湿周} = \frac{\pi D^2/4}{\pi D} = \frac{D}{4} = 水力半径$$

因此，我们得到

$$h_L = f \frac{L}{4R} \frac{v^2}{2g} \tag{7.3b}$$

水接近砂的速度为

$$v_a = \frac{Q}{A'} \tag{7.4a}$$

经过滤床的速度为

$$v = \frac{v_a}{e} \tag{7.4b}$$

式中　e——孔隙度或砂内的开放空间部分；

　　　Q——流量；

　　　A'——砂床表面积。

总通道体积是砂床孔隙度乘以总体积，即 eV。总固体体积为（$1-e$）乘以总体积，相当于颗粒数量乘以颗粒体积。所以总体积是：

$$\frac{NV_P}{1-e}$$

式中　N——颗粒数量；

　　　V_P——每个颗粒的体积。

总通道体积为

$$e\frac{NV_P}{1-e}$$

因为总的湿表面积是 NA_P，其中 A_P 为每个颗粒的表面积，水力半径为

$$R = \frac{面积}{湿周} = \frac{总通道体积}{总湿表面积} = \frac{e\dfrac{NV_P}{1-e}}{NA_P} = \left(\frac{e}{1-e}\right)\left(\frac{V_P}{A_P}\right)$$

对于球形颗粒，$V_P/A_P = d/6$，但是对于不是真正球形的颗粒，$V_P/A_P = \phi(d/6)$，ϕ 是形状因数。比如，一种常见的滤砂——渥太华砂的 ϕ 值是 0.95。因此我们得到

$$R = \left(\frac{e}{1-e}\right)\left(\phi\frac{d}{6}\right) \tag{7.5}$$

将方程（7.4a）、方程（7.4b）和方程（7.5）代入方程（7.3b），

$$h_L = \frac{3}{4}f\left(\frac{L}{\phi d}\right)\left(\frac{1-e}{e^3}\right)\left(\frac{v_a^2}{g}\right) \tag{7.6}$$

摩擦因子为

$$f = 150\left(\frac{1-e}{Re}\right) + 1.75 \tag{7.7}$$

式中，Re 为雷诺数。

$$Re = \phi\left(\frac{\rho v_a d}{\mu}\right)$$

前面的讨论适用于用一种尺寸的颗粒制成的滤床。对于由非均匀砂粒制作的滤床

$$d = \frac{6}{\phi}\left(\frac{V}{A}\right)_{avg} = \frac{6}{\phi}\left(\frac{V_{avg}}{A_{avg}}\right) \tag{7.8}$$

式中　V_{avg}——所有颗粒的平均体积；

　　　A_{avg}——所有颗粒的平均表面积。

将方程（7.8）代入方程（7.6）

$$h_L = f\left(\frac{L}{8}\right)\left(\frac{1-e}{e^3}\right)\left(\frac{v_a^2}{g}\right)\left(\frac{A}{V}\right)_{avg} \tag{7.9}$$

$$\left(\frac{A}{V}\right)_{\text{avg}} = \frac{6}{\phi}\sum\frac{x}{d'} \tag{7.10}$$

式中，x 为任意两筛之间颗粒的质量分数；d' 为筛之间颗粒的几何平均直径。

$$h_{\text{L}} = f\left(\frac{3L}{4\phi}\right)\left(\frac{1-e}{e^3}\right)\left(\frac{v_{\text{a}}^2}{g}\right)\sum\frac{x}{d'} \tag{7.11}$$

该方程适用于非分层滤床，像在慢速砂过滤器中发现的一样，分数因子不随深度变化。当颗粒是分层的，如在快速砂过滤器中，我们可以把方程（7.11）写为

$$\frac{\mathrm{d}h_{\text{L}}}{\mathrm{d}L} = \left[\left(\frac{3}{4\phi}\right)\left(\frac{1-e}{e^3}\right)\left(\frac{v_{\text{a}}^2}{g}\right)\right]f\frac{1}{d'}$$

因此总水头损失为

$$h_{\text{L}} = \int_0^{h_{\text{L}}}\mathrm{d}h_{\text{L}} = \left[\left(\frac{3}{4\phi}\right)\left(\frac{1-e}{e^3}\right)\left(\frac{v_{\text{a}}^2}{g}\right)\right]\int_0^L f\frac{1}{d'}\mathrm{d}L \tag{7.12}$$

因为 $\mathrm{d}L = L\mathrm{d}x$，$\mathrm{d}x$ 为颗粒尺寸 d 的微分

$$h_{\text{L}} = \left[\left(\frac{3}{4\phi}\right)\left(\frac{1-e}{e^3}\right)\left(\frac{v_{\text{a}}^2}{g}\right)\right]L\int_{x=0}^{x=1} f\frac{\mathrm{d}x}{d} \tag{7.13}$$

如果相邻筛尺寸之间的颗粒是均匀的

$$h_{\text{L}} = \left[\left(\frac{3L}{4\phi}\right)\left(\frac{1-e}{e^3}\right)\left(\frac{v_{\text{a}}^2}{g}\right)\right]\sum\frac{fx}{d'} \tag{7.14}$$

例 7.2　*使用以下尺寸的砂砾。*[❶]

筛号	留在筛中的砂砾的百分数/%	砂砾尺寸的几何平均值/(10^{-3} ft)
14~20	1.10	3.28
20~28	6.60	2.29
28~32	15.94	1.77
32~35	18.60	1.51
35~42	19.10	1.25
42~48	17.60	1.05
48~60	14.30	0.88
60~65	5.10	0.75
65~100	1.66	0.59

滤床为 20×20 ft^2，深 2 ft。砂的孔隙度为 0.40，形状因数为 0.95。过滤速度为 4 gal/(min·ft^2)。假定动力黏度为 3×10^{-5} lbf·s/ft^2。求通过净砂层的水头损失。

该溶液数据在表格中显示：

[❶] 摘自 J. W. Clark，W. Viessman 和 M. J. Hammer，1977 年在纽约的 Thomas Crowell 出版的 *Water Supply and Pollution Control*（第 3 版）。

雷诺数 Re	摩擦因子 f	x/d	$f(x/d)$
1.80	51.7	3.4	174
1.37	67.4	28.8	1941
1.06	86.6	90.1	7802
0.91	100.6	123.2	12394
0.75	121.7	152.8	18595
0.63	144.6	167.6	24235
0.53	171.5	162.5	27868
0.45	201.7	68.0	13715
0.35	258.8	28.1	7272

第 1 列：行进流速为

$$v_a = 4\left(\frac{\text{gal}}{\text{min} \cdot \text{ft}^2}\right)\left(\frac{1\ \text{ft}^3}{7.481\ \text{gal}}\right)\left(\frac{1\ \text{min}}{60\ \text{s}}\right) = 8.9 \times 10^{-3}\ \text{ft/s}$$

第一种颗粒尺寸，d 为 3.28×10^{-3} ft

$$Re = \frac{0.95 \times 1.94 \times 89 \times 10^{-3} \times 3.28 \times 10^{-3}}{3 \times 10^{-5}} = 1.80$$

第 2 列：从方程（7.7）可得

$$f = 150 \times \frac{1-0.4}{1.8} + 1.75 = 51.75$$

第 3、4 列：第一种尺寸，x 为 1.10%，d 为 3.28×10^{-3} ft

$$f\left(\frac{x}{d}\right) = \frac{51.75 \times 0.011}{3.28 \times 10^{-3}} = 174$$

对最后一列求和：$\sum f\left(\dfrac{x}{d}\right) = 113996$，根据方程（7.14），得到

$$h_L = \frac{3 \times 2}{4 \times 0.95} \times \frac{1-0.4}{0.4^3} \times \frac{(8.9 \times 10^{-3})^2}{32.2} \times 113996 = 4.16\ (\text{ft})$$

过滤过程中物质沉降增加了通过过滤器的水头损失。预测水头损失的方法利用了这个限制，预测水头损失为

$$H_L = h_L + \sum_{i=1}^{n} (h_i)_t \tag{7.15}$$

式中，H_L 是通过过滤器的总水头损失，m，h_L 是开始时净水头损失，m；$(h_i)_t$ 是时间 t 时过滤器 i 层的水头损失，m。

单层水头损失 $(h_i)_t$ 与层截留的材料量有关

$$(h_i)_t = x(q_i)_t^y \tag{7.16}$$

式中，$(q_i)_t$ 为时间 t 时 i 层截留的材料量，mg/cm^3；x 和 y 是实验常数。

图 7-10 总结了砂和无烟煤的水头损失。

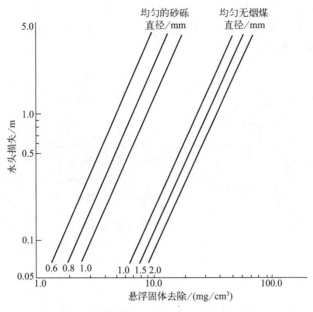

图 7-10　过滤器因为物质沉积而增加水头损失

过滤器运行就是在清洗前过滤器的运行时间。过滤器运行的最后阶段有过大的水头损失或者过滤后的水过于浑浊。如果这两种情况发生一个，过滤器就必须要清洗了。

例 7.3　例 7.2 描述的过滤器运行 4 h 时，悬浮固体从 55 mg/L 降到 3 mg/L。假定这种材料被前 6 in 的砂子截留，砂砾尺寸为 0.8 mm。脏污过滤器的水头损失是多少？

通过过滤器的总水量为

$$4\ \frac{\text{gal}}{\text{min} \cdot \text{ft}^2} \times 20\ \text{ft} \times 20\ \text{ft} \times 4\ \text{h} \times 60\ \frac{\text{min}}{\text{h}} = 384000\ \text{gal}$$

$$384000\ \text{gal} \times 3.785\ \frac{\text{L}}{\text{gal}} = 1.45 \times 10^6\ \text{L}$$

固体去除为 55−3＝52（mg/L）

$$52\ \text{mg/L} \times 1.45 \times 10^6\ \text{L} = 75.4 \times 10^6\ \text{mg}$$

有效的过滤器体积为 20 ft×20 ft×0.5 ft＝200 ft³

$$200\ \text{ft}^3 \times 0.02832\ \text{m}^3/\text{ft}^3 \times 10^6\ \text{cm}^3/\text{m}^3 = 5.65 \times 10^6\ \text{cm}^3$$

每单位过滤器体积的悬浮固体去除为

$$\frac{75.4 \times 10^6\ \text{mg}}{5.65 \times 10^6\ \text{cm}^3} = 13.3\ \text{mg/cm}^3$$

从图 7-9 可知，h_L 约为 5 m 即 16.45 ft，所以脏污过滤器的总水头损失为

$$4.16\ \text{ft} + 16.45\ \text{ft} = 20.6\ \text{ft}$$

注意到在前面的例子中，如果假定过滤器的深度为 10 ft，脏污过滤器的水头损失超过总可用水头。像前面的例子中一个非常脏的过滤器，在过滤床有一个负压的区域。因为负压可能导致气体从溶液中出来，从而进一步妨碍过滤的效果，所以不推荐使用。

大多数过滤器的流率由一个给定的值控制，不管压力的控制，只允许一定体积的水通

过。这种速率控制器允许过滤器以恒定的速率运行，如图 7-11 的曲线 A 所示。过滤器运行的另一种方法是允许水以水头损失支配的速率流过，如图 7-11 的曲线 B 所示。过滤器运行的这两种方法的相对优势仍在争论。

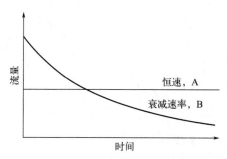

图 7-11　流经过滤器（以恒速 A 或衰减速率 B 运转）

7.4　消毒

过滤后，成品水常用氯消毒（图 7-1 步骤 5）。消毒杀死水中剩余的微生物，其中一些可能是致病的。瓶或桶中的氯以正确的比例供给到水中以获得氯在成品水中的期望水平。当氯气与有机物包括微生物接触时，会氧化该物质，使氯含量减少。氯气在水中迅速水解，形成盐酸和次氯酸，反应如下：

$$Cl_2 + H_2O \longrightarrow HOCl + H^+ + Cl^-$$

次氯酸本身进一步电离：

$$HOCl \rightleftharpoons OCl^- + H^+$$

在供水系统中常见的温度下，氯的水解作用通常在几秒钟内完成，次氯酸的电离是瞬时的。HOCl 和 OCl$^-$ 都是有效的消毒剂，被称为水中的游离氯。游离氯能杀灭致病菌进而对水消毒。许多自来水厂运营商倾向于在水中残留一些氯。如果有机物，如细菌进入分配系统，就会有足够的氯存在以消除这种潜在的健康危害。

氯气可能产生不良的二次效应。氯会与水中微量有机物结合产生可能致癌或有其他不良健康影响的氯代有机化合物。最近的一项风险分析（Morris 1992）发现膀胱癌、直肠癌和饮用含氯饮用水有一点正相关关系，这表明含氯饮用水可能存在致癌风险。作者认为氯和氨共同作为消毒剂会减少氯浓度。臭氧消毒也避免了氯化消毒的副作用风险。

因为氟被证明可以防止儿童和年轻成人蛀牙，所以很多城市向饮用水中加氟。加入氟的量很小且不参与消毒。

清水井中的水被泵入分配系统（图 7-1 步骤 6）。这是封闭的受到压力的管道网络。多数情况下水被泵送到高架储罐，高架储罐不仅可以均衡压力，还可为火灾和其他紧急情况提供存储的水资源。

7.5　总结

如果供应地表水，常常有必要进行水处理，有时地下水可直接供人类使用。由于绝大部分城市共用一个水分配系统，用于家庭、工业和消防，因此大量的水通常必须要满足最高级别用途，即饮用水。

但是，生产饮用水然后将其用于灌溉草地是否有意义呢？水不断增长的需求导致人们对双向水供应进行了认真考虑：一是用于饮用水和其他个人用途的高品质的供应，另一种是品质低一点的水供应，可能从废水中回收，用于城市灌溉、消防以及类似的应用。许多工程师坚信，下一个环境工程焦点将是满足日益增长的水的供应和生产的需求。但是，这项工作远未完成。

思考题

7.1　水处理系统必须运送 15×10^6 gal/d 的水到拥有 150000 人口的城市。估计：

（a）停留时间为 2 min，三个同等大小的 10 ft 深的混合池直径；

（b）深为 10 ft 的三个絮凝池的长度、宽度和相应表面积；

（c）停留周期为 2 h，深度为 10 ft 的三个沉降池的表面积；

（d）15 个额定流量为 2 gal/(min·ft^2) 的快速砂滤池，求每个的必要面积。

7.2　工程师提出了一个城市的拟建快速砂过滤器的设计参数如下：流量为 0.6 m^3/s，过滤器的负荷率为 125.0 m^3/(d·m^2)。过滤器需要多大的表面积？选择多个同样大小的过滤器，假定宽长比为 1.0 ∶ 2.5，每个过滤池的最大表面积为 75 m^2，依大小排列这些过滤器。

7.3　设计絮凝池的处理量为 25×10^6 gal/d。絮凝池长 100 ft，宽 50 ft，深 20 ft，并配有长 48 ft 宽 12 in 的桨。桨连接到四个水平轴，每个轴两个桨，中心线与轴相距 8.0 ft，以 2.5 r/min 旋转。假定水的流速是桨速度的 25%，水的温度 10 ℃，阻力系数为 1.7。

计算：

（a）絮凝时间；

（b）水和桨之间的速度差；

（c）液压动力和随后的能量消耗；

（d）G 和 Gt。

7.4　针对从与絮凝池相连的沉淀槽收集的污水处理污泥，提出一些使用和处置方案。

7.5　对您居住的房子或宿舍给出建议，哪些用途的水需要达到饮用水标准？对于哪些用途来说较低的水质就足够了？

第8章
废水收集

"The Shambles" 是指许多中世纪英国和美国城市，如伦敦和纽约的街道或区域。在十八世纪和十九世纪，屠市巷子是商业化的区域，肉类包装为其主要产业。屠市巷子的屠夫将垃圾扔到街上，在街上垃圾被雨水冲进排水沟。街上状况非常糟糕，从而导致它最初作为屠杀或血腥战场的象征成为英语专用名词。

在古老的城市，像肉铺街上的排水沟一样，构建排水沟的唯一目的就是将雨水移出城市。实际上，在伦敦将人类粪便丢弃到这些沟渠是非法的。最终，沟渠被覆盖成为我们现在所知道的雨污水管道。随着供水技术的发展和室内冲水厕所数量的增加，转运家庭生活污水的需求变得越来越强烈。生活污水首先排入雨水管道，而雨水管道同时转运生活污水和雨水，被称为合流污水渠。最终，地下管道（又称为污水管道新系统）被构建，它们就是专门为了去除生活污水的专用管道。

二十世纪兴建的部分城市都修建了将生活污水和雨水分开的下水道。1927 年，美国联邦水质立法规定雨污管道要分开。雨水管道的设计在第 11 章讨论。本章重点在于估算生活污水及工业废水的量，以及污水处理系统的设计。

8.1 估算废水量

污水这个术语在这里仅用来指家庭废水。家庭废水的流量随季节变化，在一周的每天及一天中的各个时间都有所不同。图 8-1 显示了一个住宅区内典型的每日流量。但是，除生活污水，下水道也必须运输工业废水、渗透和流入水，且每个来源的流量必须要估算。

工业废水的量通常可通过水的使用记录来确定，或者通过服务于一个特定工厂的检查井来测定流量，在检查井中使用一个小的流量计，像巴歇尔氏测流量装置。流量按流量深度的直接比例计算。一天内工业废水流量往往有很大的变化，所以全天连续记录是必要的。

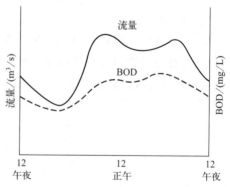

图 8-1 某住宅区域典型干燥天气的废水流量

渗透是指地下水流入污水管道。污水管常设在地下水位以下，管道的任何裂缝将使水渗入。新的和结构良好的污水管道的渗透最少，但也高达 $500 \mathrm{m}^3/(\mathrm{km \cdot d})$ [200000 gal/(mile·d)]。对于旧的系统，估计渗透量普遍有 $700 \mathrm{\ m}^3/(\mathrm{km \cdot d})$ [300000 gal/(mile·d)]。由于多余的水必须经过污水管和污水处理厂，因此渗流是有害的。应尽量使可能导致地下水管损坏的大树树根远离地下水道系统，从而尽可能多地减少维护和维修地下水管。

流入水是由生活污水管无意收集的雨水。流入水常见来源之一是设在凹陷处的穿孔井盖，雨水可以流入检查井。小河和排水管道的水位高于检查井或者检查井损坏时，铺设在其旁的污水管也是流入水的一大来源。非法连接污水管道也会在雨季大幅增加比旱季多的流量，例如屋面排水管。旱季流量和雨季流量的比例通常在 1∶1.2～1∶4 之间。

设计污水管道时，考虑三个流量问题：平均流量、最小流量、最大流量。平均流量与最大流量和最小流量的比值是总流量的函数，因为日平均排放量高预示着社区较大，那么两个极端会拉平。图 8-2 显示了常用的平均值与极端值的经验比例，是日平均排放量的函数。

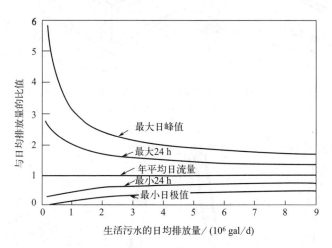

图 8-2　生活污水的日均排放量与流量极值的关系

8.2　系统布局

收集来自住宅和工业设施的污水管道通常是明渠或重力流管道。在几个地方使用压力污水管道，但其维护费用高，并且只有当对水的使用有严格限制或者因地形原因导致重力流管道无法有效维护时才使用。

如图 8-3 是一个居民区的典型系统。建筑通常用黏土或直径 6 英寸的塑料管来连接到街道下运行的污水收集管。污水收集管的尺寸被设定为能运输预期最大的峰值流量而不超载（填满），一般由黏土、水泥、混凝土或铸铁管制成。污水收集管依次向截留下水道或拦截器排水，截留下水道或拦截器可以收集广大区域的水并最终排入污水处理厂。

污水收集和拦截管必须设置合适的坡度，以便在低流量时确保足够流速，在流量最大时又不会出现过大的速度。此外，污水管必须有检查井，一般间隔 120～180 m（400～600 ft），以便于清洗和维修。无论污水管道如何改变坡度、大小或方向，检查井都是必要的。典型检查井如图 8-4 所示。

在某些地区重力流是不可能存在的，或者说是不经济的，因此污水必须泵送。典型的输送泵站如图 8-5 所示，在图 8-3 的系统布局中展示了它的使用方法。

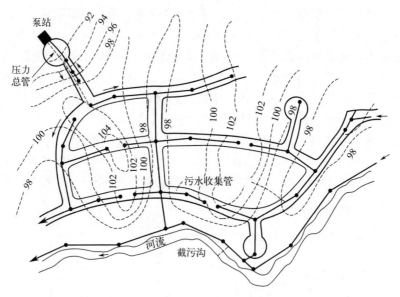

图 8-3　典型的污水收集系统布局

（来源：J. Clark，W. Viessman，and M. Hammer，*Water Supply and Sewerage*，IEP，NewYork，1977.）

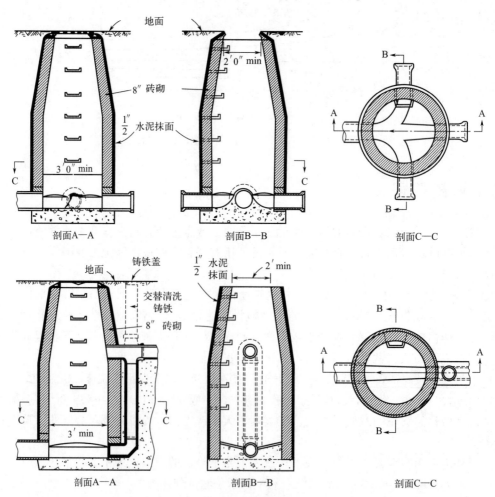

图 8-4　污水收集管典型的检查井

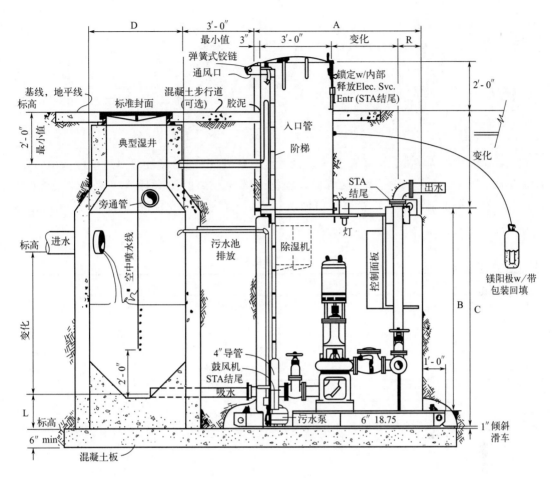

图 8-5　典型的污水泵站示意图

（来源：GormanRupp）

8.3　污水管水力学

排水管设计首先是选择合理的布局，并计算出连接到检查井的每个管道的预期流量。对于大型系统，往往涉及经济成本分析以确定提供了系统最佳工艺路线。这对于大多数较小的系统是不必要的，我们可以估计合理的系统并手工绘出。

平均排放量是基于排水区的服务人口估算的，最大和最小流量按图 8-2 计算。完成估算后，设计就是寻找正确的管道直径、坡度，使流体在最小流量时流速超过输送所需的速度，同时在最大流量时，保持速度小于管道会发生过度侵蚀和结构损坏的限值。速度通常保持在 0.6 m/s～3.0 m/s 之间。

污水管道的速度通常用曼宁公式计算，基于 Chezy 明渠流动方程

$$v = c\sqrt{Rs} \tag{8.1}$$

式中　v——流速，m/s；

R——管道水力半径，或者湿周分离区域，m；

s——管道斜率；

c——Chezy 系数。

对于圆形管道，曼宁公式通过以下设置得到进一步发展

$$c = \frac{k}{n}R^{\frac{1}{6}} \tag{8.2}$$

式中，n 为粗糙系数，k 为常数。

$$v = \frac{k}{n}R^{\frac{2}{3}}s^{\frac{1}{2}} \tag{8.3}$$

如果 v 的单位为 ft/s，R 单位为 ft，则 $k = 1.486$。公制单位中，v 的单位为 m/s，R 单位为 m，则 $k = 1.0$。该斜率 s 无标度，根据下降与距离的比来计算。术语 n 是粗糙系数，它的值取决于管道材料，管道越粗糙，n 越大。表 8-1 给出了某些类型的污水管道的 n 值。

表 8-1   曼宁粗糙系数 n

渠道、封闭管道的类型	粗糙系数 n	渠道、封闭管道的类型	粗糙系数 n
铸铁	0.013	黏土,陶瓷的	0.012
混凝土,直的	0.011	波纹金属	0.024
混凝土,弯曲的	0.013	砌砖	0.013
混凝土,未完成的	0.014	泥涂层的污水管道	0.013

例 8.1 $D = 8$ in 的铸铁管道的斜率为 1/500（m/m）。当水充满管道时，管道内流量是多少？

$$v = \frac{1.486}{0.013} \times \left[\frac{\frac{\pi \times \left(\frac{8}{12} \right)^2}{4}}{\pi \times \left(\frac{8}{12} \right)} \right]^{\frac{2}{3}} \times \left(\frac{1}{500} \right)^{\frac{1}{2}}$$

$$v = 1.54 (\text{ft/s})$$

面积为

$$A = \frac{\pi \left(\frac{8}{12} \right)^2}{4} = 0.35 \ (\text{ft}^2)$$

$$Q = Av = 0.35 \times 1.54 = 0.54 \ (\text{ft}^3/\text{s})$$

对于被充满的圆形管道，曼宁公式可以整理为

$$Q = \frac{0.00061}{n}D^{\frac{8}{3}}s^{\frac{1}{2}} \tag{8.4}$$

式中，Q 为排放量，ft^3/s；D 为管道内直径，in。

作为该计算公式的代替，也可以用代表曼宁方程的图解法来计算。图 8-6 和图 8-7 分别表示英制与公制单位中的此类算法示意图。

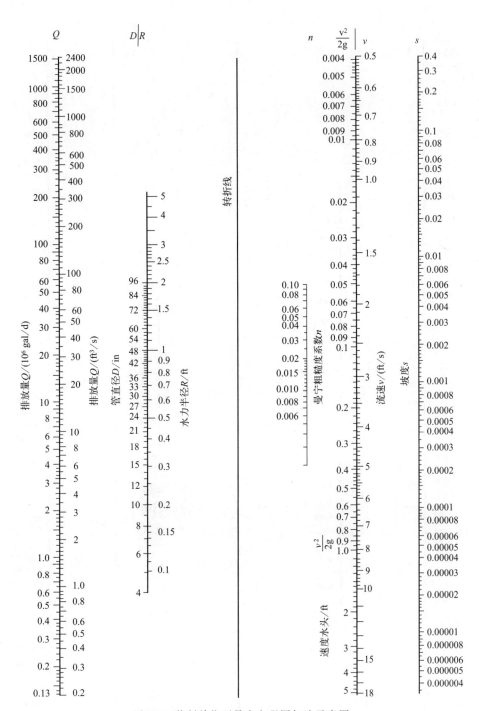

图 8-6　英制单位下曼宁方程图解法示意图

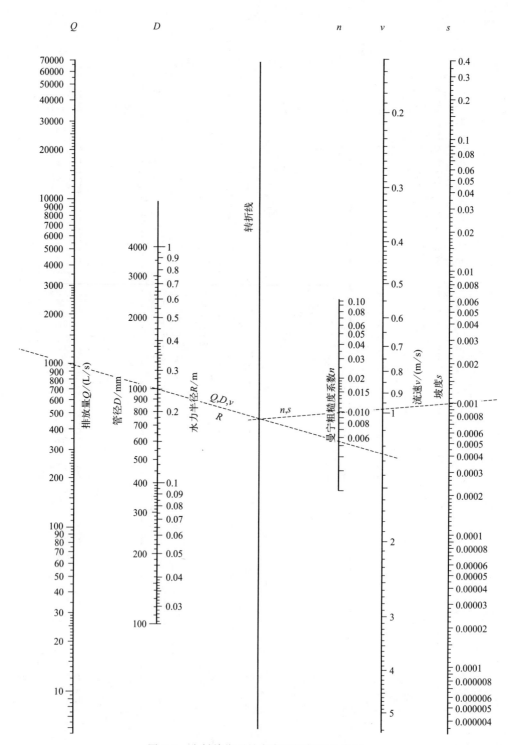

图 8-7 公制单位下曼宁方程图解法示意图

注意，曼宁方程［方程 (8.3)］计算满流管道内的流速，因此使用管道最大的预期流量。对于低于最大流量的流量，计算流速时要使用水力要素图，如图 8-8。图 8-8 中，水力半径用来计算部分满 (d) 到全满时 (D，管道的内直径) 深度的各种比例。不同深度 d 条件下的速度 v 用公式方程 (8.3) 计算，排放量为速度乘以面积。实验证据表明摩擦系数会随着深度变化有细微变化，如图 8-8 所示，但在计算中这常常被忽略。

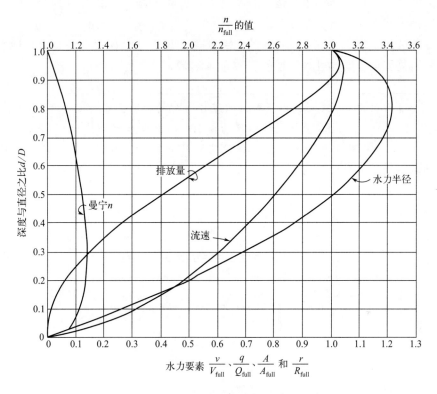

$\dfrac{n}{n_{\text{full}}}$ 的值

水力要素 $\dfrac{v}{V_{\text{full}}}$、$\dfrac{q}{Q_{\text{full}}}$、$\dfrac{A}{A_{\text{full}}}$ 和 $\dfrac{r}{R_{\text{full}}}$

图 8-8　明渠水流的水力要素图

当管道满流时，给定的管道没有出现最大的流量，但当 d/D 为 0.95 时出现最大流量。因为 d/D 从 0.95 增加为 1.00 获得的额外流动面积比流体经过的大的额外的管道表面积要小很多。

例 8.2　例 8.1 发现直径为 8 in 的铸铁满流管道斜率为 1/500 时，输送的流量为 0.54 ft^3/s，流速为 1.54 ft/s。当流量为 0.1 ft^3/s 时，管道流速是多少？

$$\frac{q}{Q_{\text{full}}} = \frac{0.1}{0.54} = 0.185$$

根据水力要素图

$$\frac{d}{D} = 0.33$$

又因为 $D = 8$ in

$$d = 0.33 \times 8 \text{ in} = 2.64 \text{ in}$$

$$\frac{v}{V_{full}} = 0.64$$

满流流速为 1.54 ft/s 时

$$v = 0.64 \times 1.54 \text{ ft/s} = 0.98 \text{ ft/s}$$

　　如果检查井之间的期望斜率不足以维持在最小流量时的速度，就要提供额外的斜率或必须使用较大的管道直径。但如果管道的斜率过大，就必须减少。跌水井经常用到这种方法，但实际上这是浪费能量的（图 8-4）。

　　美国标准公约要求通过每个检查井的水头损失不超过 0.1 ft（0.06 m）。因此，管道离检查井的反转高程最少要比进入管道的反转高程低 0.1 ft。

例 8.3　图 8-9 所示的系统是根据以下给定的流体设计的，即：最大流量 $= 3.2 \times 10^6$ gal/d，最小流量 $= 0.2 \times 10^6$ gal/d，最低允许速度为 2 ft/s，最大可允许速度为 12 ft/s。所有检查井深约 10 ft，检查井 1 和检查井 4 之间没有额外的水流。为该系统设计可以接受的反转高程。（解决方法中应用了图 8-6）

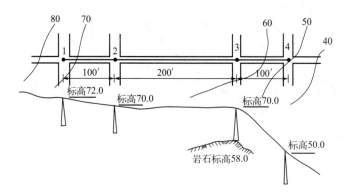

图 8-9　例 8.3 的下水道布局

从检查井 1 到检查井 2：

（1）街道斜率为 2/100，所以选择的管道斜率 $s = 0.02$。

（2）假定 $n = 0.013$，尝试 $D = 12$ in，根据图 8-6，结合 $n = 0.013$ 和 $s = 0.02$，延长直线到转折线。

（3）结合 $D = 12$ in 时转折线的那个点。

（4）从步骤（3）中画线的交叉点可以得到 $v = 6.1$ ft/s，$Q = 3.2 \times 10^6$ gal/d。管道满流时这是可接受的。

（5）检验最小流速

$$q/Q = 0.2/3.2 = 0.063$$

从图 8-8 的水力要素图可得，$q/Q = 0.063$ 与排放曲线相交时 $d/D = 0.2$，这与流速曲线相交点 $v_p/v = 0.48$，因此，

$$v_p = 0.48 \times 6.1 \text{ ft/s} = 2.9 \text{ ft/s}$$

（6）检查井 1 的下游反转高程是地面高程减去 10 ft，即 62 ft。因此，检查井 2 的上

游反转高程为 $62.0-2.0=60.0$（ft）。允许检查井 0.1 ft 的水头损失，所以下游反转高程为 59.9 ft。

从检查井 2 到检查井 3，因为岩石，斜率成为问题，所以尝试一个更大的管道，$D=18$ in。重复步骤（1）和步骤（2）。

（7）结合 $D=18$ in 时转折线的那个点。

（8）根据计算图表，$v=2.75$ ft/s，$Q=3.2\times10^6$ gal/d，$v_p/v=0.48$，

$$v_p=0.48\times2.75 \text{ ft/s}=1.32 \text{ ft/s}$$

即使斜率为 0.002（从计算图表中得知），最小流量时的速度还是太小。尝试 $s=0.005$，$D=18$ in，重复步骤 1～3。步骤 4 中 $Q=4.7\times10^6$ gal/d，$v=4.1$ ft/s。根据水力要素表得 $v_p=1.9$ ft/s，非常接近。因此，检查井 3 的上游反转高程为

$$59.9-0.005\times200=58.9 \text{ (ft)}$$

所以下游反转高程为 58.8 ft，仍旧远高于岩石。从检查井 3 到检查井 4，街道斜率明显太大。尝试 $D=12$ in，得

$$s=(58.8-40)/100=0.188$$

因为 40 ft 是检查井 4 预期的反转高程。$Q=8.5\times10^6$ gal/d，$v=19$ ft/s，但是最大流量时仅需要 3.2×10^6 gal/d，因此

$$q/Q=3.2/8.5=0.38$$
$$v_p=0.78\times18 \text{ ft/s}=14.8 \text{ ft/s}$$

这个值太高。使用反转高程为 45.0 的跌水井。这种情况下，$s=0.138$，$Q=7.3\times10^6$ gal/d，$v=14.5$ ft/s，

$$q/Q=3.2/7.3=0.44$$
$$v_p=0.85\times14.5 \text{ ft/s}=12.3 \text{ ft/s}$$

这一结果非常接近。因此，检查井 4 的上游反转高程为 45.0 ft，下游反转高程则为 40.0 ft。最后不需要再验证最小流速。最后的设计如图 8-10 所示。

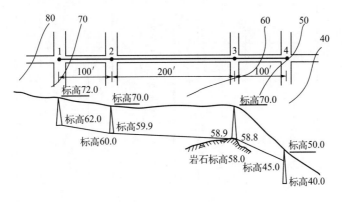

图 8-10　例 8.3 的最终设计

根据表 8-2 计算管道是很方便的，该表是由美国土木工程师学会（1969）提出的一个略微简化的版本。设计下水道工程的实践工作应当参考该资料。

表 8-2　下水道设计的工作表

位置	人孔编号		长度/ft	面积/acre		最大总排放量				最小总排放量				下水道斜率	直径/in
管道编号	起始	终止		增量	总量	入渗量	污水量 /(10^6 gal/d)	入渗量和污水量		入渗量	污水量 /(10^6 gal/d)	入渗量和污水量			
								10^6 gal/d	ft^3/s			10^6 gal/d	ft^3/s		

管道编号	满载量 /(ft^3/s)	全流速 /(ft/s)	最小流速 /(ft/s)	最大流速 /(ft/s)	最大深度 /ft	最大能量水头/ft	人孔水头损失/ft	人孔反向水头降低 /ft	下水道水头降低 /ft	下水道反转高程		地面标高	
										上端	下端	上端	下端

8.4 总结

本章讨论的方法是大多属于手算，很少有现代咨询工程师在设计下水道系统时会使用这种烦琐的方法。计算机程序不仅可以解决水力参数，还可以进行经济学上可选方案的评估（例如更深的切口或更大的管道）。只有充分了解设计程序，程序的精密性才会发挥作用。

思考题

8.1 当斜率为 0.0016 且半满流时，釉面陶土管下水道排放量为 4 ft^3/s。求所需的管道直径。

8.2 $n=0.013$，18 英寸的下水道长为 15000 ft，斜率不变。管道两端的高程差为 4.8 ft。求管道 60% 满流时的流速和排放量。

8.3 48 英寸的管道满流时需要的排放量为 100 ft^3/s。根据曼宁方程，如果 $n=0.015$，所需斜率为多少？

8.4 刚满流时，12 英寸的混凝土管道斜率为 0.00405 ft/ft。求排放速度与流量。

8.5 $n=0.013$，12 英寸的管道斜率为 3.0 ft/1000 ft。当管道 40% 满流时，求排放速度与流量。

第9章
废水处理

随着文明的发展和城市的发展，家庭生活污水和工业废水最终排入排水沟和下水道，然后全部排入最近的河道。对于主要城市，这种排污行为往往足以摧毁大的水域。正如塞缪尔·泰勒·柯勒律治描述的德国科隆市那样：

在科隆，一个僧侣和骨头的小镇，

路面用杀人的石头的毒牙铺成，

以及破衫、密友和丑陋的村妇，

我数着二百七十次恶臭，

全都准确定义，而数度发臭！

你，统治下水道和水槽的宁芙仙女，

这莱茵河，它依然著名，

洗涤你的城市科隆；

但是告诉我，宁芙，什么神圣力量，

从今以后将洗涤这莱茵河？

在十九世纪，泰晤士河受到十分严重的污染，因此下议院将浸透碱液的抹布塞满议会窗户的缝隙以减少恶臭。

用以减弱废水对河道影响的废水处理的卫生工程技术，率先在美国和英国得到应用，最终在经济、社会和政治各领域得到认可。本章从最早的简单处理系统，到目前采用的先进系统进行回顾。从导致废水处置困难的特点开始讨论，说明为什么废水不能现场处理，并强调下水道和集中处理厂的必要性。

9.1 废水的特点

排入卫生污水处理系统的污水由生活污水、工业废水和渗透水组成。渗透水增加了总废水量，但它本身不是废水处理的关注点；渗透水甚至在一定程度上会冲淡城市污水。这些排放污水的工业类型与规模、排入下水道前的处理工序数量有很大差别。在美国，因污水限排令和征收地方污水附加费出现了强制要求加大废水预处理力度的趋势。附加费由社区征收，以支付特殊的水处理或处理异常大量废水的费用，如例9.1。

例9.1 某社区通常征收20美分/m³ 的下水道费用。如果污水中 BOD>250 mg/L，悬浮物（SS）>300 mg/L，则其中超过的部分每千克 BOD 和 SS 分别征收 0.50 美元和 1.00 美元的费用。

某鸡肉加工厂每天使用 2000 m³ 水，排放的污水为 BOD＝480 mg/L，SS＝1530 mg/L。工厂的日常废水处理费用是多少？

过量的 BOD 和 SS 分别是

$$(480-250)\ mg/L \times 2000\ m^3 \times 1000\ L/m^3 \times 10^{-6}\ kg/mg = 460\ kg$$

$$(1530-300)\ mg/L \times 2000\ m^3 \times 1000\ L/m^3 \times 10^{-6}\ kg/mg = 2460\ kg$$

因此每天的费用为

$$2000\ m^3 \times \$0.20/m^3 + 460\ kg \times \$0.50/kg + 2460\ kg \times \$1.00/kg = \$3090$$

污水处理后，BOD 减小，SS 得以去除，但是重金属、机油、难降解的有机化合物、放射性材料和类似的外源污染物不能用这样的方式轻易处理。社区通常要求对废水进行预处理，从而严格限制这类物质的排放。

不同时间的生活污水在数量和质量上有极大的不同，不同社区的生活污水也相差甚远。某小型社区中污水的典型变化如图 9-1 所示。表 9-1 显示了生活污水最重要参数的典型值。

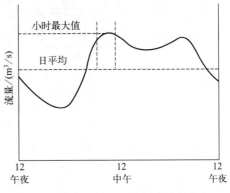

图 9-1　某小型社区日常污水流量变化

表 9-1　一般生活污水的重要参数值

参数	生活污水参数值	参数	生活污水参数值
BOD	250 mg/L	pH	6.8
SS	220 mg/L	化学需氧量	500 mg/L
磷	8 mg/L	总固体	270 mg/L
有机物和氨氮	40 mg/L		

9.2　现场废水处理

当然，最初的现场废水处理系统是厕所坑，这在歌曲和寓言中被颂扬[1]。厕所坑仍在难民营、临时住所以及在许多工业化程度较低的国家中使用。它由一个约 2 m 深（6 ft）的坑构成，坑中沉积着人类排泄物。当一个坑填满时，人们将其覆盖并且挖出一个新坑。堆肥厕所接受人类排泄物和食物垃圾，并产生有用的堆肥，是厕所坑的一个合乎逻辑的延伸。在一个设有堆肥厕所的住宅中，其他来源的污水（如洗涤类污水）是分开排放的。

目前为止，建有现场处理系统的家庭使用最多的是一种化粪池和砖场的形式。如图 9-2，化粪池由一个去除废物中的固体，并促进部分固体分解的混凝土箱构成。固体颗粒沉淀，最终填满化粪池，因此需要定期清洗。水流入一个促进排水渗漏的瓦管排水区域。

---

[1] James Whitcomb Riley 写了一篇关于该主题的文学作品。

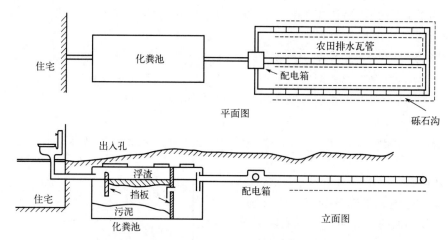

图 9-2   用于现场污水处理的化粪池和砖场

砖场由一根有洞的塑料管组成，这根管位于 3 英尺深的沟渠内。化粪池流出物进入砖场管，通过这些孔渗入地下。另外，由碎石和沙子构成的渗水坑可用于促进地面吸收流出物。设计化粪池和砖场系统最重要的一点是考虑地面吸收流出物的能力。化粪池的设计包括对已发现有"渗入"的土壤的分类或允许处理后的废水渗透到土壤中。

美国公共卫生署以及所有国家和地方卫生部门已经制定了砖场或渗水坑尺寸标准的指导方针。典型标准如表 9-2 所示。美国的许多地区土壤的渗透性能较差，且化粪池或砖场选址并不合理。现场废水处理有其他一些选项，其中一个如图 9-3 所示。

表 9-2   居民住所地吸附面积要求

渗透率/(in/min)	每卧室所需的吸附场区/ft^2	渗透率/(in/min)	每卧室所需的吸附场区/ft^2
>1	70	0.07~0.2	190
0.5~1	85	0.03~0.07	250
0.2~0.5	125	<0.03	无适合的地面

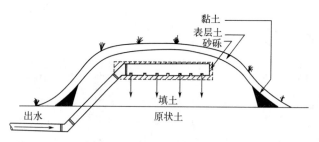

图 9-3   现场处理系统的选择

在城市化地区，有足够土地供现场处理和渗流的日子已经遥不可及。直到 19 世纪，这个问题可通过建设大型污水池或集水池解决；这些集水池需要定期在蓄满时抽水。集水池也引起了相当大的公共卫生问题，如第 4 章讨论的宽街泵事件。从拥挤的社区中移走人们产生的废物的一个更好的办法是以水为载体。

在欧洲依旧闻名的"水厕"成为现代城市社会的一个标准配备。有些作者（Kirby 等 1956）称赞约翰·布拉马在 1778 年的发明；其他学者（Reyburn 1969）认为它是爵士约翰·哈灵顿在 1596 年的智慧结晶❶。约翰爵士关于该设备的原始描述强化了后一种观点，尽管并没有明确的历史记录表明他这个发明的贡献。这一委婉说法的第一次使用记录出现在哈佛大学的章程中，该章程在 1735 年规定"没有新生应该去找研究员约翰"。

　　然而，废水处理的广泛使用将一个社区的所有垃圾都集中在一个地方，然后清理需要巨大的努力，这需求促进了所谓的集中式废水处理。

9.3　集中式废水处理

　　废水处理的目标是使特定污染物的浓度降至一定水平，使得污染物排放不会对环境产生不利影响或对人类健康造成威胁。此外，这些污染物的减少仅需要达到一定要求。虽然水可以通过蒸馏和去离子技术完全纯化，但是这不仅没有必要，而且实际上对于受纳水体而言，可能是有害的。鱼类和其他生物无法在蒸馏水或去离子水中生存。

　　对于某特定地点的任何给定的污水，处理的程度和类型是需要工程决策的变量。通常，处理的程度取决于受纳水体的纳污能力。氧垂曲线说明了污水中需要降低的 BOD 的量，以使水体 DO 指标不至于太差。BOD 去除量是一项排污标准（在第 11 章有更充分的讨论），它在很大程度上决定了废水所需的处理类型。

　　为了进一步讨论废水处理，我们假定一种"典型废水"（表 9-1），并进一步假设该废水的处理出水必须满足以下排污标准：

BOD≤15 mg/L；

SS≤15 mg/L；

P≤1 mg/L。

本应设立另外的排污标准，但为了方便说明，只考虑这三个。为达到这些排污标准而选定的处理系统包括：

- 一级处理：即去除非均质固体并使剩余污染物均质化的物理过程。
- 二级处理：即去除大部分生化需氧量的生物过程。
- 三级处理：即去除如磷等营养物质，去除无机污染物，除臭和脱色，并进一步氧化的物理、生物和化学过程。

9.4　一级处理

　　将原污水排入河道最有异议的一大问题是漂浮物质。因此，筛网是以往社区废水处理使用的首要形式，且是现在废水处理厂的第一步。典型的筛网如图 9-4 所示，由一系列间隔约 2.5 厘米的钢条组成。现代污水处理厂的筛网主要用于去除可能损坏设备或影响进一步处理的悬浮物质。在一些老的污水处理厂，筛网采用手工清洗，而几乎所有新的处理厂都采用机械清洗设备。当筛网十分堵塞时，清洁耙开始工作从而提高木条前的水位。

---

　　❶ 约翰爵士，一个朝臣以及诗人，在巴斯附近的凯尔森的乡间庄园安装了他的发明。不久后伊丽莎白女王在其里士满宫也订做了一个。两本关于这一发明的书有着奇怪的标题，*A New Discourse on a Stale Subject*，*called the Metamorphosis of Ajax* 和 *An Anatomie of the Metamorphosed Ajax*。其中"Ajax"是茅坑的戏称，象征着抽水马桶。

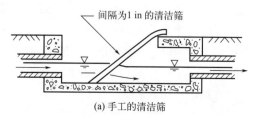

(a) 手工的清洁筛

(b) 机械化的清洁筛

图 9-4   污水处理用的铁栅筛

(来源：Envirex)

在许多污水处理厂中，第二步处理是一个粉碎机，一个用来将通过筛网的固体粉碎成直径为大约 0.3 cm 或更小的颗粒的圆形粉碎机。一个典型的粉碎机设计如图 9-5 所示。

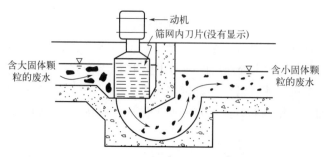

图 9-5   用于粉碎大量固体的粉碎机

处理的第三步是从废水中去除砂砾或沙子。砂砾和沙子会损坏设备（如水泵和流量计），因此必须除去。最常见的沉砂池是通道中一个宽阔的地方，该处的水流慢到足以使密集的砂砾沉淀。砂的密度比大多数有机固体大 2.5 倍，因而沉降得更快。沉砂池的目的是在保留有机物质的情况下，去除沙子和砂砾。有机物质必须在污水处理厂中进行进一步处理，而被分离出来的沙子可直接用作填充物，无须额外处理。

大多数污水处理厂在沉砂池后建有一个沉淀池（图 9-6 和图 9-7），以沉淀尽可能多的固体物质。相应地，停留时间很长，且湍流控制到最小。停留时间是沉淀池中的平均塞水的耗时合计，按填满沉淀池所需要的时间来计算。例如，所述沉淀池容积是 100 m³，溢流速率是 2 m³/min，停留时间即 100 min/2＝50 min。

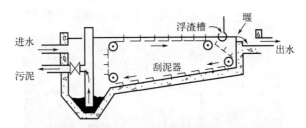

图 9-6　长方形的沉淀池

固体沉降至沉淀池底部，并经由一根管去除，同时澄清液从三角堰流出。三角堰使得澄清液始终均匀地分布在沉淀池周围。沉淀池也被称为沉积槽或澄清池。紧跟筛选和除砂的沉淀池被称为初沉池。沉淀到初沉池底部的固体物质被视为原污泥去除。

原污泥通常具有一股非常难闻的气味，且水分含量高，这两个特征使其处理起来十分困难。必须先将其稳定以减少进一步分解和脱水，便于处理。初沉池以外的固体在处理前必须进行类似处理。污泥的处理和处置在第 10 章进一步讨论。

沉淀池设计与运行

重力沉降是从液体中分离固体最有效的方法之一。只要固体密度比液体大，固液分离就可以通过这种方式实现❶。但是在某个特定环境中自由沉降会受到一些作用力的影响。颗粒

---

❶ 较小密度的固体的分离可通过漂浮法实现，即让固体浮在顶部。举例来说，这一方法可用于矿石分选，但是不适用于初沉池中的固体分离。

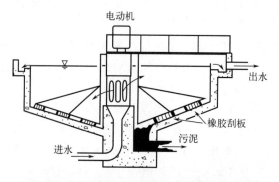

图 9-7   循环的沉淀池

沉降有以下三种常见方式：

- Ⅰ级：当颗粒沉降不受容器壁或相邻颗粒的阻挡时出现离散颗粒沉降。
- Ⅱ级：当相邻颗粒相互接触，改变粒径大小，阻碍沉降时，发生絮凝沉降。
- Ⅲ类：当许多粒子以同样的速度下沉，且没有颗粒间的相对运动时出现颗粒增稠。

Ⅰ级（离散颗粒沉降）是最简单的情况。单个粒子，获得一个最终速度，没有受到作用力。三股作用于其上的力——颗粒阻力、浮力和重力，如下列式子所示平衡

$$F_g = F_D + F_B \tag{9.1}$$

即

$$\rho_s g V = \rho g V + C_D \frac{A v^2 \rho}{2} \tag{9.2}$$

式中 F_g——mg（重力）；

F_D——$C_D A v^2 \rho / 2$（阻力）；

F_B——$\rho g V$（浮力）；

g——重力加速度；

ρ_s——颗粒密度，kg/m^3；

ρ——介质密度；

C_D——阻力系数；

v——颗粒速度，m/s；

A——颗粒表面积，m^2；

V——颗粒体积，m^3。

解速度得

$$v = \sqrt{2V \frac{g(\rho_s - \rho)}{C_D A \rho}} \tag{9.3}$$

如果假定颗粒物是一个球体，则

$$v = \sqrt{\frac{4dg(\rho_s - \rho)}{3C_D \rho}} \tag{9.4}$$

这就是著名的牛顿方程，其中 d 是颗粒的直径。和大多数污水处理中沉淀情况一样，假设雷诺数（Re）足够小并保持层流边界层，阻力系数可以表示为

$$C_D = \frac{24}{Re}$$

其中 $Re = vd\rho/\mu$，μ 是流体黏滞性。如果 $C_D > 1$，这将不再成立，此时阻力系数大约可表示为

$$C_D = \frac{24}{Re} + \frac{3}{\sqrt{Re}} + 0.34$$

对于层流，将 $C_D = 24/Re$ 代入牛顿方程得到斯托克斯方程

$$v = \frac{g(\rho_s - \rho)d^2}{18\mu} \tag{9.5}$$

将沉淀池理想化使得粒子速度可能与预期的沉淀池性能相关联。如图 9-8，首先将一个矩形沉淀池分为四个区：进水区、出水区、污泥区和沉降区。前两个区分别用于减缓由进水和出水引起的流动。污泥区用以储存已沉降的固体颗粒。沉降本身仅发生在第四（沉降）区域。

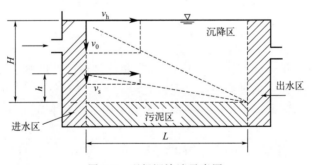

图 9-8　理想沉淀池示意图

分析需要以下几个初始假设：
- 沉淀区内，水流匀速流动。
- 进入污泥区的所有颗粒被去除。
- 进入沉淀区后，进水中的颗粒均匀分布。
- 进入出水区的颗粒被除去。

因此，在水面进入沉降区的颗粒具有沉降速度 v_0 和一个水平速度 v_h，这两个速度合并导致了如图 9-8 的运动轨迹。换言之，颗粒恰好被去除。如果颗粒在其他任意高度进入沉降区，它的运动轨迹始终会使它进入污泥区。因为沉降速度更小的颗粒不能被全部去除，因此

具有这种速度的粒子被称为临界颗粒。举个例子，表面具有速度 v_s 的颗粒进入沉降区，最终将进入出水区从而避开去除。如果相同的粒子在高度 h 进入，它会刚刚好被除去。在低于或等于 h 高度进入沉降区的任意颗粒最终都将被除去，而那些进入高度大于 h 的颗粒将无法被去除。因为进入沉降区的颗粒呈均匀分布，因此具有速度 v 的这些颗粒被去除的比例为

$$v_s = h/H \tag{9.6}$$

式中，H 指沉降区高度。

参照图 9-8，根据相似三角形可得

$$\frac{v_0}{H} = \frac{v_s}{h} = \frac{v_h}{L} \tag{9.7}$$

临界颗粒在沉降区中的时间

$$\bar{t} = \frac{L}{v_h} = \frac{h}{v_s} = \frac{H}{v_0} \tag{9.8a}$$

因此

$$v_0 = \frac{H}{\bar{t}} \tag{9.8b}$$

时间 $\bar{t}$ 也等于水力停留时间或者 V/Q，其中 Q 是流量，V 是沉降区域的体积，而且

$$V = AH \tag{9.9a}$$

式中，A 是沉降区的表面积。

由此

$$v_0 = \frac{H}{\bar{t}} = \frac{H}{AH/Q} = \frac{Q}{A} \tag{9.9b}$$

等式（9.9b）给出了过流率，它是沉淀池的一个重要参数。过流率的单位是

$$v_0 = \frac{m}{s} = \frac{Q}{A} = \frac{m^3/s}{m^2}$$

虽然过流率通常表示为 $gal/(d \cdot ft^2)$，但是它指的是速度，也等于临界颗粒的速度。因此，当沉淀池的设计具体化为过流率，也就由此定义了临界颗粒。

当过流率、停留时间及深度中的任何两个参数被确定，剩下的一个参数也就固定了。

例 9.2 某初沉池的过流率为 $600\ gal/(d \cdot ft^2)$，深度为 6 ft。求水力停留时间。

$$v_0 = 600\ \frac{gal}{d \cdot ft^2} \times \frac{1\ ft^3}{7.48\ gal} = 80.2\ ft/d$$

$$\bar{t} = \frac{H}{v_0} = \frac{6\ ft}{80.2\ ft/d} = 0.0748\ d = 1.8\ h$$

我们可以通过考虑个别变量来更好地理解沉淀。对于一个给定沉淀池，增加流量 Q，将使得临界速度 v_0 也增大。然后，由于具有 $v > v_0$ 的颗粒将更少，从出水区中得以出去的颗粒也更少。如果降低 v_0，将有更多的颗粒被去除，这可以通过降低 Q 或增加 A 来实现。后者可以通过改变沉淀池的规模加以增大，因而沉淀池深度很浅，而长度和宽度较大。如果将一个 3 m 深的沉淀池分成两个 1.5 m 深的沉淀池并将其相邻放置，颗粒的水平速度与 3 m

深的沉淀池中一样，但是沉淀池表面积将会加倍，v_0 也会变为原来的一半。因此，非常浅的沉淀池将成为适宜的初沉池，只可惜它们占据了大量的土地，并不能保证均匀的水流分布，并且带来了钢筋和混凝土的昂贵费用❶。

上文的探讨包含了一个有关水处理的不正确的重要假设。污水中的固体物质并未如离散颗粒那样沉降，而往往在絮凝沉降中聚集在一起形成更大颗粒，这点可以用量筒内的污水颗粒沉降加以论证。水从不同高度取样，可以观察到水的澄清时间（图 9-9）。

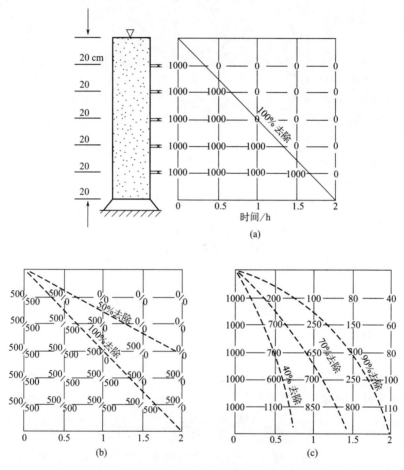

图 9-9　一种废水的沉降实验和 5 个口的定期取样

假设初悬浮固体（SS）浓度（$t = 0$）为 1000 mg/L

如果污水中含有沉降速度相同的颗粒，当最高的颗粒沉降到底部，澄清效果将达到最佳。如果 $v = 120$ cm/2 h $= 60$ cm/h，应该产生如图 9-9(a) 的曲线。沉降曲线以下是悬浮颗粒浓度（1000 mg/L），曲线以上的水变澄清。

如果污水是两种等量但尺寸不同的颗粒的混合体，沉降速度分别为 $v_a = 30$ cm/h 和 $v_b = 60$ cm/h，曲线呈现如图 9-9(b)。不同粒径颗粒物的混合体仍然会形成直线的沉降曲线。

❶ 还记得微积分中的 max-min 问题吗？"什么样的六面棱镜具有最小的单位体比表面积？"

然而，实际生活中的污水，其沉降曲线如图 9-9(c)。在不同采样口去除或减少的固体物质部分绘制的曲线，其斜率随着时间推移而增加，并非保持不变。不断增加的速度是由于碰撞以及更大颗粒的形成。由于这种絮凝，浅的沉淀池并没有如理想沉淀池理论表示得那样高效。

污泥的去除效率可以通过如图 9-9 的曲线估算。该图表明，停留时间为 2 h 时，整个沉淀池的去除效率大约为 90%。但是，沉淀池的顶部更澄清，这是因为它只含有 40 mg/L 的 SS，因此，$(1000-40)/1000=96\%$ 的 SS 得以去除。假定顶部更澄清，估算去除效率的一般方程为

$$R = P + \sum_{i=1}^{n-1} \left(\frac{h}{H}\right)(P_i - P) \tag{9.10}$$

式中　R——总回收固体百分比；

　　　P——最底部的回收固体；

　　　P_i——i 段的回收固体；

　　　n——节数；

　　　h——每节的高度；

　　　H——柱的高度（$H=nh$）。

例 9.3　某化学废水的 SS 浓度为 1000 mg/L，沉淀池流量为 200 m³/h，$H=1.2$ m，$W=10$ m，且 $L=31.4$ m。实验室测试的结果如图 9-9(c) 所示。计算去除的固体分数、过流率、临界颗粒的速度。

沉淀池的表面积为

$$A = WL = 31.4 \times 10 = 314 \ (\text{m}^2)$$

因此过流率为

$$Q/A = 200/314 = 0.637 \ [\text{m}^3/(\text{h} \cdot \text{m}^2)]$$

因此临界颗粒的速度 $v_0 = 0.637$ m/h。但是，这个例子中的废水发生的是离散沉降而非以临界速度沉降。水力停留时间是

$$\bar{t} = \frac{V}{Q} = \frac{AH}{Q} = \frac{314 \times 1.2}{200} = 1.88 \ (\text{h})$$

在图 9-9(c) 中，85% 的去除曲线大致贯穿的停留时间为 1.88 h。因此，85% 的固体被去除。此外，在水柱顶部出现了更好的去除效率。在顶部 20 cm 处，假定 SS 浓度为 40 mg/L，意味着 $(1000-40)/1000=96\%$ 的去除效率，这比整个柱内的去除效率高 11%。第 2 段结果显示 $=(1000-60)/1000=94\%$ 的去除效率，依此类推。忽略最底部，总的去除率为

$$R = P + \sum_{i=1}^{n-1} \left(\frac{h}{H}\right)(P_i - P)$$

$$R = 85 + (1/6) \times (11 + 9 + 7 + 6 + 4) = 91.2\%$$

图 9-10 绘制了初沉池对生活污水的固体捕获效率随停留时间的曲线。

污水的一级处理主要是去除固体物质，但是随着其中一些可分解固体物质的去除，BOD 也有所下降。早期描述的污水现在可能有表 9-3 所示特征。

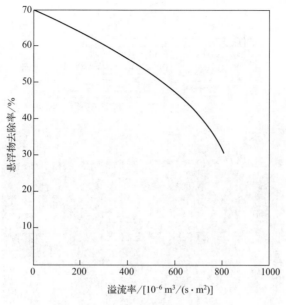

图 9-10　初级沉降池的性能

表 9-3　早期污水可能的特征

项目	原污水/(mg/L)	一级处理后/(mg/L)
BOD_5	250	175
SS	220	60
P	8	7

很大一部分固体物质连同一些 BOD 和 P 已经随着原污泥的去除而去除。在一级处理后，污水开始二级处理。

9.5　二级处理

离开初沉池的水已经去除了大部分的固体有机物，但却仍然含有高能分子，这些分子可以通过微生物作用分解，产生 BOD。必须减少需氧量（能量浪费），否则排放将对受纳水体产生不可挽回的影响。一级处理的目标是去除固体物质，而二级处理的目标是去除 BOD。

如图 9-11 所示的滴滤池，由一滤床拳头大小的岩石组成，在岩石之上，细细流动着废水。因为并没有发生过滤，这个名字有点使用不当。在岩石上有一种非常活跃的生物增长，这些有机体从正在滴入岩床的废水中获得营养。由于空气在岩床和环境中的温度差异，采用人工通风或者自动循环的方式使空气温度接近环境温度。在旧滤池中，废水通过固定喷嘴喷雾到达岩石表面。新推出的设计采用的是一个旋转臂，它可以用自己的能量转动，就像一个草地喷灌器，将废水均匀地分布到整个岩床上。通常，废水流会再循环，获得更高层次的处理。

在二十世纪初，滴滤池是一个成熟的处理系统。1914 年，人们建造了一个小型试验厂，该工厂采用不同的系统，向自由浮动的好氧微生物鼓入空气。这一过程被确立为活性污泥系统。活性污泥系统和生物滴滤池区别在于它对微生物的循环和再利用以及微生物在废水中呈

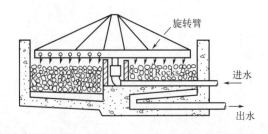

图 9-11   滴滤池

悬浮状态。

如图 9-12 所示是一个活性污泥系统，包括来自初沉池的一池废水以及一群微生物。鼓入曝气池的空气为好养微生物提供生存所必需的氧气。微生物与废水中溶解的有机物接触，吸收这些成分，并最终把这些物质分解成 CO_2、H_2O、一些稳定的化合物以及形成更多的微生物。新的微生物形成相对较慢，并且使用了曝气池的大部分容积。

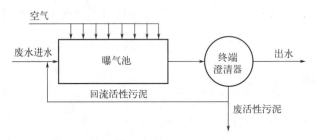

图 9-12   活性污泥系统的框图

当大部分微生物的食物来源——有机物耗尽时，微生物从液体中分离出来进入沉淀池，有时也称之为二沉池或终端澄清器。沉淀池中剩下的微生物没有食物来源，变得饥饿并因此而被激活，从而有了活性污泥这个名称。澄清的液体从出水堰流出并将排入受纳水体。沉淀的微生物，现在被称为回流活性污泥，被泵回曝气池始端，在那里，从初沉池流入的液体中的有机物可以给活性污泥提供更多的食物，这个过程又重新开始了。活性污泥处理法是个持续的过程——持续的污泥泵入，持续的净水排出。

活性污泥系统产生的微生物比所需更多，如果不除去微生物，它们的浓度将迅速增加，大量固体会阻塞系统，所以必须浪费掉一部分微生物。剩余活性污泥的处置是污水处理最难的部分之一。

活性污泥系统是基于负载量、有机物数量或食物量相对于可用微生物的添加量来设计的。这个食物-微生物（F/M）的比率是一个主要的设计参数。F 和 M 都很难精确测量，但可以分别通过流入曝气池的 BOD 和 SS 大致估算得到。进行曝气的微生物和废水组合被称为混合液，而曝气池中的 SS 是混合液悬浮固体（MLSS）。进水的 BOD 与 MLSS 的比值，即 F/M，是系统上的负载，计算方式为每天每磅（或者每千克）的 MLSS 中 BOD 的质量（磅或千克）。

相对小的 F/M 或微生物食物很少，以及长时间的曝气期（池内停留时间）导致高度的污水处理，因为微生物可以最大程度地利用可获得的食物。有这些特点的系统被称为延时曝气系统。延时曝气系统被广泛应用于独立废水来源，如一些小城镇建设或度假酒店。它几乎没有产生额外的生物量和需要处置的活性污泥。

表 9-4 比较了延时曝气系统、传统二级污水处理系统以及具有短时曝气、高负载、低效处理特点的"高效"系统。

表 9-4　活性污泥系统的负荷和效率

处理系统	负荷:F/M /[lbBOD/(d・lb MLSS)]	曝气时间/h	BOD 去除率/%
延时曝气系统	0.05～0.2	30	95
传统二级污水处理系统	0.2～0.5	6	90
高效系统	1～2	4	85

例 9.4　初沉池中水流的 BOD_5 是 120 mg/L，流速为 0.05×10^6 gal/d。曝气池规模为 $20 \times 10 \times 20$ ft^3，MLSS$=2000$ mg/L，计算 F/M。

$$BOD = \frac{120 \text{ mg}}{L} \times \frac{0.05 \times 10^6 \text{ gal}}{d} \times \frac{3.8 \text{ L}}{\text{gal}} \times \frac{1 \text{ lb}}{454 \text{ g}} \times \frac{1 \text{ g}}{1000 \text{ mg}} = 50 \frac{\text{lb}}{d}$$

$$MLSS = 20 \times 10 \times 20 \text{ ft}^3 \times \frac{2000 \text{ mg}}{L} \times \frac{3.8 \text{ L}}{\text{gal}} \times \frac{7.48 \text{ gal}}{\text{ft}^3} \times \frac{1 \text{ lb}}{454 \text{ g}} \times \frac{1 \text{ g}}{1000 \text{ mg}} = 501 \text{ lb}$$

$$\frac{F}{M} = \frac{50}{501} = 0.10 \left(\frac{\text{lb BOD}}{\text{lb} \cdot d \text{ MLSS}} \right)$$

当微生物开始新陈代谢时需要大量的氧气。因此，曝气池中的 DO 随着废水的引进开始急速下降。曝气池进水末端得到的低浓度 DO 可能会对微生物种群有害。为了保护微生物种群，活性污泥处理过程可能包含如图 9-13 所示的渐减曝气和阶段曝气。在渐减曝气中，空气鼓入需要空气的地方，而在阶段曝气法中，废水被引入曝气池中一些特定的地方，以此扩散最初需氧量。

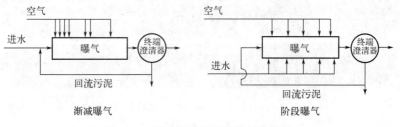

图 9-13　渐减曝气和阶段曝气的图解

另一个改进处理是接触稳定法，也叫生物吸附法。在该方法中，通过沉淀池分开进行微生物吸附和菌群增长操作（见图9-14）。接触稳定法在固体浓度高时维持生长，节约了曝气池体积。在池体积限制了处理效率的条件下，活性污泥池通常可以转化为接触氧化池。

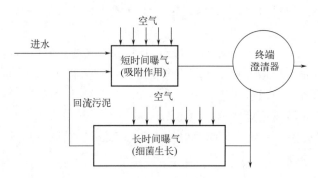

图 9-14　活性污泥法的生物吸附改良

将足够的氧气引入曝气池的两个主要方法是通过微孔曝气器鼓入压缩空气或机械式鼓入空气。详见图 9-15 和图 9-16。

图 9-15　鼓风曝气的活化系统

（来源：Envirex）

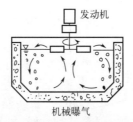

机械曝气

图 9-16　机械（表面）曝气恢复系统

（来源：Envirex）

　　活性污泥系统的成功同样得益于二沉池中微生物的分离。如果微生物如预期那样沉淀，则污泥发生膨胀。膨胀的特征通常为生物质几乎完全由丝状生物组成，形成了一种阻碍沉降的丝状的晶格结构[1]。沉降较差可能意味着系统非常混乱和低效。活性污泥的沉降效率通常表示为污泥体积指数（SVI），SVI 取决于在 1 L 量筒内沉降 30 min 后的污泥体积，按以下公式计算

$$\text{SVI} = \frac{1000 \times 30\ \text{min 后的污泥体积（mL）}}{\text{SS（mg/L）} \times 1\ \text{L}} \tag{9.11}$$

例 9.5　某污泥样本的 SS 浓度为 4000 mg/L，在量筒中沉降 30 min 后，污泥占据 400 mL。计算 *SVI*。

$$\text{SVI} = \frac{1000 \times 400\ \text{mL}}{4000\ \text{mg/L} \times 1\ \text{L}} = 100\ (\text{mL/g})$$

---

[1] 你可以把这想象成一个充满棉球的玻璃杯。当向杯中倒入水，棉花纤维的密度不足以使其沉到杯底。

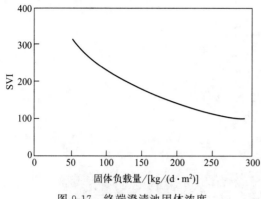

图 9-17　终端澄清池固体浓度
增加以更好处置污泥

通常认为 SVI 值小于 100 是可接受的；SVI＞200 时污泥严重膨胀。二沉池中一些常见负荷是 SVI 的函数，如图 9-17 所示。沉降性能差的部分原因是 F/M 不合适或不断变化、温度波动、高浓度的重金属或者营养物质不足。解决方法包括加氯处理、空气供应调节、注入过氧化氢来杀死丝状微生物。如果污泥不沉降，因为 SS 浓度很低，回流活性污泥就会很稀，曝气池中的微生物浓度下降。F/M 越高，解决同量食物的微生物更少，BOD 去除率下降。

活性污泥系统中的微生物过程动力学

流入活性污泥系统中的有机物有两种命运。大部分被氧化成 CO_2 和水，一些高能化合物被用来合成新的微生物。后者在微生物过程动力学中被称为底物。尽管测定总有机碳或化学需氧量（COD）可能得到更为精确的底物浓度，但底物通常用 BOD 间接测定。随着底物被消耗的新细胞群（微生物）的生长率被表达为

$$\frac{dX}{dt} = Y\frac{dS}{dt} \tag{9.12}$$

式中　S——底物的质量；

X——微生物或 SS 的质量；

Y——产率：每单位质量底物生成的微生物质量。

产率通常表示为每千克 BOD 产生的 SS 的质量（kg）。

微生物的增长率是

$$dX/dt = \mu X \tag{9.13}$$

式中，μ 是一个比例常数（增长率常数）。

莫纳[●]论证了不同的底物浓度下，增长率常数可按下式计算

$$\mu = \frac{\hat{\mu}S}{K_s + S} \tag{9.14}$$

因此，

$$\frac{dS}{dt} = \frac{X}{Y}\mu = \left(\frac{X}{Y}\right)\left(\frac{\hat{\mu}S}{K_s + S}\right) \tag{9.15}$$

式中　μ——增长率常数，s^{-1}；

$\hat{\mu}$——增长率常数最大值，s^{-1}；

K_s——饱和常数，mg/L。

培养每一种底物和微生物，这两个常数 $\hat{\mu}$ 和 K_s 都必须计算。

---

❶ 莫纳实证酶动力学的详细讨论已超出本书范围，但读者可在生物化学和废水处理的现代教材中找到相关讨论。

图 9-18 描绘了活性污泥系统的生物过程动力学应用。反应器体积为 V，出水流量为 0。反应器内完全混合：在反应器内引入水流后立即分散入流，以确保在池中没有浓度梯度，并且出水的组成和水质和池内的组成和水质完全相同。在这个持续的反应器内有两个停留时间：液体和固体的停留时间。液体停留时间，也叫水力停留时间，通常用分钟表示

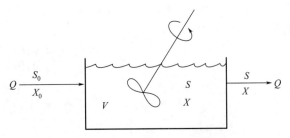

图 9-18　没有微生物循环的生物反应器

$$\bar{t} = \frac{V}{Q} \tag{9.16}$$

固体停留时间，也叫污泥龄，是固体颗粒（微生物）在系统中停留的平均时间。污水处理中的污泥龄也是细胞平均停留时间 Θ_c，定义为

$$\Theta_c = \frac{\text{曝气池内 SS 的质量}}{\text{曝气池内固体物质去除速率}}$$

图 9-18 中所示的系统中细胞平均停留时间为

$$\Theta_c = \frac{VX}{QX} \tag{9.17}$$

在这个例子中等于 $\bar{t}$。细胞平均停留时间通常以天表示。

现在假设在我们讨论的系统中，进水中没有微生物（$X \approx 0$），反应器状态稳定，其中微生物生长速率与出水中微生物损失速率保持平衡。微生物死亡率忽略不计。

系统质量平衡是

反应器中的变化率＝流入速率－流出速率＋微生物净生长速率

$$\frac{\mathrm{d}X}{\mathrm{d}t}V = QX_0 - QX + \left(Y\frac{\mathrm{d}S}{\mathrm{d}t}\right)V \tag{9.18}$$

在一个稳定的系统内，假设（$\mathrm{d}X/\mathrm{d}t$）$= 0$，$X_0 = 0$。将等式（9.15）代入式（9.18），引入细胞平均停留时间 Θ_c 得

$$\frac{1}{\Theta_c} = \frac{\hat{\mu}S}{K_s + S} \tag{9.19}$$

以及

$$S = \frac{K_s}{\hat{\mu}\Theta_c - 1} \tag{9.20}$$

等式（9.20）很重要，因为它表明底物浓度 S 既是动力学常数（对于给定的底物，我们无法控制该常数）的函数，也是细胞平均停留时间 Θ_c 的函数。细胞平均停留时间（或者污泥龄）影响底物浓度 S 并因此影响处理效率。

为了防止将微生物冲洗出去需要足够的停留时间，所以没有微生物回流的系统效率不高。如图 9-19 所示，成功的污水处理活性污泥系统是基于微生物的回流。但是建立这个系统的模型需要一些简单的假设。我们假设 $X_0 = 0$，而且微生物分离器是理想装置，出水中没有微生物（$X_e = 0$）。同时假设系统稳态且搅拌完全。过量的微生物或者剩余活性污泥以流量 Q_w 从系统中除去，固体物质浓度为 X_t。X_t 是底部沉淀物的浓度和曝气池中回流污泥的浓度。最后，为了简化模型，我们作了一个明显不正确的假设：沉淀池中没有底物去除，

沉淀池没有容积，因此所有的微生物都在曝气池内。唯一有反应体积是曝气池。这个例子中的细胞平均停留时间为

$$\Theta_c = \frac{曝气池内固体（微生物）的质量}{系统内固体物质去除速率} \tag{9.21}$$

$$\Theta_c = \frac{VX}{Q_w X_t + (Q - Q_w) X_e} \tag{9.22a}$$

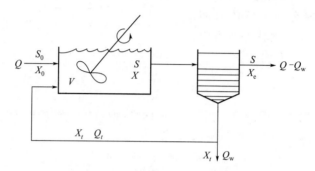

图 9-19　微生物循环式生物反应器

因为 $X_e \approx 0$，

$$\Theta_c = \frac{VX}{Q_w X_t} \tag{9.22b}$$

注意在这个例子中，$\Theta_c \neq \bar{t}$。

底物的迁移表示为底物去除速度：

$$q = \frac{底物去除量}{曝气微生物量 \times 水力停留时间}$$

$$q = \frac{S_0 - S}{X\bar{t}} \tag{9.23}$$

底物去除速率是对底物去除活动，或在给定时间内每单位质量的微生物去除 BOD 质量的合理测度，有时被称为工艺负载系数。它是一个有用的操作和设计工具。

如图 9-19，底物迁移速率也可以通过系统质量平衡表示：

底物净变化率＝底物流入率－底物流出率－底物利用率

$$\frac{\mathrm{d}S}{\mathrm{d}t}V = QS_0 - QS - qXV \tag{9.24}$$

底物利用率为

$$qXV = \frac{底物去除量 \times 微生物量 \times 反应器容积}{微生物量 \times 时间 \times 反应器容积}$$

$$qXV = \frac{底物去除量}{时间}$$

简化得到

$$q = \frac{S_0 - S}{Xt} \tag{9.25}$$

等式（9.13）莫诺比率定义为

$$\mu = \frac{\mathrm{d}X}{\mathrm{d}t} \frac{1}{X} = \frac{微生物生成量}{时间 \times 微生物量}$$

之前的产率 Y 定义为

$$Y = \frac{dX}{dS} = \frac{微生物生成量}{底物去除量}$$

对微生物使用质量守恒得

单位底物微生物净变化率＝微生物流入率－微生物流出率＋微生物产生率

$$Y = \frac{dX}{dS} = QX_0 - Q_w X_t - (Q - Q_w)X_e + \mu XV \tag{9.26}$$

再次假定稳态，$X_0 = X_e = 0$，

$$\mu = \frac{X_t Q_w}{XV} \tag{9.27}$$

注意 μ 是污泥龄（细胞平均停留时间）的倒数，

$$\Theta_c = \frac{XV}{X_t Q_w} = \frac{1}{\mu} \tag{9.28}$$

把 μ 代入等式（9.14），底物去除速率为

$$q = \frac{\mu}{Y} = \frac{\hat{\mu} S}{Y(K_s + S)} \tag{9.29}$$

设定等式（9.29）等价于等式（9.23），求解 $S_0 - S$，BOD 的减小量

$$S_0 - S = \frac{\hat{\mu} S X \bar{t}}{Y(K_s + S)} \tag{9.30}$$

然后根据等式（9.29），细胞平均停留时间（污泥龄）

$$\Theta_c = \frac{1}{(\mu/Y)Y} = \frac{1}{qY} \tag{9.31}$$

反应器中微生物浓度（MLSS）

$$X = \frac{S_0 - S}{\bar{t} q} \tag{9.32}$$

例 9.6　某活性污泥系统以 4000 m^3/d 的进水流量运行，其中 BOD(S_0) 为 300 mg/L。中试装置显示动力学常数为 $Y = 0.5$ kg SS/kg BOD，$K_s = 200$ mg/L，$\hat{\mu} = 2/d$。我们需要设计一个污水处理系统，它的出水中 BOD 达到 30 mg/L（去除 90%）。确定（a）曝气池体积；（b）MLSS；（c）污泥龄。每天会浪费多少污泥？

MLSS 浓度通常受到维持曝气池混合性能和向微生物输送足够氧的能力的制约。假定在这个例子中 $X = 4000$ mg/L。整理等式（9.30）得到水力停留时间

$$\bar{t} = \frac{0.5 \times 300 - 30 \times 200 + 30}{2 \times 30 \times 4000} = 0.129 \, (d) = 3.1 \, (h)$$

池体积是

$$V = \bar{t} Q = 4000 \times 0.129 = 516 \, (m^3)$$

污泥龄是

$$\Theta_c = \frac{4000 \text{ mg/L} \times 0.129 \text{ d}}{0.5 \text{ kg SS/kg BOD} \times (300 - 30) \text{ mg/L}} = 3.8 \text{ d}$$

因为

$$\frac{1}{\Theta_c} = \frac{剩余污泥(kg/d)}{曝气中的污泥(kg)}$$

根据等式（9.28）

$$X_t Q_w = \frac{XV}{\Theta_c} = \frac{4000 \ mg/L \times 516 \ m^3 \times 10^3 \ L/m^3 \times 1/10^6 \ (kg/mg)}{3.8 \ d} = 543 \ kg/d$$

例 9.7　使用与例 9.6 同样数据，要除去 95% 的 BOD 或者使 S＝15 mg/L，所需混合液中固体浓度是多少？

底物去除率

$$q = \frac{2 \ d^{-1} \times 15 \ mg/L}{0.5 \ kg \ SS/kg \ BOD \times (200 + 15) \ mg/L} = 0.28 \ (kg \ BOD/kg \ SS) \cdot d^{-1}$$

且

$$X = \frac{300 - 15}{0.129 \times 0.28} = 7890 \ mg/L$$

污泥龄为

$$\Theta_c = \frac{1}{0.28 \times 0.5} = 7.1 \ d$$

更高的去除效率要求曝气池中有更多的微生物。

可以使用简单的分批沉淀测试来估算回流污泥泵入率。沉淀 30 min 后，量筒中固体物质浓度为 55%，等于期望回流污泥浓度，即

$$X_r = \frac{HX}{h} \tag{9.33}$$

式中　X_r——期望回流污泥浓度，mg/L；

　　　X——MLSS，mg/L；

　　　H——量筒高度，m；

　　　h——沉淀污泥的高度，m。

混合液的固体浓度是进水稀释回流污泥的混合液浓度，即

$$X = \frac{Q_t X_t + Q X_0}{Q_t + Q} \tag{9.34}$$

如果再次假设进水中无固体物质，即 $X_0 = 0$，那么

$$X = \frac{Q_t X_t}{Q_t + Q} \tag{9.35}$$

活性污泥系统的性能通常取决于终端澄清池的性能。如果该沉淀池不能满足所需的回流活性污泥，则 MLSS 会下降，处理效率也会降低。终端澄清池是絮凝沉淀池和增稠剂。它们的设计不仅需要考虑固体负荷也需要考虑过流率。固体物质负荷在第 10 章中有更为详细的介绍，它表示为每天每平方米表面积上固体物质的质量（kg）。图 9-17 展示了终端澄清池内普遍使用的固体负荷，它是 SVI 的函数。

二级处理通常包括一个生物处理步骤，如活性污泥法，该法去除了大量的 BOD 和剩余

固体。处理前后的典型废水水质大约如表 9-5。

表 9-5　处理前后的典型废水水质

项目	未处理的污水	一级处理后	二级处理后
BOD_5/(mg/L)	250	175	15
SS/(mg/L)	220	60	15
P/(mg/L)	8	7	6

二级处理的出水在 BOD 和 SS 上符合先前设立的出水标准，只有 P 含量仍然很高。有机化合物的去除，其中包括有机磷和氮的化合物，需要更高级的或者三级水处理。

9.6　三级处理

一级和二级（生物）处理都包含在传统废水处理厂中。但是，二级处理厂的出水通常不够干净。一些 BOD 和悬浮物仍然存在，一级和二级处理在除磷和去除其他营养物质或有毒物质上效率低下。去除 BOD 的一个先进处理方法就是深度处理塘，也叫氧化塘。图 9-20 是一个氧化塘和其中的反应器。顾名思义，氧化塘是需氧的，因此，藻类生长所需的光很重要，氧化塘同样也需要巨大的表面积。

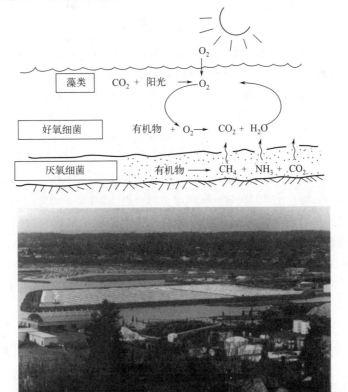

图 9-20　一个氧化塘示意图和曝气塘照片

（来源：N. S. Nokkentved）

一个足够大的氧化塘可能是小型废水流的唯一处理步骤。当塘中的氧化率过高且可用的氧气受限时，可能需要通过扩散曝气器或机械曝气器强制向氧化塘通入空气。这种塘被称为曝气塘，广泛应用于工业排污处理。图 9-20 展示了制浆造纸厂的曝气塘。

BOD 也可以用活性炭吸附去除，活性炭在去除一些有机物和无机物上更有优势。活性炭既能化学吸附也能物理吸附。活性炭柱是一根完全封闭的管，废水从底部泵入，干净的水从顶部流出。活性炭中的细缝捕获并容纳胶体和小颗粒。当活性炭柱变得饱和，必须从碳管中去除污染物，使活性炭再活化。通常采用在无氧条件下加热使活性炭再活化。再活化或再生的活性炭相比于初始活性炭而言，吸附效率并没那么好，常常必须往其中加一些初始活性炭以保证吸附性能。

反渗透法采用了半渗透膜或反渗透膜，被认为是处理各类有机污染物和微量无机污染物的方法。废水通过充当超滤机的半透膜，而溶解的固体和悬浮固体则无法透过。

原废水中的氮大部分是有机氮和铵态氮（凯氏氮）。由于氮可以加剧湖水和河口的富营养化，在废水处理厂中必须经常减少氮。应用最广泛的去除氮的方法被称为生物硝化/反硝化法。首先，利用微生物将氮转化为无机硝酸盐氮。这一过程发生在停留时间足够长的曝气池中。需要指出，碳质 BOD 先开始发挥作用，且只有当易氧化的碳化合物耗尽，硝化细菌才开始氧化含氮化合物。如果出现这种情况，最终产物将是硝酸盐氮（NO_3^-）。这个过程被认为有两个阶段，每个阶段有各种微生物群体。描述该过程的简化化学方程为

$$2NH_4^+ + 3O_2 \xrightarrow{\text{亚硝化细菌}} 2NO_2^- + 2H_2O + 4H^+$$

$$2NO_2^- + O_2 \xrightarrow{\text{硝化细菌}} 2NO_3^-$$

这些反应很慢，且需要在曝气池中有很长的停留时间以及足够的 DO。这些反应动力学常数很小，产率很低，所以净污泥产率受到限制，会有持续的冲蚀危险。

在出水没有排入湖泊或河流的情况下，硝态氮的产量是足够的。但是在很多情况下，必须去除硝态氮且也通常采用微生物的方法。

一旦氨被氧化成硝酸盐，就可能被更多的兼性厌氧菌如假单胞菌去除。这种反硝化作用需要碳源，甲醇（CH_3OH）是常见的碳源。反应为

$$6NO_3^- + 2CH_3OH \longrightarrow 6NO_2^- + 2CO_2 \uparrow + 4H_2O$$

$$6NO_2^- + 3CH_3OH \longrightarrow 3N_2 \uparrow + 3CO_2 \uparrow + 3H_2O + 6OH^-$$

另一种必须除去的营养物质是磷，它可能是加快富营养化最重要的化学物质。

磷可通过生物或化学方法去除。最常用的是化学方法是采用石灰、$Ca(OH)_2$、明矾、$Al_2(SO_4)_3$。在碱性条件下，钙离子与磷酸盐结合形成羟基磷灰石钙，一种白色的、可从废水中除去的不溶性沉淀物。同样也有不溶的 $CaCO_3$ 形成并被除去，它可以在焚烧炉中燃烧回收，反应如下：

$$CaCO_3 \longrightarrow CO_2 \uparrow + CaO$$

生石灰（CaO）加入水形成可再生的石灰，然后被重复利用，反应如下：

$$CaO + H_2O \longrightarrow Ca(OH)_2$$

明矾中的铝离子与磷酸盐形成微溶的磷酸铝，也形成了氢氧化铝，反应如下：

$$Al^{3+} + PO_4^{3-} \longrightarrow AlPO_4 \downarrow$$

$$Al^{3+} + 3OH^- \longrightarrow Al(OH)_3 \downarrow$$

氢氧化铝絮状物质的形成促进了磷酸盐的沉淀。明矾通常加在二沉池。实现去除一定磷

所需的明矾的量取决于给定废水中磷的量，然后可以通过化学计算关系算得污泥的产生量。

例 9.8　某废水含磷浓度为 6.3 mg/L，明矾用量为 13 mg/L，此时 Al^{3+} 可以使出水中磷浓度降至 0.9 mg/L。求污泥产生量。

$$Al^{3+} + PO_4^{3-} \longrightarrow AlPO_4 \downarrow$$

分子量：　27　　　95　　　　122　　　（或者 P 的原子量为 31）

从化学计算关系上看，去除 31 mg 的磷意味着产生 122 mg 的磷酸铝污泥。

$$5.4 \text{ mg/L P 去除量} \times \frac{122}{31} = 21.3 \text{ mg/L AlPO}_4 \text{ 污泥产生量}$$

用于产生 $AlPO_4$ 的 Al^{3+} 量为

$$5.4 \frac{\text{mg}}{\text{L}} \text{P 去除量} \times \frac{27 \text{ mg Al}^{3+}}{31 \text{ mg P}} = 4.7 \frac{\text{mg}}{\text{L}} \text{Al}^{3+}$$

剩余的铝为 13-4.7=8.3（mg/L），很可能形成氢氧化铝，反应如下：

$$Al^{3+} + 3OH^- \longrightarrow Al(OH)_3 \downarrow$$

分子量：　27　　3×17　　　78

$Al(OH)_3$ 产生量为

$$8.3 \frac{\text{mg}}{\text{L}} \text{Al}^{3+} \times \frac{78 \text{ mg Al(OH)}_3}{27 \text{ mg Al}^{3+}} = 24 \text{ mg/L Al(OH)}_3$$

总的污泥量为

$$AlPO_4 + Al(OH)_3 = 21.3 + 24 = 45 \text{ mg/L}$$

　　磷也可以用生物法去除。回流污泥中的微生物从二沉池出来后由于长时间的曝气十分"饥饿"，它们在引入废水之后会立即吸磷。这种过度摄取比最后新陈代谢行为所需速率快得多。如果这个富磷的有机体得以立即去除，多余的磷将随着过剩的活性污泥一起除去。因此，氮和磷在二级处理中都可以通过生物法除去。

　　在污水处理厂的一个典型的除磷系统中，曝气池内第一阶段的混合液混合了但并未曝气。在这种无氧的情况下，微生物通常会将磷储存在细胞内，从而获得维持生命所需的能量。随后微生物进入有氧阶段，细胞快速地吸收可溶性磷，从而可以快速地同化溶解性有机物。这个磷的摄取过程就是过度摄取，通过一开始促进磷的溶解，然后创造条件让微生物快速同化含能有机物来完成。在这时，二沉池内的微生物沉淀被去除，由此去除多余的磷。多余的活性污泥由此富含了大量的磷，如果将污泥用于农田将有很大好处。

　　这种脱氮除磷的组合体通常称为营养物质的去除，即 BNR。对于这样的处理工厂有一些处理方式可供选择，但是它们全都由几个好氧池和厌氧池组成。

　　随着氮和磷的去除，废水的出水目标得以实现，如表 9-6。

表 9-6　废水出水水质

项目	未处理污水	一级处理后	二级处理后	三级处理后
BOD_5/(mg/L)	250	175	15	10
SS/(mg/L)	220	60	15	10
P/(mg/L)	8	7	6	0.5

在地上喷洒二级处理液以及让土壤微生物降解残留的有机物为技术含量高且先进的水处理系统提供了新的选择。多年来这类土地处理系统已在欧洲得到应用，且目前已经引入北美。它们似乎是复杂且昂贵的处理系统的替代方案，尤其是对一些小社区。灌溉可能是最有前景的土地处理方法。根据植物和土壤特性，大约 1000～2000 公顷的土地需要 1 立方米每秒的废水流量。在二级处理完的废水中，仍留在其中的像磷和氮一类的营养物质对农作物仍然有利。

9.7   总结

如图 9-21 所示，一个典型的废水处理厂包括一级处理、二级处理和三级处理。废水中分离出来的固体物质的处理和处置需要特殊关注，这个问题在第 10 章会有进一步的介绍。

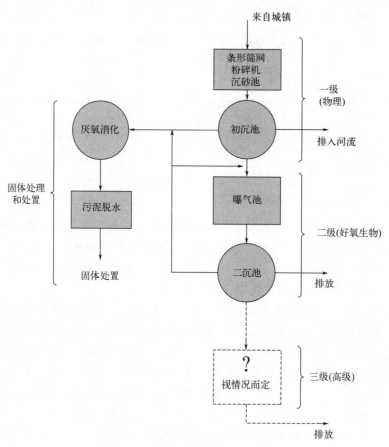

图 9-21   一个完整污水处理厂的框图

图 9-22 是一个典型废水处理厂的鸟瞰图。运作良好的处理厂的出水污染程度通常没有处理厂接收的废水那么严重。但并不是所有的处理厂性能都很好。很多污水处理厂只是在控制水污染上有部分成效，运行却备受指责。现代污水处理厂的运行不仅复杂而且要求高（虽然不是经常像图 9-23 所示那样苛求）。但是在操作工历来看很少获得补偿，所以雇佣有资历的操作工就尤为困难。所以国家现在都要求操作工获得牌照许可，操作工的工资也在上涨。这是一个令人满意的改变，因为它使得委托不合格的操作员运行数百万美元的设施变得毫无意义。污水处理需要合适的厂址设计以及恰当的运作设计，缺少其中任何一个都是浪费钱。

图 9-22　某二级污水处理厂的鸟瞰图

图 9-23　一个不寻常的操作问题：一辆小货车在初级沉降池

（来源：Phillip Karr）

思考题

9.1 以下数据是污水处理厂的运行数据：

项目	进水/(mg/L)	出水/(mg/L)
BOD_5	200	20
SS	220	15
P	10	0.5

（a）这些指标的去除率分别是多少？

（b）哪一类水处理会产生这样的出流？请绘制框图来表示处理流程。

9.2   在原污水泵坏了之后，描述初沉池一天的情况。

9.3   人工塘内，岩石上过度增长的泥浆，是滴滤池的操作问题导致的。多余的污泥阻塞了岩石间的空隙，由此水不再流过过滤器。给这样的人工塘提两个建议。

9.4   下水管道之间有时会有非法连接。假设有一个四口之家，其屋顶表面积为 70 ft × 40 ft，连接屋顶的排水管到下水道。如果雨水流速为 1 in/h，相比于干燥天气污水流速增加了多少？干燥天气流速为 50 gal/（人 · d）。

9.5   假设你是一个工程师，被雇去建设污水处理厂。你会选择哪五个最重要的污水测试参数？为什么你想知道这些值？你会进行哪些测试来测定进水和出水参数，为什么？

9.6   二级处理厂的进水和出水数据如下：

项目	进水/（mg/L）	出水/（mg/L）
BOD$_5$	200	20
SS	220	15
P	10	8

计算去除率。该厂存在什么问题？

9.7   绘制处理出水水质为 BOD$_5$＝20 mg/L，SS＝20 mg/L，P＝1 mg/L 的废水所需要的单元操作流程框架图。假定所有 BOD 来源于溶解性化学物质，所有 SS 是惰性的。

污水	BOD/（mg/L）	悬浮固体物质（SS）/（mg/L）	P/（mg/L）
生活	200	200	10
化工厂	40000	0	0
泡菜罐头厂	0	300	1
肥料厂	300	300	200

9.8   活性污泥系统的成功取决于二沉池中颗粒的沉淀。如果系统中的污泥开始膨胀，沉降性能不佳，回流污泥中 SS 浓度从 10000 mg/L 下降到 4000 mg/L。

（a）这对 MLSS 有什么影响？

（b）这反过来对 BOD 的去除会有什么影响，为什么？

9.9   假设在一个 1 L 的量筒内，无论有无出现污泥膨胀问题，活性污泥沉降 30 min 后体积均为 300 mL，SVI 分别为 100 mL/g 和 250 mL/g，在这两个情况下的 MLSS 分别是多少？这与问题 9.8 的答案相符吗？

9.10   一个过滤测试显示测试水位在 30 min 内下降了 5 英寸，一个双居室的房子需要多大的渗流场？如果水位下降 0.5 英寸需要多大？

9.11   一个 5×10^6 gal/d 传统活性污泥厂的进水 BOD$_5$ 浓度为 200 mg/L。初沉池 BOD 去除率是 30%。其中三个曝气池为 20 ft × 20 ft × 10 ft。去除 90% 的 BOD 所需的 MLSS 为多少？

9.12   水力停留时间为 2.5 小时的曝气系统，收到 0.2×10^6 gal/d BOD 为 150 mg/L 的水流。曝气池中 SS 浓度为 4000 mg/L。出水的 BOD 浓度是 20 mg/L，SS 是 30 mg/L。计算系统的 F/M。

9.13 曝气池中 MLSS 是 4000 mg/L。来自初沉池的流量为 $0.2\ m^3/s$，污泥回流的流量是 $0.1\ m^3/s$。假设没有生物净增长率，保持 4000 mg/L MLSS 需要回流污泥的 SS 浓度是多少？

9.14 某工厂废水由相对密度为 2.65，直径是 0.1 mm 的小颗粒 SS 组成。假定 $\mu=1.31\ cP$。

（a）为了达到澄清的效果，污水需要在 4 m 深的沉淀池中停留多久？

（b）如果有一个放错的楼板置于沉淀池之内，它目前只有 2 m 深，与（a）结果相同的时间内可以去除多少 SS？

（c）这个沉淀池的过流率是多少？

9.15 一个初沉池（沉淀池）长 80 ft，宽 30 ft，深 12 ft，每天进水量为 200000 gal。

（a）计算过流率 $gal/(d \cdot ft^2)$？

（b）假定整池都用以沉淀，求临界颗粒的沉降速度（ft/d）。

9.16 一个矩形初沉池（沉淀池）长 25 m，宽 10 m，深 5 m，流量是 $0.5\ m^3/s$。

（a）设计的过流率是多少？

（b）能否去除所有沉降速度为 0.01 cm/s 的粒子？

9.17 一个污水处理厂接收流量为 $0.5\ m^3/s$ 的废水。初沉池总的表面积是 $2700\ m^2$，停留时间是 3 h。求过流率和沉淀池深度。

9.18 载有 430 人的波音 747 越洋飞行耗时 7 h。如果冲厕水每次用水 2 加仑，估算冲洗厕所的需水量。做一些必要的假设，并加以陈述。冲洗厕所的水占总负载（人）的多少？因为一些显而易见的原因，高空排放废水是非法的，可以通过何种方式减少冲厕用水呢？

9.19 一个四口之家想要在渗流率为 1.00 mm/mm 地块上建造一栋房子。县里要求化粪池水力停留时间达到 24 小时。计算所需的化粪池和排水区域的体积。简述这个系统的各个方面。

9.20 以下初沉池的设计和期望性能合理吗？流量为 $0.150\ m^3/s$，进水 SS 为 310 mg/L，原初级污泥固体浓度是 4%，SS 去除效率为 60%，长度=10 m，宽度=15 m，深度=2.2 m。如果不合理，提出改进建议。

9.21 某污水含有可溶性磷浓度是 4 mg/L。理论上需要多少氯化铁来沉淀这些营养物质？

9.22 某社区的污水流量为 10×10^6 gal/d，要求符合 BOD_5 和 SS 均为 30 mg/L 的排放标准。进水 $BOD_5=250$ mg/L 的中试装置结果估测动力学常数 $K_s=100$ mg/L，$\hat{\mu}=0.25\ d^{-1}$，$Y=0.5$ kg SS/kg BOD。MLSS 保持在 2000 mg/L。求水力停留时间、污泥龄以及池体体积分别是多少？

第 10 章
污泥处理与处置

为实现固体废物高度稳定化与节约成本，废水处理和工程领域充斥着独特而丰富的工艺流程。但在实践中，工厂较难实现预期目标，这是因为他们未能充分重视污泥的处理和处置问题。目前在典型的二级处理厂中，污泥处理和处置的成本支出在总费用中的占比超过50%，这使得大家对并不太迷人但又十分必要的废泥处理处置重拾兴趣。

本章致力于解决污泥处理和处置的问题。本章研究了不同类型的污水处理系统中收集的污泥的来源和数量，并总结了污泥的一些特征，接下来讨论了浓缩、脱水等固体浓缩技术，总结了最终处置的注意事项。

10.1 污泥的来源

废水处理的所有阶段几乎都产生污泥。污水处理设施中污泥的第一个来源是初沉池或澄清器中的悬浮物。通常约 60% 的悬浮固体进入处理设施成为原始初级污泥，高度易腐败且湿度（大约 96%）极高。

去除 BOD 基本上是一个能源消耗过程，二级污水处理厂是用来将进入处理厂的高能有机物质降解为低能的化学物质。这个过程通常利用微生物通过生物手段完成，微生物（生态系统的分解者）利用能源完成自己的生活和繁殖。二级处理法，如普遍的活性污泥系统，是近乎完美的系统；其主要缺点在于微生物在对高能有机物的转化中，直接转化为二氧化碳和水的太少，太多转化是生成新的有机体。因此，系统运行过程中包含了过量的微生物，或者说是浪费了的活性污泥。正如第 9 章的明确定义，二级处理中，活性污泥的质量比 BOD 去除量被称为产率，表述为每千克 BOD 去除量对应的悬浮固体颗粒物产生质量。

除磷过程也总是会产生多余的固体。如果使用石灰，则会产生碳酸钙和羟基磷灰石钙固体。同样的，使用硫酸铝则会产生固体状的铝氢氧化物和磷酸铝盐。即使是所谓的完全生物过程的除磷方法，最终得到的还是固体。只有当定期收获一些有机物（藻类、水风信子、鱼等）时，使用氧化塘或沼泽方法来除磷才是可行的。

从各种污水处理流程中获得的污泥含量可以通过图 10-1 中所示的公式计算。符号定义如下：

S_0——5 天内（20 ℃）的进水 BOD 量，kg/h；

X_0——进水悬浮固体颗粒物，kg/h；

h——沉淀池中未被去除的 BOD 的占比；

i——曝气池或滴滤池未被去除的 BOD 的占比；

X_e——工厂废水悬浮固体颗粒物，kg/h；

k——初沉池中 X_0 的去除量占比；

j——消化池中未消化的固体占比；

ΔX——生物过程产生的净固体量，kg/h；

Y——产率$=\Delta X/\Delta S$；

ΔS——hS_0-ihS_0。

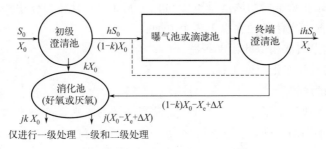

图 10-1　二次处理工厂工艺原理图

对于家庭废水，这些参数的典型值如下所示：

S_0——$(250\times10^{-3}\times Q)$，kg/h（$Q$ 的单位为 m³/h）；

S_0——$(250\times8.34\times Q)$，kg/h（Q 的单位为 10^6 gal/d）；

X_0——$(220\times10^{-3}\times Q)$，kg/h（$Q$ 的单位为 m³/h）；

X_0——$(220\times8.34\times Q)$，kg/h（Q 的单位为 10^6 gal/d）；

k——0.6

h——0.7

X_e——$(220\times10^{-3}\times Q)$，kg/h（$Q$ 的单位为 m³/h）；

X_e——$(220\times8.34\times Q)$，10^6 gal/d（Q 的单位为 10^6 gal/d）；

j——0.5（厌氧菌）；

j——0.8（好氧菌）；

i——0.1（运行良好的活性污泥）；

i——0.2（滴滤池）；

Y——0.5（活性污泥）；

Y——0.2（滴滤池过滤器）。

如果在处理过程中（如磷沉淀池）也产生化学污泥，这些量必须添加到上述估计的总污泥中。

例 10.1　某污水处理厂的污水进水的 BOD_5 为 250 mg/L，流量为 1570 m³/h（1×10^7 gal/d），进水的固体悬浮物为 225 mg/L。原始污泥产生量等于 kX_0，k 是初沉池中固体悬浮物的去除量占比，X_0 是进水的固体悬浮物，kg/h。如果 k 为 0.6（典型值），X_0 可以通过以下公式计算：

$$225 \text{ mg/L}\times1570 \text{ m}^3/\text{h}\times1000 \text{ L/m}^3\times10^{-6} \text{ kg/mg}=353 \text{ kg/h}$$

则原始污泥的产生量为

$$0.6\times353=212 \text{ (kg/h)}$$

10.2　污泥的特性

污泥的重要或相关特性取决于对污泥采取什么操作。例如，如果让污泥受重力作用变稠，其沉降率和压实率是很重要的。另一方面，如果对污泥进行厌氧消化，挥发性化合物的浓度、其他有机固体和重金属的浓度是重要的。污泥处理和处置操作中，污泥的可变性极其重要。事实上，这种可变性体现在以下三个方面：

① 没有在所有方面都相似的污水污泥；
② 污泥特性随时间变化而变化；
③ 没有"平均污泥"。

污泥的第一个规律反映了这样一个事实：没有一样的废水。如果添加处理的变量，产生的污泥会具有显著不同的特征。

第二个规律经常被忽视。例如，处理化学电镀废水［如 $Pb(OH)_2$、$Zn(OH)_2$ 或 $Cr(OH)_3$］产生的化学污泥，其沉降特性随时间变化而变化，这是因为 pH 变化不受控制。生物污泥当然也是不断变化的，其最大的变化发生在有氧呼吸到无氧呼吸的变化过程中（反之亦然）。毫无疑问，设计污泥设备相当困难，因为污泥可能会在短短几个小时中改变一些显著特征。

第三条规律经常被违反。显示"平均污泥"的"平均值"的表在解释和比较目的上很有用，本章同样也包括这类一般信息；然而，处理设计时不应该用这类信息。相反，你需要确定待处理的污泥的具体和独有的特征。为了便于说明，表 10-1 展示了假设的"平均污泥"的特性。第一个特性，固体浓度，或许是最重要的变量，它决定了待处理污泥的体积并确定污泥形态是液体还是固体。第二个特性，挥发性固体，它在污泥处理中也是很重要的。如果污泥含有高浓度的挥发性固体，其处理将十分困难，因为污泥脱气和挥发性物质分解会产生气体和气味。挥发性固体参数通常被认为是一个生物参数而不是物理特性，其假设是挥发性悬浮固体可用来测定生物量。另一个重要参数，特别是在最终处理环节，是病原体浓度，包括细菌和病毒。初沉池看起来是病毒和细菌的浓缩器，因为微生物大量存在于污泥中而不是液体废水中。

表 10-1　污泥特性

污泥类型	物理特性				化学特性		
	固体浓度 /(mg/L)[①]	挥发性固体 /%	抗屈强度 /(dyn/cm²)	塑性黏度 /[g/(cm·s)]	N(N) /%	P(P_2O_5) /%	K(K_2O) /%
水	—	—	0	0.01	—	—	—
初级原料	60000	60	40	0.3	2.5	1.5	0.4
混合消化	80000	40	15	0.9	4.0	1.4	0.2
废物活化	15000	70	0.1	0.06	4.0	3.0	0.5
明矾,10^{-12}	20000	40	—	—	2.0	2.0	—
石灰,10^{-12}	200000	18	—	—	2.0	3.0	—

① 注意，10000 mg/L 污泥中固体大约占 1%。

流变特性（塑性程度）是污泥少数的本质物理参数之一。可是，像污泥一样的两相混合物，几乎毫无例外地都是非牛顿和触变性的流体。污泥往往表现为假塑性体，有明显的表面屈服应力和塑性黏度。假塑性流体的流变行为被定义为图 10-2 所示的流变图。触变性这个术语与流变特性有时间依赖性相关关系。随着固体浓度的增加，污泥更倾向于像塑性流体。

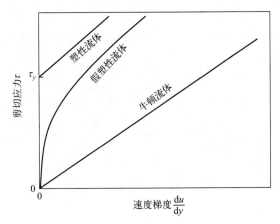

图 10-2　三种不同的液体的流变图

因此塑性流体可以通过以下方程式进行描述：

$$\tau = \tau_y + \eta\frac{\mathrm{d}u}{\mathrm{d}y} \tag{10.1}$$

式中　τ——剪切应力；

τ_y——屈服应力；

η——塑性黏度；

$\mathrm{d}u/\mathrm{d}y$——剪切速率，或速度（u）-深度（y）的斜率。

虽然污泥不是真正的塑料，但也可以用方程（10.1）来近似描述流变图。

屈服应力的值可以从 6% 的原始污泥中的超过 40 $\mathrm{dyn/cm^2}$，变到增稠的活性污泥中的 0.07 $\mathrm{dyn/cm^2}$。这种大差异说明流变参数可以按比例扩大。不幸的是，流变特征难以衡量，其分析没有可以作为标准的参考方法（EPA 1991）。

污泥的化学成分很重要，有以下几个原因。污泥作为肥料的价值取决于可用性氮、磷、钾以及微量元素。然而重金属和其他有毒物质的浓度是污泥更重要的指标，这些本应该远离食物链和一般环境。污泥中重金属浓度的范围非常大。例如，镉浓度可以从几乎为 0 变化到超过 1000 mg/kg；经营不善的工业企业可能导致毒素过量，使污泥肥料一文不值。尽管很多工程师认为，在工厂处理污泥，去除金属与毒素的行为可取，但从污泥中去除高浓度的重金属、农药和其他毒素并不划算，甚至不可能。因此，最好的管理方法是防止毒素进入或降低进水中的毒素浓度。

10.3　污泥处理

如果污泥能在从主工艺装置中排出的同时进行处置，那么可以省下大量资金并避免麻烦。不幸的是，污泥的三个特性使这样一个简单的解决方案不可能实现；不美观、有潜在危害且水分过多。

通常通过稳定化解决前两个问题，涉及厌氧或好氧消化。第三个问题需要通过浓缩或脱水去除多余的水分。接下来的三小节包括污泥稳定化、污泥浓缩、污泥脱水，最后是污泥最终处置的注意事项。

10.3.1　污泥稳定化

污泥稳定化的目标是减少与污泥的气味和腐坏相关的问题，以及减少致病微生物带来的危害。可以使用石灰、好氧消化或厌氧消化等方法稳定污泥。

石灰稳定是通过添加石灰到污泥中，如氢氧化钙 $[Ca(OH)_2]$ 或生石灰（CaO），使 pH 值达到 11 或以上。这大大地减小了气味且帮助破坏了病原体。石灰稳定的主要缺点是减少气味是暂时的。在几天内 pH 值下降后，污泥会再次变成腐烂的物质。

好氧消化是活性污泥系统的合理延伸。将剩余活性污泥放置于专用的容器中很长一段时间，等到浓缩的固体可以内源呼吸时，微生物的食物只能通过破坏其他生物体获得。总固体量和挥发性固体量都因此减少。这个过程的一个缺点是好氧消化污泥比厌氧消化污泥更难脱水。

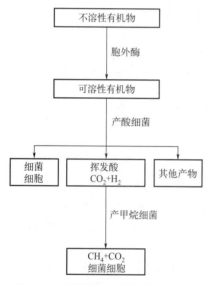

图 10-3　污泥厌氧消化中的生化反应

厌氧消化也可以稳定污泥，如图 10-3 所示。厌氧消化的生化反应是一个分阶段的过程：胞外酶分解有机化合物之后，一大群厌氧微生物产生有机酸，这群微生物被称作产酸细菌。反过来，有机酸可以被名为甲烷生成菌的严格厌氧生物进一步降解。这些微生物是废水处理中的首要任务，环境的一点点变化都会使其受到影响。厌氧处理方法的成功与否取决于是否能维持甲烷生成菌的适合条件。因为它们是严格厌氧菌，它们无法在有氧条件下存活，且对 pH 值、温度和毒素等环境非常敏感。当产甲烷菌被抑制时，消化池会变"酸"。产酸菌持续活跃，制造更多的有机酸，因此 pH 值变低且产甲烷菌的生存条件更加恶劣。养护一个酸化的消化池需要暂停"食物"，而且通常需要大量的石灰或抑酸物质。

大多数处理厂有一级和二级消化池，如图 10-4 所示。一级消化池通过覆盖、加热和混合来增加反应速率。污泥的温度通常是大约 35 ℃（95 ℉）。二级消化池不混合或加热，用于储存在消化过程中产生的气体（如甲烷）以及通过沉降浓缩污泥。随着固体的沉淀，液体上层清液被泵回到主池中，等待下一步处理。由于气体的积累，二级消化池的盖子经常上下浮动。厌氧消化过程中产生的气体包含足够的甲烷，甲烷可作为燃料，也常被用于加热一级消化池。大型污水处理设施可能产生足够的甲烷卖给当地的公司作为天然气。俄勒冈州波特兰市正在使用一个创新的方法，将厌氧消化产生的甲烷转化为燃料电池的氢气。不幸的是，许多废水处理机构仍然通过厌氧消化浪费（燃烧）甲烷。随着可用的化石燃料天然气减少，其价格上涨，生物产生的甲烷可能获得更高的经济价值。

厌氧消化器通常是在固体负荷的基础上设计的。经验表明，生活污水含有约 120 g/（d·人）的固体悬浮颗粒物。如果你知道污水处理设施服务的人口数量，就可以估计进入污水处理设施的总悬浮固体负荷。在二级处理过程中产生的固体必须连同任何"特殊处理"

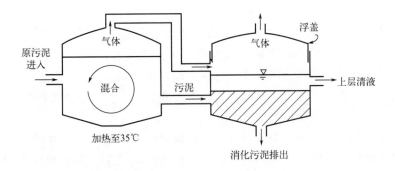

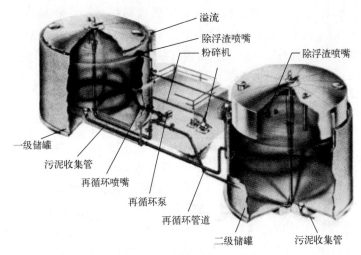

图 10-4 厌氧污泥消化器

（来源：多尔奥利弗公司）

的固体（如除磷污泥）一起添加到总负荷中。计算出固体产量后，消化器容积可通过假设一个合理的负载因子，如干固体产量为 4 kg/(m³ · d) 来估计。如果需要进一步减少挥发性固体，则需要降低负载因子。

例 10.2 含有 4% 的原始污泥和废弃的活性污泥要进行厌氧消化，负载因子是 3 kg/(m³ · d)。总污泥产生量（干燥固体）是 1500 kg/d。计算一级消化池所需的体积和水力停留时间。

设计需要的污泥产生量（消化池体积）：

$$\frac{1500 \text{ kg/d}}{3 \text{ kg/(m}^3 \cdot \text{d)}} = 500 \text{ m}^3$$

泵入消化池的湿污泥的总质量：

$$\frac{1500 \text{ kg/d}}{0.04} = 37500 \text{ kg/d}$$

由于 1 L 污泥质量约 1kg，湿污泥的体积是 37500 L/d 或 37.5 m³/d，水力停留时间为

$$t = (500 \text{ m}^3)/(37.5 \text{ m}^3/\text{d}) = 13.3 \text{ d}$$

消化产生的天然气随温度、固体负载、固体波动及其他因素的变化而变化。通常，每1千克挥发性固体增加，会有约0.6立方米的气体增加。这种气体约有60%甲烷，易燃烧，通常用来加热消化器和应付工厂内额外的能源需求。活跃的产甲烷菌在35℃时也可工作，在这个温度下的厌氧消化被称为嗜中温消化。当温度增加到大约45℃时，是由另一组产甲烷菌主导，这个过程被叫作高温厌氧消化。尽管后者过程更快，产生更多的气体，但是温度升高更加困难，维护费用也更昂贵。

最后，需要注意一级消化池中的混合。一般假设通过机械或曝气方式让整池完全混合。不幸的是，消化池内的混合是非常困难的，一些研究已经表明，消化池内平均只有20%的体积内达到很好的混合！

三个污泥稳定化过程都在不同程度上降低了致病菌的浓度。石灰稳定由于pH值的增加，达到的灭菌效果较好。此外，如果使用生石灰（CaO），反应将放热，而升高温度有利于破坏病原体。在环境温度下好氧消化不能很有效地破坏病原体。由于温度升高会导致病原体被大量破坏，已经大量研究了厌氧消化器对病原体生存能力的影响。不幸的是，消化过程中还有许多病原体存活下来且几乎没有减少其毒性。因此，厌氧消化池不能作为一种杀菌的手段。

10.3.2 污泥浓缩

污泥浓缩是一个固体颗粒浓度增加，但污泥总体积降低的过程，但污泥仍表现得像一种液体而非固体。（在10.3.3小节描述的污泥脱水过程中，同样的目标产生的污泥看起来像是固体。）浓缩产生的污泥固体浓度通常在3%～5%之间，而污泥开始具有固体属性时固体浓度为15%～20%。污泥浓缩过程是重力引起的，是通过颗粒和流体密度之间的区别来实现固体的压实。

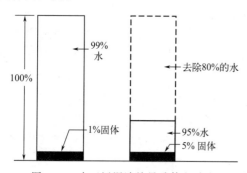

图10-5 由于污泥浓缩导致体积减小

污泥浓缩的优点是显著的。当污泥的固体浓度从1%浓缩到5%，体积将减少80%（图10-5）。浓度从1%增加到20%，体积将减少95%，这一过程是通过污泥脱水完成。体积的减少可转化为治理、处理和处置成本的显著减少。

目前正在使用的两种类型的非机械浓缩工艺为重力浓缩机和离心浓缩机。典型的重力浓缩机如图10-6所示。流体或进料进入池子的中心，然后慢慢流向池子的外缘。污泥固体沉淀下来，并通过底部的排放口被转移。废水流经环绕在池子周围的溢流堰，且通常在排放前回到一级或二级处理设施。

多年来，污泥的浓缩特性常被描述为污泥体积指数（SVI）：

$$SVI = \frac{1000 \times 静置30\ min后的污泥体积（mL）}{SS(mg/L) \times 1\ L}$$

通常认为若污泥处理厂的SVI不到100 mL/g，则污泥能充分沉降；当SVI大于200 mL/g时，有潜在的污泥沉降问题。

SVI在估计活性污泥的沉降能力时十分有用，毫无疑问对于二级处理厂的运行，它是一

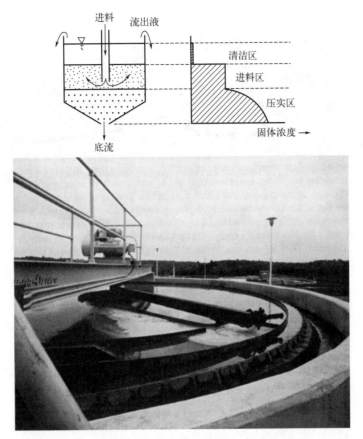

图 10-6　重力浓缩机
(来源：多尔奥利弗公司)

个有价值的工具。然而，SVI 也有一些缺点和潜在的问题，SVI 不取决于固体浓度。悬浮物的大幅增长会使 SVI 成倍增长。此外，当悬浮物水平很高时，SVI 达到最大值后便无法再上升。例如，假设石灰污泥的悬浮物浓度为 40000 mg/L 且它不沉淀（30 分钟后污泥体积 1000 毫升）。计算 SVI 可得

$$\mathrm{SVI}=\frac{1000\times1000}{40000}=25\ (\mathrm{mL/g})$$

我们原先声明 SVI 低于 100 mL/g 表明可以有较好的沉淀，那么当 SVI 为 25 mL/g 时，污泥又怎会不沉淀？

答案是悬浮固体颗粒物浓度为 40000 mg/L 时，SVI 达到最大值 25 mL/g。浓度为 20000 mg/L 时，SVI 最大是 50 mL/g，浓度为 10000 mg/L 时 SVI 最大是 100 mL/g 等。这些最大值可以绘制成图，图 10-7 显示了两种不同类型的污泥在不同的固体浓度增加时，SVI 最大值如何变化。

通量图是描述污泥沉降特性的一种更好的方式。通量图通过进行一系列不同固体浓度的沉淀测试，并记录污泥-水分液界面高度随时间的变化而绘制。沉降速度通过计算固体浓度曲线的相切直线的斜率得到。速度乘以相应的固体浓度得到固体通量，将其绘制成图，如图 10-8 所示。注意浓度为 C_i，界面沉降速度为 v_i 时，固体通量为 C_iv_i [kg/m^3 × m/h = kg/ (m^2 · h)]。通量曲线是一个以污泥浓缩为特点的"标志"，可用于浓缩机的设计。

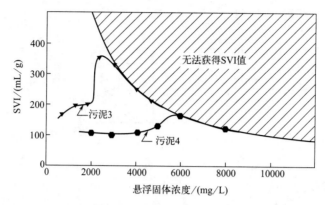

图 10-7   SVI 的最大值水平

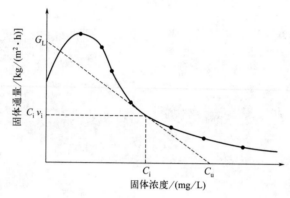

图 10-8   固体通量的重力浓缩计算

设计污泥浓缩池涉及到选择理想的污泥固体浓度 C_0（在实验室测试估计），并从这个值开始在通量曲线的底部画一条切线。纵坐标是限制通量 G_L 或浓缩操作时的固体控制通量。一个连续的浓缩池中，在单位面积内不可能产生比 G_L 更多的固体（在特定浓度下）。

固体通量的单位是 $kg/(m^2 \cdot h)$，定义为

$$G = \frac{Q_0 C_0}{A} \tag{10.2}$$

式中 G——固体通量；

Q_0——流量，m^3/h；

C_0——固体流动浓度，mg/L；

A——浓缩池表面积，m^2。

如果 G 是限制通量，则必要的浓缩面积可以通过以下公式计算：

$$A_L = \frac{Q_0 C_0}{G_L} \tag{10.3}$$

其中下标 L 明确了限定区域与通量。

这个图形化过程可用于优化流程。如果所得浓缩池面积太大，可能需要选择一个新的、不那么高的底流固体浓度并重新计算所需面积。

例 10.3   如果图 10-8 C_u 为 25000 mg/L，G_L 为 3 $kg/(m^2 \cdot h)$，进料为 60 m^3/h 固体浓

度为 1% 的污泥，则该浓缩池所需面积为多少？

计算限制面积得：

$$A_L = \frac{Q_0 C_0}{G_L} = \frac{60 \ \text{m}^3/\text{h} \times 0.01 \times 1000 \ \text{kg/m}^3}{3 \ \text{kg/(m}^2 \cdot \text{h)}} = 200 \ \text{m}^2$$

假设 C_u 为 40000 mg/L，G_L 为 1.8 kg/(m² · d)。现在所需面积是

$$A_L = \frac{60 \ \text{m}^3/\text{h} \times 0.01 \times 1000 \ \text{kg/m}^3}{1.8 \ \text{kg/(m}^2 \cdot \text{h)}} \approx 333 \ \text{m}^2$$

注意，面积需求会随着底流浓度增加而增加。在缺乏实验数据时，浓缩机基于固体负荷来设计，这是限制流量的另一种方式。针对一些特定污泥的重力浓缩机设计负荷如表 10-2 所示。

表 10-2　重力浓缩机设计负荷

污泥	设计负荷/[kg/(m² · h)][1]	污泥	设计负荷/[kg/(m² · h)][1]
初级原料	5.2	初级原料＋废物活性	2.4
活性污泥	1.2	滴滤池污泥	1.8

[1] 0.204 kg/(m² · h) ＝ 1 lb/(ft² · h)。

如图 10-9 所示，浮选浓缩机的运行是通过迫使空气在压力作用下溶解于回流中，然后当回流与进料混合后，释放压力。当空气从溶液中逸出，小气泡附着在固体表面并带着它们向上浮起从而被当作浓缩污泥刮掉。

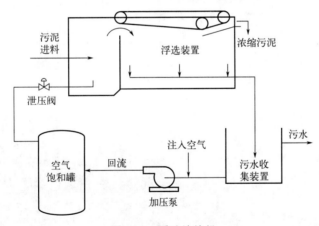

图 10-9　浮选浓缩机

10.3.3　污泥脱水

浓缩处理后污泥仍为液态，与污泥浓缩不同，脱水处理后污泥则会表现得像固体。脱水很少作为中间过程，除非污泥被焚烧。大多数废水处理厂将脱水用作最终处置前的最后方法来减少污泥体积。美国常用的脱水技术是砂床、真空过滤机、压滤机、带式过滤机和离心机。

砂床已经应用了很多年，在有土壤的条件下仍是脱水可用的方法中最划算的。在砾石中，床体拥有排水瓦管，覆盖有约 26 厘米厚的砂。将污泥倒在砂砾上，达到 8~12 in 高；液体通过渗流流入排水瓦管或被蒸发去除。尽管渗流到沙滩上会导致严重的水损失，但它只持续几天。污泥快速堵塞沙滩空隙，排水停止，然后蒸发机制取而代之，这一过程实际上是负责

液态污泥到固态的转换。随着污泥的表面水分蒸发,出现了深裂缝,促进了较低污泥层的水分蒸发。在潮湿地区,砂床可以封闭在通风良好的温室中促进蒸发,防止雨水落入砂床。

混合消化污泥设计中,通常干燥时间至少3周,取决于天气情况和污泥深度。添加化学物质如硫酸铝,通常会增加处理期前几天的水分流失,从而缩短干燥时间。一些工程师建议在污泥被移除后砂床干燥一个月。砂床再次被充满时,这便是一个提高排水效率的有效手段。

原生污泥在砂床上无法很好地排水,且通常会有令人讨厌的气味。因此原生污泥很少在砂床上干燥。原生二次污泥往往会快速通过砂砾,或堵塞砂砾空隙,以至于无法进行有效的排水。好氧消化污泥可以在砂砾上干燥,但是与厌氧消化污泥相比脱水更困难。

如果砂床排水功效不明显,则必须使用机械脱水技术。机械脱水有两个一般过程:过滤和离心分离。

污泥过滤通常是通过压滤机或一个带式过滤机来完成的。如图10-10所示的压滤机使用正压力迫使水通过滤布。通常,压滤机被做成板框式,污泥固体在板和框架之间被捕获和压

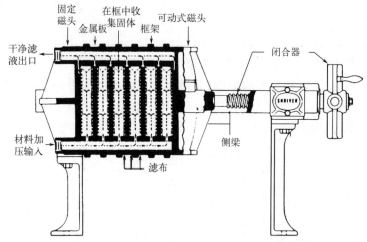

图 10-10　压滤机

(来源:Envirex)

缩。然后拉开板，进行污泥清洗。如图 10-11 所示的带式压滤机则利用重力和压滤机排水。首先污泥被引到移动传送带，水通过皮带滴落，固体则被保留。然后传送带移入脱水区，污泥在两带之间被挤压。带式压滤机可对许多不同类型的污泥进行有效脱水，被广泛应用于小型废水处理厂。

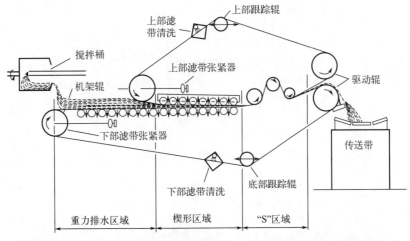

图 10-11　带式压滤机

过滤机对特定污泥脱水的有效性通常用"比过滤阻力"测试来进行测量。污泥的过滤阻力可表示为

$$r = \frac{2PA^2b}{\mu\omega} \tag{10.4}$$

式中　r——过滤比阻，m/kg；

$\quad\quad P$——真空压力，N/m^2；

$\quad\quad A$——过滤机的面积，m^2；

$\quad\quad \mu$——滤液黏度，N·s/m^2；

$\quad\quad \omega$——单位体积滤液沉淀物质量（干结块可能近似为入料固体浓度），kg/m^3；

$\quad\quad b$——时间/滤液体积与滤液体积的曲线斜率。

因子 b 可以通过简单的布氏漏斗测定（图 10-12）。将污泥倒入过滤器，应用真空，记录不同时间的滤液体积。这些数据绘制成斜率为 b 的直线。表 10-3 分列出不同污泥比阻的近似范围。

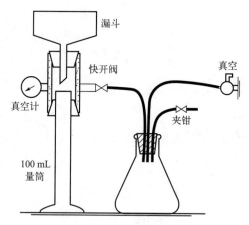

图 10-12   布氏漏斗测试来确定过滤比阻力

表 **10-3   典型的污泥比阻**

污泥形态	比阻/(m/kg)	污泥形态	比阻/(m/kg)
初级原料	$(10\sim30)\times10^{14}$	石灰和生物污泥	$(1\sim5)\times10^{14}$
混合消化	$(3\sim30)\times10^{14}$	石灰泥	$(5\sim10)\times10^{13}$
活性污泥	$(5\sim20)\times10^{14}$	明矾	$(2\sim10)\times10^{13}$

例 10.4   布氏漏斗污泥过滤实验结果如下所示。计算出具体的过滤阻力。注意，最初的 2 分钟被忽略，一部分原因是过滤器中有贮水部分，另一部分原因是过滤器阻力在这段时间后可忽略不计。

时间/min	Θ/s	V/mL	校正后的 V/mL	$\Theta/V/(s/mL)$
−2	—	0	—	—
0	0	1.5	0	—
1	60	2.8	1.3	46.3
2	120	3.8	2.3	52.3
3	180	4.6	3.1	58.0
4	240	5.5	4.0	60.0
5	300	6.1	4.6	65.2

其他的测试变量为

P ＝压力＝10 psi＝6.9×10^{4} N/m^2；

μ ＝动力黏度＝0.011 P＝0.0011 N·s/m^2；

ω ＝0.075 g/mL＝75 kg/m^3；

A ＝44.2 cm^2＝0.00442 m^2。

数据绘制如图 10-13。直线的斜率 $b = 5.73\ \text{s/cm}^6 = 5.73\ \text{s/cm}^6 \times (100\ \text{cm/m})^6 =$ $5.73 \times 10^{12}\ \text{s/m}^6$。

$$r = \frac{2 \times 6.9 \times 10^4 \times 0.00442^2 \times 5.73 \times 10^{12}}{0.0011 \times 75} = 1.87 \times 10^{14}\ \text{m/kg}$$

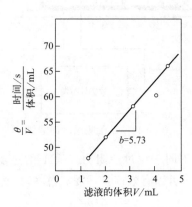

图 10-13　案例 10.4 的实验数据

比过滤阻力可以用来估计过滤机所需的负荷。过滤机产量可用单位过滤面积单位时间过滤产生的脱水（干）固体质量来描述

$$Y_F = \left[\frac{2P\omega}{\mu r t} \right]^{1/2} \tag{10.5}$$

式中　Y_F——过滤产量，$\text{kg/(m}^2 \cdot \text{s)}$；

$\quad\quad P$——过滤压力，N/m^2；

$\quad\quad \omega$——进料固体浓度，kg/m^3；

$\quad\quad \mu$——滤液动力黏度，$\text{N} \cdot \text{s/m}^2$；

$\quad\quad r$——污泥比阻，m/kg；

$\quad\quad t$——过滤时间，s。

例 10.5　某污泥的固体浓度为 4%，其过滤阻力为 $1.86 \times 10^{13}\ \text{m/kg}$，滤液黏度为 $0.01\ \text{N} \cdot \text{s/}$ m^2。带式过滤机的压力可达到 $800\ \text{N/m}^2$，过滤时间为 30 s。预估传送带污泥流量为 $0.3\ \text{m}^3/\text{s}$。计算过滤产量。

$$Y_F = \left(\frac{2 \times 800 \times 40}{0.01 \times 1.86 \times 10^{13} \times 30} \right)^{1/2} = 1.07 \times 10^{-4}\ \text{kg/(m}^2 \cdot \text{s)}$$

这个过滤机产量大约是 $1.07 \times 10^{-4}\ \text{kg/(m}^2 \cdot \text{s)}$ 时，脱水操作效能明显。

用布氏漏斗测定比过滤阻力相当麻烦，也耗费时间。有一种间接的方法，使用英国开发的毛细吸水时间（CST）装置可评估过滤污泥的效果。如图 10-14 所示的 CST 设备，允许水从污泥中渗出（实际上是一个过滤过程）到吸墨纸上。水被吸墨纸吸收的速度用水扩散特定距离所用的时间来衡量。时间以秒为单位，与污泥比阻相关。短时间表明污泥具有高度可滤性；长时间则意味着过滤缓慢。

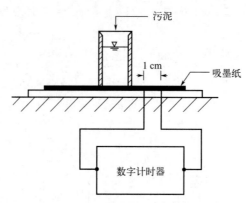

图 10-14　毛细吸水时间装置

CST 实验的主要缺点是，不同于比过滤阻力，CST 的过滤阻力与固体浓度相关。利用达西方程可以得到一个表达式，可以有效衡量污泥滤过率（χ）。

$$\chi = \phi\left(\frac{\mu X}{t}\right) \tag{10.6}$$

式中　χ——污泥滤过率，（$kg^2 \cdot m^4$）/s^2；

　　　ϕ——无量纲仪器常数，每个 CST 装置特有；

　　　μ——流体（不是污泥）动力黏度，P；

　　　X——悬浮粒子浓度，mg/L；

　　　t——毛细管吸水时间，s。

污泥滤过率可以用于设计比过滤阻力。

离心分离常用于有机聚合物处理后的废水，用于调节污泥条件。虽然离心机可以处理任何污泥，但大多数未经处理的污泥不能用离心机达到 60%～70% 的固体回收率。最广泛使用的离心机是无孔转鼓，它包含一个旋转轴上的子弹形状的主体。将污泥放置到转鼓中，其在 500～1000 的重力（应用离心）作用下沉淀，并由螺旋输送机输出（图 10-15）。虽然实验室测试的在评估离心机适用性时有一定价值，但连续测试模型更值得推荐。

离心机必须能够沉降固体，然后将固体从转鼓中移除。由此可以提出两个参数用于按比例扩大的两个几何相似的机器。沉降特性可以通过 σ 方程测量（Ambler 1952）。无须对该参数进行推导，假设两台机器（1 和 2）在转鼓里对沉降的影响相等，则下面的关系一定成立：

$$\frac{Q_1}{\Sigma_1} = \frac{Q_2}{\Sigma_2} \tag{10.7}$$

式中，Q 代表进入机器的液体流量；Σ 是一个机器（不是污泥！）的参数特征。

无孔转鼓离心机中，Σ 可以通过以下公式计算：

$$\Sigma = \frac{V\omega^2}{g \ln(r_2/r_1)} \tag{10.8}$$

式中　ω——转速，rad/s；

　　　g——引力常量，m/s^2；

　　　r_2——离心机内壁到中心轴的半径，m；

　　　r_1——污泥表面到中心线的半径，m；

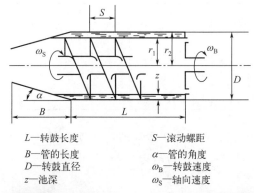

L—转鼓长度　　　　　S—滚动螺距
B—管的长度　　　　　α—管的角度
D—转鼓直径　　　　　ω_B—转鼓速度
z—池深　　　　　　　ω_S—轴向速度

图 10-15　无孔转鼓离心机

（来源：英格索兰和 I. Krüger）

　　V——转鼓中液体体积，m^3。

　　因此，如果机器 1 在 Σ_1（根据机器参数计算所得）和流量 Q_1 时可以得到满意结果，则可以预计第二个有更大 Σ_2 值、几何相似的机器在 Q_2 流量时将达到同样的脱水性能。

　　这个分析并没有考虑到离心机移出固体的运动，这对离心机而言是非常重要的组成部分。两台机器移出固体的运动可以通过 β 方程（Vesilind 1979）计算

$$\frac{Q_1}{\beta_1} = \frac{Q_2}{\beta_2} \tag{10.9}$$

$$\beta = (\Delta\omega)SN\pi Dz \tag{10.10}$$

式中　Q——单位时间内固体质量，例如 lb/h；

　　　$\Delta\omega$——离心机和输送机之间的转速差，$\omega_B - \omega_S$，rad/s；

　　　S——滚动螺距（叶片之间的距离），m；

　　　N——螺纹线数；

　　　D——离心机内壁直径，m；

　　　z——离心机中的污泥深度，m。

　　按比例增大过程涉及液体和固体 Q_2 的计算，该值的最小值决定着离心机容量。

　　例 10.6　如果投入的流量为 0.5 m^3/h 包含 1％ 固体的污泥，则转鼓式离心机（机器 1）运行良好。为了扩大到更大的机器（机器 2），需要确定在何种流速下这一几何相似的机器将得到同样的效果。机器变量如下：

项目	机器 1	机器 2	项目	机器 1	机器 2
转鼓直径/cm	20	40	传送机速度/(r/min)	3950	3150
池深/cm	2	4	螺距/cm	4	8
转鼓速度/(r/min)	4000	3200	线数	1	1
转鼓长度/cm	30	72			

首先，沉降 (σ) 的规模扩大，池中污泥的体积可近似估计为

$$V = 2\pi \left(\frac{r_1 + r_2}{2} \right) (r_2 - r_1) L$$

其中变量在图 10-15 中定义。两台机器的体积分别是

$$V_1 = 2\pi \times \frac{8 + 10}{2} \times (10 - 8) \times 30 = 3393 \text{ cm}^3$$

$$V_2 = 2\pi \times \frac{16 + 20}{2} \times (20 - 16) \times 72 = 32572 \text{ cm}^3$$

由于

$$\omega = \text{r/min} \times \frac{1}{60} \times 2\pi \frac{\text{rad}}{\text{r}}$$

$$\omega_1 = 4000 \times \frac{1}{60} \times 2\pi = 419 \text{ rad/s}$$

$$\omega_2 = 3200 \times \frac{1}{60} \times 2\pi = 335 \text{ rad/s}$$

$$\Sigma_1 = \frac{419^2}{980} \times \frac{3393}{\ln(10/8)} = 2.72 \times 10^6$$

$$\Sigma_2 = \frac{335^2}{980} \times \frac{32600}{\ln(20/16)} = 16.7 \times 10^6$$

所以

$$Q_2 = \frac{\Sigma_2}{\Sigma_1} Q_1 = \frac{16.7}{2.72} \times 0.5 = 3.1 \text{ (m}^3/\text{h)}$$

接下来，看固体负荷 (β)，固体流率是

$$Q_{s1} = 0.5 \frac{\text{m}^3}{\text{h}} \times 0.01 \times 1000 \frac{\text{kg}}{\text{m}^3} = 5 \frac{\text{kg}}{\text{h}}$$

然后根据方程式 (10.10)

$$\beta_1 = (4000 - 3950) \times 4 \times 1 \times \pi \times 20 \times 2 = 25133$$

$$\beta_2 = (3200 - 3150) \times 8 \times 1 \times \pi \times 40 \times 4 = 201062$$

$$Q_{s2} = \frac{201062}{25133} \times 5 = 40 \left(\frac{\text{kg}}{\text{h}} \right)$$

对应流速为

$$\frac{40}{0.01} \times 10^{-3} = 4 \left(\frac{\text{m}^3}{\text{h}} \right)$$

液体负荷因此得到控制，而较大的机器（机器 2）不能处理流量大于 3.1 m³/h 的进料。

10.4　最终处置

即使经过处理，我们仍留下了大量需要一个最终放置场所的污泥。污泥的最终处置选择受限于空气、水和土地。直到最近，焚烧（空气处理）被视为一种有效的污泥还原法，但不作为最终的污泥处置方法（残灰仍然需要处理）。然而，对空气污染的严格控制和愈发引人关注的全球变暖问题使得焚烧成为越来越不可能的选择。由于对水生生态系统的不利或未知有害影响，深水（比如海洋）中的污泥处置正在减少。土地处理，特别是使用污泥作为肥料或土壤改良剂，历来是受人青睐的一种处置方式，在其他选择变得更加有问题的同时，土地处置变得越来越受欢迎。

焚烧并不是污泥处置的一种方法，而是将污泥中的有机物进一步转化成水、二氧化碳、无机物以及残渣的步骤。在污泥处理的过程中使用的两种废物焚烧炉为：多室焚烧炉和流化床焚烧炉。多室焚烧炉，顾名思义，是将几个壁炉垂直叠放在一起，用耙臂把污泥逐渐向下推通过最热的层，最后进入灰坑（图 10-16）。

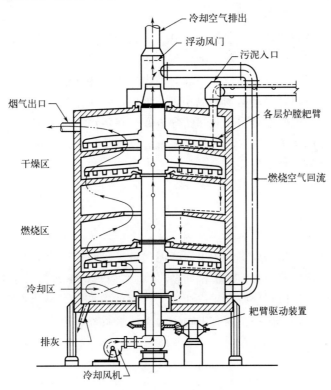

图 10-16　多室焚烧炉

（来源：尼科尔斯工程研究公司）

流化床焚烧炉充满因空气喷射而悬浮的热砂；污泥在移动的砂子中被焚化。由于流化床内的猛烈运动，刮臂并不必要。砂充当着"热飞轮"，允许间歇操作。在过去十年中，由于大气排放和灰分处理的环境问题，污泥焚烧不再被许多国家监管机构认为是最有效的技术。

第二种处置方法——土地处置——越来越受欢迎，特别是在某些限制工业污染物进入废水处理的地区。（受工业化学品污染的污泥可能不适用于土地处置。）土地吸收和消化污泥的能力取决于土壤类型、植被、降雨和坡度等变量。此外，污泥本身的重要变量会影响土壤吸收污泥的能力。一般来说，有郁郁葱葱的植被、降雨量低、缓坡的砂土被证明是成功的。混合消化污泥用油罐卡车运输，活性污泥从固定和移动的喷嘴中喷洒而出。应用速率可变化，但干污泥 100 t/(acre·a) 不是一个合理的估计。最不成功的土地应用系统可以追溯到超载土壤。只要给予足够的时间且没有有毒物质，土壤会吸收喷洒的液体污泥。

将污泥用于土地施肥应用成功的案例已有一些，尤其是在造林过程中。森林和树木苗圃离人口中心的距离远到可以使审美异议最小化，污泥的变量性质在造林和其他农业应用中问题不大。污泥也可作为视为腐熟的肥料和植物养料。密尔沃基市开创了污泥的干燥、消毒和脱臭的先河，这三者捆绑在一起，污泥可作为活性淤泥肥料出售。

运输液态污泥通常是昂贵的，因此有必要通过脱水减少体积。固体污泥在陆地沉积，钻入土壤缝隙。通过挖沟可以达到更高的使用率 [t/(acre·a)]，用锄耕机挖一个 1 m^2 的沟，将污泥沉积在沟里，然后用土壤覆盖。

化学固定包括化学结合污泥固体，几天后混合物凝固。在过去的几年中，这一方法被用于有非常严重污泥问题的行业。尽管化学固定费用昂贵，但它仍是工业工厂群仅有的选择。该方法固体的浸出量似乎是最小的。

污泥通常包含对植物和动物（包括人）有害的化合物，或者可能导致地表水退化、影响地下水供应的化学物质。尽管大多数生活污泥中含有的毒素（如重金属）浓度不高，不会对植物造成即时伤害，但如果污泥在较长一段时间内施用于相同的土地，毒素或者重金属的浓度会在植物和动物中蓄积，对动植物造成伤害。因此，污泥作为肥料或土壤调节剂时必须要进行应用测试，以证明他们符合州和联邦指导方针。在污泥处理中可以去除一些毒素，但最有效的控制毒性的方法是防止毒素进入排水系统。强制执行排水条例是必要的，特别是考虑到污泥的最终处置日益困难。

10.5 总结

污泥处置是令许多市政当局头疼的事。污泥代表了我们文明的真正残留，其成分反映了我们的生活方式、科技发展和我们的道德问题。"将东西扔进下水道"是我们摆脱任何不想要的物质的方式，并未认识到这些物质往往成为污泥的一部分，最终在环境中被处理处置。我们需要更注意这些问题，让潜在的有害物质远离污水系统和污泥。

思考题

10.1 使用合理的值，估计在 10×10^6 gal/d 污水处理厂中污泥的产生量。估计单位时间内污泥体积和干燥固体体积。

10.2 某 1 L 的汽缸被用来测量含 0.5%悬浮物的污泥的沉降性。30 分钟后，沉降污泥固体占 600 毫升。计算 SVI。

10.3 如果对来自于一个废水工厂的污泥进行以下处理，需要什么稳定措施？

（a）放置在白宫草坪上。

（b）扔进一个鲑溪流。

（c）喷洒在操场上。

（d）喷洒在菜园。

10.4　将某污泥从 2000 mg/L 浓缩到 17000 mg/L。体积减小了多少百分比？

10.5　实验室浓缩测试产生以下结果：

固体浓度/%	沉降速度/(cm/min)	固体浓度/%	沉降速度/(cm/min)
0.6	0.83	1.8	0.067
1.0	0.25	2.2	0.041
1.4	0.11		

如果所需的底流固体浓度（C_u）是 3%，进料速度是 0.5 m³/min，固体浓度为 2000 mg/L，计算所需的浓缩机面积。

10.6　用一布氏漏斗在 6×10^4 N/m² 的真空压力下测试过滤阻力，面积为 40 cm²，固体的浓度为 60000 mg/L，得到以下数据：

时间/min	滤液体积/mL	时间/min	滤液体积/mL
1	11	4	37
2	20	5	43
3	29		

请计算出具体的过滤阻力。其中 $\mu = 0.011$ N·s/m²。这种污泥适合用真空过滤脱水吗？

10.7　两个几何相似的离心机有以下特点：

项目	机器 1	机器 2	项目	机器 1	机器 2
转鼓直径/cm	25	35	转鼓长度/cm	30	80
池深度（r_2-r_1）/cm	3	4			

如果流速分别为 0.6 m³/h 和 4.0 m³/h，机器 1 运行转速为 1000 r/min，如果仅考虑液体负荷，机器 2 的速度应该是多少才能实现类似的性能操作？

第11章
非点源水污染

雨水降落并击打地面时，复杂的径流过程就开始了，携带着溶解和悬浮物质从分水岭进入相邻的河流、湖泊和河口。即使人们在径流活动之前介入，从分水流域输送来的沉积物会在自然堤坝背面，沿河内侧弯道和溪流的出口积累。

现在来看看世界的样子——自从人类出现以后，人类活动不断影响着环境。数百甚至几千年来，这些活动包括农业、伐树、建筑和修路、矿业和工业生产、液体和固体废物处理等。这些活动导致流域中植被和土壤的破坏，增加了非渗透表面（如人行道和公路）的数量，导致农药、肥料、动物粪便和许多类型的大气污染物的沉积物（例如碳氢化合物、汽车尾气）被引入分水岭。这些来自扩散和来源广泛的污染物通常被称为非点源污染。

河流中非点源污染物的种类取决于流域中人类活动的类型（表 11-1）。农业区域的径流中通常含有较高浓度的悬浮物、溶解盐、化肥中的营养盐、可生物降解的有机物质、杀虫剂和来自动物粪便的病原体。破坏植被和土壤表面的活动，如建筑和造林，会增加悬浮沉积物和磷等营养物质进入地表径流。育林点的径流中也可能包含常用于控制不良植物生长的除草剂。城市径流是非点源污染最严重的来源之一，通常包含高浓度的悬浮和溶解固体；来自景观地区的营养物质和杀虫剂；来自道路的有毒金属、油脂和碳氢化合物；从宠物粪便和化粪池泄漏的病原体；洗涤剂、脱脂剂、化学溶剂和其他合成有机物，这些化合物聚集在不渗透表面或被不小心倒入下水管道。

表 11-1　主要的非点源污染类别[①]

类别	悬浮固体	溶解固体	高 BOD	营养物	有毒金属	农药	致病菌	合成有机物/碳氢化合物[②]
农业	***	***	***	***	*	***	***	n
建筑	***	n	*	**	n	n	n	n
城市径流[③]	***	**	**	***	***	***	***	***
矿业[④]	**	**	n	n	***	n	n	n
造林学	***	n	*	**	n	***	n	n

① ***=潜在高污染源；**=中毒污染源；*=低污染源；n=可忽略不计的污染源。

② 包括工业溶解物与试剂、去污剂、油与油脂、石油烃和其他通常不在地表径流中出现的有机物。

③ 包括来自建筑物、道路、不渗透表面、景观区的住宅和城市径流。

④ 主要是废气的矿井点；活矿点通常被当作点源来管理。

水流动是非点源污染物的主要运输方式，无论它们是溶解于在水中或是悬浮在地表径流中。可溶性污染物的浓度，如道路上的除冰盐、废弃矿山区的酸，水溶性的农药和硝基植物营养素（氨、亚硝酸盐和硝酸盐）是污染物与水的接触时间的函数。接触时间越长，溶解在水里的污染物越多。

相比地表径流，可溶性污染物往往更集中于地下水，尤其是在农业地区，在当地水井中，农药和氮浓度可能超过饮用水的安全水平。不溶性污染物包括悬浮沉积物，以及不溶于水或物理或化学上必然会沉淀颗粒的大多数金属、微生物病原体、大多数形式的磷、许多农药和不溶于水的有机物。

11.1 沉积物侵蚀和污染物输运过程

沉积物侵蚀是时间、水流强度、降水持续时间和景观结构之间相互作用的复杂结果。许多非点源的污染物通过悬浮沉积物输送，导致土壤侵蚀的因素也同样导致了非点源污染。

土壤侵蚀可以分为四类：雨滴溅蚀、片蚀、沟蚀和河流/河槽冲刷侵蚀（表 11-2）。雨滴到达地面时带有足够的压力使土壤颗粒飞溅和移动时出现雨水侵蚀。雨滴的能量由液滴大小、下降速度和特定暴雨的强度特征决定。土壤的稳定性（土壤土块的大小、形状、成分和土壤总量的强度）和坡度也是决定雨点击散土壤颗粒的容易度的重要因素。植被通过防止雨滴落在赤裸的土壤表面，减少蒸发，使土壤保持湿润，土壤颗粒不易分离，从而大大减少或消除雨水侵蚀。

表 11-2 可能促进非点源污染的侵蚀类型

侵蚀类型	描述
雨滴溅蚀	来自坠落的雨滴的直接冲击；脱离的土壤和化学物质向下坡运输
片蚀	来自于雨滴飞溅和宽阔、薄层的地表水径流；水流向下游输送污染物
沟蚀	来自于集中水流切割土壤中 5～10 cm 的细沟；细沟形沟渠
河流/河槽冲刷侵蚀	来自细沟和沟壑的汇合；增加的体积和速度，导致溪流和河床侵蚀

当降水的速度超过水渗透到土壤里的速度时，可能发生片蚀。在这些状况下，水在土壤表面汇聚，形成不规则的片状，携带着沉积物随着地表径流向低处流动。降水的强度和持续时间是确定片蚀预警的重要指标。夏天温柔的阵雨不太可能像暴雨一样会导致土壤突然片蚀。坡度、土壤特征、降雨和植被也很重要。地表径流更容易发生在饱和土壤或非常干燥的非渗透土壤中。拥有健康植被的土壤，即使土壤饱和或非常干燥也很少会经历片蚀，因为植被覆盖有助于减缓表面径流并固持土壤颗粒。

随着地表径流向下坡流动，跨过疏松的表面，如土壤表面，水汇入小流（小溪），并最终形成更宽更深的侵蚀沟。当水进入明显的河道，无论是细沟、水沟或是河道，径流移动会更迅速，通道范围内的侵蚀也会变得更加激烈。通道中将出现曲折的弯道，弯道外侧是被强烈侵蚀的区域，弯道内侧则是沉积区域。分水岭中只有一小部分沉积物从高地分离并被运输，这部分沉积物被直接带入湖泊或入海口。在许多情况下，绝大部分沉积物会在斜坡的底部、河滩上或沿着河流沉积。

估算侵蚀的沉积物

估算分水岭中将被运走的沉积物的量是分析非点源污染的重要组成部分。在流经农业地区、建筑区域、新鲜砍伐的森林区和居民区的水流中，高浓度的沉积物很常见。除沉积物以外，每一种非点源污染来源都有它自己的污染物特征组：从农业地区流出的病原体、磷、杀虫剂；从被砍伐的森林中流出的磷和除草剂；居民区流出的磷、病原体、金属和石油碳氢化合物。

因为许多城市污染物与沉积物一同运输，且沉积物本身是一个重要的污染物，所以通常用数学模型来预测沉积物侵蚀和进入水体的量。大多数沉积物运输模型包含根据土壤特性、坡度、植被覆盖、非渗透表面百分比、降水模式和其他相关分水岭特征的变化而做出调整。

以下是估算细沟侵蚀和片状侵蚀的沉积物输送的一个方法，是基于通用土壤流失方程（USLE）的荷载函数

$$A = R \times K \times LS \times C \times P \tag{11.1}$$

式中 A——土壤侵蚀量，$t/(acre \cdot a)$；

R——降雨侵蚀力因子；

K——土壤可蚀性因子；

LS——坡长坡度因子；

C——植被覆盖因子；

P——水土保持措施因子。

降雨侵蚀力因子（R）是通过加总以下几项的乘积计算而得，包括一次降雨事件的降雨能量（E），以 $ft \cdot t/(acre \cdot in)$ 为单位；最大的 30 分钟降雨强度（I），以 in/h 为单位。在某一特定时间段内，如一年或一个季节内，降雨侵蚀力指数为

$$R = \frac{\sum_{i=1}^{n} E_i I_{30i}}{100} \tag{11.2}$$

土壤可蚀性因子 K 为每英亩土地的平均土壤流失量，单位为 $t/acre$，$100\ ft \cdot t/acre$ 的降雨侵蚀力被标准化为坡度为 9%、长为 72.6 英尺且连续耕种的土地（图 11-1）。坡长坡度因子 LS 结合了坡长和坡度因子，反映了坡度和坡度对土壤损失的影响（图 11-2）。这两个因素合起来解释了径流分离和运输土壤的能力。植被覆盖因子（C）和水土保持措施因子（P）用于调整不同植被类型和水土保持措施的影响（表 11-3 和表 11-4）。二者都是按同等坡度与降雨条件下，与土壤侵蚀量相比得到的比率来计算。当地的水土保持服务办公室持续记录该地的 C 和 P 值。

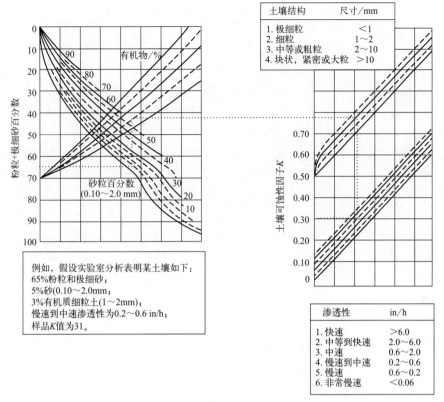

图 11-1　土壤可蚀性因子（K）值统计图

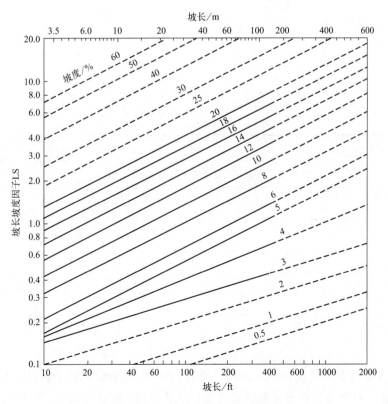

图 11-2　密西西比河东部地区的坡长坡度因子（LS）

注意：虚线是对超出可获得的坡长和坡度范围的坡数据的估计

表 11-3   不同土地覆被类型的植被覆盖因子 (C)

土地利用分组	例子	C 值范围
永久性植被	保护的林地	0.0001～0.45
	大草原	
	永久牧场	
	以生草土覆盖的果园	
	永久性草原	
建立的草原	紫花苜蓿	0.0004～0.3
	三叶草	
	牛毛草	
小粒谷类作物	黑麦	0.07～0.5
	小麦	
	大麦	
	燕麦	
大粒豆类	大豆	0.1～0.65
	豇豆	
	花生	
	紫花豌豆	
行栽作物	棉花	0.1～0.70
	土豆	
	烟草	
	蔬菜	
	玉米	
	高粱	
休耕地	夏季休耕	1.0
	翻耕到作物的生长期	

资料来源：USEPA（1976 年），第 59 页。

表 11-4   农田侵蚀治理实践的 P 值

坡度	治理实践类型				
	上坡和下坡	无带横坡耕作	等高种植	有带横坡耕作	等高带状种植
2.0～7	1.0	0.78	0.50	0.37	0.25
7.1～12	1.0	0.80	0.60	0.45	0.30
12.1～18	1.0	0.90	0.80	0.60	0.40
18.1～24	1.0	0.95	0.90	0.67	0.45

资料来源：USEPA（1976 年），第 64 页。

例 11.1   某 830 英亩的流域距印第安纳州中部的印第安纳波利斯南部 5 英里。基于以下信息，估算片状和细沟侵蚀中沉积物的日均侵蚀量：180 英亩的农田；传统耕作玉米，平均年产量为 40～45 bu/acre❶；玉米收割后玉米秆仍留在田间；等高带状种植方法；费耶特粉砂质壤土；坡度为 6%；斜坡长度是 250 英尺。

方程（11.1）中农耕地的因子如下：

图 11-1 中 $R=200$；

图 11-2 中 $K=0.37$；

图 11-3 中 $LS=1.08$；

表 11-3 和美国农业部土壤保护现场办公室中 $C=0.49$；

表 11-4 中 $P=0.25$；

美国农业部土壤保护现场办公室所给的 $S_d=0.60$。

从方程（11.1）可知，农田的年土壤侵蚀量为

$$A_{每年} = 200 \times 0.37 \times 1.08 \times 0.49 \times 0.25 \times 0.60$$
$$= 5.87 \ \text{t/(acre} \cdot \text{a)}$$

平均每日土壤流失为

$$A_{每天} = \frac{5.87 \ \text{t/(acre} \cdot \text{a)}}{365 \ \text{d/a}} = 0.016 \ \text{t/(acre} \cdot \text{a)}$$

计算流量负荷得

$$A_{日均流量} = 180 \ \text{acre} \times 0.016 \ \text{t/(acre} \cdot \text{d)} = 2.9 \ \text{t/d}$$

USLE 是 1965 年由农业研究服务局（美国农业部）的科学家 W. Wischmeir 和 D. Smith 提出的，其目的是用来预测农业地区土壤流失。因为最初 USLE 是为农业土地开发的，方程因子是针对草地和农田做出的最佳定义。修正后的通用土壤流失方程（RUSLE）是美国农业部（USDA）国家沉降实验室网站的一个可利用的计算机模型。RUSLE 已进行更新以估计任何破土地区的土壤流失量，如在施工期间或地带采矿，可用来估计各种土壤管理过程中的土壤侵蚀，土壤管理活动包括农业最佳管理实践、采矿和建筑活动、土地复垦项目、造林活动和住宅雨水处理等。如果设计并构建出不同的非点源控制技术，单独使用 RUSLE 项目的沉积物将产生变化。当整合到某分水岭水文模型或景观 GIS 模型（如 HSPF）中时，RUSLE 可用来估计沉积物侵蚀和更大规模的负载。

11.2 非点源污染的预防和缓解

在过去的十年里，非点源污染的预防和缓解越来越受重视。现在许多县都要求制定农业"农场计划"，该计划为最小化农业非点源污染提供特定的指导。同样，现在很多城市也被要求注入自然水体的雨水管有排放许可。以下部分将从三种人类活动出发介绍当前预防和减少非点源污染的人类实践活动：农业、建筑和城市雨水径流。如表 11-1，这三个污染源与大量污染物相关联，包括悬浮物、营养物质、有毒金属、农药、人类病原体和有机物。

11.2.1 农业非点源污染

农业地区径流可能含有高浓度的悬浮沉积物、溶解和悬浮的营养物质（磷和氮）、可生

---

❶ 1 蒲式耳（bu）=35.23902 L。

物降解的有机物、农药（除草剂、杀虫剂、杀菌剂）和动物粪便中的病原体。如果来自城市污水处理设施的有机固体残留被用作土壤改良剂或肥料，那么径流也可能含有有毒金属和其他城市污泥相关残留物（参见第10章）。

　　农业地区的污染控制旨在防止或减少沉积物侵蚀；控制农药径流；提高肥料和灌溉用水使用效率，减少向地下水渗流和表面水径流的流失；改善河岸河边和保护缓冲区；限制动物进入溪流；提高肥料管理技术。EPA USDA已经开发出一种以学习保护水质的农业管理实践为目的的训练模块。USEPA/USDA训练模块描述了以下八种农业实践管理的基本类型：保护性耕作、作物养分管理、病虫害管理、保护性缓冲、灌溉用水管理、放牧管理、动物饲养管理、侵蚀和泥沙控制。

　　保护性耕作包括将先前种植物的作物残留物保留在原位而不是在种植前耕地。这种做法不仅会降低土壤侵蚀，还有助于保持土壤中的营养和先前施的农药，保持土壤水分。

　　作物养分管理的目的是通过测量土壤肥料养分水平（尤其是氮）、植物叶绿素（这有助于确定特定作物的氮需求）、土壤有机物浓度和灌溉用水养分浓度来提高作物肥料施用效率。除了减少非点源污染，作物养分管理还可以省钱且提高作物产量。

　　病虫害管理包含了有害生物综合治理（IPM）的概念，IPM使用综合的方法来控制植物害虫。IPM中仍使用化学杀虫剂，但只有少量，且结合了自然控制，如选择抗性作物、控制收获和轮作作物的时间以扰乱害虫的生命周期以及利用天敌等生物控制。

　　保护性缓冲可能像保留休耕植被以减少耕地的土壤侵蚀那样简单，或像在河岸种植原生植被，为溪流提供荫蔽和为野生动物提供适合的栖息地那样高级。保护性缓冲的主要目的是利用永久植被来改善环境，这包括稳定土壤、减少流向河流的非点源污染物、保护农作物和牲畜、改善美学环境并为野生动物提供栖息地。

　　灌溉用水管理旨在减少与灌溉操作有关的非点源污染和减少与灌溉用水运输和应用相关的能源成本。大部分用于灌溉的水必须从遥远的水源运输或从深层含水层泵水。灌溉用水可以通过把握时间和有效利用以减少成本，也减少非点源污染。灌溉用水穿过土壤时，携带大量的溶解固体、农药等土壤污染物。地下排水管通常安装在灌溉区域下面，以在污染物污染当地含水层之前收集盐过量的排水。

　　放牧管理包括调整灌溉区域的动物数量和种类，以限制牧场土壤侵蚀与过度放牧相关的水污染问题。这种做法与动物饲养管理密切相关，后者包括排除来自敏感栖息地（如溪岸）的动物的放牧管理计划和适当的动物废物管理方法。废物管理对于大型饲养场、奶牛场、家禽场和其他动物密度高的地区来说都是典型的问题。现实中在当地生成的肥料数量可能超过当地的农作物肥料需求。将动物粪便转化为商业产品（如甲烷、干肥料或土壤改良剂）是选择之一，但可能在经济上不适用于小到中型农场设施。

　　侵蚀和泥沙控制包括各种各样用来保护土壤不被水运输或风吹走的农业实践。保护性耕作、保护缓冲和放牧管理（前面讨论过）都是在尝试减少或消除农业地区的土壤侵蚀。其他方法包括梯田和等高耕作、将径流分流到水库中、维持自然保护区或人工湿地（作为沉积区）、调节土壤入渗率、增加风力缓冲区、针对特定农业地区的特定需求创建侵蚀控制站点计划。

11.2.2　建筑非点源污染

　　建筑工地上的土壤侵蚀不仅会导致厂区外的水质问题，而且被视为是宝贵的自然资源的损失。购房者们期望有景观庭院，而承包商重置失去的表层土通常需要很高价钱。房屋、公路和其他建筑的建造者视土壤侵蚀为必须控制以使经济回报最大化的过程。根据 EPA1999年出台的雨水管理法规，毁坏一英亩或更多土地的建设活动必须有 NPDES 雨水许可（见11.2.3 城市非点源污染）。

在施工过程之前和期间，建筑工地的非点源污染控制要求在施工过程之前、期间与之后都需要仔细规划。在施工之前，一定要对工地进行评估以确定会影响排水与土壤侵蚀的自然特性。应该制定侵蚀控制计划来确定施工中使用的具体控制技术，以及将成为最终建设场所一部分的长期雨水和侵蚀控制特性。必须确定环境敏感区域，包括陡峭的斜坡、重要的野生动物栖息地和自然水路，如湿地、池塘和间歇溪流，且这些区域的清理必须遵循当地的施工和侵蚀控制条例。建设工程车辆，特别是工程作业车辆，应该远离树木植被和其他想保护的植被的根部。如果该区域有一个化粪池，工程车辆应该绕开吸收槽以避免土壤被压实。

减少建筑工地的泥沙污染的下一步是在清理现场之前安装侵蚀控制设备。施工中，控制侵蚀和减少沉积物运输有许多可行技术。一种方法是使用可降解地膜、塑料网、再接种植被（或现有植被）或在降水时能防止雨水落在光秃秃的土壤上的其他材料来覆盖土壤。还可以使用沉积物收集器、收集槽、植被过滤带、淤泥栅栏、稻草或砾石公路在现场收集沉积物。雨水可被引离工地或用使沉积物侵蚀最小化的方式穿过工地。即使侵蚀控制设备到位，来自建筑工地的径流通常比已建好的场所含有更高的悬浮沉积物浓度，所以将过滤袋、稻草、淤泥栅栏或其他过滤设备放在雨水道入口旁来保护现存的雨水道很重要。

控制来自建筑工地的非点源污染的最后一步是区域再种植。这应该尽快完成，并且如果该场所将要作为景点，那再种植可能会涉及几个步骤。专业景观美化常常需要引进额外的表层土，给景观区域分级，以及播种和种植、施肥和覆盖。如果景观美化进程推迟，应该使用临时土壤封膜来保护有价值的表层土壤，防止水土流失和泥沙污染。

11.2.3　城市非点源污染

1983 年，EPA 公布了来自城市径流方案（NURP）的结果，NURP 是一项关于美国 81个地点雨水径流水质的综合研究（USEPA≠1983）。NURP 研究揭示出城市雨水径流中含有许多不同种类的高浓度污染物，特别是金属、营养物（氮、磷）、需氧物质、悬浮物。后续的研究将病原微生物、石油和石油碳氢化合物、农药以及各种合成有机物等加入城市雨水污染物清单。表 11-5 列举了城市污染物的主要类别和每种污染物类型的典型流域来源。

表 11-5　城市雨水径流的污染物来源

污染物	一般来源
沉积物/漂浮物	街道、草坪、车道、道路、建筑活动、大气沉降、排水河道侵蚀
农药/除草剂	住宅的草坪和花园、路旁、公共事业用地、商业和工业园区、土壤冲蚀
有机材料	住宅的草坪和花园、商业景观区、动物粪便
金属	汽车、桥梁、大气沉降、工业区、土壤侵蚀、腐蚀金属表面、燃烧过程
油/油脂/烃类	道路、车道、停车场、汽车维修区、加油站、非法倾倒雨水渠
微生物病原体	草坪绿化、道路、漏水的下水管道、下水道交叉连接、动物粪便、化粪池系统
营养物（N 和 P）	草坪肥料、大气沉降物、汽车尾气、土壤侵蚀、动物粪便、清洁剂

　　虽然城市径流长期以来一直被认为是主要的污染来源，但城市非点源污染的法规控制比水源污染要落后一点。在过去的十年中，许多国家已经开始努力减少或消除城市雨水径流中的污染。1990 年，USEPA 阐述了新规则，要求人口不少于 100000 的城市在管理雨水径流时需要 NPDES 排放许可。1999 年 12 月，这一要求延伸至包括人口不少于 10000 的城市。

　　当前雨水 NPDES 排放许可有六个需要的控制措施：公众教育和宣传与公众参与，告知市民雨水污染的来源，并鼓励公民参与开发和实施污染控制措施；非法排放检测和消除用来鉴定和纠正违法排放；建设工地径流控制和建设后径流控制用来减少与建筑活动有关的土壤侵蚀和其他污染类型；污染预防/良好的内务管理以减少来自市政运营的径流污染。

　　虽然我们常认为污染治理需要技术方法，但也可以通过规划和监管的努力，通过执行现有的建筑法规，通过公共教育来减少雨水径流中的污染物。如街道垃圾可以通过反垃圾条例的通过与执行，进行关于垃圾污染影响的公共教育，安装垃圾收集装置，进行街头清除或除尘从而减少。如来自汽车的油、气、油脂等汽车运输残留物和来自日益恶化的路面的微粒可通过选择较不易发生变质的路面，建立汽车尾气检验项目，教育公众关于保持汽车正常运转和正确操作汽车或者使用如油脂分离器和沉积槽等清洁技术对污染控制的益处来减少。

　　减轻城市非点源污染有三个主要步骤：首先，减少城市区域的地表径流；第二，使用污染源控制方法以减少径流的污染物；最后，使用适当的技术（最佳管理实践，BMPs）消除或治理径流的污染物。城市地区的非渗透表面比例较高，如公路、人行道、车道和停车场，且通常比非城市区域有更多的被扰动土壤。由于这个原因，降落大城市地区的降雨有较大比例成为地表径流。减少地表径流或增加渗透率（如渗透水渠、集雨桶、干井、多孔车道、植被）的污染控制技术可以有效地减少侵蚀和污染输送。

　　除了减少地表径流，我们还需重视污染源控制，以减少大量沉积于不渗透表面的污染物。可通过增加公共教育，提供废物处理场所（如宠物粪便处理站、危险废物处置场所），引入适当的规划和监管政策，实施污染控制法规从而实现污染源控制。最古老和最昂贵的污染源控制技术——街道清扫，仍然在大多数城市中使用。街道扫除能减少径流中的含砂量，但未能扫除最重要的污染源——细砂砾（与粗沉积物相比，细粉砂和黏土中携带有不成比例的大量的可生物降解的有毒物质、金属和营养物）。街头吸尘在收集小颗粒方面更有效，但更昂贵，且在潮湿时常常是无效的。街道冲洗对街道表面清洁来说是有效的，但前提是要用收集槽收集径流，且水槽要定期清洗以去除垃圾和其他固体。

　　减少城市非点源污染的最后一步是使用适当的结构化和非结构化的 BMP 来减少暴雨径流中的污染物浓度（表 11-6）。

表 11-6　结构性和非结构性雨水的 BMP

结构性的 BMP	例子
渗透系统	渗透盆地、多孔路面、渗透沟、渗水井
滞留系统	滞洪区、地下室、管道和水池
保留系统	湿塘、蓄水池、隧道、拱顶和管道
人工湿地	人工湿地、湿地流域、湿地渠道
过滤系统	砂过滤器、混杂介质过滤器
植被系统	草地过滤带、植被洼地

续表

非结构性的 BMP
汽车产品和家用危险品处置
商业和零售空间良好内务管理
工业良好内务管理
化肥、农药和除草剂的改良使用
草坪杂物管理
动物废物处置
维护方法(例如,清洗集水池)
检测和消除非法排放
教育和宣传计划
雨水排放口标记
最大限度地减少直接连接不透水表面
低影响的开发和土地利用总体规划

资料来源:《城市雨水最佳管理实践的初步数据摘要》,EPA-821-R-99-012,USEPA,华盛顿特区,1999 年 8 月。

渗透系统通过增加渗入土壤的降水量来减少地表径流的总量和沉积物的输送量。滞留系统通过降低径流速度和增加悬浮物的沉降来减少污染物运输。大多数保留系统被设计成大小足以抵御一个典型暴风雨（如 6 月）的潮湿池塘。池塘有有衬里与无衬里之分。无衬里的池塘可以增加渗透,有助于地下水补给；但是,如果表面径流含有会污染饮用水层的污染物或在高水位会导致地下水流向池塘的区域,无衬里的池塘不适用。人工湿地与保留系统和湿塘相似,有不流动的死水,但人工湿地有生物功能这一优势,如营养吸收和微生物降解污染物。过滤系统使用砂、土、有机材料、碳或其他过滤材料来过滤污染物。过滤系统可以通过增加地下室而被纳入现有的雨水排放结构。生物过滤器和其他植被系统,如长满草的沼泽地和过滤带,可以通过增加渗透和减少沉积物输送而被用于处理浅层流动或片层流动。大型生物保留系统添加了生物处理,如营养吸收和微生物降解污染物。还有许多相对新的商用雨水处理系统,整合了一个或多个以上的 BMP。USEPA 的环境技术验证计划目前正在评估这些商业系统的性能,其结果公布在 EPA 官方网站上。

大部分的结构 BMP 是用来清除地表径流中的沉积物和污染物（如磷、病原体、金属）。许多非结构 BMP 关注于减少农药、碳氢化合物、商业和工业化学物质,如洗涤剂、溶剂、宠物粪便、肥料等。公众教育计划与适当的污染控制规定可以非常有效地阻止这些污染物进入城市径流。

污染物去除效率在不同的处理技术、特定场地因素（如当地的天气模式,系统维护和设计约束）条件下相差很大（表 11-7）。在某些情况下,安装昂贵的处理系统并未明显减少雨水污染物输送。此类问题的原因有时是可以被预测的。小型的集雨槽或湿塘可能没有足够长的停留时间供悬浮沉积物沉降。维护不佳的系统可能积累过多沉积物,使过滤器被堵塞,槽体被沉积物堆满,人工湿地的植物根部被淤泥覆盖而窒息。有时 BMP 可能会因不明的原因停止运行。在过去的 20 年里,城市雨水处理技术发展迅速。已安装的许多系统尚无后续的测试以确定其在安装场所的有效性水平或为改善污染物去除开发当地标准。这无疑将是未来十年环境工程师和水质专业人员下一个十分重要的研究领域。

表 11-7   BMP 的典型污染物去除效率

项目	TSS/%	TP/%	TN/%	金属/%	病原体/%
集水池	60~97	—	—	—	—
集水池＋砂滤器	70~90	—	30~40	50~90	—
人工湿地	50~90	0~80	0~40	30~95	—
草地洼地	20~40	20~40	10~30	10~60	—
渗滤池/沟	50~99	50~100	50~100	50~100	75~98
透水路面	60~90	60~90	60~90	60~90	—
砂滤池	60~90	0~80	20~40	40~80	40
植被过滤带	40~90	30~80	20~60	20~80	—
湿地	50~90	20~40	10~90	10~95	—

资料来源：EPA，1993。

11. 3   总结

目前，水渠非点源污染控制是工程师、监管机构和科学家们面临的最大挑战之一。许多非点源污染来自常见的日常人类活动，如驾驶车辆、安置新的玫瑰床、遛狗或建造房屋。由于分布广泛，非点源污染源难以遏制，甚至难以消除，且减轻成本高昂。通过公共教育、社区规划和管理指南控制污染源非常有效，但通常要求人类行为的实质改变。技术方法，如雨水 BMP，可以帮助减少非点源污染，但不能完全消除它。此外，因为现有的雨水处理系统的效果有很大的可变性，很难预测减少污染的努力是否会成功。鉴于非点源污染治理技术的快速变化，继续收集关于什么可行、什么不可行以及什么因素有助于成功地减少非点源污染的信息很重要。

思考题

11. 1   使用表 11-1，比较来自建筑工地和城市径流的非点源污染物的相对浓度。就这些污染物对环境的危害而言，你会如何来排名？比较和讨论这两种排名。

11. 2   联系你所在地区的水土保持服务代理人，并用 USLE 计算 500 英亩的农田土壤流失。假设如下：

（a）常规耕作法；

（b）收获后玉米秆留在现场；

（c）农民使用等高线种植；

（d）土壤是费耶特粉砂壤土；

（e）坡度＝7%；

（f）坡长＝200 ft。

11. 3   现场污水处理和废物处理系统因导致非点源水污染产生而被批评。描述现场污水处理产生的污染物，确定用于控制污染物的 BMP（或其他方法）。

11. 4   讨论第 9 章中特别适用于帮助控制城市雨水径流污染的污水处理技术。

11.5　计算来自 5 英里高速公路的径流控制成本。该高速公路横跨你所住的城市或小镇附近绵延起伏的原野。假设干草捆在关键的位置与粗麻布壁垒相连，建筑工地上的干草捆足够。不需要大型的收集或处理工程。请记录你的假设，包括劳动力和材料费用，以及时间期限。

11.6　设计一个水质监测计划，评估建造湿塘对处理城市径流的有效性。假设池塘大小足够包含一个 6 月的风暴事件，池塘排放进入湖中的水相当于一个 100000 人口的城市的饮用水来源，进入池塘中的排水主要来源于住宅区。描述你所测量的污染物、监测的频率以及你会选择抽样的水文条件。

可选：联系当地水测试实验室和确定监测计划的大致成本，包括劳动力和运输成本、样本分析费用和报告制作成本。

第 12 章
固体废物

本章讨论除危险固体废物和放射性物质以外的固体废物。这些固体废物通常被称为城市固体废物（MSW），由社区内所有的固体和半固体的废弃材料构成。家庭住户中产生的城市固体废物被称为垃圾。在近期之前，垃圾主要是食物废物，但新材料如塑料和铝罐也被添加到垃圾中，厨房垃圾研磨机的使用减少了食物废物。美国工业每年产生的约 2000 种新产品最终进入城市固体废物中，造成了个人处置问题。

垃圾的成分有剩菜或者浪费的食物，玻璃、锡罐和纸，还包括树枝、旧电器和托盘等通常不会放在垃圾桶里的大的物品。

固体废物和人类疾病之间的关系直观却很难证明。如果老鼠以露天垃圾场为生，老鼠通过跳蚤将鼠型斑疹伤寒传染给人类，需要找到特定的老鼠和跳蚤来证明这一路径，显然这是不可能完成的任务。尽管如此，人们发现了 20 多个与固体废物处置场所相关的人类疾病，毫无疑问固体废物处置不当会导致健康危害。

疾病传播媒介是指某些病菌传播的手段，水、空气和食物都可能是媒介。与固体废物相关的两个最重要的疾病传播媒介是老鼠和苍蝇。苍蝇是多产的饲养者，1 ft^3 的垃圾可以产生 70000 只苍蝇，并携带许多疾病，如菌痢等。老鼠不仅会破坏财产，啃咬感染，且其携带的昆虫如跳蚤和蜱虫也可能成为媒介。中世纪的瘟疫与老鼠的数量直接相关。

公共卫生也受到城市固体废物渗滤液渗入地下水的威胁，尤其是进入饮用水供应中的渗滤液。渗滤液形成于垃圾填埋场、垃圾坑、垃圾池或废水池收集的雨水，渗滤液与废弃材料接触足够长的时间后浸出，溶解了一些化学和生化成分。渗滤液可能是主要的地下水和地表水污染物，特别是有暴雨和快速渗透土壤的地方。

本章讨论了城市固体废物的数量和组成，并简要介绍了垃圾的处理选项和具体问题。固体废物处置会在第 13 章进一步讨论，第 14 章关注垃圾中的能源和材料再利用的问题。

12.1　城市固体废物的数量和特征

社区中产生的垃圾量可以通过以下三个方法估计：输入分析、二手数据分析或输出分析。输入分析基于产品的使用量估计城市固体废物量。例如，如果在某特定的社区每周销售 100000 罐啤酒，每周的城市固体废物，包括垃圾在内至少包含 100000 个铝罐。除了在小而孤立的社区，这个评估技术准确度非常低。

二手数据可以用一些实证关系来估算固体废物产生量。例如，某研究推断固体废物产生量可以用以下公式进行预测：

$$W=0.01795S-0.00376F-0.00322D+0.0071P-0.0002I+44.7 \qquad (12.1)$$

式中　W——废物产生量，t；

　　S——垃圾收集车停靠数量；

　　F——服务家庭的数量；

　　D——单一家庭住宅数量；

　　P——人口；

　　I——调整后收入/居住单元，美元。

这样的模型本质上是不准确的，也没有得到普遍应用。

在可能的情况下，应该使用输出分析测定固体废物产生量，即称量倾倒在废物处理场的垃圾的质量，可用卡车秤或便携式轮式秤称重。在任何情况下垃圾都必须称重，因为转储费用（也称为处理费用）取决于质量。垃圾的质量每天、每周发生变化。天气状况也会影响垃圾质量，因为水分含量的变化会致使 15%～30% 的变化。如果卡车整车质量不能称量，必须使用统计方法从样本总量来估计卡车整车质量。

城市固体废物的特点

垃圾管理既取决于场所的特征，也取决于城市固体废物本身的特点：总成分、含水率、粒度、化学成分和密度。

总成分是影响垃圾处理、垃圾的材料和能源回收再利用最重要的特点。不同社区、同一社区不同时间的垃圾成分不同。垃圾成分被表示为原生的或处理的，因为在处理过程中水分发生转移，从而改变垃圾不同组分的权重。表 12-1 显示了美国典型垃圾的平均组分。表 12-1 的数字仅仅是作为指南，每个社区各自的特点会影响其固体废物的产生和组成。

表 12-1　美国城市固体废物年平均组分

项目	原生的垃圾		处理的垃圾	
	质量/10^6 t	占比/%	质量/10^6 t	占比/%
报纸	37.2	36.7	44.9	41.5
玻璃	13.3	13.1	13.5	12.5
金属				
含铁的	8.8	8.7	8.8	8.1
铝	0.9	0.9	0.9	0.8
其他非铁的	0.4	0.4	0.4	0.4
塑料	6.4	6.3	6.4	5.9
橡胶和皮革	2.6	2.6	3.4	3.1
纺织品	2.1	2.1	2.2	2.0
木材	4.9	4.8	4.9	4.5
餐厨垃圾	22.8	22.5	20.0	18.5
杂类	1.9	1.9	2.8	2.6
总计	**101.3**		**108.2**	

城市固体废物的含水率在 15%～30% 之间，通常约为 20%。将样品置于 77 ℃ 环境下干燥 24 小时称重并按以下公式测量含水率：

$$M = \frac{\omega - d}{\omega} \qquad (12.2)$$

式中 M——含水率；

　　　　ω——最初的样品湿重；

　　　　d——最终的样品干重。

在垃圾再生处理中，粒度分布尤为重要，这将在第14章进一步讨论。

典型垃圾的化学成分如表12-2所示。垃圾燃烧中，组分分析和元素分析及其不同组分将在第13和14章进一步讨论。城市固体废物的密度因地点、季节、湿度等因素发生变化。表12-3展示了一些典型的垃圾密度。

表 12-2　MSW 的组分分析和元素分析

组分及元素	组分分析/%	元素分析/%
水分	15～35	15～35
易挥发物	50～60	
固定碳	3～9	
不燃物	15～25	
高热值	3000～6000 Btu/lb	
碳		15～30
氢		2～5
氧		12～24
氮		0.2～1.0
硫		0.02～0.1

资料来源：美国的健康、教育、福利和焚化装置有关部门，1969。

表 12-3　垃圾密度

种类	密度/(kg/m³)	密度/(lb/yd³)
松散垃圾	60～120	100～200
收集车辆倾倒的垃圾	200～240	350～400
收集车辆中的垃圾	300～400	500～700
填埋场的垃圾	300～540	500～900
被打包的垃圾	470～700	800～1200

12.2　收集

在大多数工业化国家，固体废物通过卡车收集。通常使用带液压压紧设备的卡车来压缩垃圾减少体积，增加卡车负载（如图12-1）。收集通过使用机械或液压机将容器装载到卡车上。商业和工业集装箱，即垃圾桶，通过卡车清空或由卡车运至处理站点清空（图12-2）。收集是废物管理中昂贵的一部分，最近为削减成本有许多新设备和方法被提出。

图 12-1　装有液压压紧设备的住宅垃圾收集车

图 12-2　集装箱收集系统

（来源：Dempster 系统）

　　垃圾研磨机减少了垃圾的数量。如果所有家庭都有垃圾研磨机，垃圾收集的频率可进一步降低。垃圾研磨机无处不在，大多数社区的垃圾收集仅一周一次。垃圾研磨机给污水处理厂增加了额外的工作，但污水变得相对较稀，地面垃圾易被下水道和处理厂接受。

　　气动管道已经在一些小型社区安装，大部分在瑞典和日本。垃圾在住宅处被磨碎，通过地下管线被吸入。佛罗里达州的华特迪士尼世界也有用于接收垃圾的气动管道系统，收集站分散在整个公园，通过气动管道将垃圾传入中央处理装置（图12-3）。该魔法王国中没有垃圾车。

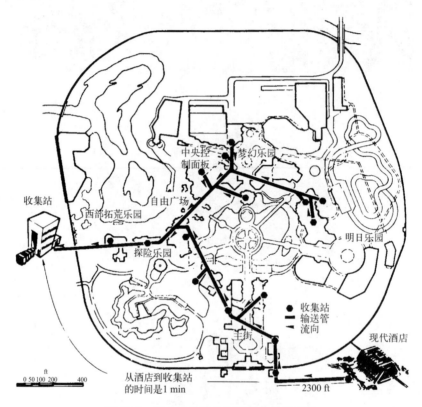

图 12-3　迪士尼世界的固体废物收集系统

(来源：AVAC 公司)

　　厨房垃圾压实机可以减少城市固体垃圾收集和处理成本，从而降低当地税收，但前提是每个家庭都有厨房垃圾压实工具。压实机成本和其他大型厨房设备差不多，但它使用特殊高强度袋，因此还需要考虑操作成本。目前它们超过了许多家庭的经济能力。实践证明用于商业机构和公寓的固定压实工具对收集有显著的影响。

　　转运站是许多城市垃圾收集系统的一部分。典型的系统如图12-4所示，包括许多位于城市不同地方的站，收集卡车将垃圾运到该处。每个转运站距离相对较短，因此工人们可花更多的时间收集与更少的时间驾驶。在转运站，推土机将垃圾塞进用卡车运往垃圾填埋场或其他处理设施的大容器集装箱中。

　　带车轮的罐子通常由社区提供，且广泛用于从家庭到收集站的垃圾运输。如图12-5所示，罐子由户主推到路边，倾倒在卡车液压器中。这个系统可以大幅节省资金并减少职工受伤。垃圾回收工人发生停工事故的概率高于其他地方或产业的工人。

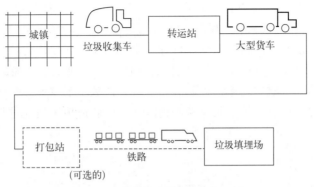

图 12-4　固体废物收集的转运站方法

图 12-5　"绿罐"固体废物收集系统

路线优化可以显著节约成本和提高效率。有软件可用来选择最低成本的路线与收集频次。路线优化并不新鲜，1736 年，其由数学家伦纳德·欧拉首次提出。他被要求为东普鲁士（现俄罗斯加里宁格勒）的柯尼斯堡城设计一个游行路线，要求游行路线跨越普里高里河上任何桥的次数不超过一次（图 12-6）。欧拉表明这样的路线是不可能的，而且在进一步的推论中，为通过这样一个欧拉之旅回到起点，必须有偶数个节点连接到偶数个链接。垃圾收集车路线规划的目的是创建欧拉之旅，从而消除死区或者避免重新通过某路径但在途中并未收集垃圾。

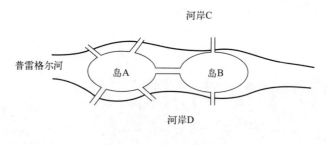

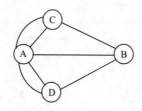

图 12-6   柯尼斯堡的七座桥——欧拉路径问题

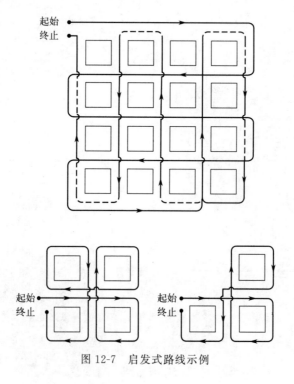

图 12-7   启发式路线示例

尽管有一些可用的复杂路线程序，但通常用常识或启发式方法来发展路线就很简单。一些卡车路线规划的启发式规则如下（Liebman 等 1975；Shuster 和 Schur 1974）：

① 路线不应重叠。

② 路线应紧凑，而不是支离破碎。

③ 路线的起点应该尽可能接近卡车车库。

④ 应该避免街道高峰时段。

⑤ 单行道不能直接横穿，应该设计环道。

⑥ 卡车收集站应该在街道的右边。

⑦ 应该从山上往下坡收集，这样卡车可以滑行。

⑧ 在顺时针循环绕行前，应先设计长直线路线。

⑨ 对于某些块模式，应该使用标准的路径，如图 12-7 所示。

⑩ 应该避免转弯。

图 12-7 展示了启发式路线的三个例子。前两个例子中，街道两侧分开收集；在第三个例子中，街道两侧一次完成收集。

12.3　处置方案

自从罗马人发明了城市垃圾场，城市垃圾便在城墙之外处置。随着城市和郊区发展以及大都市区域愈发接近，一次性包装和容器使用增加，找到一个城市固体废物处理场所成为关键问题。美国的许多城市鼓励"后院"燃烧垃圾以减少垃圾数量和降低处理成本。许多城市的建筑规范要求在新家中安装垃圾研磨机，如佛罗里达州的迈阿密没有垃圾处理点，他们建造了城市固体废物燃烧炉。

不断加剧的城市空气污染导致后院焚烧被禁止，甚至不许剪叶子和剪草，不再强调城市焚烧。由于对曾是森林或农田的土地的住宅开发增加，加上森林管理条例中的变化，森林和草地火灾增加，最终导致在几乎所有社区里全面禁止进行后院燃烧。1980 年后，垃圾场自燃以及来自垃圾的疾病传播导致露天垃圾场被禁止，这符合 1976 年的《资源保护与回收法案》（RCFA）。卫生填埋场成为最常见的处理方法，因为它相当便宜且环保。

不幸的是填埋垃圾不是固体废物处置问题的最终解决方法。尽管现代垃圾填埋场构造可以减少对环境的负面影响，但经验表明它们并没有自动防止装置故障的功能。此外，由于土地变得稀缺，且垃圾必须被运往离原生地越来越远的地方，垃圾填埋的成本迅速增加。不断增长的公共环境意识使得废物材料、能源回收利用和废物处理变得越来越有吸引力。资源回收利用的方案将在第 14 章进一步讨论。

12.4　垃圾

垃圾不雅观，是老鼠和其他啮齿动物的滋生地，会危害到其他野生动物；鹿和鱼被铝罐吸引，将其摄食后痛苦地死去；塑料夹层袋被乌龟误认为是水母；鸟类死于塑料带缠绕窒息。

多年来，反对乱丢垃圾运动和试图提高公众意识的工作持续进行。瓶子制造商和生产商鼓励人们自愿将瓶子还回去。"领养一条公路"项目的流行也大幅提高了人们对乱扔垃圾的意识，并减少了路边垃圾。

限制性饮料容器立法对乱丢垃圾有更激烈的冲击力。俄勒冈州的"瓶法"禁止易拉罐的使用，不鼓励使用不可回收的玻璃饮料瓶。法律通过标注碳酸饮料容器的价值展开运作，这样就是为了提高用户的兴趣，使他们愿意将饮料容器送回零售点兑换。零售商则必须将所有的瓶子退回装瓶公司来平衡支出。装瓶公司要么丢弃这些瓶子，将瓶子送回给制造商，要么重新灌装。在任何情况下，重新灌装或返回制造商处都比扔掉瓶子更有效率。因此，饮料行业不得不更多地依赖于可回收容器，减少单向容器，如钢罐或塑料瓶。这样一个过程可以节省资金、材料和能源，并且可以减少垃圾的产生。

12.5　总结

固体废物的问题主要来自三个方面：来源、收集和处置。第一个是最困难的，需要建设减少废物、提高寿命而不是计划报废的新经济，且节约使用自然资源。垃圾收集和处置将在第 13 章进行讨论。

思考题

12.1　沿着一段路步行，收集垃圾装在两个袋里，一个只装饮料容器，另一个装其他的。计算：

（a）每英里每个项目的数量。

（b）饮料容器的数量。

（c）每英里垃圾的质量。

（d）每英里饮料容器的质量。

（e）饮料容器的质量占比。

（f）饮料容器数占比。

如果你为瓶子制造商工作，怎样报告（e）或（f）的数据？为什么？

12.2　对自然资源回收征税如何影响固体废物管理经济？

12.3　以下活动可能对城市固体废物的数量和组成造成什么影响？请定量地估计效果。

（a）垃圾研磨机。

（b）家用压实工具。

（c）不能退还的饮料容器。

（d）报社停工。

12.4　开车沿着整齐的公路或高速公路行驶，在车上统计看到的垃圾（一人驾驶，另一人计数），然后沿着相同的路线捡垃圾、计数、称重。在车上可见的垃圾占比是多少？（如果有足够的质量信息，也可以计重。）

12.5　在你学校或住所附近的地图上，设计一个垃圾收集的有效路线，假设每个街区都必须收集。

12.6　将一个自修室、讲堂或学生休息室作为实验室，计算垃圾桶中和处理不当的垃圾的总数，研究垃圾的普遍性。使用以下方式改变实验室的条件（可能需要维护人员）：

- 第一天：正常条件（基准线）。
- 第二天：只留一个垃圾桶。
- 第三天：增加额外的垃圾桶（比正常情况要多）。

如果可能的话，做一些不同数量的垃圾桶的实验。画出投入垃圾桶的垃圾数量与垃圾桶的关系图，讨论结果。

12.7　使用启发式路线，在以下两个条件下，在图 12-8 所示的地图上设计一个有效的路线。

（a）两侧街道的垃圾收集在一起。

（b）收集街道一侧的垃圾。

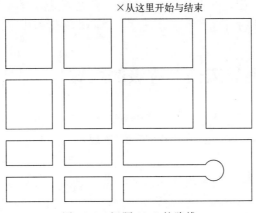

图 12-8　问题 12.7 的路线

第13章
固体废物处置

固体废物处置被定义为是放置垃圾使垃圾不再影响社会或环境。固体废物要么被吸收，使其在环境中不被识别，如通过焚烧成灰，或者被隐藏得非常好，使得它们不容易被找到。固体废物也可以被处理，它的一些组分可以被回收，达到更有益的目的。收集、处置和回收是整个固体废物管理系统的所有组成部分，这一章主要介绍固体废物处置。

13.1 卫生填埋场里未处理垃圾的处置

处置垃圾仅有的两个现实选择场所分别是海洋和陆地。由于现在人们已懂得投海处理会造成环境被破坏，美国通过联邦法律禁止这样的处理，很多发达国家也纷纷效仿，因此本章主要讨论陆地处置。

在20世纪70年代中期之前，固体废物处置设施通常是垃圾场（美国为dump，英国为tip或tipping）。垃圾场的操作简单且便宜：卡车只是被引向垃圾场边的合适点清空负载。堆积成山的垃圾往往可通过燃烧减少，从而延长垃圾场的使用寿命。啮齿动物、气味、昆虫、空气污染以及明火带来的危险都被认为是严重的公共卫生和美学问题，需寻求另一种废物处置的方法。大型社区经常选择焚烧作为替代方案，但小城镇无法负担所需的资本投入，选择了土地处理。

卫生填埋场一词最早是用来描述处理二战后废弃的弹药和其他材料的填埋方法，"填埋垃圾"的概念被一些中西部地区使用。卫生填埋场明显不同于开放式垃圾场：开放垃圾场只是存放废物的地方，但卫生填埋场是按照可接受的标准设计和运行的（图13-1）。

图13-1 卫生填埋场

卫生填埋是将有内衬的坑中的废物压实，然后用土覆盖住压实的垃圾。通常，垃圾被卸下，用推土机压实，然后用压实的泥土覆盖。填埋场按单元建立图 13-2。每日覆盖厚度为 6～12 in，厚度取决于土壤成分（图 13-3），至少两英尺厚的最后一层覆盖物用来关上填埋场。卫生填埋场在关闭后继续下沉，因此，在没有特殊地基的地方不能建立持久结构。封闭式垃圾填埋场可用于建立高尔夫球场、游乐场、网球场、公园或公共绿地。卫生填埋场的运行涉及许多阶段，包括选址、设计、运行和关闭。

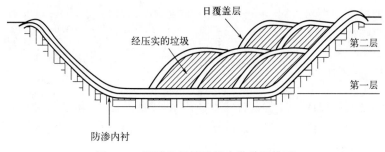

图 13-2 区域垃圾填埋场中的单元排列

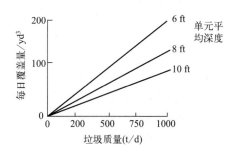

图 13-3 覆盖垃圾的日处理量

13.1.1 填埋场选址

由于很少有人希望他们的附近有垃圾填埋场，所以垃圾填埋场的选址很快成为最困难的环节。除了公众的可接受性，还需考虑以下方面：

- 排水：快速径流可减少蚊子问题，但靠近溪流或水源可能会导致水污染。
- 风：填埋场最好是在附近任何社区的下风位。
- 离垃圾收集处的距离。
- 规模：容量有限的小尺寸的填埋场地通常不被接受，因为发现一个新场地具有相当大的困难。
- 降雨模式：天气会影响垃圾填埋场渗滤液的产生。
- 土壤类型：土壤能否被挖掘并用作覆盖层。
- 水位深度：填埋场的底部必须显著高于地下水海拔高度。
- 渗滤液处理：垃圾填埋场必须靠近废水处理厂。
- 离机场的距离：所有填埋场在某种程度上都吸引鸟类，因此与机场选址不兼容。
- 最终用途：填埋工作完成后该地区是否可用于私人或公共用途。

虽然每天覆盖有助于限制疾病传播，但一个运行中的填埋场在工作日期间仍有明显且弥漫着的气味。当添加或压实垃圾时，垃圾填埋场的施工面必须处于没有被覆盖的状态。风会从施工面带走部分物质，而开放的垃圾吸引了觅食的鸟群。这些鸟不但让人讨厌，且对附近机场低空飞行的飞机是一种危害。施工面产生的异味和出入垃圾填埋场的卡车运输使得卫生填埋场不受附近社区欢迎。

早期的卫生填埋场和垃圾场经常不易区别，因而渐渐有了"坏邻居"形象。近年来，随着越来越多的垃圾填埋场正常运营，且这样一个地点必须保持开放，封闭的垃圾填埋场的地产价值甚至可能提高。当然，向一个社区解释清楚填埋场可接受的运行和最终的地产价值提升是困难的。

13.1.2 填埋场的设计

现代填埋场是经过设计的设施，就像水或污水处理厂那样。填埋场设计必须包括回收方法和腐烂垃圾产生的渗滤液的处理，以及填埋场气体的排放或利用。完整的垃圾填埋运行计划必须在施工开始之前得到相应国家政府机构的认可。

因为垃圾填埋场通常是以坑的形式出现，所以土壤的特性很重要。具有较高的地下水位的地区是不会被接受的，因为可能有高基岩地层形成。填埋运行期间的雨水管理和垃圾填埋场关闭时间肯定是设计的一部分。

13.1.3 填埋场的运行

填埋场的运行实际上是一种废物处理的方法。城市垃圾以填埋方式处置绝不是惰性的体现。在缺乏氧气的情况下，厌氧分解稳定地将有机材料降解成更稳定的形式。这个过程非常缓慢，可能在填埋场关闭后仍然需要 25 年之久。

在分解过程中产生的液体和渗过地表并摆脱垃圾的水被称为渗滤液。这种液体虽然体积相对较小，但含有高浓度的污染物。表 13-1 显示了典型的渗滤液成分。如果渗滤液从填埋场溢出，其可能对环境产生严重的影响。在许多案例中，渗滤液在某种程度上已经污染了附近的井，使它们不再是饮用水的来源。

表 13-1　典型的卫生填埋场渗滤液成分

成分	典型数值	成分	典型数值
BOD_5	20000 mg/L	锌	50 mg/L
COD	30000 mg/L	铅	2 mg/L
氨氮	500 mg/L	总多氯联苯残留	1.5 $\mu g/L$
氯化物	2000 mg/L	pH	6.0
总铁	500 mg/L		

垃圾填埋场产生的渗滤液量是很难预测的。唯一可用的方法是水平衡：进入垃圾填埋场的水量必须等于垃圾填埋场流出的水或渗滤液的量。进入上面土层的总水量为：

$$C = P(1-R) - S - E \tag{13.1}$$

式中　C——渗透到土壤表层的总量，mm；

P——降水量，mm；

R——径流系数；

S——存储量，mm；

E——土壤水分蒸散损失总量，mm。

三个典型的垃圾填埋场的渗滤情况如表 13-2 所示。

表 13-2　三个填埋场的渗滤

地名	降水量 p/mm	径流系数 R	蒸散总量 E/mm	渗流量 C/mm
辛辛那提	1025	0.15	568	213
奥兰多	1342	0.07	1172	70
洛杉矶	378	0.12	334	0

资料来源：Fenn D G，Hanley K J，DeGeare T V. Use of the water-balance method for predicting leachate generation from solid-waste-disposal sites［J］. Leachates，1975.

使用这些数据可以预测垃圾填埋场产生的渗滤液。很明显，洛杉矶垃圾填埋场几乎不会产生渗滤液。奥兰多 7.5 米深的填埋场可能需要 15 年才会产生渗滤液，而在辛辛那提的 20 米填埋场，11 年后就会产生渗滤液。渗滤液产量取决于降雨模式以及总降水量。辛辛那提和奥兰多具有美国大部分地区典型的"夏季雷雨"气候特征。太平洋西北部（太平洋海岸山脉以西）具有海洋性气候，那里的降雨分布更加均匀。西雅图垃圾填埋场产生的渗滤液量大约是辛辛那提垃圾填埋场的两倍，虽然它们每年的降雨量相差不多。

气体是填埋场的第二副产品。由于填埋场都是厌氧生物反应堆，它们会产生甲烷和二氧化碳。四个不同的阶段都有气体产生，如图 13-4。第一阶段是有氧阶段，可能会持续几天到几个月，在此期间有氧生物是活跃的且影响分解。随着生物耗尽可用的氧气，填埋场进入第二阶段，厌氧分解开始，但产甲烷的细菌还没有很高的效率。在第二阶段中，产酸细菌积累二氧化碳。这个阶段的时间长度随环境条件的变化而不同。第三阶段是厌氧甲烷生产阶段，在此期间，甲烷含量逐步增加，垃圾填埋场内部温度也逐渐升至约 55 ℃。最终的稳态条件发生在二氧化碳和甲烷的含量均等时，此时微生物活动已经稳定。垃圾填埋场产生的甲烷含量可通过半经验关系（中国　1977）来估算

$$CH_aO_bN_c + \frac{1}{4}(4-a-2b+3c)H_2O \longrightarrow \frac{1}{8}(4-a+2b+3c)CO_2 + (4+a-2b-3c)CH_4 \quad (13.2)$$

方程式（13.2）只在废物的化学组成已知时可用。

卫生填埋场产生气体的速度可以通过在将垃圾送入填埋场前切碎来改变垃圾粒度大小，改变其含水率来控制。气体产生量也可通过低水分、大粒度和高密度的结合实现最小化。多余气体的迁移可通过在垃圾填埋场安装逸气口阻止。这些被称为"火炬"的逸气口保持点亮，气体在形成时就被燃烧。不恰当的排放可导致危险的甲烷累积。1986 年，由于可能具有爆炸性浓度的甲烷通过地下裂缝进入地下室，西雅图 Midway 垃圾填埋场附近的十几户家庭被疏散。甲烷气体排出后，居住者花了三周才重返家园。

由于垃圾填埋场产生大量的甲烷，填埋场气体可用来燃烧产生电力，或者去除掉二氧化碳和其他污染物后用作管道气体。这种清理方法既昂贵又麻烦。垃圾填埋气最合理的利用是在一些工业应用（如制砖业）中燃烧。

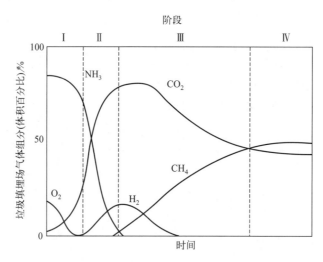

图 13-4　垃圾填埋场有机物分解状态

13.1.4　垃圾填埋场的关闭和最终使用

根据州和联邦法规，城市垃圾填埋场必须关闭。这样的关闭包括对渗滤液以及气体的永久控制，还有防漏罩的放置。关闭垃圾填埋场的成本非常高，必须归算到填埋场使用期间的倾卸费用中，这是垃圾倾卸费用大幅增加的一个主要因素。

垃圾填埋场生物学方面因素以及压实垃圾的结构性质等特征限制了垃圾填埋场的最终用途。垃圾填埋场沉降不均匀，一般建议垃圾填埋场在关闭后至少两年内不要建任何设施，且永远不能建设大型的永久性建筑。如果初始压实较差，可以预测五年内发生地基沉降的概率达到 50%。如图 13-5 所示的汽车旅馆的所有者付出了惨痛的代价才明白这一点。

图 13-5　经受差异性沉降的建立于填埋场之上的汽车旅馆

填埋场不应该被干扰。干扰可能导致结构性问题，且累积的气体会造成危害。建在填埋场上的建筑物应该具有扩展式基脚（大型混凝土板）作为地基，尽管一些建在非金属桩上的建筑物能够通过填充岩石或其他强材料来扩展。

13.2 垃圾处置前的体积缩减

垃圾笨重且不紧凑，所以垃圾填埋场的容量要求非常重要。在土地贵的地方，垃圾填埋的成本可能会很高。于是，已经发现许多有效的减小垃圾体积的方式。

正常情况下，变废为宝的方法（在第 14 章中讨论）中焚烧垃圾是一种有效的处理城市固体垃圾的方法。燃烧可将垃圾的体积减少至 1/20～1/10，且灰烬比垃圾本身更稳定且更紧凑。

高温分解是在缺氧条件下燃烧。高温分解的残留物，可燃气体、焦油和木炭，有经济价值但尚未被认可为原料。焦油含有必须被去除的水，木炭中充满必须被分离的玻璃和金属。这些分离使得这些副产品太贵以至于没有竞争力。高温分解大幅减小了体积，得到一个稳定的最终产品，且几乎没有空气污染问题。大规模条件下，如我们一些大城市的项目中，作为体积缩减的方法，高温分解相较于燃烧而言具有显著的优势。高温分解也可能用于污泥处置，因此可以解决社区两个主要固体废物问题。然而，这样的系统在全面运行方面仍有待证实。

体积缩减的另一种方法是打包。固体废物被压缩成书桌大小的块，然后可以用铲车堆放处理并堆叠在垃圾填埋场。因为垃圾密度高（2000 lb/yd^3），其分解的速度缓慢并且恶臭气味减少，因此，被打包的垃圾不需要每天覆盖，还能进一步节省填埋场的空间。然而，当地和国家法规要求被打包的垃圾填埋场每天覆盖，大大降低了打包的成本优势。

13.3 总结

本章首先将固体废物处置的目标定义为不再影响社会或环境的固体废物放置问题。这一点在以前很容易实现：在城墙边倾倒固体废物。然而，在现代文明中，不可能直接倾倒垃圾，恰当的处置变得越来越困难。

本章讨论的处置方法只是解决固体废物问题的一部分方案。另一种解决方案是重新定义固体废物为一种资源，并用它来生产有用的产品。这个想法会在第 14 章进行探讨。

思考题

13.1 假设一个人口 10000 的城镇的城市垃圾收集系统因故失灵，作为对社会的一种回应，你的学院或大学决定暂时接受所有城市垃圾且将垃圾堆在足球场。如果所有人倾倒的垃圾被放进体育场，系统失灵多少天后体育场将被填满 1 yd 厚的垃圾？假定垃圾的密度为 300 lb/yd^3，体育场的尺寸为长 120 yd，宽 120 yd。

13.2 如果一个城市有 100000 人口，每日产生的废纸是多少？

13.3 将污水处理厂的脱水（湿稀的）污泥沉积到垃圾填埋场对环境的影响是什么？

13.4 如果填埋场所有容易分解的有机垃圾都是纤维素（$C_6H_{10}O_5$）每公斤垃圾将产生多少立方米的气体（CO_2 和 CH_4）？

13.5 在如图 13-6 所示的地图上为 25 acre 的填埋场选择一个地方。你需要其他信息吗？证明你的选址选择。

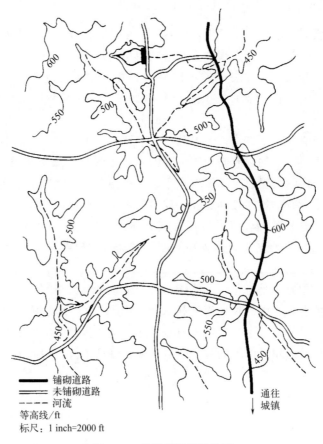

图 13-6 垃圾填埋场选址图

第 14 章
再利用、循环利用和资源回收利用

寻找新能源和新材料变得越来越困难。与此同时，我们发现越来越难找到固体废物处置点，处理的成本呈指数增长。因此，社会公众对于垃圾资源的再利用、循环利用和回收利用变得越来越有兴趣。

材料再利用包括出自与初次使用不同的目的自愿持续使用产品，如再利用咖啡罐固定钉子，或延长产品的使用时间，如翻修汽车轮胎。材料再利用的产品不返回到工业部门，仍然可在公共或消费部门使用。

循环利用是指公众将产品收集在一起，并将这一材料返回到工业部门。这与再利用非常不同，再利用过程中材料并未回到工厂再制造。循环利用的例子：个人对报纸和铝罐的收集，收集物最终返回到纸张制造商或制铝公司。循环利用过程需要公众参与，因为公众必须进行分离步骤。

回收利用不同于循环利用，回收是将垃圾以混合形式收集，随后通过各种处理流程去除材料。例如，垃圾可以通过磁铁筛选，从而去除钢罐和其他黑色金属材料。然后，这些材料被卖到钢铁企业再制造。材料回收通常在材料回收厂（MRF）中进行。循环利用与回收利用的区别在于，后者中，产品使用者不被要求做任何分离，而在前者中，至关重要的分离筛选是人们自愿进行的，人们几乎不能从处理废弃材料中获得利益。

14.1 循环利用

用于提高材料循环利用的公众参与度的方法有两种。首先是监管，政府规定只有分离的材料才能分拣处理。这种方法目前在美国取得了有限的成功，因为这种政策容易滋生民怨。

使循环利用计划实现广泛合作的一个更民主的方法是呼吁大家的社会责任感，提高大家对环境质量的关注度。户主通常积极响应有前瞻性的回收计划的调查，但行动上对参与垃圾源头分离一直不太热情。

使垃圾源头分离变容易可以提高公众的参与度。西雅图市的家庭回收项目几乎有 100% 的参与度，因为提供了盛放纸罐及玻璃垃圾的单独容器，户主只需将垃圾投放至相应的箱子中。阿布奎基市以 10 美分 1 个的价格销售放铝的大型塑料袋与循环利用的塑料容器。一袋袋可回收物、捆绑的报纸在路边与垃圾一起被拾起。然而，像这样的市政举措非常昂贵。

循环利用计划成败的一个主要因素是原始材料的市场可用性。循环利用可被认为是一条链带，由后消费者的材料需求拉动，但不能通过公众的材料收集来推动。因此，循环利用计划必然包括收集材料的市场；否则，被分离的材料最终将与混合的未分离垃圾留在填埋场中。

近几年，有明显的迹象表明，公众愿意花时间和精力来分离材料然后进行后续的循环利用，所缺的是市场。市场如何被创造？简单地说，循环利用的材料的市场可以通过公众需求创造。例如，如果公众坚持只购买印在循环利用的新闻纸上的报纸，那么报刊出于自己的利益被迫使用循环利用的新闻纸，这还将推动和稳定旧新闻纸的购买价格。

知道了这一点，并感受到民众的情绪，工厂已经迅速生产出被吹捧为"循环利用这个"和"循环利用那个"的商品。大多数情况下，循环利用一词常常被误用，因为工厂所用的材料从未流通到社会公众中。例如纸，多年来包括制作信封和其他产品的过程中产生的纤维，这些废纸永远不会进入社会公众的生活中，却是可以立即被同行业使用的工业废物。这不是循环利用，且这种产品不会带动市场对真正再生材料的需求。公众应深入了解什么是循环利用，什么是不合法的再生产品，政府可能会迫使行业生产达到真正意义上的再生标准。

14.2　回收利用

垃圾中大部分不同材料的分离工艺都依赖于特定材料的特性或性质，并且这种特性被用来将再生材料与垃圾中其他部分分离。然而，在实现分离之前，该材料必须是分离和离散的碎片，这是一种混合垃圾中大部分元素明显无法达到的状态。普通的锡罐中包含在其罐身上的钢、用于对缝的锌、包在外面的纸质材料，或许还有作盖顶的铝。垃圾中其他常见的项目的分离有同样或更具挑战性的问题。

减小垃圾的粒度，从而增加粒子的数量，并获得大量干净颗粒可促进分离过程。尺寸缩减虽然不是严格的材料分离，但通常是固体废物处理的第一步。

14.2.1　尺寸缩减

尺寸缩减或切碎，是通过机箱摆动锤蛮力破碎垃圾颗粒。固体废物处理采用两种类型的粉碎机：垂直锤磨机和水平锤磨机，如图14-1所示。垂直锤磨机中垃圾从顶部进入，快速摆动锤，清空锤尖和外壳之间的垃圾。颗粒粒径通过调整该间隙控制。在水平锤磨机里，锤头在一个可以改变的格栅前摆动，这取决于产品所需的尺寸。

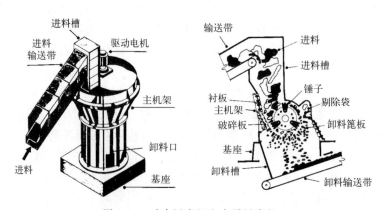

图14-1　垂直锤磨机和水平锤磨机

如图 14-2 所示的固体废物处理设备有一个传送带通向一个垂直粉碎机，在左上方有一个控制室。粉碎机内锤如图 14-3 所示。锤子在减小垃圾组成成分体积的同时，自己也受到磨损。通常情况下，一组锤子在被替换之前可以处理 20000～30000 t 的垃圾（Vesilind 1980）。

图 14-2　粉碎设备显示通向垂直粉碎机的传送带

图 14-3　垂直锤磨机内部

（来源：W. A. Worrel）

14.2.2　粉碎机的性能和设计

粉碎机的性能通过颗粒尺寸实现的缩减程度、电力成本和粉碎机的磨损程度进行评估。一个非均质的材料（如城市固体废物）的粒度分布可通过罗辛-拉姆勒分布函数表示：

$$Y = 1 - \mathrm{e}^{-(x/x_\mathrm{c})^n} \tag{14.1}$$

式中　Y——颗粒尺寸小于 x 的颗粒累积分数（以重量计）；

n——常数；

x_c——特征粒径，其中 63.2%（以重量计）的颗粒是更小的尺寸（$1-1/\mathrm{e}=0.632$）。

破碎过程中锤子已磨损公式(14.1) 也可以这样表示：

$$\ln \frac{1}{1-Y} = \left(\frac{x}{x_\mathrm{c}}\right)^n$$

所以，像图 14-4 这样的曲线图，可以使用双对数坐标进行表示。通常，粉碎机的性能是基于 90%（以重量计）的颗粒通过给定尺寸来确定的。通过公式(14.2) 可从特征尺寸到 90% 进行转换。

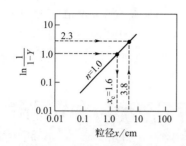

图 14-4 罗辛-拉姆勒粒度分布方程
这个例子中，$n=1.0$，$x_c=1.6$

$$x_c = \frac{x}{\left(\ln\frac{1}{1-Y}\right)^{\frac{1}{n}}} \tag{14.2}$$

如果 $Y=0.90$ 或 90%，等式(14.2) 简化为

$$x_c = \frac{x_{90}}{2.3^{1/n}} \tag{14.3}$$

式中，x_{90} 是指能让 90% 的颗粒物通过的尺寸。通常，当取 $n=1.0$，$x_{90}=2.3x_c$。表 14-1 给出了常见的 x_c 和 n 的值。

表 14-1 典型粉碎机装置的罗辛-拉姆勒指数

地点	n	x_c/cm
华盛顿特区	0.689	2.77
特拉华州威尔明顿	0.629	4.16
南卡罗来纳州查尔斯顿	0.823	4.03
密苏里州圣路易斯	0.995	1.61
佛罗里达州庞帕诺海滩	0.587	0.67

资料来源：Stratton 和 Alter（1978）。

除了颗粒尺寸缩减，粉碎机的性能还能从功率方面评测，用比能量单位 kW·h/t 表示。图 14-5 显示了固废的进料比、粉碎机粉碎速度、水分含量、颗粒物尺寸的相互关系。

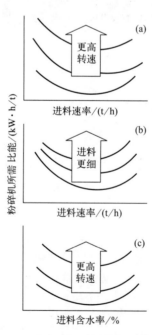

图 14-5 （a）进料速度和转速对粉碎机比能的影响；（b）进料速度和进料颗粒尺寸对粉碎机比能的影响；（c）垃圾含水率和电动机转速的关系

Bond 提出半经验公式用于估计粉碎机的供能要求（Bond 1952）。所需比能为 W，要求将直径比 L_F 小 80% 的材料的单位重量减小到直径比 L_P 小 80% 的材料；L_F 和 L_P 的单位是 μm，公式如下：

$$W = 10W_i\left(\frac{1}{\sqrt{L_P}} - \frac{1}{\sqrt{L_F}}\right) \tag{14.4}$$

W_i 是 Bond 工作指数，该指数是给定粉碎机的加工材料的函数，也是给定材料的粉碎机效率的函数。当 L_F 和 L_P 的单位是 μm 时，W 的单位是 kW·h/t。参数 10 是纠正系数，对于城市固体废物和其他特殊物质，典型的 Bond 工作指数值在表 14-2 中列出。

表 14-2　典型的 Bond 工作指数

地点	材料	Bond 工作指数/(kW·h/t)
华盛顿特区	MSW	463
特拉华州威尔明顿	MSW	451
南卡罗来纳州查尔斯顿	MSW	400
密苏里州圣路易斯	MSW	434
佛罗里达州庞帕诺海滩	MSW	405
华盛顿特区	纸	194
华盛顿特区	钢罐	262
华盛顿特区	铝制罐	654
华盛顿特区	玻璃	8

罗辛-拉姆勒的粒度分布方程 [方程式(14.1)] 结合 Bond 工作指数的概念，方程式可重写成

$$(1-Y) = e^{-(x/x_c)^n}$$

式中，$(1-Y)$ 是一个比某一尺寸 x 更大的累积分数。假设：

$$0.2 = \exp\left[-\left(\frac{L_P}{x_c}\right)^n\right]$$

$x = L_P$，即通过 80% 物质的筛子尺寸，可得 L_P

$$L_P = x_c \cdot 1.61^{\frac{1}{n}}$$

代入公式(14.4) 得

$$W = \frac{10W_i}{(x_c \cdot 1.61^{1/n})^{1/2}} - \frac{10W_i}{L_F^{1/2}} \tag{14.5}$$

例 14.1　假设 $W_i = 400$，产品的 $x_c = 1.62$ cm，$n = 1$，$L_F = 25$ cm（接近实际的原始垃圾尺寸），同时粉碎机的比能要求是 10 t/h。

从公式(14.5) 可得

$$W = \frac{10 \times 400}{(16200 \times 1.61^{1/1})^{1/2}} - \frac{10 \times 400}{(250000)^{1/2}} = 16.8 \ (kW \cdot h/t)$$

（注意：公式中 x_c 和 L_F 的单位都是 μm）

电力需求是 $\left(16.8 \dfrac{kW \cdot h}{t}\right) \times \left(10 \dfrac{t}{h}\right) = 168 \ kW$

14.2.3　材料回收的一般表述

从混合物中分离出任何一种材料时，因为只有两种输出，该分离被称为二元分离。当一个设备要从混合物中分离出一种以上的材料时，这个过程被称为多元分离。

图 14-6　二元分离器示意图

图 14-6 展示了一个接收 x_0 和 y_0 混合物的二元分离器，目标是分离 x 组分：第一波输出流中包含 x 元素，但是分离不是很彻底，包含部分 y_1，该过程叫做生产或提取；到了第二波输出流时，主要包含 y，含有少量 x，叫做抛弃。第一波输出流中 x 的占比 $R_{(x_1)}$，可表示为

$$R_{(x_1)} = \frac{x_1}{x_0} \tag{14.6}$$

仅 $R_{(x_1)}$ 不能充分描述二元分离器的性能。假如将该分离器关闭，则只有第一波输出流，$x_0 = x_1$，使得 $R_{(x_1)} = 100\%$。但是这种情况下，材料没被分离。因此，提取纯度可定义为

$$P_{(x_1)} = \frac{x_1}{x_1 + y_1} \tag{14.7}$$

分离器仅仅提取一小部分纯的 x，因此回收率 $R_{(x_1)}$ 也会很小。分离器的分离性能通过回收率和纯度来评价，这样就有一个额外的特征参数，分离器的效率 $E_{(x,y)}$（Worrell 1979），如下：

$$E_{(x,y)} = \left(\frac{x_1}{x_0} \times \frac{y_2}{y_0}\right)^{1/2} \tag{14.8}$$

例 14.2　利用磁性二元分离器从破碎垃圾袋原料流中分离出钢铁材料。磁铁进料速率为 1000 kg/h，同时包含 50 kg 的钢铁材料。产品重 40 kg，其中 35 kg 是钢铁材料。请问钢铁材料的回收度、纯度和总效率是多少？

公式(14.6)~式(14.8) 的变量如下：

$x_0 = 50 \ kg$　　　　　　　$y_0 = 1000 - 50 = 950 \ kg$

$x_1 = 35 \ kg$　　　　　　　$y_1 = 40 - 35 = 5 \ kg$

$x_2 = 50 - 35 = 15 \ kg$　　$y_2 = 950 - 5 = 945 \ kg$

$$R_{(x_1)} = \frac{35}{50} = 70\%$$

$$P_{(x_1)} = \frac{35}{35 + 5} = 88\%$$

则

$$E_{(x,y)} = \frac{35}{50} \times \left(\frac{945}{950}\right)^{1/2} = 70\%$$

14.2.4　筛分

筛子仅仅依靠尺寸大小分离材料，不通过其他的性质辨识材料。因此，在材料回收利用中，筛分作为一种分类步骤，往往在材料分离工艺之前。如玻璃要通过光学编码分成透明的和有色的两类。而这一过程需要玻璃具有给定的尺寸，并且可以用筛网进行必要的分离。

图 14-7 展示的滚动筛广泛应用于材料回收工艺的筛分阶段。滚动筛内的物料负荷存在 3 种方式，主要取决于旋转速度。在慢速时，滚筒筛内的材料是阶梯式渗透，不是飞出只是简单的回落。在较高的速度时，进流而出，即在离心力的作用下，物质被甩到滚筒筛边上，再回落下来。在最高速度时，发生离心，物质飞出滚筒筛。很明显，当颗粒物以最佳的滚动速率从筛洞中被分离出时，滚筒筛的效率就提升了。滚筒筛的旋转速度被设计为临界转速的某一部分，其定义为物料刚刚离心时的旋转速度，计算公式为：

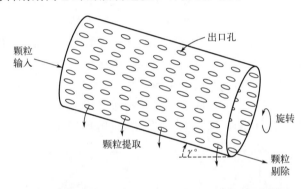

图 14-7　滚筒筛

$$\eta_c = \sqrt{\frac{g}{4r\pi^2}} \tag{14.9}$$

式中　η_c——临界速度，r/s；

　　　g——重力加速度，cm/s^2；

　　　r——转轴半径，cm。

例14.3 计算直径为 3 m 的滚筒筛临界转速。

$$\eta_c = \sqrt{\frac{980}{4\pi^2 \times 150}} = 0.407 \ \text{r/s}$$

14.2.5 空气分级机

物质还可以根据其空气动力学性质来实现分离。在破碎后的城市固体废物中，空气动力学密度较小的一般是有机材料，相对较重的是无机材料，因此空气分离可以产生垃圾衍生燃料（RDF），优于不可分级的破碎垃圾。

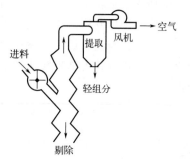

图 14-8　空气分级机

大部分空气分级机与图 14-8 所示的操作单元相似。随着气流逃逸的部分叫做产品或者溢流，下降到底部的叫做垃圾或者底流。通过空气分级操作后的有机材料的回收率，受到以下两个不利因素的影响：

· 不是所有有机材料的空气动力学密度都较小，也不是所有无机材料空气动力学密度都较重。

· 空气动力学密度轻和重的材料实现完美分类存在困难，因为在分级器中存在物质随机运动的本性。

第一个因素在图 14-9 中加以说明，该图绘制了终端沉速（粒子刚好开始随气流上升的空气速度）随不同材料的颗粒占比的变化图。不管空气流速如何，完全分离有机物和无机物是不可能的。

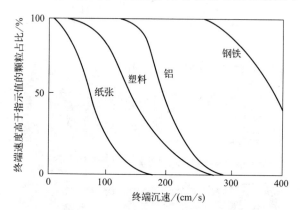

图 14-9　城市固体废物的不同成分的终端沉速

单一空气速度不能彻底将有机材料（塑料和纸）从无机材料（钢和铝）中分离出来

图 14-10 说明了第二个因素，该因素显示了由公式（14.9）所定义的分级机的效率与进料速率的关系。随着固体负荷的增加，那些在较轻物质存在时溢出到上面的颗粒，会被捕捉到底层流，反之亦然。在溢流层的有机材料的回收率曲线与在底流层的无机材料的回收率曲线相反。理想性能曲线可通过终端沉速图获得，如图 14.9，并计算不同流速下连续分级机的 $R_{(x_1)}$ 和 $R_{(y_2)}$。两曲线越接近，空气分级机越有效。同时，我们也可以从图 14-10 中看到，当负荷增加时，效果变差。进料速度高，分级机的喉管口将堵塞，无法呈现一个干净的分离操作。

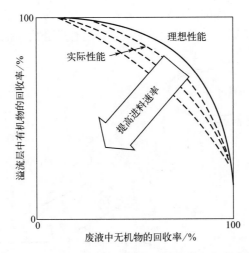

图 14-10　空气分级机的实际和理想性能（理想曲线）

例 14.4　某空气分离器以流速 200 cm/s 运行，进料包含等量的纸屑、塑料、铝、铁，终端沉降曲线如图 14-9 所示，有机物的回收率是多少？回收产品的纯度如何？

因为每一种材料都占 25%，$x_0 = 25\% + 25\% = 50\%$，$y_0 = 25\% + 25\% = 50\%$。从图 14-9 中可得，流速为 200 cm/s 时，对应的溢流部分的材料及占比分别是

纸质	100%
塑料	80%
铝	50%
钢	0%

因此在产品中，有机物总的百分比是 [x_1 代入公式(14.6) ～式(14.8)]

$$100\% \times \frac{1}{4} + 80\% \times \frac{1}{4} = 45\%$$

无机物总的百分比是 [y_1 代入公式(14.7)]

$$50\% \times \frac{1}{4} + 0\% \times \frac{1}{4} = 12.5\%$$

由公式(14.6) 可得，有机物的回收率是

$$R_{有机物} = \frac{45\%}{25\% + 25\%} = 90\%$$

纯度为

$$P_{有机物} = \frac{45\%}{45\% + 12.5\%} = 78\%$$

14.2.6　磁铁

可通过磁铁将钢铁材料从垃圾中移除，磁铁还能持续提取钢铁材料并排斥剩余物。图 14-11 展示了两种磁力作用类型。其中一种是有链带的磁铁，钢铁材料的回收率可通过安装的紧

靠垃圾的链带增强；但是，这样的配置降低了产品纯度。链带上的垃圾深度也会导致困难，因为重的钢铁材料倾向于沉降到传送带上垃圾的底部，这样就会比其他垃圾成分离磁铁更远。

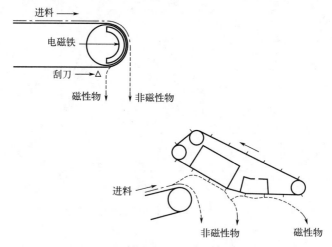

图 14-11   用于资源回收的两种类型的磁力作用

14.2.7   分离设备

已经尝试过不计其数的材料处理和储存的单元操作。振动器用来移除玻璃，浮选技术成功应用于从玻璃中分离陶瓷，涡流装置已实现铝制品商业数量级的回收，等等。随着回收操作技术的发展，将引入更多更好的材料分离处理设备。图 14-12 是一个典型 MRF 的材料分离设施示意图。

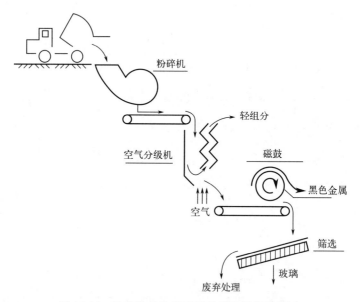

图 14-12   处理垃圾的典型材料分离设施示意图

14.2.8   城市固体废物中有机物的能源回收

垃圾中的有机物是有利用价值的二次燃料。经分级破碎和分离后，可用于现有的发电厂

作为燃料补充，也可作为单独锅炉的燃料。来自垃圾的燃料被称垃圾衍生燃料，即 RDF。假定有机材料燃烧的反应方程式为

$$(HC)_x + \frac{5}{4}x O_2 \longrightarrow x CO_2 + x/2 H_2 O + 热量$$

然而，不是所有的碳氢化合物都能完全氧化成二氧化碳和水，燃料中的其他元素，像氮和硫，也被氧化，其反应式为

$$N_2 + O_2 \longrightarrow 2NO$$
$$2NO + O_2 \longrightarrow 2NO_2$$
$$S + O_2 \longrightarrow SO_2$$
$$2SO_2 + O_2 \longrightarrow 2SO_3$$

在第 19 章的讨论中提到，NO_2 是光化学烟雾形成的重要成分。SO_2 对健康和植被有害，其产物 SO_3，能通过以下反应式形成酸雨：

$$SO_3 + H_2 O \longrightarrow H_2 SO_4$$

化学计量氧是燃烧的理论需氧量（就空气而言，指的是化学计量空气量），其值可通过化学反应式计算，正如例 14.5。

例 14.5　假如碳燃烧如下：$C + O_2 \longrightarrow CO_2 + 热量$。每克碳燃烧需要多少空气？

1 mol 碳燃烧需要 1 mol 氧气。标准大气压下，碳的相对原子质量是 12，氧分子的摩尔质量为 $2 \times 16 = 32$（g/mol），因此 1 g 碳需要的氧气质量如下：

$$32/12 = 2.67 \ (g)$$

空气中氧气质量分数为 23.15%，燃烧 1 g C 需要总空气质量为

$$2.67/0.2315 = 11.52 (g) 空气$$

燃烧产能是用燃烧单位质量的材料释放的热量来衡量，单位为焦耳，这是燃烧的热量，在工程上叫作热值。热值使用热量计测定，将一小块燃料样品放于水套管内的不锈钢管里的高纯氧中，然后点燃。反应产生的热量传递到水套管的水中，测定水温的上升。知道水的质量，可计算释放的能量。在国际单位制中，热值单位可表示为 kJ/kg；英制单位是 Btu/lb。表 14-3 罗列了一些常见碳氢化合物的燃烧热值，以及垃圾和垃圾衍生燃料的热值。热量进入锅炉的速率有时被称为热流量。

表 14-3　典型的燃烧热值

燃料	燃烧热值	
	kJ/kg	Btu/lb
C	32800	14100
H	142000	61100
S	9300	3980
CH_4	55500	23875
残油	41850	18000
原始垃圾	9300	4000
RDF（空气分级）	18600	8000

设计燃烧装置时，我们必须考虑系统的热量和物料平衡。物料平衡是指输入（空气和燃料）总质量等于输出（烟囱排放的量和底下的灰）总质量。热平衡是指输入热量等于输出的热量与损失热量之和。例 14.6 展示了典型的热平衡计算。

例 14.6 某已处理的含有 20% 的水分和 60% 的有机物垃圾，将其按 1000 kg/h 的速率投到锅炉中。从垃圾的热量分析来看，该干样品的热值为 19000 kJ/kg。计算该系统的热平衡。

来自 RDF 的燃烧热流量：

$$H_{燃烧} = (19000 \text{ kJ/kg}) \times (1000 \text{ kg/h}) = 19 \times 10^6 \text{ kJ/h}$$

垃圾衍生燃料的有机成分含氢，氢燃烧后为水。因此，燃烧的热量包括水的汽化潜热，因为燃烧过程中水会蒸发。由于该热量被形成的水吸收，它是一种热量损失。假设 RDF 中的有机组成中有 50% 的氢，水的汽化潜热是 2420 kJ/kg，从水蒸气中损失的热流量为

$$H_{蒸发} = (1000 \text{ kg/h}) \times 0.6 \times 0.5 \times (2420 \text{ kJ/kg}) = 0.726 \times 10^6 \text{ kJ/h}$$

RDF 也含有被汽化的水分，损失的热流量为

$$H_{水分} = (1000 \text{ kg/h}) \times 0.2 \text{ moisture} \times (2420 \text{ kJ/kg}) = 0.484 \times 10^6 \text{ kJ/h}$$

有些热量损失与辐射有关，通常假设有 5% 的热量损失与辐射有关。不是所有的有机材料都能燃烧，假设灰烬中含有垃圾中 10% 的有机材料，则热流量损失为

$$H_{辐射} = 19 \times 10^6 \text{ kJ/h} \times 0.05 = 0.95 \times 10^6 \text{ kJ/h}$$

$$H_{非燃烧} = 10/60 \times 19 \times 10^6 \text{ kJ/h} = 3.17 \times 10^6 \text{ kJ/h}$$

烟囱的气体中也将包含热量，通常按燃烧热与其他损失之间的差值来计算：

$$热量输入 = 热量输出$$

$$H_{燃烧} = H_{蒸发} + H_{水分} + H_{辐射} + H_{非燃烧} + H_{烟道气}$$

$$19 \times 10^6 = (0.726 + 0.484 + 0.95 + 3.17) \times 10^6 + H_{烟道气}$$

$$H_{烟道气} = 13.67 \times 10^6 \text{ kJ/h}$$

将冷水冲入锅炉，通过水冷壁并产生蒸汽，这也许能恢复 13.67×10^6 kJ/h 的热量中的一部分。在温度为 300 ℃，压力为 4000 kPa 时，蒸汽流速要求为 2000 kg/h，锅炉水温为 80 ℃，计算烟囱气体损失的热量。

锅炉水的热流量：

$$H_{锅炉水} = 2000 \text{ kg/h} \times (80 + 273) \text{K} \times (0.00418) \text{kJ/(kg·K)} = 2951 \text{ kJ/h}$$

式中，0.00418 kJ/(kg·K) 是水的比热容。在 300 ℃ 与 4000 kPa 时，蒸汽的热值是 2975 kJ/kg，所以：

$$H_{蒸汽} = 2000 \text{ kg/h} \times (2975 \text{ kJ/kg}) = 5.95 \times 10^6 \text{ kJ/h}$$

通过热平衡等式可得出：

$$H_{燃烧} + H_{锅炉水} = H_{蒸发} + H_{水分} + H_{辐射} + H_{非燃烧} + H_{蒸汽} + H_{烟道气损失}$$

$$(19 + 0.003) \times 10^6 = (0.726 + 0.484 + 0.95 + 3.17 + 5.95) \times 10^6 + H_{烟道气损失}$$

$$H_{烟道气损失} = 7.72 \times 10^6 \text{ kJ/h}$$

好氧和厌氧分解均可从 RDF 中提取出有用的生物化学产品。在厌氧系统中，垃圾与生

活污泥混合，然后该混合物被降解。尽管处置人类粪便和垃圾的单独家庭处理单元已在使用，但运行问题使得该方法不能大规模推广。

垃圾好氧分解更以堆肥而为人所熟知，同时能产生具有中等肥料价值的土壤改良剂。该工艺是放热反应，且在家庭规模上被用作生产家庭供暖热水的方式。在社区规模上，堆肥可以是采用好氧消化器的机械化操作（图 14-13），或者长排粉碎的垃圾（被称为料堆）的低技术含量的操作（图 14-14）。料堆通常底部宽 3 m，高 1.5 m。这种条件下的堆肥被称为静态堆肥法（图 14-15），充足的水分和养分可用来支持好氧活动。该堆体必须定时翻动或空气被鼓入到堆体内，以保证堆体内具有充足氧气。

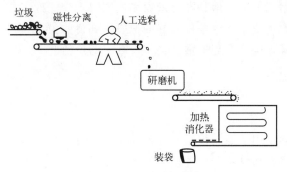

图 14-13   机械堆肥操作

图 14-14   条垛堆肥

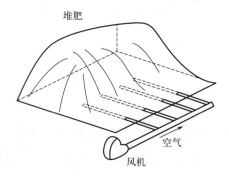

图 14-15   静态堆肥

堆体内温度接近 60 ℃，这完全是因为生物活动。pH 在最初的下降后逐渐接近中性。大多数固废不需要额外添加养分。然而在树皮和其他材料堆肥过程中，只有添加氮和磷才能使堆肥成功。水分含量通常须严格把控，因为水分过多不利于好氧活动，而水分缺乏也将影响生物的生命活动。水分含量在 40%～60% 之间为宜。

关于使用加速堆肥的接种剂、冻干培养基仍存在争议。堆肥堆体形成需要两周的时间，而堆肥形成时，并没有证实接种剂对堆肥有明显的促进作用。大部分城市固体废物含有大量促进成功堆肥的有机体，不需要添加"神秘菌种"。

温度下降时堆肥操作也到了终点。堆肥应该有泥土味，类似于泥炭苔，且为中灰褐色。肥料是一个极佳的土壤调节剂，但是在美国农场还未得到广泛推广。这是因为无机肥价廉且操作简单，且大部分农场位于土壤条件较好的地段。到目前为止，在发达国家，丰富的食品供应并不要求利用边缘土壤，在那里堆肥会实现真正的价值。

14.3 总结

固体废物问题必须要用从源头控制和处置的角度来解决。许多再利用和循环利用的方法依然在探索中，但是将会随着用于处理垃圾的土地变得稀少且昂贵、垃圾持续积聚而需要进一步发展。不幸的是，我们距这种发展和循环利用材料以及使用生物降解材料仍很遥远。今天唯一真正可任意使用的包装，是冰淇淋蛋筒。

思考题

14.1 估算直径为 2 m 的滚动筛的临界转速。

14.2 悬浮一个直径为 1 mm 的球形玻璃颗粒，空气分级机中的空气速度要控制在多少？[见公式(9.4)，假设 $\rho_s = 2.65$ g/cm^3，$C_D = 2.5$，$\mu = 2 \times 10^{-4}$ P，$\rho = 0.0012$ g/cm^3。]

14.3 参考图 14-16。通过重绘曲线估算罗辛-拉姆勒常数 n 和 x_c。并将这些数据与表 14-1 中的数据进行比较。

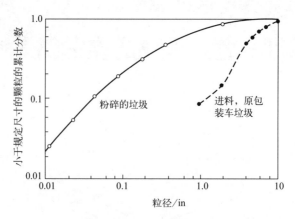

图 14-16 粉碎过程中的进料曲线和产品曲线

14.4 假如 Bond 工作指数是 400 kW·h/t，根据图 14-16，处理 100 t/h 的垃圾需要多少电能？

14.5　根据表 12-1 所示的最终分析结果估算 MSW 热值。

14.6　某发电厂燃烧煤 100 t/h，如果使用 50％的过量空气，需要多少空气量？

14.7　某空气分级机性能如表 14-4。

表 14-4　空气分级机的性能

项目	有机物/(kg/h)	无机物/(kg/h)
进料	80	20
产品	60	10
垃圾	20	10

计算回收率、纯度和效率。

14.8　使用例 14.6 中的数据，将垃圾中的水分含量减少到 0，可以节约多少热量？

14.9　使用例 14.6 中的数据，由于烟囱气体的热量损失（假如有蒸汽产生），浪费的煤炭比例是多少？

14.10　桶装油的热值为 6×10^6 kJ/h，在问题 14.9 中所浪费的煤相当于多少桶装油？

第15章
危险废物

几个世纪以来，化学废物一直是不断发展的社会的副产品。危险废物废弃点的选择是出于便捷性考虑，很少或根本没有注意到废物对地下水水质、溪流、湖泊径流，以及儿童在有废弃的 55 gal 的桶的森林玩捉迷藏时的皮肤接触的潜在影响。历史上的工程决策大多是默认作出，由中级和入门级工程师在生产过程结束时做出的不可或缺的"临时应急"决策缺乏处理或处置计划。这些生产工程师仅通过来来回回堆积或倾倒这些废弃产品解决废物处置问题。

美国的态度在 20 世纪 60 年代、70 年代和 80 年代，开始改变。现在的空气、水、土地不再被视为可被污染的物质，它们被污染会导致污染问题自由地传向邻镇或下一代。政府已经通过修改当地分区条例、更新公众卫生法律和新的联邦《清洁空气法案》和《清洁水法案》来回应公众关注的问题。1976 年，联邦《资源保护与回收法案》（RCRA）颁布，EPA被赋予特殊权利来监管控制危险物质的产生、运输和处置。1984 年，《危险和固体废物修正案》的通过使该法案进一步被强化。1990 年我们发现工程知识和专业技能没有跟上充分管理危险废物的必要性的认知。本章论述了危险废物工程领域的知识现状，从处理、加工到资源回收和最终处置方案来追踪国家所产生的废物量。

15.1 问题的严重性

多年来，危险这个词的定义很模糊，因为不同的群体针对危险废物的归类提出了不同的标准。在联邦政府里，不同的机构使用如有毒、易爆和放射性描述来标记一个污染物为危险物质。不同的州有其他不同的分类系统，如美国国家科学院和国家癌症研究所。这些危险废物的历史定义在表 15-1 列出。表 15-2 详细描述了一些危险废物的分类标准。

联邦政府试图通过《资源保护与回收法案》的实施加强全国性的分类体系，在此分类系统中，危险废物通过不稳定性、腐蚀性、反应性或毒性的程度来进行定义。这个定义包括酸、有毒化学品、爆炸品、其他有害的或潜在的有害废物。在本章中，这是适用于危险废物的定义。放射性废物被排除在外（除了在运输部法规内的废物）。这种废物显然是危险的，但它们的产生、加工、处理与化学危险废物不同。此外，所有放射性物质及电离辐射的健康防护已由独立的政府机构管理控制：1954～1974 年的原子能委员会和自 1974 年以来的核管理委员会。放射性污染问题在第 16 章中讨论。

基于这一有限的定义，整个美国每年产生超过 6000 万吨（湿重）的危险废物。超过60％的危险废物由化学品和相关行业工厂产生。机械、初级金属、纸张和玻璃制品工厂生成的废物占国家废物总数的 3％～10％。大约 60％的危险废物是液体或污泥。美国主要的州，

表 15-1　危险废物的历史定义

历史	定义标准											
	毒物学的	易燃性	爆炸物	腐蚀物	反应性	氧化物	放射性	刺激性	强杀菌剂	生物富集	致癌、致突变	大量
《美国法典》第 15 卷第 1261 节(商业与贸易)	×	×						×	×			×
《美国联邦法规》第 16 篇第 1500 部分	×	×		×			×	×	×			×
《美国法典》第 21 卷《食品、药品和化妆品》	×	×		×			×	×	×		×	×
《美国联邦法规》第 49 篇 100~199 部分(运输)	×	×	×	×		×	×	×		×		×
《美国联邦法规》第 40 篇第 162 部分(农药)	×										×	
《美国联邦法规》第 40 篇第 220~238 部分(海洋倾废)	×	×								×	×	×
NIOSH 有毒物质清单(职业/健康)	×						×					
饮用水标准，《美国法典》第 42 卷	×	×	×		×					×	×	×
《联邦水污染控制法案》,《美国法典》第 42 卷	×	×	×		×			×	×			×
《清洁空气法案》《美国法典》第 42 卷第 112 节	×		×		×		×					
加利福尼亚州清单	×	×		×	×	×	×	×		×	×	
美国国家科学院	×	×										
巴特尔纪念研究所	×	×	×	×	×	×	×	×		×		
国防部——陆军	×											
国防部——海军	×	×	×	×	×	×	×	×		×		
美国国家癌症研究所	×										×	

表 15-2　危险废物的分类标准

标准	描述
生物富集	生物体富集一种元素或化合物,超过周围环境水平的过程
LD_{50}(致死剂量 50)	通过除了呼吸作用的暴露途径预计杀死 50%人口的一种化学物质计算剂量(以体重计,mg/kg)
LC_{50}	4 小时暴露阶段,通过呼吸途径杀死 50%人口的一种化学物质的计算浓度(环境浓度,mg/L)
植物毒性	化学物质引起植物毒性反应的能力

包括新泽西、伊利诺伊、俄亥俄、加利福尼亚、宾夕法尼亚、得克萨斯、纽约、密歇根、田纳西和印第安纳州产生的危险废物占国家危险废物总量的 80%以上,并且这些废物大部分都根据其产生时的特性进行处置。

通过这些危险废物的现状,可以得到一些有趣但令人震惊的结论。美国东部地区产生了大部分危险废物且其未得到合理的处置。在这个地区,降雨多,气候潮湿,容易发生渗透或径流。渗透使危险废物进入地下水、地表径流,导致河流和湖泊受到污染。此外,大部分危险废物在人们依赖的从含水层获取饮用水的地区生成和处置,主要含水层和抽水井位于污染物产生区域之下。因此,危险废物处置问题应注意两点:废物在下雨的地区和人们依靠含水层补给饮用水供应的地区产生,且废物在这些地方被处置。

15.2　废物加工和处理

危险废物从生产场所到一个安全的长期储存设施的过程中,废物加工和处理一直是关键问题。理论上,废物可以被稳定、去毒化或在处理过程以某种方式呈现无害化,几种加工和处理工艺如下:

化学稳定/固定。在这个过程中,化学物质与废污泥混合,混合物被泵送到地上,并在几天或几周内凝固。该工艺得到的是一个锁住废物和污染物的化学网,如重金属之类的污染物可以在不溶复合物中被化学绑定;沥青类化合物在废物分子周围形成"笼子";水泥浆和水泥与束缚物质形成实际化学键。化学稳定提供了另一种避免挖掘和移动大量危险废物的替代方案,特别适用于处理大量的稀释废物。这个工艺以选定的水泥作为固定剂用于建造道路、水坝、桥梁。由于长期淋溶作用和解毒潜能尚不清楚,该工艺提供的对危险废物的控制措施的充分性尚未证明。

减容。减少体积通常通过焚烧来实现,该方法可以利用工业生产的大量废物中的有机组分。但是废物体积的减小也可能给危险废物工程师带来另一个问题:焚烧炉烟囱向空气排放有害气体和在焚烧炉底部生成灰烬。不论是出于风险考虑,还是法律或经济约束,焚烧产生的上述两类副产物都必须解决(即所有危险废物都需要处理)。焚烧往往被认为是危险废物最终处置的一种很好的方法。本章后几节我们在一些细节上进行了介绍。

废物隔离。将危险废物运输到加工或长期贮存设施前,应当根据类型和化学特性分类处置废物。性质相似的危险废物集中收集在 55 加仑的桶或组桶中,分开放置受污染的实验室服装和设备之类的固体和酸等液体。废物隔离这种方法通常用于防止危险废物存储场所发生不良化学反应,可能导致影响解毒或资源回收设施的规模经济效益。

解毒。许多加热、化学和生物过程可有效使化学废物解毒。相关方法如下:

- 中和反应；
- 离子交换；
- 焚烧；
- 热解；
- 曝气塘；
- 废物稳定塘。

这些技术是有明确指向性的；离子交换显然不适合每一种化学物质，某些形式的热处理对于具有较高含水量污泥的处理可能过于昂贵。

降解。 化学降解某些危险废物，减少它们的危险性。化学降解是一种化学解毒形式。特定废物的降解过程包括能够破坏有机磷和磷酸盐的水解反应和破坏多氯类杀虫剂的化学脱氯反应。通常生物降解是将污染物合并到土壤中。土地耕作，顾名思义，依赖健康的土壤微生物来代谢废物组分。土壤耕作点必须严格控制可能的水源污染和由活跃的或不活跃的生物群落引起的大气污染。

封装。 有大量用来封装危险废物的材料，包括基本的 55 gal 的钢桶（液体的主要容器）和可以应用于固化废物的黏土、塑料、沥青这些材料。通常推荐在桶的外部用许多层不同材料，如采用 in 或更多的聚氨酯泡沫用于防止腐蚀。

15.3　危险废物的运输

危险废物通过卡车、铁路平板车和驳船被运输到全国各地。危险废物用卡车运输，特别是小型卡车运输对公众安全和环境而言是一个高度可见并且持久的威胁。对来自生产商的废物的转运控制策略——该策略构成了美国运输部（USDOT）关于危险物质运输法规的基础，正如《美国联邦法规》的第 49 篇第 170～180 部分所述——有四个基本要素。

搬运工。 对危险废物搬运工关注的主要问题包括操作人员的培训、保险责任范围以及特殊运输车辆的登记。处理过程中的注意事项包括工人戴手套、口罩和穿工作服，登记搬运设备，以及管理设备的日后使用，并避免出现今天运输危险废物的卡车明天用来运产品到市场的情形。定期授权搬运工和检查设备是确保危险废物合理运输一部分。化学品制造商协会与美国运输部为长途运输危险物质车辆的操作人员开展了培训项目。

危险废物清单。 全程跟踪系统的概念一直被认为是合理管理危险废物的关键。"提货单"或"运载记录"伴随着每一桶废物，向这些废物的接受者说明每一桶内的物质和性质。载货单的副本被提交给生产厂家和州政府官员，这样所有各当事人都能够及时知道每一桶废物是否已经达到其期望的目的地。全程跟踪系统主要有四大用途：①它为政府提供了在给定国家内追踪废物的方法和确定废物数量、类型及其初始与最终处置地位置的方法；②这确保了能够向处理或处置设施的管理员精确地描述被搬运的废物；③如果载货单的副本没有返回到生产厂家，系统将紧急响应提供信息；④它能在国家范围内提供未来规划的数据库。图 15-1 说明某危险废物载货单的副本的一种可能路径。在这个例子中，原始的清单和五个副本从国家监管机构被传递到废物产生厂家。副本伴随着每一桶废物离开产生场所，被邮寄到各自的地点，以指示废物从一个位置到另一个地点的转移路径。

包装。 美国运输部法规规定了用于运输所有危险材料的包装的设计与制造，不论是废物还是可用材料。腐蚀性材料、易燃材料、挥发性物质、释放后会导致吸入毒性的物

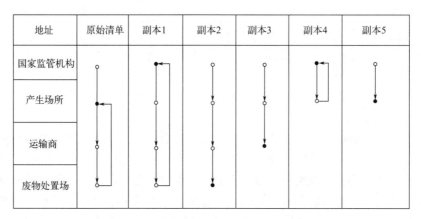

图 15-1　一张危险废物载货单副本可能的路径

○=转运点：签字并与废物一起转运至下一站

●=最终目的地：归档

质以及任何在运输过程中释放会影响人体健康、安全和造成环境威胁的材料都必须按规定包装运输。

标签和标语牌。废物从产生场所运走之前，每个容器都必须贴标签，并在运输车辆上悬挂标语牌。公告内容应该包括爆炸物、易燃液体、腐蚀材料、强氧化剂、压缩气体、有毒有害物质的警告信息。对于某易爆又易燃的废物多重标签是合适的。这些标签和标语牌可以警告公众可能存在的危险，且当应急反应小组面对沿着运输路线发生的泄漏或事故时，这些标签和标语牌将提供重要帮助。

事故和事件报告。涉及危险废物的事故必须立即汇报给国家管理机构和当地卫生官员。事故报告应立即提交并指出释放的物质的数量和危害，造成事故故障的性质，这可能有助于遏制泄漏的废物和清理现场。例如，如果液体废物被遏制了，那么就避免了地下水和地表水污染。美国运输部在运输统计局的网站上建立了一个危险物质事故和事件报告的数据库。

15.4　回收利用的备选方案

回收利用备选方案的前提是某一垃圾对另一人存在利用价值。一桶电镀污泥对工程师来说可能是不值钱的，但对一位熟练的金属回收工程师来说是一桶银矿。在危险废物管理中，将某废物转移至一个被视为资源的目的地的系统有两种：危险废物转移和危险废物信息交换中心。在实践中，一个组织机构就可以显示这两个系统的特性。

这两种转移机制背后的基本原理如图 15-2 所示。一般一个工业过程有三个输出：①主要产品，出售给消费者；②有用的副产品可售给另一个厂；③废物，从历史观点来看，注定用于最终处置。废物转移和信息交换中心通过把废物引导给一个以前未知的、把废物当作一种资源的工厂和公司，使这些废物最少化地输送至垃圾填埋场或深海处置。由于国家的监管和经济环境的发展，这些看法可能会继续变化，越来越多的废物可能被经济性回收。

15.4.1　信息交换中心

纯粹的信息交换中心的作用有限。这些机构为收集和显示工业废物信息提供了中心点。

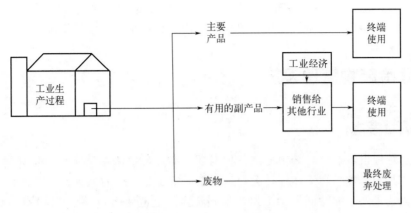

图 15-2 危险废物信息交换中心和交易所的基本原理

它们的目标是通过使用匿名的宣传与联系，介绍感兴趣的潜在交易伙伴们互相认识。信息交换中心一般不寻求客户、洽谈运输、设定价格、加工材料或向互利团体提供法律建议。信息交换中心的一个主要功能是维护所有的数据和交易机密以保护商业秘密不被泄露。

信息交换中心也普遍受赞助商、贸易方或政府资助。小型办事处人员在一个单独的办公室或分布在整个区域的办公室中，不需要多少资本就能运营，并且每年运营费用相对较低。

不应过分强调信息交换中心的价值。它们经常只能在短期内运作，从一个有许多项目和交易活跃的组织发展为一个最不活跃的商业组织，因为工厂管理员直接与废物供应商联系，并通过取消信息交换中心缩短和减少系统交易的环节。

15.4.2 材料交易所

与信息交换中心比较，一个纯粹的材料交易所有许多复杂的功能。通常由交易所中的移交代理人识别污染物产生者和污染物潜在使用者。交易所将购买或接收废物，分析其化学和物理性质，确定买家，根据需要进行废物加工，并以一定利润出售。

一个交易所的成功取决于几个因素。第一，需要一个非常有能力的技术人员分析废物的流向，设计并规定将废物加工成为市场资源的方法。第二，多样化能力是交易所成功的关键，其管理员必须能够识别本地供应商和买家。此外，交易所也可能会开展废物处置业务和焚烧或填埋垃圾。

虽然美国已经有一些成功的交易所，但欧洲交易所有更久的记录。比利时、瑞士、德国以及大部分北欧国家和英国的交易所都取得了一些成功的业务。欧洲废物交易所的一般特征包括以下几点：

- 由国家工业协会运营操作；
- 免费提供服务；
- 通过发布广告公布废物的可用性；
- 广告论述了废物的化学和物理性质以及废物数量；
- 广告编码以保持机密性。

一般认为以下五种废物具有转换价值：①有高浓度金属的废物；②溶剂；③浓酸；④油；⑤易燃的燃料。这并不是说这些废物是唯一可转换的物品。在某欧洲交易所，每年四

百吨含 $50\%\sim60\%$ 金属铝的铸造渣，年产 $150\ m^3$ 的含微量无机酸的 90% 甲醛，4 吨深冻樱桃都从废物转换为资源。一个人的废物可能真正成为另一个人的宝贵资源。

15.5　危险废物管理设施

15.5.1　选址考虑

危险废物管理设施选址时必须考虑各种因素。部分是由法律确定的，例如，《资源保护与回收法案》禁止填埋易燃液体。社会经济因素通常也是选址的关键。约瑟夫科佩尔（科佩尔　1985）创造了一个缩写词 LULU（当地不希望的土地使用），指一种没有人想要与其为邻，但将要在附近某处建造的设施。危险废物设施是 LULUs。

选择场所时，所有相关的学科都必须考虑：水文学、气候学、地质学、生态学，以及土地利用现状、环境卫生、运输。EPA 也要求根据《资源保护与回收法案》公布的法规进行风险分析。

水文学。危险废物填埋场的位置应远远高于历史上最高的地下水位。应谨慎选址，确保该位置与水道没有表层或地表下连接，如填埋场和河道之间的隔水层裂缝。水文地质条件限制废物被直接排放到地下水或地表水供应中。

气候学。危险废物管理设施不应设在反复出现严重风暴的道路范围内。飓风和龙卷风会破坏垃圾填埋场和焚烧炉的完整性，直接对设施地区的周围环境与公共卫生造成灾难性影响。此外，在选址过程中应避免严重空气污染的潜在区域。这些区域包括风或逆温使污染物贴近地球表面的山谷，以及山脉的迎风面地区，类似于长期逆温的洛杉矶地区。

地质学。处置或加工设施应位于稳定的地质形态之上。无散落裂缝和龟裂的不透水岩石是危险废物填埋场的理想场所。

生态学。当危险废物管理设施位于某地区时，必须考虑生态平衡。从这方面来看，理想场所包括动植物低密度区，并努力避开荒野地区、野生动物庇护所和动物的迁徙路线，也应避开绝种的植物和动物区，特别是濒危物种及其栖息地。

改变土地使用。土地利用率较低的地区应优先考虑。应避免选择娱乐利用潜力高的地区，因为这会增大人类直接接触废物的可能性。

运输。危险废物管理设施选址中，通往设施的交通线路是一个重要的考虑因素。美国运输部指南建议尽可能使用州际公路和限制通行的公路。降雨和降雪期间，通向设施的其他道路应能通车以减少泄漏和意外事故。理想的情况下，设施应是紧挨废物的产生场所以减小废物被运输时泄漏和事故发生的可能性。

社会经济因素。危险废物管理设施选址成败的因素归为此类。从公众接受到长期监测和管理设施的因素如下：

（1）开放、操作和关闭设施的公共控制，谁将为此出谋划策（Slovic　1987）？

（2）公众接受度和公共教育方案。当地居民会允许吗？

（3）土地利用变化与产业发展趋势。该地区是否希望体验该设施引发的工业增长？

（4）用户收费结构及回收项目成本。谁将为设施付款？用户收费是否可引导行业重复使用、减少或回收废物资源材料？

（5）长期监测和管理。如何保证关闭后的维护以及谁会付钱？

上述几点都是危险废物管理方案的关键问题。

"混合废物"这一词语是指危险废物和放射性废物的混合物，用于液体闪烁计数的有机溶剂是一个很好的例子。混合废物设施的选址困难是因为化学危险废物与放射性废物处理的相关法规重叠，且有时有冲突。

15.5.2　焚烧炉

焚烧是一种使用燃烧将废物转化为体积较小、毒性较小或危害更小的物质的调节过程。从量的角度来说，焚烧的主要产物是二氧化碳、水和灰烬，但首要关注的产物是对环境有影响的含有硫、氮、卤素的化合物。当焚烧过程中气体燃烧产物包含不需要的化合物时，需要在气体释放前进行二级处理，如二次燃烧、洗涤或过滤，来使其降低至可接受的浓度水平。来自焚烧过程中的固体灰分产物也是一个重大的问题，必须得到恰当的最终处置。

图 15-3 展示了广义上的废物焚烧系统，该图包括垃圾焚烧系统的组成部分。实际系统包含一个或多个部分，这通常取决于个体废物的应用需求。作为一种处置危险废物方式，焚烧的优点包括：

（1）以可控的方式燃烧废物和燃料已经进行了许多年，并且已有有效的基本工艺技术，且该技术发展良好。这不适用于一些更特殊的化学降解过程。

（2）焚烧适用于大多数有机废物，并可以放大处理大量的液体废物。

（3）焚烧法是处理"混合废物"的最著名的方法。

（4）不需要昂贵的土地区域。

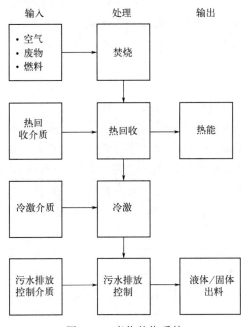

图 15-3　废物焚烧系统

焚烧的缺点包括：

（1）设备运行比许多其他可选方案更昂贵，并且过程必须符合严格的空气污染控制法规要求。

（2）不一定是最终处置方法，因为通常会残留有毒或无毒的灰烬，无论如何，这些灰烬都必须妥善处置并使环境污染最小化。

（3）除非采用空气污染控制技术加以控制，燃烧的气体和颗粒产物可能对健康或对财物有损害。

因此，焚烧特定垃圾的决策首先取决于与其他可选方案相比焚烧方案的环境适合性，其次取决于焚烧的相对成本和对环境无害的方案。

对废物氧化影响最大的变量是废物的可燃性、在燃烧室的停留时间、火焰温度以及在焚烧炉反应区存在的湍流。可烧性是材料在燃烧环境中被氧化的难易程度的量度。低可燃性限制、低闪点、低燃点和低自燃温度的材料可能在较不严苛的氧化环境中燃烧，即低温和低氧环境。

在焚烧炉部件造好后，良好燃烧的三个"T"（时间、温度、湍流）中，只有温度容易控制，可以通过改变空气燃料比来控制。如果固体含碳废料燃烧没有烟，那么燃烧室最低温度必须不小于 760 ℃。焚烧炉中的温度上限由燃烧室内壁上的耐火材料的有效性决定。超过 1300 ℃ 需要特殊耐火材料。

废物燃料氧化中的空气湍流程度将显著影响焚烧炉性能。一般情况下，要利用力学和空气动力学实现空气和燃料的混合。湍流的数量和有效性显著影响了燃烧的完全程度和完全燃烧需要的时间。

良好燃烧的第四个主要要求是时间。在颗粒或液滴与冷表面或大气接触变冷之前，燃烧过程必须有充足的时间以允许颗粒或液滴缓慢燃烧，从而实现完全燃烧。燃烧所需的时间取决于温度、燃料大小、实现湍流的程度。

如果废气中含有可燃的有机材料，则焚烧应被视为最终处置方法。混合物中的可燃物质数量低于可燃下限时，可能需要添加少量的天然气或其他辅助燃料来维持燃烧器中的燃烧。由于额外燃料的高成本，选择焚烧炉系统时，经济因素的考虑至关重要。

一些高温工业生产过程的锅炉可作为焚烧炉来焚烧有毒或有害的含碳废物。用来生产水泥熟料的水泥窑必须在超过 1400 ℃ 的温度下运转，可以使用有机溶剂作为燃料，并且这提供了一个可接受的进行废溶剂和废油脂处理的方法。

焚烧也可能用来处理液体废物。从燃烧的角度来看，液体废物可分为两种类型：可燃液体和部分可燃液体。可燃液体包括所有有有足够的热值以支持其在传统燃烧室或燃烧器中燃烧的材料。不可燃的液体不能采用焚烧处理，包括在未添加辅助燃料时不支持燃烧的材料，且可能含高比例的不可燃成分，如水。在空气中没有辅助燃料支持燃烧的废物必须有 18500～23000 kJ/kg 或更高的热值。热值低于 18500 kJ/kg 的液体废物被认为是一种部分可燃废料，需要特殊处理。

当原始废物以液体形式存在时，除了提高它的燃点，还必须提供足够的热量用于气化。对于可燃的废物，应采用一些经验方法。废物应能在环境温度下进行管道输送，或在加热到某个合理的温度水平后能够泵送。由于当液体被很好地分离为喷雾的形式时，液体将更加迅速地蒸发和反应，所以每当废物的黏度允许雾化时，雾化喷嘴通常被用于注入废液到焚烧设备。如果废物不能被泵送或雾化，它就不能作为一种液体被燃烧而必须作为一种污泥或固体处理。

在设计一个部分可燃废物的焚烧炉时，需要考虑一些重要的基本因素。第一，废料必须尽可能雾化成细颗粒，以展现出最大的表面积来与燃烧空气混合。第二，必须提供充足的助燃空气来提供氧化或有机物焚烧所需的氧气。第三，辅助燃料的热量必须足以将废物和助燃空气的温度提高至废料中有机物料的燃点以上。

非纯液体但可以被认为是污泥或料浆的废物的焚烧也是一种重要的垃圾处理问题。适用于这种废物的焚烧炉类型是流化床焚烧炉、回转窑焚烧炉和多室焚烧炉❶。所有这些焚烧炉类型都提高了焚烧效率。

焚烧并不是许多固体和污泥的一个完全的处理方法，因为大多数这些材料含有不可燃物和残灰。焚烧也是随着各种必须烧尽的物质种类繁多而变得越来越难。控制适当的空气量从而使固体和污泥同时燃烧是件难事，并且在当前大多数可用的焚烧炉设计中是不可能实现的。

封闭式焚烧炉，如回转窑和多室焚烧炉，也被用于燃烧固体废物。一般情况下，焚烧炉的设计不必限制于某一种可燃或部分可燃废物。通常使用液态或气态的可燃废物作为焚烧热源是经济可行的。

经验表明，对于只含碳、氢和氧的废物和能在发电系统中被处理的废物，可以通过回收它们的一些能量形式而处理。这些类型的废物应当明智地与低能量废物混合燃烧，例如高氯代有机物，以此来减少化石燃料的用量。另一方面，从环保的角度看，热处理方法被明确为最可取的废物处理办法，持续升高的能源成本不应该是限制热处理方法应用的障碍。

危险废物焚烧炉的气体排放物包括一般的空气污染物，这在第 18 章中讨论。另外，燃烧不足可能导致一些本来打算用焚烧炉破坏的有害物质的排放。不完全燃烧，特别在相对低的温度条件下，可能导致统称为二噁英的化合物产生，包括多氯代二苯并二噁英（PCDD）和多氯代二苯并呋喃（PCDF）。这类化合物中已经被鉴定为致癌物和致畸物的一种是 2，3，7，8-四氯二苯并二噁英（2，3，7，8-TCDD），如图 15-4 所示。

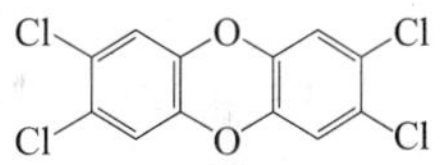

TCDD 最初被认为是三氯苯酚除草剂（2,4-D 和 2,4,5-T，橙剂成分的一种）的氧化产物（Tschirley 1986）。1977 年，它是市政焚烧炉飞灰和空气排放的二噁英中的主要种类，且随后被发现是所有燃烧过程中排放气体的组成成分，包括垃圾焚烧和烤肉。TCDD 在水存在的情况下，能够被阳光分解。

图 15-4　2,3,7,8-四氯二苯并二噁英

TCDD 对动物的急性毒性非常高（在仓鼠中的 LD_{50} 是 3.0 mg/kg），在慢性暴露于高剂量的动物实验中发现了其致癌作用和基因效应（致畸作用）。在人类中，这些不良反应的证据是混合的。尽管在高度意外接触暴露案例中已经观察到急性效应，例如皮疹和消化困难，但这些效应是短暂的。公众关注点已经集中于慢性效应，但人类慢性暴露于 TCDD 后，其致癌作用或致先天畸形的证据是不一致的。焚烧限定 TCDD 排放量要低于可检出量；这些限制通常通过适当的温度和在焚烧炉中的停留时间组合来实现。然而工程师应当理解，公众对 TCDD 即二噁英的关注与其已知的危险是不成比例的，并且公众关注是影响焚烧炉选址的一个重要因素。

15.5.3　填埋场

如果要保护公众健康和环境，必须对填埋进行恰当的设计和操作。本小节讨论了运行和设施封闭期间，这些设施设计中的一般要求以及恰当的常规程序。

---

❶ 流化床焚烧炉焚化处理几乎是液体的废物。回转窑焚烧炉在旋转室中焚烧废物，旋转室旋转时露出新的表面。多室焚烧炉有不止一个燃烧室。

设计。必须纳入危险废物填埋场的三级保障如图 15-5 所示。一级系统是一层不渗透层，是黏土或合成材料，加上一个渗滤液收集和处理系统。渗透量最小化通过一层覆盖于填埋场上并倾斜以允许适当径流以及阻止形成积水的不渗透材料来实现。目的是预防雨水和融雪进入土壤和渗透至废物池中，并且万一水进入了处理单元，可以尽可能快地收集和处理水。填埋场侧面斜坡的斜率应该达到最大限度 3∶1 来减轻衬垫材料的压力。研究和合成材料衬层时，必须考虑衬层的强度、与废物的兼容性、成本和寿命。可以使用橡胶、沥青、混凝土和各种塑料，聚氯乙烯/黏土复合材料可能在特定场地上是有用的。

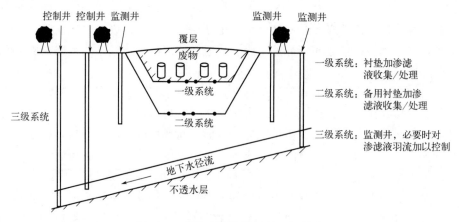

图 15-5　危险废物填埋场的三级保障

渗滤液收集系统必须根据地形设计，以促进废物渗滤液移动至泵，便于抽出地表并随后处理。类似于城市垃圾填埋场的系统和用于全国各地的高尔夫球场的塑料管道或砂和砾石，都足以引导渗滤液至填埋场下面的抽水站。一个或多个泵直接把收集到的渗滤液泵送到目的地进行处理，而地表污染废物处理的技术包括：

- 吸附剂材料：碳和粉煤灰排列成柱，渗滤液从中穿过。
- 成套的物理-化学单元：这包括化学添加剂和快速混凝、控制絮凝、沉淀、加压过滤、pH 调节和反渗透。

每种方法的有效性都是针对高污染废物的，并且在一个接一个的现场测试之后才能开始设计可靠的渗滤液处理系统。所有方法都会产生必须最终处置的废污泥。

二级保障系统由另一个屏障组成，该屏障提供候补的垃圾渗滤液收集系统。在一级系统故障的情况下，二级收集系统将渗滤液运输到一个泵站，泵将废水传送到地表处理。

三级保障系统也是有用的。该系统由一系列可监测该区域地下水水质的上下梯度的排井群组成，如果一级和二级系统发生故障，可以控制渗滤液。上梯度井可以确定选定的化学物质在地下水中的背景值，并作为比较来自下梯度井的排放水的化学物质浓度的基础。因此，如果一级和二级系统故障，该系统能提供报警机制。

如果某危险废物填埋场有可能产生甲烷，那么垃圾填埋场必须设计气体收集系统。必须允许有足够的通风孔以便产生的甲烷可以连续燃烧。

运行。装有废物的容器被带到垃圾填埋场掩埋，因此应采取特定预防措施，以确保公共卫生、工人安全和环境得到保护。废物应依据物理和化学特性分离，并埋在垃圾填埋场的同一个单元里。填埋场的三维地图有助于未来出于回收目的而挖掘这些单元。应维护连续监测的观察井，并定期围绕填埋场周界取核心土样，以验证衬垫材料的完整性。

　　站点关闭。一旦填埋场被关闭并不再接收废物，填埋场的运行和维护必须继续进行。相关人员必须检查并维护不透水的覆盖物以使渗透减到最少，必须管理、收集和尽量处理地表水径流。如果废物产生或释放的气体上升到地表，覆盖材料可能发生膨胀和破裂，因此有必要连续监测地表水、地下水、土壤和空气质量。相关人员必须对废物库存量和填埋地图进行维护以用于将来土地使用和废物回收。填埋场关闭后管理的重要内容是限制该地区人员和车辆的出入。

15.6　总结

　　危险废物是环境工程师的一个相对较新的关注问题。多年来，工业化社会必然的副产物被来回堆在无价值的土地上。随着时间的流逝，雨水来来去去，有害物质的迁移将危险废物移到报纸的首页上，移进教室。所有公共和私营部门的工程师现在必须直接面对这些废物的处理、运输和处置。危险废物必须在生产过程的"前端"妥善处理，或最大限度地提高资源回收率，或在废物生成地解毒。例如，在明尼苏达州，家庭危险废物在永久性的区域收集中心处理，取代了美国每天丢一次垃圾的常规流程（Ailbmann 1991）。贮存，特别是填埋，充其量是危险废物处理措施的最后手段。

思考题

　　15.1　假设你是一个危险废物处理公司的工程师。你的副总裁认为将新的区域设施建于国会大厦附近是有益的。根据你对那个地区的了解，对区分好坏场址的因素进行排序。讨论这样排序的原因，例如，为什么该地区的水文考虑因素比地质学因素更关键？

　　15.2　假如你是一个城市的工程师，刚刚在大街上接到一个化学品泄漏的通知，按顺序排列你的对策。如果泄漏量相对较小（100～500 gal），且限制在一小块土地内，列出并描述你所在的城市接下来 48 h 内应该采取的行动。

　　15.3　追踪从产生厂家运至处置场的危险废物所必需的货单系统，其对工厂来说是昂贵的。假设一个简单的运转流程：每天 50 桶电镀废物，每桶 1 张运载记录，人工费用为 25 $/h。假设产生厂家的技术人员在公司没有附加时间或成本的条件下，可以确定每桶的量，因为她经常这样做多年了。按照图 15-1 的载货单系统，产生厂家的人均工时和金钱的成本是多少？记录完成每个运载记录的每一步需要的假设时间。

　　15.4　比较危险废物垃圾填埋场与常规城市垃圾填埋场的设计要素。

　　15.5　作为城市工程师，设计一个系统来检测和阻止危险废物移入你所在的城市的垃圾填埋场。

第 16 章
放射性废物

本章介绍了有关电离辐射与物质相互作用的背景讨论，以及核能发电和人类在环境中能够接触到的放射性核素造成的环境影响的相关讨论。本章重点关注作为环境污染物的放射性废物，探讨了电离辐射对环境和公众健康的影响，并总结了现在常应用于放射性废物管理和处置的工程措施。

16.1 辐射

1895 年，威廉·伦琴发现了 X 射线。紧随其后，亨利·贝可勒尔在某些铀盐中发现了类似于 X 射线的辐射现象。1898 年，居里夫妇在沥青铀矿和铜铀云母两种铀矿矿石中检验出了放射性，并分离出两种与铀一样具有辐射现象且辐射更强的元素，命名为镭和钋。这些放射性元素的发现和分离标志着原子时代的开始。

居里夫妇根据磁场方向的偏转将镭和钋的辐射分为阿尔法（α）、贝塔（β）和伽马（γ）射线三种类型。贝克勒尔的观测将伽马射线与伦琴射线相联系起来。1905 年，欧内斯特·卢瑟福证明从铀中放射出的 α 粒子就是被电离的氦原子。1932 年，詹姆斯·查德威克将中子描述为 α 粒子轰击铍时产生的一种贯穿性极强的辐射。现代物理学随后发现其他亚原子粒子，包括正电子、μ 介子和 π 介子，但并不是所有这些都是环境工程师同样关注的问题。放射性废物管理需要了解 α、β、γ 以及中子辐射的来源及影响。

16.1.1 放射性衰变

具有放射性的原子有一个不稳定的原子核。原子核通过发射一个 α 粒子、β 粒子或中子来达到稳定，这种发射经常伴随着能量的释放，以 γ 射线形式为主。由于这种发射，放射性原子被转化为一种相同元素的同位素（只放出中子或 γ 射线）或一种不同的元素（放出 α 射线、β 射线）。这种变换被称为放射性衰变，这种辐射被称为电离辐射。放射性衰变率，或放射性核数量的减少率，可以用一阶速率方程表示为

$$\frac{\mathrm{d}N}{\mathrm{d}t} = -K_b N_t \tag{16.1}$$

式中，N 为放射性原子核的数量；K_b 为衰变常数，单位为时间单位的倒数。

随着时间的推移而整合，建立了经典的放射性衰变方程：

$$N = N_0 e^{-K_b t} \tag{16.2}$$

图 16-1 关于放射性衰变的一般描述中的数据点对应此方程。

经过 $t = t_{1/2}$，$N = 1/2 N_0$，且随后每一段的 $t_{1/2}$ 内 N 的值都为前一个 N 值的一半。

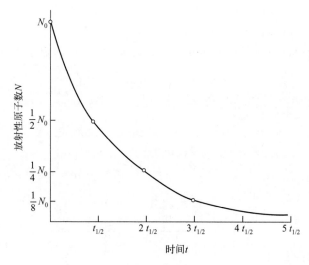

图 16-1　放射性衰变的一般描述

$t_{1/2}$＝半衰期，$2t_{1/2}$＝两次半衰期等

也就是说，在每个 $t_{1/2}$ 时间段内一半的放射性原子会发生衰变（或解体）。$t_{1/2}$ 这个时间段叫做放射性半衰期，有时简称半衰期。从图 16-1 可以看出，当 $t=2t_{1/2}$，$N=\dfrac{1}{4}N_0$；当 $t=3t_{1/2}$，$N=\dfrac{1}{8}N_0$；以此类推。据此构建了公式(16.2)，其中，N 在任何一个有限时间段都不等于零；每经过一个半衰期，原子的数量减半。若衰变常数 K_b 已知，可以通过公式(16.2) 确定半衰期：

$$\ln 2 = K_b t_{1/2} \tag{16.3}$$

表 16-1 列出了选定的放射性核素的放射性半衰期。

表 16-1　一些重要的放射性核素

放射性核素	辐射类型	半衰期/a
氪 85	β 和 γ	10
锶 90	β	29
碘 131	β 和 γ	8.3 d/360
铯 137	β 和 γ	30
氚（氢 3）	β	12
钴 60	β 和 γ	5
碳 14	β	5770
铀 235	α	7.1×10^8
铀 238	α	4.9×10^9
钚 239	α	24600

例 16.1　有 1 g 纯 $_6^{11}\mathrm{C}$，此核反应方程式为

$$_6^{11}\mathrm{C} \longrightarrow _1^0\mathrm{e} + _5^{11}\mathrm{B}$$

^{11}C 的半衰期为 21 min，试求 24 h 后还剩多少克的^{11}C？（一个原子质量单位为 1.66×10^{-24} g。）

公式(16.2) 指的是原子的数目，所以必须计算 1 克^{11}C 的原子数目

$$N_0 = \frac{1}{11} \text{ mol} \times 6.02 \times 10^{23} \text{ 个/mol} = 5.47 \times 10^{22} \text{ 个}$$

代入公式(16.2) 和式(16.3)

$$t = 24 \text{ h} = 24 \text{ h} \times 60 \text{ mm/h} = 1440 \text{ min}$$

$$K_b = \ln 2/t_{1/2} = 0.693/21 = 0.033 (\text{min}^{-1})$$

$$N = 5.47 \times 10^{22} \times e^{-47.52} = 5.47 \times 10^{22} \times 2.30 \times 10^{-21} = 126 (\text{个})$$

$$\frac{126 \text{ 个} \times 11 \text{ g/mol}}{6.02 \times 10^{23} \text{ 个/mol}} = 2.30 \times 10^{-21} \text{g}$$

放射性衰变有用的数据为

- 10 个半衰期后，放射性物质的数量只剩原始值的 10^{-3}（或 0.1%）。
- 20 个半衰期后，放射性物质的数量只剩原始值的 10^{-6}。

16.1.2 α、β 和 γ 辐射

放射性原子核发射的射线统称为电离辐射，原因是这些射线与原子或分子碰撞能使原子或分子电离。电离辐射可以进一步根据其在磁场中的行为描述为 α、β 或 γ 射线。表征装置图见图 16-2。一束放射性原子束用铅桶对准荧光屏，当荧光屏受到辐射时发光。带电的交替探针分别引导 α 射线和 β 射线。γ 射线被认为是不可见的光，是一束通过电磁场不发生偏转的中性粒子。α 和 β 辐射具有一定的质量，被认为是粒子，而 γ 辐射是电磁辐射中的光子。

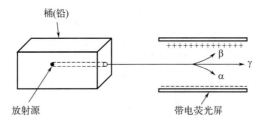

图 16-2 α、β 和 γ 射线的控制测定

α 辐射已经被证实是失去两个电子的氦原子核，每个 α 粒子由 2 个质子和 2 个中子组成，因此 α 粒子的质量大约 4 Da（原子质量单位，4 Da = 6.642×10^{-24} g），带两个正电❶。它们从相对较重元素的原子核中释放，动能介于 4 MeV～10 MeV。这些带电粒子以大约 16093 km/s 的速度与其他原子发生碰撞。每一次碰撞导致能量转移到其他原子的电子上，从而产生一个离子对：一个带负电荷的电子和一个带正电荷的离子。一个 α 粒子在空中每运行 1 cm 产生约 30000～100000 个离子对。它的动能迅速耗尽，其范围在 1～8 cm 之间，在密集的媒介内，如固体或人的皮肤细胞，范围会更窄。α 粒子的外部辐射没有直接的健康危

---

❶ 该电荷量的表示是相对于电子电荷为 −1 来表示的。

害，因为即使是最活跃的粒子也会被阻挡在皮肤的表皮层，很少达到敏感层。健康危害发生在食入、吸入或吸收被 α 放射性核素污染的物质进入体内时，这会使器官和组织比皮肤直接暴露在 α 辐射下更敏感。α 粒子、原子和人体组织分子的碰撞可能会导致组织的化学或生物结构紊乱。

β 辐射是一种以接近光速的速度发射的电子流，其动能介于 0.2 MeV～3.2 MeV 之间。由于其质量较低，约 5.5×10^{-4} Da（9.133×10^{-28} g），β 粒子和穿透材料的原子之间的相互作用没有 α 粒子那样频繁：通常每厘米的空气通道中形成的离子对少于 200。由于能量损失的速度较慢，β 粒子能在空气中传播几米或者穿过人体组织几厘米。内部器官通常免受外部的 β 辐射，但暴露在外的器官，如眼睛，对此类损害敏感。β 辐射进入到体内时可能导致内部器官和组织暴露在辐射中从而造成损害。

γ 辐射是看不见的电磁辐射，由光子组成，就像医用 X 射线。光子是电中性的，当其通过材料时与原子发生无规则碰撞。γ 射线在所有介质中传播的相当长的长度被定义为弛豫长度，即 γ 光子在其能量下降到 1/e 之前的传播距离。一个典型的 0.7 MeV 的 γ 光子在铅、水、空气中的弛豫长度分别为 5 cm、50 cm、10000 cm，比具有相同能量的 α 粒子、β 粒子长很多。γ 射线的外照射剂量显著影响人体健康，因为辐射剂量受通道中空气的影响不显著。比较常见的电离辐射特性列于表 16-2。

表 16-2　电离辐射特性

粒子或光子（波）	质量/Da	电荷
α（$_2^4$He）	4	+2
β（电子）	5.5×10^{-4}	−1
γ（X 射线）	≈0	0
中子	1	0
正电子	5.5×10^{-4}	+1

当原子核中发射出电离辐射时，原子核本质发生变化，另一个元素形成，原子核质量也发生变化。这个过程可以写成一个核反应，其中反应物和产生物的质量和电荷守恒。例如，^{14}C 的 β 衰变可以写为

$$_6^{14}\text{C} = {}_{-1}^{0}\beta + {}_7^{14}\text{N}$$

即 ^{14}C 衰变形成一个稳定的氮（^{14}N）并发射出一个 β 粒子。

质量守恒方程为

$$14 = 0 + 14$$

电子守恒方程为

$$6 = -1 + 7$$

一个典型的 α 衰变反应中，^{238}U 衰变链的第一步是

$$_{92}^{238}\text{U} = {}_2^4\text{He} + {}_{90}^{234}\text{Th}$$

当放射性核素释放出一个 β 粒子时，其质量数不变，原子序数增加 1（β 衰变被认为是一个中子转化为质子而放出 β 射线的衰变）。当核素释放出一个 α 粒子，原子质量数减少 4，原子序数下降 2。γ 辐射原子质量数或原子序数不变。

核反应也可以写成亚原子粒子轰击原子核。例如，中子轰击锂产生氚（^{3}H）

$$_0^1 n + _3^6 Li = _1^3 H + _2^4 He$$

这些反应并没有告诉我们电磁辐射发射的能量或者碰撞中能量转移造成的相对生物损伤。这些影响将在本章后面的节中进行详细讨论。

16.1.3　电离辐射的测量单位

对生物体的损害直接与通过与 α 和 β 粒子、中子和 γ 射线的碰撞传递到组织的能量相关。这种分子电离和激发的能量可以导致组织热损伤。在本节中讨论的许多单元与能量传递有关。

1960 年国际计量大会基于 m·kg·s 的体系定义了测量电离辐射的国际单位（SI 单位），且国际原子能机构推荐采用这一单位。自此，SI 单位取代了从 1930 年以来一直使用的单位制。本章采用 SI 单位，并讨论它们与历史单位的关系。

Bq 是源强度或总放射性活度的 SI 单位，指 1 s 内发生的 1 次衰变，单位是 s^{-1}。衰变率 dN/dt 的单位是 Bq。源强度的历史单位是 Ci，指 1 g 镭元素的放射性，等于 3.7×10^{10} Bq❶。以 Bq 为单位的源强度并不能完整描述放射源，放射性核素的性质（如，^{239}Pu、^{90}Sr）、能量和放射类型（如，0.7 MeV，γ）也有必要描述。

放射性核素的活度和质量之间的关系是

$$Q = \frac{\ln 2 \cdot N^0 \times \dfrac{M}{W}}{t_{1/2}} = K_b N^0 \left(\frac{M}{W}\right) \tag{16.4}$$

式中　Q——放射性活度，Bq；

　　K_b——衰变常数，$K_b = 0.693/t_{1/2}$；

　　$t_{1/2}$——放射性核素的半衰期，s；

　　M——放射性核素的质量，g；

　　N^0——阿伏伽德罗常数，6.02×10^{23} mol^{-1}；

　　W——放射性核素的原子量。

Gy 是电离辐射吸收剂量的 SI 测度，表示 1 kg 吸收材料吸收 1 J 的能量。1 Gy 相当于 100rad，rad 是"辐射吸收剂量"的历史单位，等于每克吸收材料 100 erg（erg 是 1dyn 的力使物体在力的方向上移动 1 cm 所做的功）。

Sv 是吸收的辐射剂量当量的 SI 测度。也就是说，吸收 1 Sv 电离辐射与吸收 1 Gy 的 X 射线或 γ 辐射对生物组织造成的生物损伤相同。比较的标准是 γ 辐射在水中有 3.5 keV/μm 的线性能量转移和 0.1 Gy/min 的吸收剂量率。如前所述，所有的电离辐射产生的生物效应不同，即使传递到人体组织的是给定能量。剂量当量是吸收剂量（单位为戈瑞）和质量因数（QF）（有时称为相对生物效能，RBE）的乘积。剂量当量的历史单位是 rem，是对于"人体伦琴当量"而言。1 Sv 等于 100 rem。单位关系如下：

$$QF = Sv/Gy = rem/rad$$

质量因数考虑了不同于急性高水平风险的慢性低水平风险和放射性核素进入人体的途径（吸入、摄入、皮肤吸收、外部辐射）以及电离辐射的性质。表 16-3 给出进入人体组织的放射性核素内部剂量的质量因数。

---

❶ 据说玛丽·居里女士拒绝了每秒 1 次衰变的单位，因为该单位太小没意义，于是居里提出了大得多的单位。

表 16-3 内辐射的质量因数

辐射类型		质量因数
体内 α		10
钚 α 在骨头		20
中子(原子弹幸存剂量)		20
裂变中子能谱		2~100
β 和 γ	E_{max}[①] > 0.03MeV	1.0
	E_{max} < 0.03MeV	1.7

① 指 β 和 γ 的最大辐射能量。

剂量当量往往用人口剂量当量表达，以人·Sv 为单位测量。人口剂量当量是受影响人数和平均辐射剂量当量（单位为 Sv）的乘积。也就是说，如果 100000 人口受到 0.05 Sv 的平均剂量当量，则人口剂量当量为 5000 人·Sv。这个概念的意义在健康效应的讨论中非常明显。

表 16-4 展示了美国 1996 年平均辐射剂量当量的估算值。剂量当量是吸收剂量和质量因数的乘积。有效剂量当量（EDE）是单独辐照组织或器官的剂量当量的风险加权和。待积有效剂量当量（CEDE）是个人在 50 年内的总有效剂量当量。EDE 和 CEDE 常被 EPA 和其他监管机构引用。注意，55% 的"背景"有效剂量当量是来自氡接触，82% 来自自然（非人为）。有效剂量当量通常被视为在美国每人每年暴露的平均背景值。不同的放射性核素具有不同的 EDE 和 CEDE 值。每个同位素的这些值可以在《健康物理学和放射健康手册》中查找（Schleien 等 1998）。

表 16-4 美国人口的电离辐射年平均剂量当量

项目		剂量当量		有效剂量当量/mSv
		mSv	mrem	
天然源	氡	24	2400	2.00
	宇宙辐射	0.27	27	0.27
	陆地	0.28	28	0.28
	内部	0.39	39	0.39
	总计	24.94	2494	2.94
人为源	医疗：诊断 X 射线	0.39	39	0.39
	医疗：核医学	0.14	14	0.14
	医疗：消费品	0.1	10	0.10
	职业	0.009	0.9	<0.10
	核燃料循环	<0.01	<1.0	<0.10
	放射性尘埃	<0.01	<1.0	<0.10
	其他	<0.01	<1.0	<0.10
	总计	0.67	67	0.67

资料来源：A. Upton et al. (Eds.), National Academy of Sciences, *Health Effects of Exposure to Low Levels of Ionizing Radiation*; *BEIR V*, National Academy Press, Washington, DC, 1990.

16.1.4 电离辐射测量

粒子计数器、电离室、胶片和热释光探测器（TLD）是广泛用于测量辐射剂量、剂量率和放射性物质数量的四种方法。

粒子计数器用来检测单个粒子通过一定体积的容器的运动。充气计数器收集辐射穿过空气时产生的离子，并放大辐射，产生声音脉冲或其他信号。计数器通过测量在一定时间内粒子释放的放射性物质的数目来测定放射性。

电离室由一对带电的电极构成，它们各自收集在各自的电场中形成的离子。电离室可以测量剂量或剂量率，因为它们间接揭示了室中存储的能量。

胶片因暴露于电离辐射而变暗，这是放射性存在的指示。胶片通常用于确定人员暴露，或进行其他剂量测量，如需要测量在一段时间内累积的剂量，或需要一个永久的剂量记录。

热释光探测器是晶体（如碘化钠），可以通过电离辐射激发出高能电子。激发能量以短脉冲或闪光形式释放，可通过光电池或光电倍增管检测。TLD 系统因其更灵敏感而取代胶片。液体闪烁体、有机荧光粉的操作原理与 TLD 相同，被用于生化领域。

16.2 健康影响

当与活组织相互作用时，α 和 β 粒子、γ 辐射通过一系列原子或核的碰撞，将能量传递给接收材料。

分子在电离辐射的过程中被破坏，化学键被打破且有电子射出（电离）。产生的生物效应主要是由于这些电子与组织分子的相互作用。组织中每单位长度中发生的碰撞和相互作用过程中发生的能量传递被称为线性能量传递（LET）。沿着粒子的路径观察到的电离越多，生物损伤越强。LET 可以作为就生物效应而言的电离辐射排序的定性指标。表 16-5 给出了一些典型的 LET 值。

表 16-5 代表性的 LET 值

辐射	动能/MeV	LET 均值/(keV/μm)	剂量当量
X 射线	0.01～0.2	3.0	1.00[①]
γ 射线	1.25	0.3	0.7
β 射线	0.1	0.42	1.0
α 射线	1.0	0.25	1.4
α 射线	0.1	260	
α 射线	5.0	95	10
中子	热泡	—	4～5
质子	1.0	20	2～10
质子	2.0	16	2
质子	5.0	8	2

① 以 X 射线剂量表示当量，定义为 1.00。

　　电离辐射的生物学效应可分为躯体效应和遗传效应两种。躯体效应是对直接暴露于辐射环境下的个体的影响。辐射病（循环系统崩溃、恶心、脱发，有时死亡）是高度暴露于辐射环境之后的急性躯体效应，如核弹、强烈的放射治疗或灾难性的核事故。例如 1986 年 4 月发生于切尔诺贝利核能发电厂（位于乌克兰基辅附近）事故。45 人受到 4～16 Gy 全身剂量辐射，在事故后 50 天内死亡。另有 158 人受到 0.8～4 Gy 剂量的辐射，患上急性辐射疾病；除 1 人外，其余患者均在接受血红细胞替换治疗后慢慢恢复了健康。

　　1999 年 9 月，日本东海村铀处理设施发生了一起非常悲惨的事故，它为详细研究核辐射影响与治疗急性辐射疾病带来了机会。三名工人将铀溶液从一个容器转移到另一个容器中，并未采取恰当的预防措施，当溶液进入临界点时，一束中子被释放出来，引发了电离辐射。据估计，两个工人受到了约 12 Sv 的辐射，第三个工人受到约 7 Sv 的辐射。两个受到最严重辐射的工人分别仅活了 3 个月和 9 个月。受到 7 Sv 辐射的工人康复了。组织移植治疗和各种酶、血细胞替换以及激素治疗延长了第三个工人的生命，提高了他的身体舒适感。

　　长期暴露于低剂量电离辐射造成的慢性影响包括身体及遗传影响，遗传影响可能是电离辐射破坏细胞的遗传物质造成的。我们关于低剂量电离辐射的身体和遗传效应的知识是基于动物研究和数量有限的人类流行病学研究：职业暴露研究——日本原子弹幸存者的生命研究及放射治疗的效果研究。基于这些研究的推论，推测剂量-反应的关系为低剂量时为线性关系，高剂量时为二次关系（图 16-3）。低剂量部分的曲线大部分低于在任何范围内的实验曲线。正如所有致癌物质一样，我们假设阈值不存在。推断的线性剂量-反应关系通常被称为辐射健康效应的线性无阈（LNT）理论。

　　人类流行病学研究表明，可能存在某个阈值，在该阈值之下没有慢性影响。也就是说，越来越多证据表明 LNT 理论可能是错误的。日本原子弹幸存者的

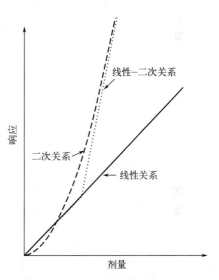

图 16-3　线性二次剂量-反应关系

癌症发病率研究表明，受到 0.02 Gy（2 rad）以下的辐射的幸存者，其癌症发生率实际上低于未受到辐射的人口[1]。与此类似，一个关于口腔癌和喉癌的镭辐射研究表示出一个明显的阈值，在该阈值以下镭辐射并没有产生影响[2]。LNT 理论没有类似验证。电离辐射的剂量-反应关系的修正将导致放射性污染物监管标准和限制发生巨大的变化。

　　虽然我们不知道电离辐射产生躯体和遗传效应的确切机制，但我们知道它会损害细胞核的脱氧核糖核酸。表 16-6 比较了各种致癌物质引起的 DNA 损伤。如果电离辐射影响有阈值，它将与人类和其他生物在自然条件下发生的高频率 DNA 修复有关。

[1] S. Hattori, "State of Research and Radiation Hormesis in Japan," *J. Occupational Med. Toxicol.* 3，203-217，1994.

[2] R. G. Thomas, "The US Radium Luminisers: A Case for a Policy of 'Below Regulatory Concern,'" *J. Radiol. Protection*，14，141-153，1994.

表 16-6   杀死 63％暴露细胞的 DNA 损伤率

项目	受损 DNA 数量/损坏细胞数
电离辐射	1000
紫外灯	400000
过氧化氢	2600000
4,5-氧化苯并[a]芘	100000
黄曲霉毒素	10000

资料来源：美国国家科学院（1990）。

躯体效应包括器官功能的减少和癌变。多年来，许多使用各种剂量-反应模型来估计平均致死风险的方法已被开发。这些估计值列于表 16-7。表 16-7 中的 1996 年估计值来自国际辐射防护委员会第 60 版出版物，常用于评估环境影响。

表 16-7   终生暴露于 1 mSv/a 低 LET 辐射的平均致命躯体风险

年份	剂量模型	每 10^5 人的影响
1977	二次	$75\sim175$
1980	线性	403
1980	二次	169
1985	线性	280
1990	线性-二次（男性）	520
1990	线性-二次（女性）	600
1996	线性（公众）	500
1996	线性（职业人）	400

遗传效应来自于辐射对染色体的损伤，且被证明可以在动物中遗传，但未被证实能在人群中遗传。人类遗传风险估计为第一代受到每 10 mSv（1 rem）的辐射导致每 100 万个后代中 1～45 个额外的遗传异常。平衡状态下每百万后代中每 10 mSv 的辐射导致 10～200 个基因异常。目前，预计第一代中异常遗传的自发率约为每百万后代中有 50000 个。

由电离辐射产生健康风险可以概括如下：电离辐射的风险有史可查，但显然很小且明显多变，取决于许多因素。这些因素包括：

- 吸收的剂量；
- 电离辐射的类型；
- 辐射的穿透力；
- 接收细胞和器官的敏感性；
- 该剂量传递的速度；
- 目标器官或有机体暴露的比例；
- 一定阈值下没有明显损害的可能性。

《健康物理学和放射卫生手册》很好地总结了以不同方式影响健康的各种放射性核素。为保护公众健康，环境工程师必须做到最大限度地减少公众以及那些从事电离辐射相关工作的人在电离辐射下不必要的暴露，包括处理和处置放射性废物的人群。

16.3　放射性废物的来源

核燃料循环、放射性药物的生产和使用、生物医学的研究和应用、核武器制造，以及一些工业用途都产生放射性废物。废物中放射性核素的行为由其物理和化学性质决定；放射性核素可能以气体、液体或固体形式存在，且可能在水或其他溶剂中可溶或不溶。

在 1980 年之前，放射性废物还没有分类。美国核管理委员会（NRC）将放射性废物和其他材料分为以下几类：

• 高放废物（HLW）。高放废物包括来自商业核反应堆的废核燃料和乏燃料或辐照燃料再处理❶中的固体和液体废弃物。如有必要，委员会有权将其余材料归类为高放废物。

• 铀矿开采和尾矿。铀矿开采及挖掘作业产业的粉碎岩石和渗滤液。

• 超铀（TRU）废物。不是 HLW 但每克元素包含 3700 Bq 以上的比铀（原子序数大于 92 的元素）更重的元素的放射性废物。美国大多数 TRU 废物是国防后处理和钚生产的产物。

• 副产物。在生产或制造钚的过程中产生的废物，除可裂变核素外的任何放射性物质。

• 低放废物（LLW）。LLW 包括一切不属于上述分类的物质。LLW 的放射性未必比 HLW 低，或许比活度（Bq/q）更高。LLW 的特色是它几乎不包含任何 α 发射体。为确保适当地处理，委员会已经指定以下几类 LLW：

A 类仅包含短期的放射性核素或极低浓度的长衰期放射性核素，且必须是化学稳定的。只要不混有危险或易燃垃圾，A 类的废物可在指定的 LLW 填埋场处理。

B 类含有较高的放射性水平，且必须在运输或处理前进行物理稳定。它必须不含游离液体。

C 类是一种 100 年内不会衰减到可接受水平的废物，而且必须隔离 300 年或者更久。发电厂的 LLW 就属于这类。

超 C 类（GTCC）废物在 300 年内无法衰减到可接受的水平。电厂的部分 C 类废物属于这一类。一些国家，如瑞典和美国，将 GTCC 类废物按高放废物处理。

混合低放废物（MLLW）是包含 RCRA 定义的危险废物的低放射性废物。

先前使用场所的补救行动计划（FUSRAP）废物指被镭、二战中铀提炼和原子弹发展污染的土壤。当时人们对电离辐射的长期影响所知甚少，因此，完成电离辐射工作的建筑物及建筑物周围的土地中遍布着污染。FUSRAP 废物中含非常低浓度的放射性核素，但有大量的此类废物。

16.3.1　核燃料循环

核燃料循环（如图 16-4 所示）的每一阶段都会产生放射性废物。铀矿开采和加工产生与采矿和加工操作中相同的废物，包括酸性矿山排水、放射性铀的子体元素和大量的氡 222。矿冶粉尘必须稳妥处理，以防止分散和淋溶到地下水或地表水。

部分被提炼的铀矿石，因其明黄的颜色被称为"黄饼"，必须在用其提炼出核燃料（如

---

❶ "再处理"指辐照燃料的化学处理，其目的是回收钚和裂变的铀元素。

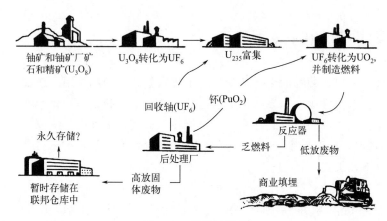

图 16-4　核燃料循环

在美国）前在裂变同位素铀 235 中浓缩。开采到的铀矿中含超过 99％的非裂变铀 238，仅 0.711％的铀 235。将铀转化为六氟化铀和通过气体扩散或气体离心浓缩较轻的同位素，铀 235 的质量浓度增加至大约 3％～5％；富集较轻同位素的六氟化铀再转化为 UO_2 并被制成燃料。富集和制造都产生低水平的废物。此外，富集还产生贫化铀（包含少于 0.711％的铀 235 的铀），一种用于辐射屏蔽和穿甲武器的密集极高的引火材料。

核燃料被插入到一个反应堆堆芯中，反应堆芯中可控的裂变反应产生热量，反过来又会产生加压蒸汽用于发电。核电厂的蒸汽系统、涡轮机和发电机在本质上与所有火力（化石燃料）发电厂一样。核与化石燃料发电的区别在于驱动装置的热量演化不同。

图 16-5 是典型的压水核反应堆示意图。美国的商业反应堆是加压水反应堆，从核反应堆堆芯中除去热量的水（主冷却剂）在压力下不会沸腾，或者是沸水反应堆，其中的主冷却剂会沸腾[1]。主冷却剂通过一个热交换系统把热量从堆心传输到蒸汽系统（二次冷却剂），以确保主冷却剂和二次冷却剂完全物理隔离。三次冷却系统提供外部来源的水以冷凝蒸汽系统中的废蒸汽。

所有火力发电产生大量的余热。化石燃料发电厂通常情况下的热效率约 42％，即燃料燃烧所产生的热量 42％转换为电力，其余 58％则是在环境中消散。相比之下，核电厂的热效率约为 33％。

核反应堆或许是核燃料循环中放射性废物的关键产生者。高放废物的产生是核裂变反应的直接后果。反应如下：

$$_{92}^{235}\mathrm{U} + _{0}^{1}\mathrm{n} = _{42}^{95}\mathrm{Mo} + _{50}^{139}\mathrm{La} + 2_{0}^{1}\mathrm{n} + 204\ \mathrm{MeV}$$

这一反应的几个特点值得讨论。

• 反应中大量的能量被释放：每个铀原子 204 MeV，或每克铀 $8×10^7$ Btu。铀裂变释放的热量约为每克天然气燃料燃烧释放热量的 100000 倍。商业核电的发展正是基于这种现象。

• 裂变反应需要一个中子，但反应本身产生 2 个中子，每一个可以启动另一个裂变反应又会产生 2 个中子，等等，这导致裂变链式反应。然而，核裂变材料（商业反应堆中的铀 235）浓度必须足够高，使产生的中子可能与铀 235 原子核发生碰撞。维持裂变链式反应所需的裂变材料的质量被称为临界质量。

---

❶ 现已正式停用的科罗拉多州的 Fort St. Vrain 工厂反应堆使用氦气作为主冷却剂。

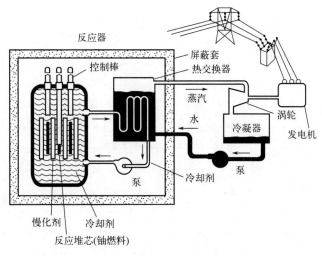

图 16-5　典型的压水核反应堆

• 反应堆中的中子流可通过插入控制棒被中断，从而停止裂变反应（图 16-5）。虽然插入控制棒能停止裂变反应，但是不能停止核心的发热，因为许多放射性裂变产物继续发射能量。因此，持续流动的冷却液至关重要。

• 在这个特定的反应中，钼 95 和镧 139 是裂变产物。然而，裂变核可通过约 40 种不同的方式分裂，产生约 80 种不同的裂变碎片。许多的裂变碎片半衰期很短并衰减很快，也有一些寿命较长。这些长半衰期的裂变产物组成大部分 HLW 的放射性。表 16-8 列出了来自典型反应堆的相对"长寿"的裂变产物。

表 16-8　"长寿命"反应堆裂变产物

同位素	辐射类型	半衰期	放射性活度/Ci($1Ci=3.7\times10^{10}Bq$)
氪 85	β 或 γ	10.6 a	500
锶 89	β	53 d	23000
锶 90	β	29 a	2600
钇 91	β 或 γ	58 d	33500
锆 95	β	65 d	50000
铌 95	β 或 γ	35 d	52000
钌 103	β	40 d	40000
钌 106	β	1 a	19000
银 111	β	7.6 d	1300
锡 125	β	9.4 d	420
锑 125	β	2 a	200
碲 127	γ	105 d	580
碲 129	β	33.5 d	3000
碘 129	β	1.6×10^{7} a	200
碘 131	β	8.3 d	28000
氙 131	β	12 d	270

同位素	辐射类型	半衰期	放射性活度/Ci(1Ci=3.7×10¹⁰Bq)
氙 133	β 或 γ	5.3 d	56500
铯 134	β	2.1 a	2000
铯 137	β	30 a	3600
钡 140	β	13 d	45000
铈 141	β	33 d	48000
镨 143	β	13.7 d	46000
铈 144	β	286 d	38000
钕 147	β	11 d	19000
钷 147	β	2.6 a	7600
钷 148	γ	42 d	620
铕 156	β	14 d	4800

从表 16-8 中我们可以看到，这种裂变产物混合物具有极高的放射性比活度。裂变产物是 β 或 γ 发射源，它们太小以至于无法发射 α 粒子。较持久的裂变产物 ^{137}Cs 和 ^{90}Sr 分别有 30 年和 29 年的半衰期。因此，大量含有这两种放射性核素的裂变产物也许在 600 年内都是放射性的重要来源。

10000 个裂变反应中有 1 个反应生成 3 个而不是 2 个裂变碎片；第 3 个碎片是氚（^{3}H），其半衰期为 12.3 年。由于氚与氢的化学性质几乎相同，它可与反应堆中的非放射性氢气体以及反应堆冷却水中的 H^{+} 自由交换，因此很难控制氚。

裂变反应中，不是所有的中子都会撞击易裂变原子核开始裂变。一些中子会与燃料容器与反应堆容器本身发生碰撞和反应，产生中子活化产品。其中一些相对持久，特别是 ^{60}Co（半衰期为 5.2 年）和 ^{59}Fe（半衰期为 45 天）。其他中子与非裂变同位素发生反应，如 ^{238}U，如下列反应

$$^{238}_{92}U + ^{1}_{0}n = ^{239}_{92}U = ^{239}_{93}Np + ^{0}_{-1}e$$

$$^{239}_{93}Np = ^{239}_{94}Pu + ^{0}_{-1}e$$

武器级 ^{239}Pu 的半衰期为 24600 年。钚也形成其他同位素。如 ^{238}U 这种放射性核素，可通过核反应由钚这种裂变材料生成，被称为增殖性同位素。另一种钚同位素 ^{241}Pu，由 ^{241}Am（半衰期为 433 年）发生 β 衰变生成。^{241}Am 常用作烟雾探测器中的离子发生器。

每一个铀同位素都是衰变序列的一部分；当 ^{238}U 发生衰变，子元素也具有放射性并发生衰变，产生另一个放射性子元素，这样继续下去，直到一个稳定的元素（通常是一个铅同位素）。表 16-9 表示了 ^{238}U 的衰变系列。钚同位素在一系列放射性核素中也会衰变。因此，废核燃料中含有裂变产物、氚、中子活化产物、钚、钚和铀非常高放射性的子元素，是一种高放射性、持久且化学上难以分离的混合物。

表 16-9 ^{238}U 衰变系列

同位素	辐射类型	半衰期
铀 238	α	$4.9×10^{9}$ a
钍 234	β	24.1 d

同位素	辐射类型	半衰期
镤 234	β	1.18 min
铀 234	α	248000 a
钍 230	α	80000 a
镭 226	α	1620 a
氡 222	α	3.28 d
钋 218	β 或 α	3.05 min
砹 218	α	2 s
铅 214	β	26.8 min
铋 214	β 或 α	19.7 min
钋 214	α	0.00016 s
铊 210	β	1.32 min
铅 210	β	19.4 a
铋 210	α 或 β	5.0 d
钋 210	α	138.4 d
铊 206	β 或 γ	4.2 min
铅 260	—	稳定

16.3.2　回收垃圾和其他反应堆废料

在美国，从第二次世界大战结束到 1989 年制造的钚仅用于核弹头。钚是在军事增殖反应堆中用中子辐射 ^{238}U 产生的。然后被辐射的燃料完全溶解于硝酸中，钚以及裂变铀和镎用磷酸三丁酯提取出来。进一步划分和选择性沉淀可重新回收钚、铀、镎、锶和铯。

钚和铀的裂变同位素被归类为特殊核材料；其他核素材料被认为是副产物。后处理指从乏燃料中提取裂变材料的整个过程。尽管特殊核材料的生产和提取已经停止，但使用的大量中和酸溶剂污泥和有机提取溶剂中包含高浓度的放射性核素，且被归类为 HLW。这一过程也产生了 TRU 废物和 LLW[❶]。

在美国，目前不对商业燃料进行再加工。在法国，核能发电所用的钚产自超增殖反应堆中的增殖性材料。自 1993 年以来，核武器所用的钚不再生产，美国武器项目盈余的钚现在被制成混合铀或钚氧化物（MOX）燃料。英国和法国也生产 MOX 燃料。尽管目前 MOX 燃料未在美国商业核能发电厂中使用，但它正在欧洲和加拿大等地区被使用。

核能发电厂的主冷却剂和二级冷却剂通过控制泄漏来防止放射性污染。污染物通过离子交换从冷却水中去除，装满的离子交换柱属于 C 类或 GTCC 废物。核反应堆生产的日常清理活动中也产生 A 类和 B 类废物。

30～40 年的操作后，反应堆堆芯和周围结构会有强烈的放射性，这主要是由中子活化引起的，必须关闭并停用反应堆。目前，美国有 10 个商业反应堆已被停用或正在接受停止运作。

---

❶ 出于国家安全，后处理废物特定组成成分的确切数量信息不对公众开放。

16.3.3 反应堆废料的附加来源

放射性核素在研究、药物、工业中日益广泛的使用产生了大量的放射性废物来源。这个清单的范围小到使用同位素的实验室，大到使用大量各种放射性同位素（且常常被废弃）的医疗和研究实验室，再到应用越来越多的如测井这样的工业用途。

液体闪烁计已经成为一种重要的生物医学工具，并产生了大量的有害和放射性废物：有机溶剂，如被污染的甲苯，通常包含氚和 ^{14}C，但其放射性比活度很低。RCRA 禁止在 LLW 点填埋处置溶剂，且许多公众反对焚烧任何放射性物质，无论这些物质的放射性比活度多么低。MLLW 焚化炉在美国能源部的两个站点运行。

表 16-10 列出的天然放射性核素会对公共卫生构成威胁。正如表 16-4 所示，到目前为止，背景电离辐射的最大部分来自氡（^{222}Rn）。^{222}Rn 是铀衰变系列的一员，在岩石中随处可见。^{222}Rn 如氦一样是一种惰性气体，并不会发生化学键合。当含铀矿物或岩石被碎裂或加工时，^{222}Rn 被释放，甚至从原状岩石露头中也会稳定释放 ^{222}Rn。那些能防止过多的热量损失的绝缘建筑往往缺少空气循环来保持 ^{222}Rn 的室内净化；因此空气流通有限的住宅和商业建筑中 ^{222}Rn 的浓度变得相当高。^{222}Rn 本身半衰期较短，但可衰变为短期或持久的金属放射性核素（见表 16-9）。当氡气被吸入时，来自氡及其放射性子元素的联合剂量可能很显著。

表 16-10　一些放射性核素

	同位素	辐射类型	半衰期
宇宙射线生产	氢 3	β	12 a
	铍 10	β	2.5×10^6 a
	碳 14	β	5730 a
	硅 32	β	650 a
	氯 36	β	310000 a
岩石和建筑材料	氡 60	α	3.8 d
	铀＋后代	α、β 或 γ	
	钍＋后代	α、β 或 γ	
	钾 40	β	1.3×10^9 a
大气沉降物和放射性废物	碳 14	β	5730 a
	铀 235	β	30 a
	铀 238	β	29 a
	碘 131	β	8.3 d
	氢 3	β	12 a

煤炭燃烧、铜矿开采和磷矿开采都向环境中释放铀和钍的同位素。^{40}K、^{14}C 和 ^3H 已在许多食品中被发现。虽然大气核试验在大约 30 年前就停止了，但是之前的试验带来的放射性尘埃仍在不断进入陆地环境。

16.4　放射性核素在环境中的运动

由于以下属性的结合，放射性核素被视为一种环境污染物：

• 半衰期；

• 化学性质和属性：放射性同位素的化学和生物化学性质与同种元素的稳定（非放射性）同位素相似；

• 丰度；

• 放射性排放的性质。

像任何其他废物一样，放射性废物可能污染空气、水、土壤和植被，且这种污染可能对公众健康造成不利的影响。图 16-6 展示了假设源污染的途径。环境污染的辐射剂量通常按途径分类，即吸入剂量、摄入剂量和浸入照射剂量。

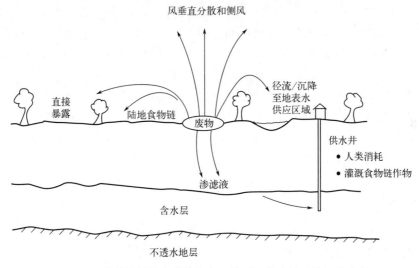

图 16-6　放射性材料从废物贮存区域到环境中的可能运动途径

被释放并通过人们呼吸的空气传输的放射性核素通过大气扩散和吸入途径进入人体。尽管有意外的放射性核素释放，但美国核管理委员会对几乎所有空气中的放射性核素都有严格的控制。然而，沸腾水反应堆向大气释放出的 ^{85}Kr、^{134}Xe、放射性碘和氚是在预料之中的，因为这些是气体不会完全被困住和被捕集，正如燃料后处理工厂的一些气态放射性核素释放一样。1945—1955 年期间，有许多来自国防后处理设施排放的 ^{131}I。如今可预料的最大量的放射性物质是排放到空气中的 ^{222}Rn。

由于放射性排放和更普遍的由汽车、柴油卡车等产生的空气污染之间的相似，大气暴露路径受到越来越多的关注。第 18 章和第 19 章讨论了空气污染扩散和气象学；大部分的讨论也同样适用于空气中的放射性气体和粒子。空气中的放射性核素可以通过土壤和植物沉积进入摄入或食物链途径。前面讨论的切尔诺贝利核反应堆事故向大气释放了大量的放射性物质，导致很多东欧和北欧国家的食物受到放射性污染。切尔诺贝利核电站附近，空气中有大量的放射性物质沉积，产生外部或沉浸剂量；这种外部剂量有时被称为地面照射。

每当地表、地下土壤中或在植物表面有放射性核素出现并侵蚀或溶解于河流中，或空气中的放射性核素掉入地表水时，水的转运就会发生。地下水中放射性核素浸出及运输需要花大量的时间，这样短期的半衰期核素在进入人类的食物链之前可能衰减到可以忽略的水平。然而对于持久的半衰期核素，这些过程仍成问题。第 6 章和第 11 章强调了水运输中的注意事项，这些注意事项与放射性废物相关。

放射性核素通过污染物沉积或地面进入人类的食物链。植物吸收机制无法区分同一元素的放射性同位素和稳定同位素，会稳定吸收营养元素的放射性同位素，然后动物吃植物后也会吸收放射性同位素。例如一头牛吃了受^{90}Sr污染的植物，将放射性核素代谢进它的奶中，使放射性核素在其所在的食物链中传递。

16.5　放射性废物管理

环境工程师的目标是防止放射性物质在其有效寿命（大约 20 年半衰期）中进入生物圈，特别是进入可接触人类活动的环境。控制对人类环境的潜在直接影响是必要但不是充分条件，因为放射性核素可以通过水、空气和土地途径影响多年甚至几代人。一些放射性废物可以通过未来的后处理工艺被回收，但后处理液会产生自己的放射性废物流。大部分放射性废物只需要通过将其与环境隔离处理，直到其放射性不再构成威胁就可以。对于不同类型的放射性废物，其隔离要求有所不同。

负责放射性废物控制的工程师必须聚焦于长期的储存技术，如废物处置，因为技术、政治和经济因素均超出他们的控制。一些放射性核素，尤其是那些构成高放废物的放射性核素，有数万年的半衰期甚至几十万年。很难想象一个能真正最终处置这些废物的技术，因此我们只对非常长期的储存进行讨论。第 15 章中讨论的许多问题也适用于放射性废物问题。

16.5.1　高放废物

对于高放废物处置有多种选择，国际上公认开采地质处置是隔离的最佳选择，虽然关于转化（持久到短期的放射性核素的转变）的研究仍在继续。

1979 年，为减少储存库泄漏和环境扩散的可能性，美国地质调查局（USGS）提出高放废物地质处置的两阶段屏障系统。废物本身——溶解并分散于玻璃基质中的放射性物质——产生第一道屏障。第二道屏障是地质岩层本身。实施双屏障计划用于国防部再处理高放废物。商用核燃料未被再加工，并且将会一直以其离开核反应堆堆芯时的形式——乏燃料棒存储在地质库中。这些燃料棒将被密封在沉重的钢和贫铀制成的容器内。

当燃料棒中的裂变铀被用至裂变率太低以至于无法高效发电时，燃料棒被喷入一个非常大的水池，短期的放射性核素发生衰变，直到燃料棒足够冷却，可以用普通机器处理为止。这一过程需要大约 6 个月，但美国缺少乏燃料储存设施，这导致其在 10 年内都必须在原位用存储池保存。1998 年，美国核管理委员会批准了用于充分冷却的核燃料的干燥表面存储桶，许多核电站现在已经采用干燥表面存储技术。

美国受防扩散协议的约束，接受和储存本国以及其他国家的核反应堆乏燃料。目前，外国乏燃料储存于美国能源部两个设施：南卡罗来纳州的萨凡纳河和爱达荷州国家工程与环境实验室。某存储库可用的情况下，老旧且冷却了的乏燃料将在存储库中被装载到桶内进行处理。

地质存储库的研究始于 1972 年美国的盐库项目，这是一项对堪萨斯州里昂附近的一个采空盐矿的研究。盐矿作为高放废物存储库仍处于调查阶段，德国戈莱本和阿塞这两个地点同样也正处于调查中。在世界各地，花岗岩、冻结黏土、玄武岩已被当作存储库点被研究。美国 1987 年修订的《核废料政策法案》规定只考虑内华达州尤卡山的火山凝灰岩，除非尤卡山不合适，否则不考虑其他地点。

美国高放废物存储库按计划在 1998 年开始接收废物，并在 2098 年永久密封这些废物，关闭存储库。界定方法的延迟推迟了存储库的开放，使得存储库预计在 2010 年开放。现正考虑建立一个商用乏燃料的临时存储站点，未来某个时候可以从中回收乏燃料并放置在存储库中。

16.5.2　超铀废物

在调查中的新墨西哥州东南部的含盐地层，自 1978 年起被当作潜在的放射性废物存储库，在 1999 年春季开始接收超铀（TRU）废物。废物隔离试点项目（WIPP）作为超铀国防废物的存储库比作为热压高放废物存储库更适合。经美国环境保护署完善与认证后，1999 年 3 月，废物隔离试点项目收到第一批超铀废物。作为唯一运行的地质放射性废物库，该设施现在每个月接收世界范围内约 100 批的超铀废物。

16.5.3　低放废物

从 1960 以来，不同于高放废物，商业低放废物由私营部门负责。未经任何处理的商业废物被埋在长约 60 英尺、面积约为 25000 平方英尺的浅沟中。1975 年至 1978 年间，三个现存的商业站点由于泄漏的放射性核素进入地表水和饮用水被关闭。在华盛顿州的汉福德、南卡罗来纳州的巴恩韦尔、内华达州的比蒂的三个原始站点现在仍保持开放。后两个站点由于即将到达最大容量而将要关闭。犹他州中北部的另一个商业站点现在也在接收废物。

1980 年前，没有处理低放废物统一的处置规定或惯例；事实上，低放废物没有监管定义。1980 年《低水平放射性废物政策法案》（及其后续修订案）的通过和《美国联邦法规》第 10 篇第 61 部分低浅地层低放废物处置法规的颁布不仅改善了选择低放废物处置点的方法，也提高了低放废物处理的环境安全。

现在用于低放废物的技术包括防渗包装、压实、焚烧、沥青或水泥基质稳定。压实可实现体积减少到 1/8，而焚烧可以使体积减少到 1/30 或更小。燃烧似乎是混合放射性废物和有机化工废物，如液体闪烁晶体的一个优良的处理选择。焚烧排放需要仔细监测净化系数达到或超过 10000。空气排放控制在第 20 章进一步讨论。

1980 年修正的低放废物政策法案要求国家形成区域州际协定并建立区域低放废物处置设施。这些设施的选址和经营将需要仔细的环境规划。

16.6　放射性废物的运输

某些放射性废物，特别是高放废物，具有太高的活性，运输中阻挡所有外部辐射会使运输集装箱过重而不能用卡车运输或铁路运输。最后，核管理委员会规定运输的放射性物质允许有一定的外部剂量。这个剂量称为运输指数，是从车辆或拖车外边缘起垂直距离 1 m 外的剂量率，单位为 mrem/h。运输容器也必须符合某些其他法规要求。对大多数低放废物，容器必须经过测试，经认证能承受正常运输的严酷和物理性压力。对于高放射性废物、超铀废物和一些低放射性废物，容器必须能够承受一定意外条件，包括火和机械压力的组合。

16. 7　总结

能量可直接通过辐射从一个地方传递到另一个地方。辐射能量以直线传播并且可以被形象化为一种粒子流或波。在它的波动方程中，能量构成了从超短波末尾的 X 射线到雷达的连续频谱，并在超长波端有热量生成。超短波辐射能电离原子和分子，其来源可以是某元素的不稳定原子从核中释放过多的能量的自发过程，也可以是核电设施或人为核爆炸中的人为链反应。

这种电离能量通量可能对生物有不利影响。辐射病、癌症、寿命缩短或直接死亡可能由许多暴露风险引起。活体受到的辐射剂量通过能量吸收单位（Gy 或 rad）和相对生物损害的单位（Sv 或 rem）来测量。这些单位考虑了 α、β、γ 和中子辐射对生命组织的影响。

环境工程师一般关注人为来源的辐射，特别是核电厂废物，由于矿山尾矿和氡等天然来源的辐射无处不在，这些辐射也受到环境工程师的关注。这些废物通过与第 15 章讨论的危险废物处理非常相同的方式被处置。

美国已经不再经营钚生产反应堆，核工业也按各群体的屡次建议完全关闭。即使美国核工业被关闭，现有的垃圾还是不得不处理。此外，世界上其他国家不但保持自己的核电生产容量，还扩大它的规模。像所有其他污染问题一样，放射性废物是一个世界性的问题，不局限于美国或西半球。

在 20 世纪 90 年代末，美国核工业的关闭或由于消耗而衰落的现象非常严重。2000 年和 2001 年，加利福尼亚州的局部电力短缺导致人们反思核能在美国能源蓝图中的未来角色。目前，美国核电供应了约 20％的电力。在一些州中，核电份额约为 40％，在伊利诺伊州，达到了 60％以上。核电站关闭后可以节省约 25％的能源。所谓的"替代"能源，如风力发电、太阳能发电、地热能源以及小型水电尚未大规模实施。目前大规模实施对环境的不利影响尚不清晰，但不能武断地假定其为小或忽略不计。

火力发电的其他方法，如化石燃料的燃烧，对环境的不利影响众所周知。燃煤的副作用特别严重。此外，燃料燃烧会提高大气中的二氧化碳浓度，而核能发电不会。全面并且客观地比较发电方法应该能为发电决策提供指导性建议。不管方式如何，发电都将导致不可挽回的环境破坏，这种破坏在一定尺度上与发电量成比例。

在过去的半个世纪，舆论的钟摆从五六十年代的"原核"极端转向了八九十年代的"反核"极端。政治往往遵循民意，但包括核能和放射性废物在内的政治决策可能充满感性且并不总是科学或环保的。现在，工程师的作用比以往任何时候都重要，时刻影响着政治决策。

思考题

16.1　证明经过 10 个半衰期后，剩下约 0.1％的初始放射性物质，经过 20 个半衰期后，剩下约 10^{-6}。

16.2　铁 55 半衰期为 2.4 年。计算衰变常数。如果某反应堆堆芯容器包含 16000 Ci（1 Ci＝$3.7×10^{10}$ Bq）的铁 55，100 年后将剩下多少（分别以 Ci、Bq、g 计）？

16.3　碘 131 被用于甲状腺疾病的诊断和治疗，典型的诊断量是静脉注射 $1.9×10^6$ Bq。如果碘的生理半衰期是 15 d，注射了碘 131 的病人一天产生约 3.5 L 的尿液，在注射后的第十天病人单位体积的尿液活度是多少（分别以 Bq/L 和 Ci/L 为单位计）？

16.4　写出以下变化的核反应，确定产物元素和粒子：

（a）两个氘原子融合形成^{3}He。

（b）^{90}Sr 发生 β 衰变。

（c）^{85}Kr 发生 β 衰变。

（d）^{87}Kr 发射中子。

（e）^{230}Th 衰变为^{226}Ra。

16.5　问题 16.3 的剂量调整为 24 小时内不超过 0.5 Gy。根据这个剂量计算出身体风险（LCF）。如果不利影响的阈值为 0.2 Gy，风险是否仍存在？

16.6　日产 750MW$_e$ 电力的核电厂每天 24 小时的运作中将产生多少克的^{137}Cs？如果这一数值被允许衰变 100 年，最后会剩下多少克？

16.7　根据表 16-4，计算一个 130 磅的女性在一年内从天然能源（非人为）吸收的电离辐射。再计算 175 磅的男性的吸收值。你将做出何种假设？

16.8　环保署允许的放射性风险为每年人均 10^{-6}。假设线性无阈值理论，计算该风险下低水平的 γ 辐射的剂量，单位为 Sv。

16.9　环保署已对 WIPP TRU 废物存储库设置如下标准：在关闭后的第一个 10000 年里，存储库中 1/10000 的钚泄漏的概率是 0.1，10 倍的钚泄漏的概率为 0.001。在二维图中表示这个标准。泄漏率为 1 的概率是多少？（提示：垂直轴为概率，水平轴为泄漏率）。

16.10　^{238}Pu 衰变链的三个步骤为

$$^{238}_{94}\text{Pu} \rightarrow ^{234}_{92}\text{U} \rightarrow ^{230}_{90}\text{Th}$$

这三种放射性核素的半衰期分别为^{234}U 是 87 年，^{238}Pu 是 248000 年，^{230}Th 是 73400 年。像公式(16.1)那样求解一系列方程，从 10 g ^{238}Pu 开始，写出^{230}Th 的形成量随时间变化的方程式。如果你不能通过分析解决问题，试着用一个电子表格迭代求解，并绘制结果。

16.11　分析表明，乏燃料 99％的风险是由于锶 90、铯 137 和钴 60 这三种放射性核素。99.7％是由于这三种放射性核素加上钚 238。为得到这些估计值会做哪些分析？这些估计对乏燃料的长期处置有哪些启示？（这个问题没有标准答案。）

第17章
固体及危险废物法

本章讨论了控制环境污染的相关法律，尤其这些法律从法庭上通过到国会委员会再到行政机构的演化过程。普通法的缺口由国会和州立法机构通过成文法填补，然后由 EPA 和美国自然资源管理部门等行政机构实施。出于某些原因，固体废物法领域的演化过程非常迅速。

几十年来，准确地说是上百年来，固体废物一直在没有人真正关心的土地上被处置。过去，城市垃圾被送往林地中的垃圾填埋场，而有害工业废料都被堆在工厂自己拥有的土地上。在这两种情况下，环境保护和公共卫生都被认为是没有问题的。固体废物肯定是在大家的视野之外，且通常不被放在心上。

最近，固体废物处置场所达到了一定的公共关注度，达到与公众对水污染和空气污染关注相一致的水平。有些公众关注废物填埋土地的速率，另外有些公众关心逐渐增加的土地处置费用。多年来，一些地方法庭和城市规划委员会一直在处理废物设施的选址问题，大多数决定只是使城市或工业废物远离公众。在这些偏远地区，固体废物是看不见的，就如同向大气排放污染物的烟囱和向河流排出废水的管道。固体废物处理设施造成的土地和地下含水层污染问题不易察觉，并且现在更不易察觉。

联邦和国家环境法规最初并没有解决相关的敏感问题。空气污染等显而易见的问题由一系列《清洁空气法案》解决，其他污染由水污染防治法案来处理。最后，当研究人员深入挖掘环境和公共健康问题时，他们意识到即使是鲜为人知的垃圾填埋和池塘也有可能严重污染土地和影响公共健康。地下水和地表水的供应，甚至当地的空气质量都受到固体废物的威胁。

本章通过两个主要部分来说明固体废物法：无害废物和危险废物。这种划分也反映了处理这两个非常不同的问题的监管理念。由于在该领域普遍缺乏普通法，我们直接进入对固体废物的法定控制。

17.1　无害的固体废物

最重要的固体废物处置法令是基于 1976 年的 RCRA 制定的。这个联邦法令修订了 1965 年的初级固体废物处置法案，反映了一般公众和国会的关注点：①保护公众健康和环境不受固体废物处置的危害；②补充现有的地表水和空气质量法律的漏洞；③确保充足土地来处理空气污染治理残留物和污水处理工艺污泥；④最重要的是促进资源的保护和回收。

EPA 以一种反映上述这些关注点的方式实施 RCRA。填埋点、池塘或扩展运营的土地都被登记为处理场所，不当处置的不利影响有七类：

• 洪泛区是历史上建设工业处理设施的最佳场所，因为很多工厂选址于河流沿岸以便于供水、发电、生产原料或产品的运输。当河流发生水灾，处理过的废物被冲到下游，直接对水质造成不良影响。

• 在开发和运营废物处理场所时，濒危和受威胁物种可能因栖息地被破坏受到影响或被该场所泄漏出来的有毒或有害物质伤害。动物游荡于没有防御的废物处理场所时可能会中毒。

• 地表水质量也可能受到某些废弃颗粒的影响。没有合理控制径流和渗滤液，雨水有可能从废物处理场所将污染物运至附近的湖泊和溪流。

• 地下水质量很令人担忧，因为全国约一半的人口依赖于地下水供给。可溶和部分可溶物质被雨水从废物中浸出；渗滤液可能污染地下含水层。

• 食物链作物可能受到土地污染或固体废物的不利影响，这也会对公共卫生和农业生产造成不利影响。生菜等叶用蔬菜和紫花苜蓿等动物饲料作物，它们经常会生物富集重金属和其他微量的化学物质。

• 空气质量可能因废物分解排放的污染物（比如甲烷）而下降，并且可能会导致废物处理场所下风处的严重污染问题。垃圾填埋场无覆盖的污染物可发生自燃，并且垃圾填埋场火灾会严重降低空气质量。

• 现场工作人员和附近公众的健康和安全可能会受到垃圾场火灾以及废物处理场所生成气体爆炸的连累。无覆盖污染物吸引鸟类，会对飞机造成严重危害。

EPA 指导方针清楚地说明了减轻或消除这 7 类固体废物处理影响的操作和管理要求。

在理论上，固体废物处理的技术、设计或操作方法等都被要求达到能确保公众健康和环境保护的程度。任何一系列操作程序都可以加入到设计中，用来构建和运转一个废物处理设施，这包括废物处理的类型、设施位置、设施设计、操作参数、监控和测试程序。操作标准的优点是可以采用最佳的实用技术用于固体废物处置，由政府授权的环境保护机构来指定操作标准。主要缺点在于：一般不以监控实际的环境影响来判断是否符合要求，而只是评价处理设施是否符合规定的操作要求。

另一方面，性能标准可以用来为废物处理场所附近的土地、空气和水环境质量设定保护级别。测定性能标准是否符合要求并不容易，因为地下水、地表水、土地和空气质量的实际监测和检测是昂贵且复杂的事情。由于固体废物种类多样，并且在废物合理处置中考察特定场地非常重要，因此联邦监管活动努力实现允许州和地方政府在保护环境质量和公共健康中的自由裁量权。因此，EPA 确定了操作标准和性能标准，从而使下面八种潜在的固体废物处置的影响降低至最小。

洪泛区。洪泛区的保护重点是限制这些区域的处理设施，除非当地区域可防御基准洪水的冲蚀。基准洪水（有时称作"100 年一遇洪水"）被定义为每年发生概率有 1% 或更大的洪水，或每 100 年有一次或超过一次的洪水。

濒危和受威胁物种。固体废物处置设施必须建造并运作，这样它们不会加剧对濒危和受威胁物种的夺取。夺取意味着伤害、追赶、狩猎、杀害、诱捕或捕获被美国内政部列出的物种。如果附近地区被指定为重要栖息地，固体废物处置设施的经营者需要修改操作程序来遵守这些规则。

地表水。每当雨水通过垃圾后发生渗流和径流时，或固体废物运输期间产生泄漏时，固体废物处置会就导致地表水污染。处置场所的点源排放污染物受第 10 章讨论的美国国家污染物排放削减许可制度管制。非点源或分散水的排放活动受 EPA 通过的遍布主要区域的水质量管理计划进行管理。一般来说，这些计划通过设施设计、运行和维护来控制地表水水质的退化。各个州政府通常要求有人工和天然径流障碍如衬层、堤坝来防止固体废物对地表水的污染。如果径流水被收集，根据定义，该废物处理场所成为污染点源，如果这个新的点源排放到地表河道，则该设施须有国家污染物排放消除许可证。

地下水。为防止地下水供给被污染，固体废物处置设施的所有者和经营者必须遵守五个设计和管理规定中的一个或多个：①利用自然水文地质条件，如地下封闭地层来阻挡流向含水层的水流；②通过安装天然或合成垫层来收集并妥善处理渗滤液；③使用恰当的覆盖材料，减少雨水渗入固体废物；④转移受污染的地下水或地下水供应的渗滤液；⑤进行地下水监测和检验程序。

作为食物或者饲料作物种植的土地。联邦指导方针企图调控用于食物或饲料作物的土地中重金属和合成有机物的潜在迁移。该合成有机物主要是多氯联苯（PCB），它们能够从固体废物进入人类食物链中的作物。最典型的对固体废物的忧患是从城市废水处理设施中排出的污泥。为控制重金属污染，固体废物处置法令规定处理重金属类固体废物设施的经营者可以选择如下的两个措施：

第一个措施是可控的应用方法。选择控制应用方法的经营者必须符合固体废物中对镉的年度施用量。根据种植的作物类型和时间对镉进行控制。除叶用蔬菜、块根作物等供人类食用的植物外，经营者可以在所有其他食物链作物种植过程中添加 $2.0\ kg/hm^2$ 的镉，这些富集作物的应用率为 $0.5\ kg/hm^2$。在这个措施中，经营者必须严格遵守在食物链作物种植土地上处置镉的累积限制。这种累积限制值是土壤阳离子交换量（CEC）与背景土壤 pH 值的函数。在低 pH 和低 CEC 的条件下，被允许的最大累积施用量为 $5.0\ kg/hm^2$，而在高 CEC 和土壤高 pH 值或接近中性 pH 值时，被允许的最大累积施用量为 $20\ kg/hm^2$。理论上，在高 CEC 和高 pH 值土壤中，土壤中的镉仍然被束缚且不被植物所吸收。所有经营者选择这个措施时必须确保严格执行应用程序，混合固体废物和土壤的 pH 值必须高于 6.5。

第二个措施是专用的设施使用方法。这个措施与第一个措施不同，区别在于它依靠输出控制或者与输入控制相反的农作物管理，或者直接限制可能施用于土壤中的镉的量。第二个镉控制措施专门为带有资源和功能的设施设计，这些设施可以密切管理和监控各自操作的绩效。这个措施的规定包括：①只允许种植饲料作物；②在应用中固体废物和土壤混合物的 pH 值必须高于 6.5；③能够展示出如何分配动物饲料以排除直接被人类摄入的设施运行计划；④有针对未来财产拥有者的书面通知，他们应当接收有较高镉施用量的固体废物，并且由于可能存在健康危害，食物链作物不应该被种植在对含有较高镉施用量的固体废物进行处置的土壤上。

多氯联苯干重大于或等于 10 mg/kg 的固体废物，在被施用于土壤并用于生产动物饲料时必须掺入土壤，除非可以证明生产的牛奶脂肪成分中多氯联苯的浓度小于 1.5mg/kg。固体废物法规通过掺入干净土壤的方法尝试使牛奶和动物饲料中多氯联苯含量不超过食品和药物管理局的标准。

空气质量。固体废物处置设施必须符合国家和当地空气排放控制机构制订的《清洁空气法案》和国家《空气质量实施计划》。住宅、商业、机构、工业固体废物通常禁止露天焚烧。

然而，一些特殊的废物不在这项禁令之内，包括患病的树、烧荒碎片、紧急清理工作的杂物和来自造林和农业运转的废物。露天焚烧被定义为没有下列被控制内容的固体废物燃烧：①控制空气中的燃烧，以维持有效燃烧需要的温度；②控制密闭装置中的燃烧反应，提供足够的停留时间；③控制燃烧过程中废气的排放。

健康。联邦法规要求固体废物处理设施的运转需要保护公众健康免受疾病媒介物的伤害。疾病媒介物是疾病传染给人类的路径，鸟、老鼠、苍蝇和蚊子是很经典的疾病媒介物。这种保护必须通过最小化媒介食物的可用性来实现。在垃圾填埋场，控制啮齿动物等媒介物的有效手段，是在每天运转结束时应用覆盖材料遮盖固体废物。其他技术还包括使用毒物、驱虫剂和自然控制方法如提供捕食者。用减少病原体的工艺处理污水污泥可以用来控制绿化过程的疾病传播。

安全。固体废物处置设施的火灾对公众安全来说是一个持续性的潜在威胁。以前发生的露天垃圾场火灾导致公众死亡、受伤和巨大的财产损失。禁止露天焚烧还可以降低意外火灾的可能性。就飞机运行安全而言，固体废物处置设施不应位于机场和鸟类喂养、栖息或灌溉场所。成群的鸟类围着卫生填埋场上方不断地飞来飞去，对附近起飞或着陆的飞机构成严重的威胁。

17.2　危险废物

针对危险废物的法律一直没有得到较好的发展。第 15 章中讨论的问题是社会新兴问题，没有很多案例，因此相关法律几乎没有得到发展机会。由于一般固体废物处置和特殊的危险废物处置对公共卫生的影响知之者甚少，极少有原告愿意费心去为这些活动起诉并把被告带进法庭寻求罚款。因此，危险废物法在本节按成文法来讨论，重点包括以下问题：因为危险废物处置不当导致的受害者赔偿问题、控制危险废物生成、运输和处置的问题等。历史上联邦成文法都缺乏有关如何补偿危险废物处置中受害者的描述。复杂、重复而令人困惑的联邦法规是受害者唯一的依赖。

《清洁水法案》仅覆盖排放到航道的废物。只有地表水和离海岸 200 英里的海水被考虑，根据法案设立了循环基金，该基金由海岸警卫队管理。罚款和收费被存入该基金，用于赔偿排放受害者，但该基金只在废物的排放能清楚辨别的条件下可用。基金最常用于补偿各州清理大型油轮的泄漏事件。《联邦饮用水法》包括地下水保护，并指导 EPA 为地下水控制设立"最大污染水平"（MCL）。

《外大陆架（OCS）土地法案》设立了两个基金用来支付危险废物清理费用和赔偿受害者。根据该法案，OCS 承租人需要报告石油生产场所的泄漏，海上石油泄漏污染基金支付清理费用和向受害一方赔偿财产使用、自然资源、利润、国家或地方政府的税收收入的损失。美国运输部（DOT）负责管理这个基金，基金通过对大陆架外缘地区生产石油的公司进行征税提供资金。

在《外大陆架土地法案》下还存在渔民应急基金，用来补偿渔民因油气勘探、发展和生产而导致的利润和设备损失。美国商务部负责管理该基金。美国内政部从许可证和输油管道所在土地使用权的持有者收集评价信息。如果一个渔民不能确定该场所是否要为危险废物排放负责，船在大陆架外缘活动区内经营，且渔民在 5 天内提出索赔要求，他们对该基金提出的索赔仍然是可接受的。基金的管理涉及美国运输部和美国商务部这两个机构，这使得基金的执行非常令人困惑。

《普莱斯-安德森法》为核设施意外泄漏的受害者提供补偿。当核设备爆炸时，放射性物质或有毒泄漏物和排放物被覆盖。美国核管理委员会（NRC）要求核设施许可证持有者取得保险保护。如果事故赔偿超过这个保险额，联邦政府赔偿许可证持有者最高至 5 亿美元。金融保险负责的金额无论如何不会超过 5.6 亿美元。如果某事故发生且责任金额超过 5.6 亿美元，就会呼吁联邦救灾。2002 年的《爱国者法案》添加了蓄意攻击事件的最高赔偿额 900亿美元。

根据《深水港口法案》，海岸警卫队扮演着去除深海港口石油的角色。美国运输部管理一项责任基金，该基金帮助支付清理的费用和受害一方的赔偿。在该设施中装载或卸下的每箱油受到 2 美分的税收资助，一旦超过了要求的保险责任范围，该基金就生效了。港口本身必须持有 5000 万美元的废物排放索赔保险，针对其废物泄露，船必须持有 2000 万美元的索赔保险。一旦超过这些范围，就由《深水港口法案》设立的基金来接管。再次声明，该基金的有用性依赖于两个机构一起工作的情况以及保险索赔管理的情况，而其管理是令人困惑的。在 1990 年瓦尔迪兹石油泄漏后，埃克森美孚公司被要求为渔业损失提供额外赔偿。

州级别的法案通常平行于这些联邦法的效力。新泽西州有一个针对 EPA 列出的危险废物的《泄漏补偿和控制法案》。该基金覆盖了清理成本、收入损失、税收损失以及受损财产和自然资源的修复。如果他们在有毒废物排放后六年内提出索赔，或在发现损失后的一年内提出索赔，将有每桶危险物质 1 美分的税作为资助金赔偿遭受损失方的基金。

纽约环境保护和泄漏赔偿基金与新泽西州基金相似，但有两个方面不同。纽约基金赔偿只覆盖了石油排放，生产者可能不会归咎于泄漏或排放事故的第三方。因此，如果一名卡车司机或搬运工意外泄漏危险废物，废物的生产者可能仍然需要承担损害赔偿责任。

其他州在对危险废物事件受害者的赔偿方面的努力有限。佛罗里达州有个 3500 万美元的海岸保护信托基金，用来补偿废物溢出、泄漏和倾倒的受害者。然而，其覆盖范围局限于来源于油、杀虫剂、氨和氯造成的损害，这为第 15 章中讨论的大量的危险废物提供了空子。其他没有补偿基金的州通常明确指出限制伤害范围并提供少于 10 万美元的有限资金。

过去，这些联邦和州法律的价值受到质疑。即使作为一个整体来讲，它们也没有为处理危险废物提供完整的补偿策略。少之又少的基金可以解决个人伤害的赔偿，被遗弃的危险废物处置场所也没有被考虑进去。虽然一些机构试图应对危险废物泄漏事故，但巨大的管理问题仍旧存在。哪个基金适用、哪个机构管辖、什么伤害可以获得赔偿仍旧悬而未决。

在 1980 年，联邦《综合环境响应、赔偿和责任法案》（CERCLA）颁布，该法案通常被称为"超级基金法案"。最初，超级基金法案有两个目的，即为清理废弃的危险废物处理点提供资金，建立责任，执行者被要求支付伤害和损失的赔偿金。该法案的发展有三个注意事项：

• 超级基金覆盖的事件类型包括意外泄漏和被废弃场所，以及在港口和河流现场的有毒污染物的污染事件。随着超级基金概念的演变，有害物质造成的火灾和爆炸也成为该考虑的一个重点。

• 损害补偿的类型包括三类：环境清理成本；财产使用、收入和税收收入相关的经济损失；一般的疼痛治疗、急性损伤、慢性疾病和死亡的医疗费用。

• 补偿的费用来源包括联邦政府拨款到基金、行业的营业税、所得税和附加税。对联邦和州的成本进行分摊也是可能的，也就是在允许的处置设施中设立危险废物的费用。

一个 10 亿～40 亿美元的基金被建立，87％由化工工业税资助，13％由联邦政府的一般收入提供。在基金中开支一些小额费用是允许的，但是只针对现金支付的医疗费用和诊断服务的部分费用。超级基金法案没有设立严格的泄漏和废弃危险废物的责任。1986 年，《超级基金修正和重新授权法案》（SARA）重新授权并加强了联邦《综合环境响应、赔偿和责任法案》。

损害赔偿是一个关注点；控制危险废物的生产者、运输者和处置者的法规是危险废物法的另一方面。本章中讨论的联邦《资源保护与回收法案》，由于涉及到固体废物，也是处理危险废物的主要法规。联邦《资源保护与回收法案》要求 EPA 建立一个全面的监管程序来控制危险废物。固体和危险废物法案为联邦环境法律中规定的报道和记录保存要求提供了一个很好的例子。《清洁水法案》和《清洁空气法案》对水和空气污染者提出要求，而这种要求与对危险废物产生者的要求极其相似。

某危险废物的产生者必须符合 EPA 的下列要求。这种全程跟踪的清单系统（如图 15-3）是监管系统的关键。

（1）必须鉴定废物是否危险，要么由 EPA 的危险废弃物清单定义，要么通过 EPA 检测程序来定义或通过用于生产的材料和加工过程表明。这些定义问题很重要。废物在环境中可移动，其成分很可能有毒性、有腐蚀性、易燃或可燃。1990 年，EPA 用毒性溶出程序替换了提取程序来决定哪些成分是可移动的（Henriches 1991）。毒性溶出程序测试比较麻烦，最好在实验室中完成。

（2）必须有 EPA 一般标识号。

（3）如果危险废物储存在生产场所 90 天或更长时间，必须获得设施许可证。

（4）在运送前，必须使用适当的容器和标签。

（5）必须有跟踪运送的废物的清单系统，正如第 15 章（图 15-3）所描述的。

（6）必须保证废物到达处理地点。

（7）年度总结必须提交给联邦或州的监管机构或两者均提交。

危险废物的运输车必须满足《资源保护与回收法案》的一些要求，如下：

（1）必须获得 EPA 运输车标识号。

（2）必须遵守清单制度的规定。

（3）全部数量的废物必须交付给处置或加工场所。

（4）清单副本必须保存 3 年。

（5）必须遵循美国运输部应对危险废物泄漏的规定。

RCRA 也对治理、存储或处置废物的设施提出以下要求：

（1）设施的所有者必须申请一个运营商许可证，提供场所和处理的废物的数据。该许可证将清楚地说明承诺的条款：建设和运营计划，以及监控和记录程序。

（2）当联邦或州机构批准了许可证，将对设施提出最低运行标准。这些许可证中将会提及控制、中和和销毁污染物的设计和工程标准，还有意外事故中的安全和急救措施。每一个许可证都要求包含人员培训。

（3）设施的经济责任被明确，场所关闭后的信托基金一般也必须建立。这个基金能在场所关闭后确保地下水和表面排放物的监测，并能够使信托执行者在未来几年里维持场所。

管理《资源保护与回收法案》的责任由 EPA 传递给州政府机构，因为这些机构展示出他们有权利、有专业知识、可以去有效管理危险废物。

除了《综合环境响应、赔偿和责任法案》和 RCRA 控制有毒废物外，《有毒物质控制法案》在有害物质变成有毒废物之前对其进行监管。根据这一监管程序的一个方面，即预生产通知（PMN）系统，所有的制造商都必须在销售 EPA 1979 年的有毒物质库存清单之外的任何物质前发出通知。在这个通知中，制造商必须分析物质对工人、环境和消费者的预计影响。这种分析必须基于测试数据和相关文献。表 17-1 列出了一种合规检查表，表中为希望生产新产品的制造商清楚地列出了具体步骤。

表 17-1　根据《有毒物质控制法案》的预生产通知系统的清单

步骤	要求
1	查阅 EPA 有毒物质清单来看看新的产品是否被列出
2	评估用于测试程序的 EPA 条例来确定未被 EPA 列出的物质是否有毒
3	至少在生产前 90 天，准备和提交预生产通知表格
4	获得以下 EPA 裁定的其中一种： • 无裁定：生产可能在 90 天结束时开始； • EPA 命令：EPA 要求提供更多数据的命令意味着需要在生产可能开始前得到响应； • EPA 裁定：EPA 可以阻止或禁止被提议的生产、加工、使用或处理物质

17.3　总结

一旦公众连同科学家和工程师意识到不当处置的现实和潜在影响，固体废物成文法的发展就会变得相当迅速。这类处置导致的空气、土地和水质量受到的影响对当地卫生官员和联邦以及各州监管机构而言成为一个关键问题。现在，危险和非危险固体废物处于联邦和国家法律的复杂系统的操作监管下，该系统对设施运营商提出操作要求。

这些法规的有效性仍有疑问。EPA 如何在所有情况下实施 RCRA？如果各州有责任控制它们边界内的危险和非危险废物，他们将如何应对？超级基金使得所有废物处理者对其应负责的废物负责，不论废物数量多少；该基金的联合和连带责任条款如何保证其实施？自 2001 年 9 月 11 日以来，如果蓄意攻击创建超级基金网站，谁将对此负责？最后，RCRA 和超级基金对公众健康、环境质量和经济的影响将会是什么？

思考题

17.1　当地土地使用条例经常在限制用于固体或危险废物处置设施的场所数量方面扮演关键角色。讨论适用于你的家乡地区限制的土地使用条例类型。

17.2　假设你工作的公司承包了工厂内外和州议会大厦的办公楼的清洁工作。你的老板认为她可以通过处理和运输她目前的客户产生的危险废物来扩大业务，从而挣更多的钱。简要列出你必须收集的数据类型来建议她扩大或不扩大业务。

17.3　管理垃圾收集的法律通常始于对产生者的控制，即如果城市卡车要去收集各个家庭的固体废物，每个家庭必须遵守某些规则。如果镇议会让你开发一套这样的家庭规则，你会包括哪些控制要求？例如，注重公共健康问题，最小化收集甚至是资源回收的成本。

17.4　海洋长期以来被视为世界范围内固体废物可能倾倒其中的无底洞。工程师、科学家和政治家们在这个问题上产生分歧。海洋废物处置应该禁止吗？请列出正反两方面的论点。

第18章
气象学和空气污染

考虑到地球的大气层厚度约为 160 km，如此的厚度和体积足以稀释进入其中的所有化学物质和颗粒。然而，95％的气团在地球表面 19.2 km，这 19.2 km 的深度包含我们呼吸的空气和我们排放的污染物。这一层就是可能存在空气污染问题的大气，称之为对流层。

天气模式决定空气污染物的分布及其在对流层的移动，并因此决定了一个特定的呼吸浓度或沉积在植物上的污染物的量。空气污染问题涉及到三个部分：污染源、污染物的运动或扩散、接受者（图 18-1）。第 19 章讨论了污染物的来源和影响；本章关注它本身的传送机制：污染物如何经过大气层。环境工程师应该熟悉一些基本气象学知识，以便预测空气污染物的扩散情况。

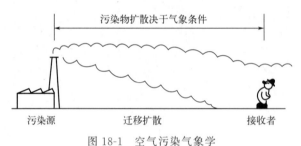

图 18-1　空气污染气象学

18.1　基本气象学

污染物循环与对流层大气循环一致。空气流动是由太阳辐射和地球的不规则形状导致地球表面和大气热量吸收不平等引起的。温差和对热量的不平等吸收形成一个动态系统。

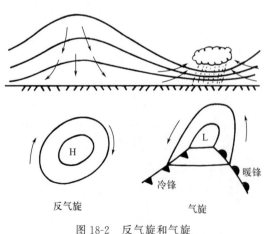

图 18-2　反气旋和气旋

地球大气层的动态热系统通过气压变化产生差异。我们可以把低压系统和冷热的天气联系起来。围绕北半球低压区域的空气流动是逆时针方向和垂直向上的，结果导致冷凝和降水。高压系统带来阳光和无风的天气——稳定的大气条件——风（在北半球）顺时针螺旋向下。低压和高压系统，通常称为气旋和反气旋，如图 18-2 中所示。反气旋是高稳定性的天气模式，污染物很少发生扩散，通常这种天气是导致大气污染发生的前兆。

18.2　污染物的横向扩散

地球从太阳接收高频光能并将光能转化为低频热能，然后辐射回太空。热量通过辐射、传导和对流从地球表面转移。辐射是直接的能量传递，对大气几乎没有影响；传导是通过物理接触传递热量的（由于大气分子离得相对很远，大气是不良导体），对流是通过热空气物质运动传递热量的。由于大气在地球上面，太阳辐射使地球变暖。这种加热在赤道是最有效的，在两极是最低效的。赤道上方是温暖的，低密度空气上升，两极气温降低，使空气变得更加致密而沉降。如果地球没有旋转，那么地球表面风的模式将是从两极向赤道流动。然而，地球的转动不断地提供了新的可以加热的地表，这样就存在一个水平气压梯度以及垂直压力梯度。空气运动的结果就是创造了全球的风模式，如图 18-3 所示。

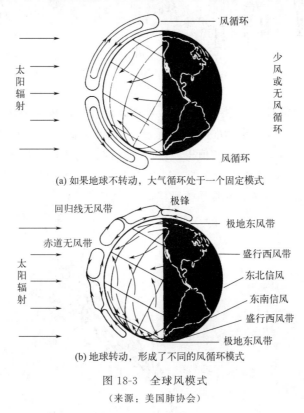

(a) 如果地球不转动，大气循环处于一个固定模式

(b) 地球转动，形成了不同的风循环模式

图 18-3　全球风模式

（来源：美国肺协会）

季节性和局部的温度、压强和云条件，以及当地的地形使情况更复杂。陆地加热和冷却的速度比水快，因此海岸线的风在晚上吹向海洋，白天吹向内陆。山谷风由冷却的空气在山坡上的流动形成。在城市，砖和混凝土构成的建筑白天吸收热量，晚上辐射热能，形成一个热岛（图 18-4），这会导致雾霾的自循环，雾霾是由污染物堆积引起的。

水平风运动情况可以通过风速进行测量。风速数据被绘制为风向图，它是包含风速和风向的图。图 18-5 的风向图显示出主风来自于西南方。风向图的三个特点如下：

- 每分段的方向，显示了风的方向；
- 每分段的宽度与风速成正比；
- 每分段的长度与来自特定方向以特定速度吹来的风的次数成正比。

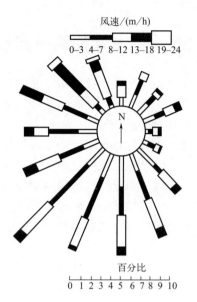

风速/(m/h)

0–3　4–7　8–12　13–18　19–24

百分比

0 1 2 3 4 5 6 7 8 9 10

图 18-5　典型风向玫瑰图

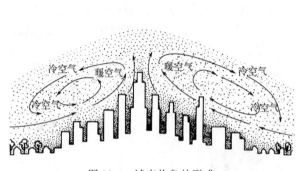

图 18-4　城市热岛的形成

　　大气污染迫使工程师有时使用一种污染玫瑰图，即在风向玫瑰图基础上变化的图，在这种图里当大气污染水平超过限定标准时会被标记。图 18-6 显示当 SO_2 浓度超过 250 $\mu g/m^3$ 时，三个点位被标记的污染玫瑰图。值得注意的是，因为箭头表示风来的方向，两个箭头指向工厂 3，因此，工厂 3 是主要污染来源。风可能是大气污染物的运动和扩散中最重要的气象因素，简单来说，污染物移动主要是顺风移动。

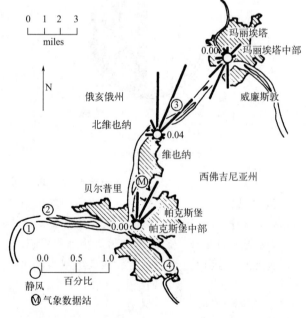

图 18-6　SO_2 浓度大于 250 $\mu g/m^3$ 的污染玫瑰图

18.3　污染物的垂直扩散

在地球大气层中的一个空气团通过大气层上升，它经历了降低压力并扩张的过程。这一扩张过程降低了空气团的温度，因此当空气在上升过程中发生了冷却。干燥空气上升时的冷却速率被称为干绝热直减率，这种气团内温度的变化独立于周围空气温度。"绝热"一词意味着被研究的上升空气团与周围空气没有热交换。干绝热直减率可以根据基本物理原理进行计算。

$$dT/dz|_{干绝热} = -9.8(℃/km) \tag{18.1}$$

式中，T 为温度，℃；z 为高度，km。

空气团上升时冷却的实际速率，被称为环境直减率或普遍直减率。通过环境直减率与干绝热直减率的关系基本上可以确定空气团的稳定性和污染物扩散速度。这些关系如图 18-7 所示。

当环境直减率与干绝热直减率完全一样时，大气存在中性稳定。当空气温度下降超过 9.8 ℃/km（1 ℃/100 m）时，达到超绝热条件。当空气温度下降速率小于 9.8 ℃/km时，达到微绝热条件。空气温度随高度增加

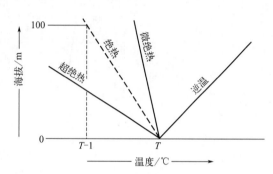

图 18-7　环境直减率和干绝热直减率

而变化，当到达某一高度时，恰好一层暖空气存在于空气上方，这时就形成微绝热条件的一个特殊情况，即逆温。超绝热大气条件是不稳定的，这有利于污染物的扩散；微绝热条件是稳定的，会导致污染物扩散不均匀；逆温是非常稳定的，会吸引污染物，抑制扩散作用。这些条件可以通过下面的例子说明，如图 18-8 所示。

在海拔 500 m 处空气温度是 20 ℃，大气超绝热时地面温度是 30 ℃，海拔 1 km 处的温度是 10 ℃。超绝热空气的环境直减率是 −20 ℃/km。如果在 500 m 高度，空气团在绝热条件下上升至 1 km，它的温度将变成多少？根据干绝热直减率 −9.8 ℃/km，空气团将冷却 4.9 ℃至大约 15 ℃。

然而，空气团在上升至 1 km 后周围环境温度不是 15 ℃而是 10 ℃。由于空气团比周围的空气暖 5 ℃，因此，空气团将继续上升。简而言之，在超绝热条件下，一个正在上升的空气团会保持一直上升。类似地，如果我们的空气团向下移动到 250 m，它的温度会增加 2.5 ℃到 22.5 ℃。然而，海拔 250 m 的环境温度是 25 ℃，因此现在空气团比周围空气冷并保持下沉。没有稳定的倾向的条件下，大气处于不稳定状态。

现在让我们假设地平面温度是 22 ℃，海拔 1 km 处的温度是 15 ℃。现在（微绝热）环境直减率为 −7 ℃/km。如果我们的空气团在 500 m 高度绝热条件下上升至 1 km，其温度会再次下降 4.9 ℃至大约 15 ℃，与海拔 1 km 的周围空气的温度一样。这个空气团会停止上升，因为它与周围空气的密度一样。

如果空气团沉降至 250 m，温度又会是 22.5 ℃，环境温度会略高于 20 ℃。空气团比周围的空气略暖，倾向于回升到它原来的地方。换句话说，它的垂直运动是不断被阻止，并且往往趋向于稳定的；微绝热条件支持气团的稳定性，并且能够限制大气污染物发生垂直混合。

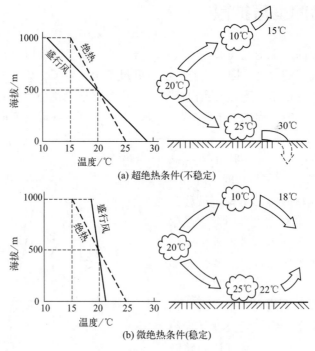

(a) 超绝热条件(不稳定)

(b) 微绝热条件(稳定)

图 18-8   稳定性和垂直空气运动

图 18-9 是洛杉矶市某天大气实际温度测量结果。注意逆温大约在 1000 ft 处出现，这给城市盖上了有效的帽子并抑制空气污染。这种逆温类型被称为沉降逆温，该逆温由大量热空气在城市上空下沉引起。

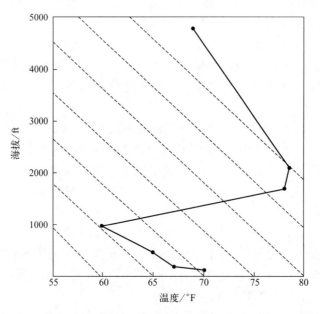

图 18-9   洛杉矶 1962 年 10 月某天下午 4 点的气温
虚线表示干绝热直减率

更常见的类型是由晚上地球的热辐射引起的辐射逆温。因为热量被辐射，最接近地球的是冷空气，这些冷空气受困于其上面的暖空气（图 18-10）。在晚上排放的污染物被困于"倒置盖"。

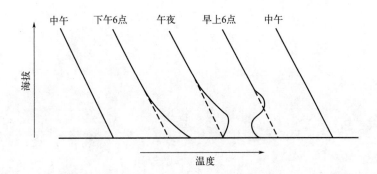

图 18-10　典型的晴天和晴天夜晚环境直减率

大气稳定性况通常可以通过烟囱排放的烟羽状态进行识别，见图 18-11 和图 18-12。中性稳定条件通常导致锥形烟羽，而不稳定（超绝热）条件导致高分散波浪形烟羽。在稳定（微绝热）条件下，扇形烟羽倾向于在单一的平层传播。一个潜在的严重情况被称为熏蒸，污染物陷入逆温环境并因强大的直减率而被混合。当烟羽触碰地面，波浪形烟羽也可以形成高地面浓度的污染物。

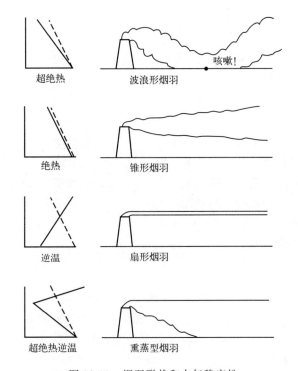

图 18-11　烟羽形状和大气稳定性

假设一种烟羽的绝热条件允许估计它将上升多远或下沉多远，在任何被给定的大气温度条件下，烟羽将会是什么类型？这通过例 18.1 来说明。

图 18-12　钢铁厂的氧化铁粉尘环绕烟羽

例 18.1　一个 100 m 高的烟囱排放的羽流的温度是 20 ℃。地面温度是 19 ℃。海拔 200 m 以下，环境温度直减率是 −4.5 ℃/km。超过这个海拔，环境温度的直减率是 ＋20 ℃/km。假设完全绝热条件下，烟羽上升的高度是多少？类型是什么？

　　图 18-13 显示了各种直减率和温度。假设烟羽以干绝热直减率 10 ℃/km 冷却。环境直减率低于 200 米是微绝热的，周围的空气比烟羽冷，因此烟羽上升，并变冷。在海拔 225 米，烟羽冷却到 18.7 ℃，但环境空气也是这个温度，烟羽停止上升。低于 225 米，烟羽就会变成轻微的锥形。它不会穿过 225 米。

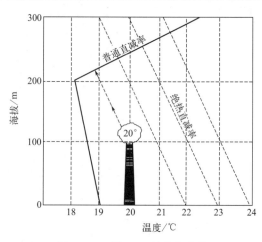

图 18-13　例 18.1 的大气条件

大气中水的影响

　　干绝热直减率是干空气的特征。水在大气中会凝结或蒸发，并在这样的过程中吸收热量，相对地会使气温垂直递减率和大气稳定度的计算复杂化。一般来说，气团上升，气团的水蒸气会凝结，热量会释放。当空气上升时，上升的空气会由于冷却而变慢；湿的绝热直减率的负值一般比干绝热直减率的负值小。观察到的湿的绝热减率一般在 −6.5 ℃/km ～ −3.5 ℃/km 之间变化。大气中的水同样以其他方式影响大气质量。湿空气冷却和水分凝结后，雾就形成了。气溶胶提供了凝结核，因此雾在城市地区发生的频率更高。严重的空气污染爆发几乎都伴随着雾（记住烟雾由烟和雾组成）。雾中微小水滴参与 SO_3 向 H_2SO_4 的转化。雾位于山谷并通过阻止太阳升高谷底的温度使逆温保持稳定，因此常常延长空气污染事件。

18.4　大气扩散

扩散是污染物通过空气和烟羽大面积传播的过程，通过扩散降低了所包含的污染物的浓度。烟羽有水平和垂直扩散。如果它是一个气态烟羽，那么分子随着气体扩散规律移动。

最常用的气态空气污染物扩散的模型是帕斯奎尔发明的高斯模型，其中，假设气体在空气中扩散是理想的。模型的严格推导超出了本节的范围，但模型的基本原则是

- 污染物传输的主要力量是风，污染物主要顺风运动。
- 污染物分子的最高浓度沿着烟羽的中心线。
- 分子自发地从较高浓度区域向较低浓度区域扩散。
- 污染物连续排放，排放和扩散过程处于稳定状态。

图 18-14 显示了高斯扩散模型的基本特性，包括源头、风和烟羽的几何分布。我们可以构建一个笛卡儿坐标系，排放源在起点，风向沿着 x 轴。横向和纵向的扩散体分别沿着 y 轴和 z 轴。当烟羽顺风移动，由于气态分子从高浓度移向到低浓度，烟羽远离中心线横向和垂直扩散。污染物的浓度沿 y 轴和 z 轴的横截面，有了高斯曲线的形状，如图 18-14 所示。

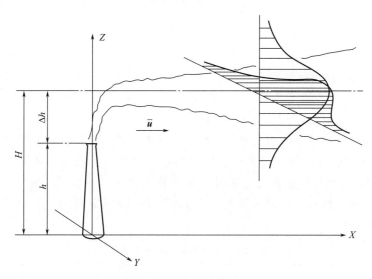

图 18-14　高斯扩散模型

由于废气一般高于环境温度排放，在开始顺风移动前，烟羽将上升一段距离。垂直行进距离和几何烟囱高度之和是 H，即有效的烟囱高度。污染物烟羽的来源实际上是海拔高于地面的源头。

$$z = H$$

这样，从抬高的源头排放的顺风烟浓度可以写成

$$C(x, y, z) = \frac{Q}{2\pi u \sigma_y \sigma_z} \exp\left(-\frac{y^2}{2\sigma_y^2}\right) \left[\exp\left(-\frac{(z+H)^2}{2\sigma_z^2}\right) + \exp\left(-\frac{(z-H)^2}{2\sigma_z^2}\right)\right] \quad (18.2)$$

式中 $C(x, y, z)$——空间坐标 x，y，z 某一点的浓度，g/m^3；

Q——污染源的排放速度，g/s；

u——平均风速，m/s；

σ_y——y 方向烟羽标准差，m；

σ_z——z 方向烟羽标准差，m。

因为污染浓度通常在地面测量，即 $z=0$，方程（18.2）通常为

$$C(x, y, 0) = \frac{Q}{\pi u \sigma_y \sigma_z} \exp\left(-\frac{y^2}{2\sigma_y^2}\right) \exp\left(-\frac{H^2}{2\sigma_z^2}\right) \tag{18.3}$$

这个方程式考虑了地表气态污染物的反射。

我们通常对任何方向的地表浓度最大值感兴趣，这个浓度沿着烟羽中心线，即 $y=0$。在这种情况下，方程（18.3）可简写为

$$C(x, 0, 0) = \frac{Q}{\pi u \sigma_y \sigma_z} \exp\left(\frac{-H^2}{2\sigma_z^2}\right) \tag{18.4}$$

最后，对地平面上的排放源头，$H=0$，沿烟羽中心线顺风的污染物地平面浓度是

$$C(x, 0, 0) = \frac{Q}{\pi u \sigma_y \sigma_z} \tag{18.5}$$

地平面上方排放的最大顺风地平面浓度沿着烟羽中心线出现，其条件满足：

$$\sigma_z = \frac{H}{\sqrt{2}} \tag{18.6}$$

标准差 σ_y 和 σ_z 分别测量侧风（横向）和垂直方向上的烟羽传播。它们取决于大气稳定性和离源头的距离。大气稳定性通过 A～F 进行分类，称为稳定级别。表 18-1 显示了稳定级别、风速和日照条件之间的关系。A 级是最不稳定的，F 级是最稳定的。根据环境直减率，A、B、C 级与超绝热条件相关联；D 级与中性条件相关；E 级和 F 级与微绝热条件相关。第七级别，G 级，表明极其严格的逆温条件，但通常与 F 级结合考虑发生的频率。因为热岛效应，城市和郊区居住区稳定性很少高于 D 级；在农村和无人居住的地区通常是 E 级和 F 级稳定。横向和纵向扩散常数为 σ_y 和 σ_z，如图 18-15 和图 18-16。用例 18.2 和例 18.3 来说明图的使用。

表 18-1　不同条件的大气稳定性

在 10 m 处的风速/(m/s)	大气稳定级别				
	白天 吸收太阳辐射			晚上 较明朗的阴天	
	强烈	中等	轻微	1/2 低云	3/8 云
<2	A	A～B	B	—	—
2～3	A～B	B	C	E	F
3～5	B	B～C	C	D	E
5～6	C	C～D	D	D	E
>6	C	D	D	D	D

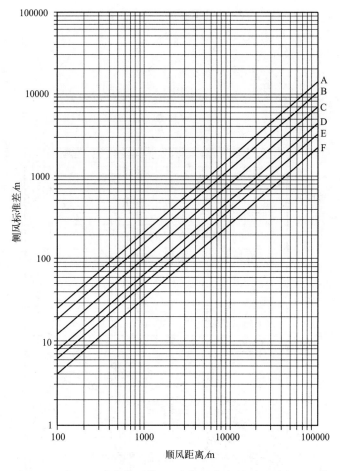

图 18-15　标准差或扩散系数 σ_y 和侧风方向的顺风距离的函数

（来源：Wark 和 Warner，1986）

例 18.2　一次石油管道泄漏导致 100 g/h H_2S 排放。在一个阳光充足的夏日，风速为 3.0 m/s，在距离泄漏 1.5 公里处直接顺风排放的 H_2S 浓度将会是多少？

通过表 18-1，我们可以假定是 B 级稳定。由图 18-15 可知，$x=1.5$ km，σ_y 大约是 210 m，从图 18-16 得，σ_z 大约是 160 m。

$$Q=100 \text{ g/h}=0.0278 \text{ g/s}$$

应用方程（18.5），可得

$$C(1500,0,0)=\frac{0.0278 \text{ g/s}}{\pi\times3.0 \text{ m/s}\times210 \text{ m}\times160 \text{ m}}=8.78\times10^{-8} \text{ g/m}^3=0.088 \text{ μg/m}^3$$

例 18.3　一个燃煤发电厂通过一个有效高度为 60 m 的烟囱以 1.1 kg/min 速度排放 SO_2。在一个较多云的晚上，风速为 5.0 m/s，距离烟囱排放口直接顺风 500 m 处的 SO_2 地面水平浓度是多少？

从表 18-1 可知，我们可以假设 D 级稳定性。从图 18-15 和图 18-16 可知，$x=$

0.5 km，σ_y 大约是 35 m 和 σ_z 大约是 19 m，

$$Q = 1.1\ \text{kg/min} = 18\ \text{g/s}$$

在这个问题上，释放烟气被提升，$H = 60$ m。

应用方程（18.4），我们有

$$C(500,0,0) = \frac{18\ \text{g/s}}{\pi \times 5\ \text{m/s} \times 35\ \text{m} \times 19\ \text{m}} \exp\left(\frac{-60^2}{2 \times 19^2}\right) = 11.8 \times 10^{-6}\ \text{g/m}^3 = 11.8\ \mu\text{g/m}^3$$

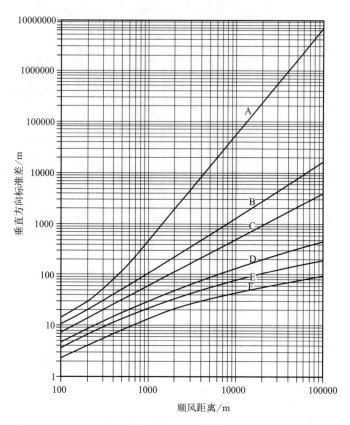

图 18-16　标准差或扩散系数 σ_y 和垂直方向的顺风距离的函数

（来源：Wark 和 Warner，1986）

18.4.1　风速随海拔的变化

目前使用的模型假设风是均匀和单向的，且风的速度可以准确估计。这些假设是不现实的：风向和风速会随时间变化，也随海拔变化。不同海拔风速的变化可以用抛物线风速图估计。即海拔 h 处的风速 u 能通过测定的给定海拔 h_0 处的风速 u_0 并使用关联性来估计。

$$u = u_0 \left(\frac{h}{h_0}\right)^n \tag{18.7}$$

指数 n 为稳定性参数，是经验决定的大气稳定性函数，列于表 18-2。风速通常在海拔 10 m 处的气象站进行测定。

表 18-2 稳定性参数与大气稳定性的关系

稳定条件	n	稳定条件	n
大的气温直减率(A级、B级、C级)	0.20	中等逆温(E级)	0.33
零或小的气温直减率(D级)	0.25	强逆温(F级和G级)	0.50

资料来源：Wark and Warner（1986）。

18.4.2 有效烟囱高度

有效烟囱高度是烟羽开始顺风移动时离地高度：污染物有效释放点和它的扩散来源。许多经验模型用于评估羽流上升高度 h——这个高度高于烟囱，是污染物在顺风扩散前烟羽上升的高度。卡森和摩西（1969）根据不同的稳定性条件开发出用于合理准确估计烟羽上升情况的三个方程。超绝热条件：

$$\Delta h = 3.47 \frac{V_s d}{u} + 5.15 \frac{Q_h^{0.5}}{u} \tag{18.8a}$$

中稳定性：

$$\Delta h = 0.35 \frac{V_s d}{u} + 2.64 \frac{Q_h^{0.5}}{u} \tag{18.8b}$$

微绝热条件：

$$\Delta h = -1.04 \frac{V_s d}{u} + 2.24 \frac{Q_h^{0.5}}{u} \tag{18.8c}$$

式中 V_s——烟囱气体出口速度，m/s；

d——烟囱直径，m；

Q_h——烟囱的热排放速率，kJ/s。

例 18.4 一个发电厂有一个直径 2 米的烟囱并以烟囱出口速度 15 m/s 和 4800 kJ/s 的热排放速率排放气体。风的速度是 5 m/s。稳定性是中度。估计烟羽上升的高度。如果烟囱几何高度为 40 m，烟囱有效高度是多少？

使用方程（18.8b），

$$\Delta h = 0.35 \times \frac{15 \times 2}{5} + 2.64 \times \frac{\sqrt{4800}}{5} = 38.7 (\text{m})$$

$$H = h_g + h = 40 \text{ m} + 38.7 \text{ m} = 78.7 \text{ m}$$

羽流上升和扩散分析的准确性不是很好。未校准的模型只能在一定数量级范围内较好地预测周围环境浓度。为确保合理的有效性和可靠性，模型应该用测量的地平面浓度来校准。

以上讨论的模型只适用于一个连续和稳定的点源排放。离散不连续排放或间断的、较大的地区作为源头（比如停车场）和线污染源（如高速公路），应当使用高斯方法的变形模拟，应用于每种情况的实际表示方式是截然不同的。

18.4.3 评估大气扩散的计算机模型

很多台式计算机上运行的模型具有评估污染物在大气中的扩散行为的功能。高斯扩散方程的基本原理是多次解方程式和输出一个等值线图。

其中一些模型如下：

- DEPOSITION 2.0（美国核管理委员会 NUREG / GR-0006 1993）；
- CAP88-PC（美国能源部，ER8.2，GTN 1992）；
- RISKIND（Yuan 等 1993）；
- HAZCON（桑迪亚国家实验室 1991）；
- TRANSAT（桑迪亚国家实验室 1991）；
- HOTSPOT（劳伦斯利弗莫尔国家实验室 1996）；
- MACCS 2（桑迪亚国家实验室 1993）。

18.5 大气净化

大气自净的过程确实存在，包括重力的影响，与地球表面的接触，或通过降水去除。

18.5.1 重力

空气中的颗粒若直径大于 1 mm，在重力的影响下将会沉降下来；柴油卡车排气装置中排放出来的碳颗粒是一个很好的颗粒物沉降的例子。然而，大多数空气污染物的颗粒太小，以至于它们的沉降速度是大气湍流、黏度、摩擦和重力加速度的函数，而且沉降极其缓慢。直径小于 20 μm 的颗粒仅靠重力很少沉降下来。只有气体吸附到颗粒上或它们凝结成微粒物质，气体会通过重力沉降去除。例如，三氧化硫能够与水和其他悬浮微粒凝结形成硫酸盐颗粒。

足够小的颗粒可以在空气中停留相当久的时间，在空气中扩散，但它们以一种与气态污染物稍微不同的方式扩散。扩散方程必须考虑小颗粒的沉降速度并加以修改。在直径 1～100 μm 之间的颗粒，其沉降速度符合斯托克斯定律。

$$V_t = g d^2 \frac{\rho}{18\mu} \tag{18.9}$$

式中　V_t——沉降终速度，m/s；

　　　g——重力加速度，m/s^2；

　　　d——颗粒直径，m；

　　　ρ——颗粒密度，g；

　　　μ——空气黏度，g/(m·s)。

沉降速度修改了高斯扩散方程（18.3），给出类似小颗粒的扩散方程

$$C(x,y,0) = \frac{Q}{2\pi u \sigma_y \sigma_z} \exp\left(\frac{-y^2}{2\sigma_y^2}\right) \exp\left[-\frac{(H-V_t x/u)^2}{2\sigma_z^2}\right] \tag{18.10}$$

在第一项出现 1/2 是因为沉降颗粒没有在地表面反射。

由于颗粒物沉降到地面上，因此沉降速率 ω 与周围环境浓度相关，如下公式所示：

$$\omega = V_t C(x,y,0) = \frac{V_t Q}{2\pi u \sigma_y \sigma_z} \exp\left(\frac{-y^2}{2\sigma_y^2}\right) \exp\left[-\frac{(H-V_t x/u)^2}{2\sigma_z^2}\right] \tag{18.11}$$

式中　ω——沉降速率，g/(s·m^2)。

例 **18.5**　使用例 18.3 的数据，假设排放颗粒直径是 $10\ \mu m$，密度是 $1\ g/cm^3$，计算沿烟羽中心线顺风 200 m 处的周围地面浓度；沉积速率。空气的动力黏度在 25 ℃ 时是 $0.0185\ g/(m \cdot s)$。

从方程（18.9）可知，沉降速度是

$$V_t = (9.8\ m/s^2) \times (10^{-5}\ m)^2 \times \frac{1\ g/cm^3}{(10^{-6}\ m^3/cm^3) \times 18 \times 0.0185\ g/(m \cdot s)}$$

$$= 0.0029\ m/s = 0.29\ cm/s$$

从例 18.3 可知

$$Q = 18\ g/s$$

$$C(200,0,0) = \frac{18\ g/s}{2\pi \times (5\ m/s) \times 35\ m \times 19\ m} \cdot \exp\left\{ -\frac{1}{2} \times \frac{\left[60\ m - \dfrac{(0.0029\ m/s) \times 200\ m}{5\ m/s} \right]^2}{(19\ m)^2} \right\}$$

$$= 6 \times 10^{-6}\ g/m^3$$

$$= 6.03\ \mu g/m^3$$

然后沉降率为

$$\omega = (0.0029\ m/s) \times (6 \times 10^{-6}\ g/m^3) = 1.74 \times 10^{-8}\ g/(m^2 \cdot s) = 17.4\ ng/(m^2 \cdot s)$$

18.5.2　表面下沉吸收

许多大气中含有的气体是通过地球表面特性吸收的，包括石头、土壤、植被、水体和其他物质。可溶性气体如 SO_2 容易溶解于地表水，这样的溶解会导致可测量的酸化现象。

18.5.3　降水

降水去除大气污染物有两种方法。降雨是一个在"云中"发生的过程，其中非常小的污染物颗粒成为雨滴的核，不断发展并最终如同降水一样落下。冲刷是一个在"云下"发生的过程，污染物粒子和分子通过被冲击雨滴夹带或实际上溶解在雨水中随降水落下。

英国的 SO_2 排放研究阐明了这些去除机制的相对重要性。研究表明，英国 60% 的 SO_2 向地表下沉吸收，15% 的 SO_2 通过降水去除，25% 的 SO_2 从英国向西北方向吹向挪威和瑞典。

18.6　总结

空气污染由排放到空气的污染物和控制排放物扩散的气象条件引起。污染物主要通过风移动，很轻的风会导致扩散不均。其他不利于扩散的条件是

- 经过主导风向上横向风移动较少；
- 稳定的气象条件导致垂直空气流动有限；
- 昼夜温差大和寒冷空气在山谷中滞留导致稳定的条件；
- 雾促进二次污染物的形成并阻碍了太阳对地面的增温和打破逆温；
- 高气压区域导致空气向下垂直流动，缺乏降水，从而影响大气净化。

现在的大气污染事件是可以预测的，在某种程度上是基于气象数据来进行预测的。EPA 及许多州和地方大气污染控制机构正在实施早期预警系统，并采取行动减少污染物排放以及通过预测提供紧急服务。

思考题

18.1 考虑以下温度探测点：地平面，21 ℃；500 m，20 ℃；600 m，19 ℃；1000 m，20 ℃。如果在地面上 600 m 处释放了空气团，它将上升、沉降还是保持在 600 m？如果一个 70 m 高的烟囱释放 30 ℃温度的烟羽，烟羽会是什么类型？羽流上升多高？

18.2 一个位于地面上 10 m 的气象站测定的风速为 1.5 m/s。根据列于表 18-2 的气象条件数据绘制风速相对于海拔变化的图。

18.3 根据下列给定探测点的温度，绘制环境直减率图。

海拔/m	温度/℃	海拔/m	温度/℃
0	20	200	20
50	15	250	15
100	10	300	20
150	15		

如果烟羽在烟囱的出口温度是 15 ℃，烟囱高度是 40 m、120 m 或 240 m 时，预料烟羽分别是什么类型？

18.4 三个工业排放源和空气样本收集站位于地图上的以下坐标（y 轴指向北，x 轴指向东）：

工厂 A 在 $x=3$，$y=3$；
工厂 B 在 $x=3$，$y=1$；
工厂 C 在 $x=8$，$y=8$；
空气样本收集站在 $x=5$，$y=5$。
空气样本收集站的数据如下：

时间/d	风向	微粒密度/($\mu g/m^3$)	SO_2 质量浓度/($\mu g/m^3$)
1	北	80	80
2	东北	120	20
3	西北	30	30
4	北	90	40
5	东北	130	20
6	西南	20	180
7	南	30	100
8	西南	40	200
9	东	100	60
10	西	10	100

绘制风向图和污染图，确定环境污染的罪魁祸首是哪个厂。

18.5 使用方程（18.7），依据风速 u 和扩散常数 σ_y 和 σ_z 推导大气污染物最大地面浓度的表达式。

18.6 发电厂每天燃烧 1000 吨煤，硫磺占煤的 2%。所有的硫黄被完全燃烧并从 100 m 有效高度的烟囱释放到空气中。风速是 6 m/s。

（a）计算沿着烟羽中心线 10 km 顺风处地面 SO_2 的质量浓度

（b）使用风速恒定值，计算 B 级稳定性条件下的最大地面 SO_2 质量浓度

（c）B 级稳定性条件下最大地面 SO_2 质量浓度的顺风距离。

18.7 问题 18.6 中的发电厂使用灰分质量分数为 14% 的煤，其中一半是粉煤灰（在排气中产生）。如果灰烬颗粒（我们假设是相同的）直径为 15 μm，密度为 1.5 g/cm^3，计算在阳光充足的一天 5 km 顺风处和在天气阴的晚上 10 km 顺风处沿烟羽中心线的灰烬沉积速率（使用兼容的最小风速）。

18.8 硫化氢的嗅觉阈值大约是 0.7 $\mu g/m^3$。如果在阴天风速为 3 m/s，每秒从 40 m 有效高度的烟囱中释放 0.08 g H_2S，计算 H_2S 的最大地面浓度并估计该浓度可顺风移动的距离。预估能通过 H_2S 的气味而被检测到的区域（根据 x 和 y 坐标）。

18.9 一设施排放 100 g/s 的 SO_2。在相对晴朗的夜晚（少量云层覆盖）和 2 m/s 的风速下，最大 SO_2 地面质量浓度不能超过 60 $\mu g/m^3$。如果只控制 SO_2 排放的烟囱高度，那么烟囱的有效高度是多少？

18.10 铜冶炼厂每天处理 2000 吨矿石，矿石主要是 $CuFeS_2$，能产生 SO_2 污染物。烟囱高 80 m，出口直径是 2 m，穿过烟囱的热排放速率是 3000 kJ/s。一个阴暗的夜晚风速（以 5 m 测量）为 4 m/s。

（a）计算烟囱的有效高度。

（b）计算 SO_2 的最大地面质量浓度。

（c）估计需要如何控制 SO_2 百分比，才能满足 EPA 24 h Ⅱ 级环境空气质量标准（见第 20 章）。

18.11 发电厂有一个长为 90 m，出口直径为 10 m 的烟囱。车间每天燃烧 31000 吨煤炭，含硫质量分数为 3.5%，所有的硫转化为二氧化硫。煤的热值为 12500 Btu/lb，产生的热量大约 6% 从烟囱散失。从烟囱排出的烟羽温度为 200 ℃。在冬季阴天下午，从距地面 3 米处进行风速测量，地面温度是 0 ℃，显示正北风速为 4 m/s。

（a）通过两种方法判断有效烟囱高度。

（b）使用更为保守的烟囱有效高度值，绘制 SO_2 地面浓度随顺风距离的曲线图。在 10 km 处，在 y 和 z 方向上都绘制出 SO_2 的浓度图。

18.12 如果空气采样站点位于问题 18.11 中工厂东南方 8 km 远处的地面上，采样器预计测量的 SO_2 质量浓度是多少？

18.13 一个废弃的油井顺风 200 m 处的 SO_2 质量浓度是 3.2 g/m^3。阴天的下午，当地面风速是 2.5 m/s 时，SO_2 排放速率是多少？

18.14 发电厂燃烧 2% 的硫煤，有一个直径 1.5 m，长 70 m 的烟囱。出口速度和温度分别是 15 m/s 和 340 ℃。大气条件是 28 ℃ 和 90 kPa 的大气压，并且是一个晴朗的夏日午后，在 10 m 处测得的风速为 2.8 m/s。在 2.5 km 顺风处和离烟羽中心线 300 m 处，地面 SO_2 质量浓度为 143 $\mu g/m^3$。工厂燃烧了多少煤炭？

18.15　在问题 18.14 中的发电厂燃烧灰分质量分数为 10% 的煤炭，20% 的灰被释放到空气中。灰烬的平均密度为 1.0 g/cm³，平均直径 2 μm。计算问题 18.14 所示的点的沉积速率。

18.16　每个帕斯奎尔稳定级别的全国平均频次如下：

A 级：1.1%；

B 级：6.8%；

C 级：11.4%；

D 级：47.2%；

E 级：12.1%；

F / G 级：21.4%。

（a）与每个稳定级别一致的最小风速是多少？为什么？

（b）选择一个最低风速并为 18.14 问题中的发电厂构建等值线。

第 19 章
大气质量监测

大气质量监测的目的是确定大气中所有类型污染物的浓度。我们的呼吸，无法区分自然产生的污染物和人类活动带来的污染物。大气质量的监测分为三类：

• 排放量的测量。这就是对固定污染源的烟道进行取样。样品通过烟囱的一个孔或排气孔被抽出，对其进行现场分析。像汽车这样的移动源在发动机运行和负载下工作时，通过对排放的废气进行采样检测。

• 气象测量。气象因素的测量中风速、风向、直减率等都是必要的，以确定污染物从来源到接受地的路径。

• 环境空气质量的测量。本章中讨论使用各种检测仪器测量环境空气质量。几乎所有的空气污染影响健康的证据都来自于基于这些影响与环境空气质量检测结果的相关性分析。

现代监测和检测设备使用动力驱动的泵和其他的收集装置，可以在相对较短的时间内取得大容量的空气样品。由于所收集的气体被溶解或与收集的液体发生反应，气体往往是通过湿化学进行检测。目前的显示器大都可以提供连续读数。污染物浓度的检测基本上可以由一个读出装置瞬间给出，以便当污染正在发生时可以被实时检测到。

19.1 颗粒物监测

监测环境空气时，需要对直径为 10 μm 或更小的颗粒（PM_{10}）和总悬浮颗粒物（TSP）进行测量。使用的检测设备是大容量采样器或大容量的采样器变体。一个大容量的采样器（图 19-1）就像大多数吸尘器一样，以较高速度抽吸空气通过一个过滤器。24 h 可以抽约

过滤器

鼓风机

图 19-1　大容量采样器

2000 m³ 的空气，采样时间可缩短到 6～24 h。最后进行重量分析，采样周期前后须对过滤器称重，两者之间的差值就是所收集的颗粒的质量。

用流量计检测流经过滤器的空气流量，通常用立方英尺每分钟校准。由于过滤器在其操作数小时后会吸附污垢，测试的后半部分穿过过滤器的空气比起初的空气较少，因此，检测空气流量时，应当检测测试周期开始和结束时的数值，取其平均值。

例 19.1　一个干净的过滤器重 10.00 g，采样 24 h 后，过滤器和灰尘总重 10.10 g。空气流量从开始的 60 ft³/min 到结束的 40 ft³/min，那么空气中颗粒物质量浓度是多少？

$$微粒（灰尘）的质量 = (10.10 - 10.00) \text{ g} \times 10^6 \text{ } \mu g/g = 0.1 \times 10^6 \text{ } \mu g$$

$$平均气流量 = (60 + 40)/2 = 50 (\text{ft}^3/\text{min})$$

$$穿过过滤器的总空气体积 = 50 \text{ ft}^3/\text{min} \times 60 \text{ min/h} \times 24 \text{ h} = 2038 \text{ m}^3$$

$$总悬浮颗粒物质量浓度 = (0.1 \times 10^6 \text{ } \mu g)/2038 \text{ m}^3 = 49 \text{ } \mu g/m^3$$

在检测总悬浮颗粒物时，采用大容量采样器。大容量采样器能够安装各种各样的过滤器，并且可以检测更小的颗粒物，或者是某一特定的尺寸大小的颗粒物。在大容量采样器中，粒径为 10 μm 颗粒物的测量大约需要采样器体积 10 倍的空气量，检测 PM_{10} 时空气流量为 16.7 L/min，而检测总悬浮颗粒物时空气流量仅为 1.4 L/min。相对于总悬浮颗粒物标准来说，大气环境标准更严格（详见第 21 章）。

多级采样器，如图 19-2 所示，也可用于测量微粒，包括吸入颗粒（粒径小于 1.0 μm）——足够小以至于穿透肺部的颗粒物。该取样器包括四个小管子，每个管子的口径逐渐变小，因此具有逐渐增大的流速。进入设备的颗粒物可以足够小，因此，能随着空气流线通过第一个管口，而不会碰到显微玻片。然而，到了第二个管口，颗粒物流速足够大以至于自身的变向能力减弱，就会撞击在玻片上。

颗粒物检测器带有电脑自动输出和记录光路的功能。大容量采样器联合电脑记录仪常常被称为 CAPS，或者计算机辅助颗粒物监测器。

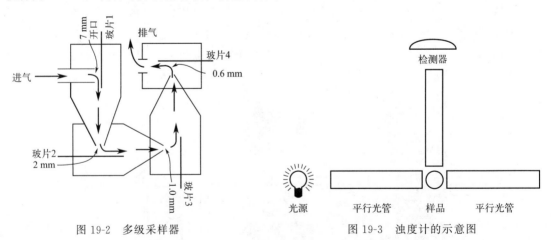

图 19-2　多级采样器　　　　　　　　图 19-3　浊度计的示意图

如图 19-3，浊度计可以实时记录大气质量数据。浊度计测量空气中颗粒物的散射光强度，散射光强度与烟雾浓度或空气中细小颗粒物的浓度成正比。细小颗粒物通过散射降低了能见度，这种散射现象就是我们所说的雾霾。浊度计检测与入射光成 90°角的散射光强度。

该仪器可以用能见度降低百分比或者微克每立方米（$\mu g/m^3$）为单位进行校准。

19.2　气体测量

通常采用化学方法使气体与比色试剂反应，通过测定反应产物颜色的强度来计算气体环境污染物质的环境浓度。

二氧化硫可以通过化学浸渍滤纸测定，因为浸渍滤纸与二氧化硫反应会产生改变颜色的化学物质。例如：与二氧化铅反应形成黑色的硫酸铅，反应式如下：

$$PbO_2 + SO_2 \longrightarrow PbSO_4$$

滤纸黑色区域的范围和颜色的深度与二氧化硫的浓度相关。和臭氧的检测一样，这种二氧化硫的检测需要暴露好几天才能得出检测结果。

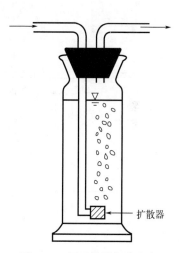

使用鼓泡器将大大缩短采样时间。如图 19-4 所示，气体样品以鼓泡的方式进入溶液，该溶液可与特定的目标气体污染物发生化学反应。气体污染物浓度进一步通过湿化学技术测得。例如，二氧化硫可通过鼓泡式进入双氧水中来检测，反应式为：

$$SO_2 + H_2O_2 \longrightarrow H_2SO_4$$

生成的硫酸的量可通过滴定法（滴定已知浓度的碱液）来测定。

图 19-5 为副品红法测定二氧化硫的示意图，这是测定空气中二氧化硫的标准方法。该方法中，空气被鼓入到四氯汞盐溶液中，四氯汞盐与二氧化硫反应生成络合物，该络合物再与副品红溶液反应，形成有色溶液。溶液颜色深度与二氧化硫浓度成正比，吸收波长为 560 μm 的光，可通过色度仪和分光光度计检测。类似的测定氨浓度的比色法已在第 5 章介绍。

图 19-4　用于检测气态空气污染物的典型鼓泡器

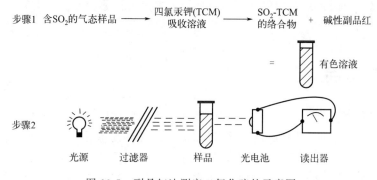

图 19-5　副品红法测定二氧化硫的示意图

大多数鼓泡器不是百分之百有效的；不是所有鼓入的气体通过溶液都能被吸收，而是有一部分会逃逸。可以通过对空气中已知浓度的各种气体进行测试和校正，来评价鼓泡器的量化效率。鼓泡器并不能对大气污染物进行全面的捕集，气相色谱是比较新颖的非常有效的二

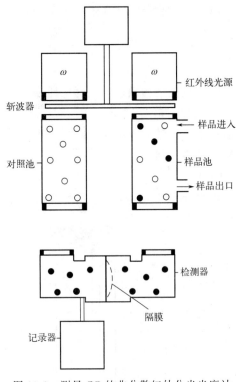

斩波器

红外线光源

对照池

样品进入

样品池

样品出口

检测器

隔膜

记录器

图 19-6   测量 CO 的非分散红外分光光度计

代检测方法，不需要长时间的采样，空气样本可以直接引入到气相色谱仪。

广泛应用的第三代检测仪器是非分散红外分光光度计，用于检测一氧化碳含量，包括汽车日常检查与维护过程中一氧化碳的测定。如同所有非对称的气体分子，一氧化碳在与分子的振动和转动能级对应的特定红外频率下吸收。如图 19-6 所示，空气样品泵入检测器的两个气室中的一个，另一个气室包含氮气这样的参比气体。红外线发出的光通过样品池和对照池。在样品池中的一氧化碳吸收的红外辐射值与样品中 CO 气体浓度成正比。通过两个气体池之后，辐射能都被含有一氧化碳的两个检测池中的气体吸收。一氧化碳吸收红外辐射能后会引起检测池内气体的膨胀，由于参比池内气体不吸收红外辐射能，导致参比池下面的检测器将吸收更多的能量，造成两个检测器中间隔膜的移动。隔膜移动以电子的方式被检测到，并连续传输信号，在记录器中读数。

19.3   参考方法

许多方法可应用于空气污染物浓度的检测，并且一直在不断开发出更新、更快速、更准确、更精确的方法。EPA 已经指定了一系列参考方法，其结果可与其他方法作比较。虽然 EPA 标准的参考方法未必是最佳的，但是那些方法被标准化，其结果有很好的独立重现性。联邦法规的每个年度版本都会对一些参考方法进行改变，欢迎读者进入其官网查找最新的监测和检测标准。当对是否符合空气质量有疑问以及对有毒有害空气污染物进行检测时，参考方法是非常重要的。

19.4   随机样品

在实验室，获得一个用于分析的气体样品是前提条件，但是，获得这种气体的随机样品显得有些困难。排放气体的随机样品是可以相对直截了当地收集的，例如来自汽车的尾气；但同时，我们必须考虑采集器能否承受采样气体的温度。通常使用塑料或者涂有铝的袋子收集气体。气体通过泵入或者自然排放的正压进入袋子中，同时留出一个气体逃逸的小洞。采用该方式获得气体样本可以避免污染问题的发生。

排空的容器可以用于收集随机样本。通常利用真空系统，待取样的气体被排放到先前准备好的空容器中。在取样过程中，一些污染在所难免，因为收集器不可能完全被排空，而且待测空气污染物浓度值一般都很低。如果待取样气体不溶于水，可以通过置换水的方式进行取样。不过，大部分待测空气污染物都溶于水。

19.5 烟囱样品

烟囱采样是值得关注的，通过直接来自烟囱的气体样本可判断其是否符合排放标准，同时大气污染控制装置的处理效果。在中等或者大直径的工业烟囱中，排放出高温气体，气体的浓度随着气流发生变化，其浓度不是均一稳定的，所以采样器要安放在能够采到具有代表性气体的位置。通常需要对烟囱内气流和不同

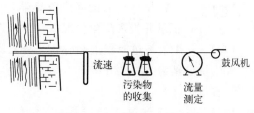

图 19-7 一套烟囱取样流程

位置的流量、温度和污染物浓度，进行一个彻底的检测。如图 19-7 所示，一系列仪器经常用于烟囱采样，因此在每个通风口处，许多参数都可以被检测。

19.6 烟和不透明度

从烟囱中冒出的可以看见的烟通常是工业点源违法排放污染物的唯一直接证据。在没有一套完备的监测系统的情况下，很难对排放气体进行采样和分析，但烟是可以用肉眼观察到的。烟羽的不透明度是仅有的可以操作的检测方法，即使没有足够的仪器检测知识也能够利用它作为检测指标。因此，许多条例仍然把烟气可见度作为烟气浓度的基础评价指标。

通过视觉观察和评估烟气不透明度，即多少数量的光被烟气阻挡，这样就可以检测黑色或灰色烟气的密度。虽然该方法暴露出一些内在的不确定性，但是已被充分应用，因此它的重现性也是相当可靠的。一些重现数据由 EPA 提供。

- 对于黑烟（烟管内含有 133 个装置），监测不透明度的装置的所用读数中，100％的数据的正误差不到 7.5％；99％的数据的正误差小于 5％。（注意：对每一个装置而言，正误差＝25 个观察员的观察值获得的平均不透明度－25 个大气透射计的记录值获得的平均不透明度。）

- 对于白烟（烟管内含 170 个装置，火力发电厂内含 168 个装置，硫酸厂内含 298 个装置），监测不透明度的装置的所用读数中，99％的数据的正误差不到 7.5％；95％的数据的正误差小于 5％。

因此，读取 25 个数据得到的正观测误差可定为 5％。

一个典型的不透明度标准是 20％的不透明度，这是一个几乎不可见的烟气，在很短的时间内，允许 40％的不透明度。目前检测透明度的实践训练主要包括培训执法人员反复观察已经确定的烟气不透明度。

19.7 总结

与水污染一样，大气质量的分析检测应当与样品采样技术一样与时俱进。而且，成熟的分析技术在精度和准确度方面仍然有很多不足之处。大多数环境质量的检测最好作出最合理

的预测。

思考题

19.1   一个直径是 6 in 的降尘收集器，空重 1560 g；在规定时间内放置室外后，其质量为 1570 g，记录并报告降尘情况。

19.2   一个清洁过滤器重 20 g，采样器暴露 24 h 后，该滤器重 20.5 g。开始和结束时的空气流量分别为 70 ft³/min 和 50 ft³/min，计算空气中颗粒物的浓度，判断其是否超过国家空气质量标准？

19.3   一个空气过滤器以平均 70 ft³/min 的流量吸入空气，测得颗粒物质量浓度 200 μg/m³，该空气过滤器工作 12 h，计算在滤膜上的尘埃的质量？

第 20 章
大气污染控制

限制大气中污染物的排放不仅技术要求较高而且成本较大。然而，雨水和沉降是目前唯一可用的大气净化机制，两者都不是很有效，因此良好的空气质量取决于污染预防和对污染物排放的限制。气体排放的控制可能会以多种方式实现。图 20-1 显示了 5 种控制的方式。之前在第 18 章已讨论过扩散现象，在这一章我们将分别讨论剩下的 4 种控制方法。

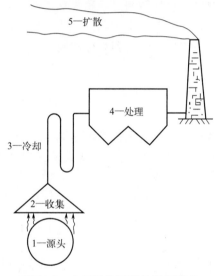

图 20-1　大气污染可能的控制要点

20.1　源头控制

改变或者淘汰在生产过程中能产生大气污染物的工艺远比试图控制排放物容易得多。虽然某些工艺或者某个产品是生活必需品，但是我们可以通过改变方法来控制其生产过程中带来的排放物。例如，汽车尾气使得城市空气中存在很高的铅含量。那么，通过增加一个催化转换器的方法从汽油中消除铅，可以降低城市空气中的铅含量。同样地，在石油和煤炭燃烧之前，去除其中的硫，将减少空气中二氧化硫的含量。假若可以这样，从源头控制就可以改善不少的大气污染。

为了减少大气污染，工艺流程也需要改进。我们可以通过高温氧化产生臭气的有机物来控制城市焚烧炉的臭气。为了控制汽车尾气一氧化碳的排放量，1990 年颁布的《清洁空气法案》规定了含氧燃料的使用。

严格来说，通过使用这些方法，如原材料替代、增加改良设备，使得气体排放达到标准就是我们认为的"控制"。相比较而言，减排是一个术语，用于描述所有能够减少由源头产生大气污染物数量的设备和方法。为了简化，我们将所有过程称为。

20.2　污染物的收集

污染物收集是大气污染控制处理中最困难的一环。汽车尾气就是典型的主要污染物，因为其排放物很难被控制和处理。假如，汽车尾气可以被传输到一个集中处理的设施中，那么每辆车的尾气处理就会变得更高效。

对排放废气进行循环利用是控制大气污染的一种方式。虽然仅仅依靠循环利用排放废气和漏气还是不能达到 1990 年制定的排放标准，但是该方法被证明是一个对于汽车尾气控制有参考价值的开端。许多工厂循环利用排放的废气，通常将一氧化碳和挥发性有机物作为生产工艺中的燃料，因为它们产生二氧化碳的同时还产热。

通过一个或多个大烟囱输送排放气体相对容易收集，但是从窗户、门缝或者墙上的裂缝以及部分在加工原料现场收集灰尘，是一个难题。一些工厂必须对它们整个厂区的空气流量系统进行大规模的维护，才会使工厂废气得到充分控制。

20.3　冷却

有时候等待处理的废气对于处理设备来说温度过高了，所以这类废气必须先进行冷却。冷却是降低温度到污染物凝结点以下，等到它们变成液体以便收集。如图 20-2，稀释、淬火、热交换都是冷却热废气的可行方法。淬火在去除一些气体和颗粒物方面有更多优势，但

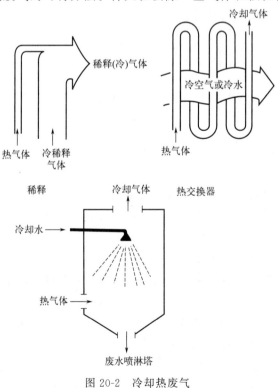

图 20-2　冷却热废气

是它自身产生的废物和高温的液体需要自行处置。冷凝管是广泛应用的冷却方式，也特别适合那些需要利用热量的情况。

20.4　处理

有效的大气污染控制中，正确的处理装置的选择需要匹配污染物的特性以及控制装置的特征。颗粒污染物尺寸存在数量级上的差异，其粒径从理想气体分子级到宏观可见的几毫米不等。一个装置不会有效或者高效地处理来自大烟囱的所有污染物。有时候，污染物本身的化学特征将决定处理工艺。各种空气污染控制装置可简单地分为控制颗粒物的装置和控制气态污染物的装置。

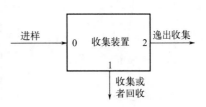

图 20-3　收集装置示意图

收集装置的效率可通过污染物的回收率来评估，如图 20-3。

$$R = \frac{x_1}{x_0} \tag{20.1}$$

式中　R——污染物的回收率；

　　x_1——回收污染物的质量流量；

　　x_0——产生污染物的质量流量。

如果假设分离捕获的污染物的质量流量为 x_2，那么

$$x_0 = x_1 + x_2$$

$$R = \frac{x_1}{x_2 + x_1} \tag{20.2}$$

如果污染物的质量浓度和空气流量已知，那么回收率可以表示为

$$R = \frac{Q_1 C_1}{Q_0 C_0} \tag{20.3}$$

式中，Q 为空气的流量，m^3/s；C 为污染物的质量浓度，kg/m^3；下标 0 和 1 分别对应流入和捕集。

当空气流未知，只有质量浓度可被测得时，回收率可以表示为

$$R = \frac{C_1(C_0 - C_2)}{C_0(C_1 - C_2)} \tag{20.4}$$

在大气污染的术语中，由于污染物的生成是为了将其从空气中分离，这个回收率被称为分离效率或者采集效率。

20.4.1　旋风除尘器

旋风除尘是一种普遍且经济有效的控制颗粒物的方法。单独的旋风除尘通常无法满足大气污染严格控制的规定，但它通常会作为控制装置，比如布袋除尘和电除尘的粗滤器。图 20-4 简单展示了旋风除尘的示意图，图 20-5 给出了更多的除尘细节。污浊空气从旋风除尘器底端进入，随后在旋风除尘器圆锥体中形成强大的漩涡，然后颗粒物通过离心加速逐步到达旋风除尘器的壁上。壁上的摩擦力使得颗粒物减速运动，缓慢地滑到旋风除尘器底端，从

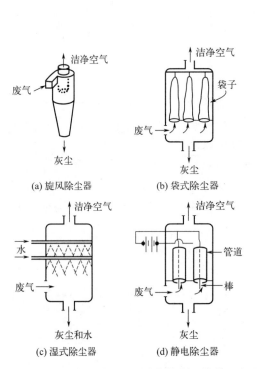

(a) 旋风除尘器　　(b) 袋式除尘器

(c) 湿式除尘器　　(d) 静电除尘器

图 20-4　4 种固定污染源的颗粒物控制（捕获）方法

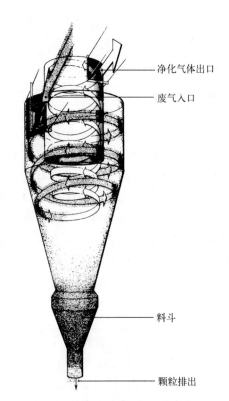

图 20-5　旋风除尘器

（来源：美国肺协会）

而使得颗粒物在底端被收集。清洁空气从旋风除尘器的顶端中心排出。如图 20-6，旋风除尘器对于大颗粒物的收集具有很好的效率，因此广泛应用于环境除尘的第一阶段。

旋风除尘器可根据除尘所需离心加速度的大小而设计尺寸。考虑到颗粒物从旋风除尘器的中央到壁上的快速移动，我们假设颗粒物是球形，其运动是层流运动，那么：

$$v_R = \frac{(\rho_S - \rho) r \omega^2 d^2}{18\mu} \qquad (20.5)$$

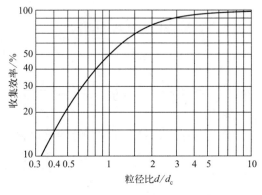

图 20-6　旋风除尘器效率

式中　v_R——径向速度，m/s；

　　　ρ_S——颗粒物密度，kg/m^3；

　　　ρ——空气密度，kg/m^3；

　　　r——径向半径，m；

　　　ω——旋转速度，rad/s；

　　　d——颗粒物直径，m；

　　　μ——空气动力黏度，$kg/(m \cdot s)$。

离心加速度等于切向速度的平方除以半径：

$$r\omega^2 = \frac{v_{\tan}^2}{r}$$

把 $r\omega^2$ 代入方程（20.5）中，得：

$$v_R = \frac{(\rho_S - \rho)d^2}{18\mu} \frac{v_{\tan}^2}{r} \tag{20.6}$$

又因为

$$\frac{(\rho_S - \rho)d^2}{18\mu} = \frac{v}{g}$$

式中，v 为沉降或重力速度，因此

$$v_R = \frac{v}{g} \frac{v_{\tan}^2}{r} \tag{20.7}$$

旋风除尘器的分离系数定义为

$$S = \frac{v_R}{v} \frac{v_{\tan}^2}{rg} \tag{20.8}$$

S 是无量纲的，其值可取 5～2500 不等。一个大的分离系数，需要更高的切向速度，因此，小粒径、高速度的颗粒在旋风除尘器中会产生较大压力损失。另外，大口径旋风除尘器的分离系数较小。

通过旋风除尘器的压力损失可由经验公式得到：

$$\Delta P = \frac{3950KQ^2 P\rho}{T} \tag{20.9}$$

式中　ΔP——压力损失，mH_2O；

Q——气体流量，m^3/s；

P——绝对压强，atm；

ρ——气体密度，kg/m^3；

T——温度，K；

K——比例因子，关于旋风除尘器直径的函数。

K 的近似值在表 20-1 中给出，旋风除尘器的压力损失一般在 39～315 mH_2O 之间。

表 20-1　计算旋风除尘器压降的 K 值

旋风器直径/in	K	旋风器直径/in	K
29	10^{-4}	8	10^{-2}
16	10^{-3}	4	10^{-1}

旋风除尘器的收集效率可用"分割直径"来评价，分割直径是指从气流中提取出 50% 的颗粒时的颗粒直径。分割直径可表示为

$$d_c = \left[\frac{9\mu b}{2\pi N v_i (\rho_s - \rho)}\right]^{1/2} \tag{20.10}$$

式中　μ——空气动力黏度，$kg/(m \cdot s)$；

b——旋风除尘器入口宽度，m；

N——旋风除尘器的有效外涡旋（一般是 4 个）；

v_i——入口气体速度，m/s；

ρ_s——颗粒密度，kg/m^3；

ρ——气体密度，kg/m^3，与 ρ_s 相比通常可忽略不计。

图 20-6 展示了对于任意直径为 d 的颗粒物，分割直径是怎么样来评价旋风除尘器的收集效率的。有效外涡旋近似计算如下：

$$N=\frac{\pi}{H}(2L_2-L_1) \tag{20.11}$$

式中　H——入口高度，m；

　　　L_1——旋风除尘器的圆柱体长度，m；

　　　L_2——旋风除尘器的圆锥长度，m。

例 20.1 旋风除尘器的入口宽度为 10 cm，4 个有效外涡旋（$N=4$），气体温度为 350 K，入口速度为 10 m/s，颗粒物平均直径为 8 μm，平均密度为 1.5 g/cm^3。求收集效率？

在 350 K 时，空气动力黏度为 0.0748 kg/(m·h)；同时空气密度相对于颗粒物密度可忽略不计。

然后使用方程（20.10）得

$$d_c=\left[\frac{9\times[0.0748\ kg/(m\cdot h)]\times 0.1\ m}{2\pi\times 4\times(10\ m/s)\times(3600\ s/h)\times(1500\ kg/m^3)}\right]^{1/2}$$

$$=7.04\times 10^{-6}\ m=7.04\ \mu m$$

$$d/d_c=8/7.04=1.14$$

从图 20-6 中，可得除尘效率大约是 55%。

20.4.2　袋式除尘器

用来控制颗粒物的袋式除尘器的使用方式类似于吸尘器（图 20-4、图 20-7）。污浊气体被吹进或吸进纤维滤袋。袋式除尘器可有效收集亚微米大小的颗粒物，同时也被广泛应用在工业上，尽管它们对于高温或者高湿度非常敏感。

袋式除尘器的基本工作原理类似于水质管理中使用的砂滤器的工作原理，在第 7 章已经讲述。由于表面张力，灰尘颗粒物粘附在纤维上。颗粒物由于受到冲击或者布朗运动被带到纤维内部。去除机理不是简单的筛分，因为袋式除尘器中的空间与纤维比值是1∶1。

当颗粒物粘附在纤维上，去除率会增加，同时压力损失也会增加。总体压力损失是纤维织物本身的压力损失与布袋表面结块或者黏附颗粒物引起的损失之和，可表达为

$$\Delta P=v\mu\left\{\frac{x_f}{K_f}+\frac{x_p}{K_p}\right\} \tag{20.12}$$

式中　ΔP——总压力损失，mH_2O；

　　　v——通过纤维的表面速度，m/s；

　　　μ——气体动力黏度，P；

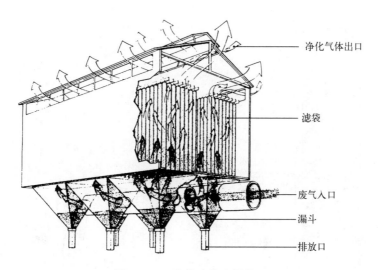

净化气体出口

滤袋

废气入口

漏斗

排放口

图 20-7　工业袋式除尘器装置

（图片来源：美国肺协会）

x——纤维（f）厚度、颗粒层（p）厚度，m；

K——纤维（f）厚度、颗粒层（p）厚度的渗透性。K 值一般根据每种纤维和收集的颗粒物的性质，由实验获得。

20.4.3　湿式收集器

如图 20-4 和图 20-8 所示，喷淋塔和洗涤器能有效去除较大颗粒物。更高效的洗涤器可通过将水引入狭窄喉管的剧烈活动，促进空气和水的接触面积。通常情况下，喉管产生越大的压力，往往会形成更小的气泡或者水滴，因此洗涤器更高效。如图 20-9 所示，文丘里洗涤器经常用于高能的湿式除尘器中。通过文丘里喉管的气流是细长的，进水以高压流的方式垂直作用于进入的气体。文丘里洗涤器针对颗粒粒径大于 5 μm 的颗粒物具有 100% 的去除效率。其压力损失由经验公式得到：

$$\Delta P = v^2 L \times 10^{-6} \tag{20.13}$$

式中　ΔP——通过文丘里洗涤器的压力损失，cmH_2O；

v——喉管口的气体速度，cm/s；

L——水与气的体积比，L/m^3。

湿式除尘器虽然是非常有效的，同时能够捕集气态污染物和细小的颗粒物，但是也存在缺点。洗涤器需要大量的水，那些吸附了灰尘的水，需要进一步处理。或者说那些水的二次使用功能受限。比如在科罗拉多盆地，那里水源短缺，洗涤器使用优先级很低。而且，洗涤器使用能源以及建设和运行都非常昂贵。最后，洗涤器通常还会产生大量可见的水蒸气。

20.4.4　静电除尘器

静电除尘器广泛应用在捕集细小颗粒物上，尤其在进气量很大且在湿式除尘器无法适用的情况下。燃煤发电厂的一级、二级锅炉排放气，通常采用静电除尘器来净化。在静电除尘

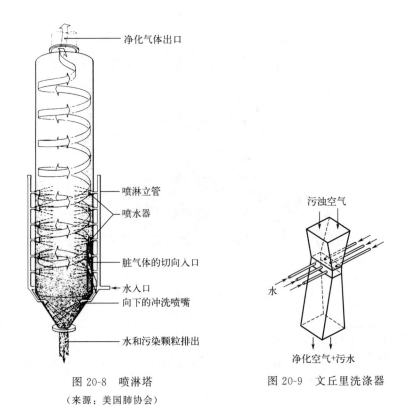

图 20-8　喷淋塔
（来源：美国肺协会）

图 20-9　文丘里洗涤器

器中，当含尘气体通过高压电场时，往往带电，在电场力的作用下，颗粒物沉积在集尘电极上，进而被去除。集尘电极可以是一个绕着高压充电线的圆柱管或者平板。如图 20-10，无论何种情况，必须定时敲击集尘电极，以确保沉积在集尘电极上的颗粒物能从其表面脱离。

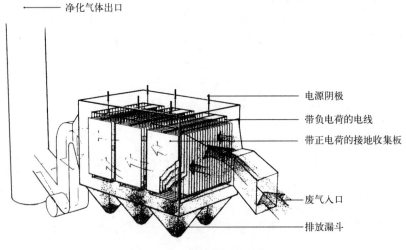

图 20-10　平板静电除尘器
（来源：美国肺协会）

静电除尘器的收集效率可以用一个经验公式计算：

$$R = 1 - \exp\left(\frac{-Av_d}{Q}\right) \tag{20.14}$$

式中　A——静电除尘器总的收集表面积，m^2；

　　　Q——气体通过管子的流速，m^3/s；

　　　v_d——电子漂移速度，m/s。

电子漂移速度是指颗粒物向集尘电极移动的速度，它可以通过在电场中带电颗粒的静电场力计算得到。电子漂移速度类似于终端沉降速度，正如方程（18.9）中所给出的，对于后一种情况，反作用力是重力引力而不是静电力。电子漂移速度可用以下公式计算：

$$v_d = 0.5d \tag{20.15}$$

式中，d 是颗粒物直径；电子漂移速度通常在 $0.03 \sim 0.2$ m/s 之间。

若在集尘电极上安装防尘器，颗粒物的收集效果将降低，尤其是集尘电极安装在圆柱管内部时。此外，有些尘埃具有很高的表面电阻，很难从集尘电极上振落下来，热处理或者水冲洗电极可能可以解决该难题。静电除尘器对细小颗粒具有很好的收集效果。但是，吸附颗粒物数量与静电除尘器的耗电成正比，因此，静电除尘器消耗的电能是巨大的，从而导致操作费用很高。

图 20-11 展示了静电除尘器在处理发电厂排放的废气的效率。最前面的那个大白箱子就是电除尘器。连接右边两个烟囱的静电除尘器已经关闭，这是为了对比左边烟囱使用静电除尘器后的除尘效果。

图 20-11　静电除尘器在煤电厂除尘效率，右侧静电除尘器已被关

20.4.5　颗粒物控制装置的对比

图 20-12 展示了各种装置的收集效率，以及与颗粒物粒径的相关函数，不同装置的收集费用有很大差异。

20.4.6　高效空气过滤器

那些粒径小于 1 μm 的有毒有害颗粒物的去除率需要大于 99.9%。利用真空泵将预前处理的空气吸（或吹）进高效空气过滤器或玻璃过滤器，即可到达上述要求。当然，气体经过高效空气过滤器 4～6 次的处理，可以去除 99.9999% 的颗粒物。高效空气过滤器通常用于去除放射性颗粒物。

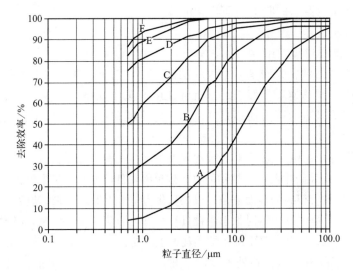

图 20-12　去除效率的比较

A—简单旋风除尘器；B—高效旋风除尘器；C—静电除尘器；D—喷淋塔；E—文丘里洗涤器；F—袋式除尘器

20.5　气态污染物控制

从排放气流中去除气态污染物主要有三种方式：捕集、改变气态污染物的化学性质和改变产生气态污染物的生产工艺。

之前讨论过的湿式除尘器可以通过溶液溶解去除污染物。发电厂尾气中 SO_2 和 NO_2，常常用该种方法去除。填料洗涤器，喷淋塔中装有玻璃板或者玻璃熔块，用来溶解吸附污染物质比常规的湿式除尘器更有效。从铝冶炼厂的排放气体中去除氟化物是填料洗涤器应用的一个例子。吸附或者化学吸附，是指用活性炭吸附剂去除有机污染物（见图 20-13）。

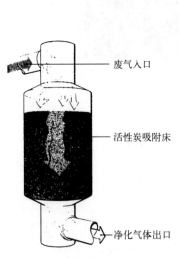

图 20-13　控制气体污染物的吸附器
（来源：美国肺协会）

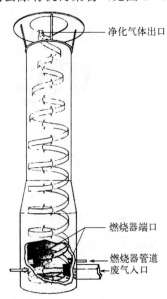

图 20-14　控制气体污染物的焚烧炉
（来源：美国肺协会）

如图 20-14，当有机污染物能够被氧化产生二氧化碳和水，硫化氢被氧化为二氧化硫时，也可以使用焚烧或燃烧的方式。催化燃烧只是焚烧的一个变形方式，该燃烧方式在较低的温度下，可以大大促进污染物燃烧氧化；在接下来的移动源控制上，将会进一步讨论相关问题。图 20-15 对比了焚烧和催化燃烧的工艺。

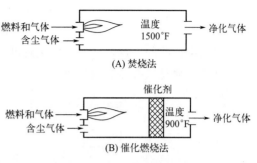

图 20-15　焚烧和催化燃烧的比较

20.5.1　二氧化硫的控制

二氧化硫是广泛存在的，同时也是重要的有毒污染物。在美国，二氧化硫的主要来源是工业化过程中含有硫元素的煤炭、石油的燃烧发电。日益严格的二氧化硫控制标准促进了二氧化硫排放技术的发展和优化创新。优化选项有：

• 提倡低硫燃料。天然气的含硫率相当低，可以用来工业供热。进行发电的石油含硫率在 0.5%～3% 之间，煤炭含硫率在 0.3%～4% 之间。但是，低含硫燃料比较昂贵且供应不稳定。

• 脱硫化。在石油重工业中可通过一系列化学方法降低硫含量，其原理类似于使用含硫化氢较少的原油。在煤炭中，硫元素要么无机固定化［如黄铁矿（FeS_2）］，要么有机固定化。黄铁矿可通过粉碎煤炭并添加清洁剂冲洗的方式来降低含硫率。有机固定化的硫一般通过添加强酸洗涤来达到目的。优先考虑的方式是煤气化，该方法产生管道煤气，或采用溶剂萃取的方法，产生低含硫的液体燃料。

• 高烟囱。虽然高烟囱的方式会减少地面上的气体污染浓度（见方程 18.5、方程 18.6），但该方法不在污染物控制措施考虑范围之内。美国联邦法规还没有针对加高烟囱控制污染物的做法采取相应的处罚措施。

• 烟道气脱硫化。燃烧产生的尾气或者产二氧化硫的工艺中产生的废气统称为烟道气。管道气中的二氧化硫可以通过化学方式净化，该方法会在第 21 章中讨论。在烟道气脱硫处理方式中，常用二氧化硫生成硫酸或者其他硫酸盐的方式。该方法有两点受限：①管道气在进入制酸厂前，必须清除颗粒物；②只有一定质量浓度（0.03～30000mg/L）的气流，才有利于反应制酸。制酸的反应方程式为

$$SO_2 + 1/2O_2 \longrightarrow SO_3$$
$$SO_3 + H_2O \longrightarrow H_2SO_4$$

双接触制酸厂可以生成 98% 的工业硫酸。有色金属冶炼和精细化工大多采用该方法来控制硫。类似的操作可以进行硫酸铵-肥料，石膏-硫酸钙的制备。

来自化石燃料燃烧的管道气中的二氧化硫气体太稀薄，不允许将其捕集来制酸或做肥料和石膏。另外煤燃烧的尾气也很浑浊。来自化石燃料燃烧产生的尾气二氧化硫首先通过石灰-石灰石混合物被捕集生成硫酸钙。该混合物通过煅烧石灰石，向洗涤器中注入石灰，并向锅炉中添加石灰石来生成。虽然二氧化硫被吸收后生成亚硫酸钙或硫酸钙，但石灰-石灰石混合物产生了固体废物处置的新问题。

管道气脱硫方式，即捕集二氧化硫生成亚硫酸盐取代硫酸盐的方式，产生的二次材料将减缓固体废物的处置压力。一种典型的简单的碱性吸收法，反应方程式如下：

$$SO_2 + Na_2SO_3 + H_2O \longrightarrow 2NaHSO_3$$
$$2NaHSO_3 \longrightarrow Na_2SO_3 + H_2O + SO_2$$

该工艺中回收的一定浓度的二氧化硫可用于纸浆和造纸工业或者制酸厂。图 20-16 是碱性溶液淋洗二氧化硫气体的示意图。

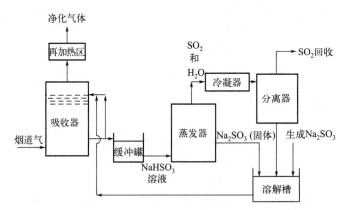

图 20-16   再生废气单碱淋洗简化图

双碱液淋洗方式作为一个改良的系统，具有更高的效率和更少的浪费。主要的淋洗循环能够把二氧化硫溶解在氢氧化钠溶液中，形成酸性亚硫酸钠，反应方程式为

$$SO_2 + NaOH \longrightarrow NaHSO_3$$

第二步中添加石灰，重新生成氢氧化钠和亚硫酸钙。

烟道气中的二氧化硫可以通过柠檬酸水溶液溶解来去除，反应式如下：

$$SO_2 \ (g) + H_2O \ (l) \longrightarrow HSO_3 + H^+$$

柠檬酸盐不参与该反应，是作为缓冲剂，维持反应所需的 pH 值为 4.5。柠檬酸盐缓冲剂是容易再生的。用柠檬酸盐工艺去除二氧化硫的效率在 80%～99% 之间，远远好于碱性溶液吸收二氧化硫的效率（75%）。

20.5.2   氮氧化物的控制

湿式除尘器既可以吸收 NO_2 也可以吸收 SO_2，但是湿式除尘器没有专门安装控制 NO_2 的装置。火力发电厂使用的有效控制措施是根据化学计量数来控制投放各反应物的比例，使得其完全燃烧。该方法在燃烧过程中，通过限制空气量（氧气量）来控制 NO 的产生，仅仅比理论上多一点点氧气量。例如，天然气的燃烧方程式：

$$CH_4 + O_2 \longrightarrow 2O_2 + CO_2$$

空气中，高温燃烧有利于氮生成一氧化氮（最终被氧化成二氧化氮）。

$$N_2 + O_2 \longrightarrow 2NO$$

天然气燃烧中，按照化学计量比例需氧量为

$$O_2(32 \ g) : CH_4(16 \ g)$$

作为助燃空气，其含氧量稍微过量时，本质上所有的氧气都参与燃料反应，而不是与氮气结合。在实践中，可通过调整进入焚烧室的空气流量，直到看不到明显的烟雾，从而实现非化学计量燃烧。

20.5.3　挥发性有机物和臭气控制

挥发性有机物和臭气可通过彻底的破坏性氧化反应进行控制，要么焚烧，要么催化燃烧，因为那些气体是微溶于淋洗介质的。在"催化焚烧炉"内利用金属氧化物或混合金属氧化物作为催化剂，操作温度在 450 ℃ 甚至更高；催化焚烧炉可以破坏 95%～99% 的有机物如氯烃。高效的焚烧炉取决于所使用的催化剂，需要考验催化剂在高温条件下的性能。在 1996 年前，这样的催化剂通常是不可用的。

20.5.4　二氧化碳的控制

二氧化碳的产生是含碳化合物的氧化所致；所有的燃烧和呼吸作用、蔬菜物质缓慢氧化都会产生二氧化碳。世界上的海洋吸收 CO_2，形成碳酸盐，植物光合作用从空气中去除 CO_2。然而，那些除去 CO_2 的自然现象没能追赶上逐年增加的 CO_2 排放量。火力发电和运输都极大地提高了 CO_2 的质量浓度。

火力发电厂排放的 CO_2 气体，可以通过碱性溶液的淋洗去除，同时产生碳酸盐。但是这个相对低效的工艺需要大量淋洗溶剂且产生大量的碳酸盐。目前二氧化碳减排的方法是利用其他方式发电替代化石燃料燃烧。核反应、水力发电、太阳能以及风力发电都不会产生 CO_2。然而所有的能量转换方式都将对环境产生影响，水力和风力发电都受限于具体位置。核能将产生与裂变材料一样的辐射污染。太阳能相对低效，但需要大量的陆地面积。生物质的燃烧也产生 CO_2。

节约能源是减少 CO_2 排放的显著措施。通过能源节约明显限制了 CO_2 的排放量，这需要鼓励更多自发性节约行为，并可能引起生活方式和社会的变化。

非化石燃料能源转换方法的探讨超出了本书讨论的范畴。然而，我们很期待在未来看到相关方法的利用。

20.6　移动源控制

移动源控制是一种特殊的污染控制，汽车作为其中一个源头在空气污染控制中受到特别的关注。那些移动污染源的控制，例如小型载重车、重卡、柴油车，就像控制汽车尾气排放一样需要被控制。汽车中重要污染物控制在图 20-17 中列出，有：

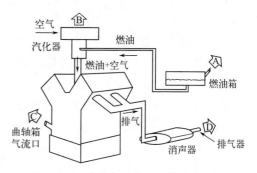

图 20-17　内燃机四个主要排放点图解

- 来自燃油箱的碳氢化合物（HC）的蒸发；
- 来自化油器的碳氢化合物的蒸发；
- 来自曲轴箱的未燃烧汽油和部分氧化的碳氢化合物排放物；
- 尾气中的 CO、HC 和 NO/NO_2。

当引擎关闭后化油器中的热汽油蒸发，汽缸和化油器里蒸发损失时常发生。这些汽化物能够被活性炭罐捕集，然后被净化，最后在引擎中燃烧，如图 20-18。曲轴箱的排气口能与大气隔离，然后气体再循环进入进气管。曲轴箱强制通风阀（PCV）是一种小型的止回阀，防止压力在曲轴箱中的累积。

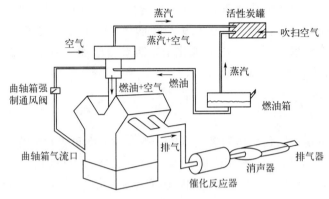

图 20-18　内燃机控制排放的方法

汽车尾气中碳氢化合物大约占了 60％，其中大部分是一氧化氮、一氧化碳和铅，这给汽车尾气控制制造了难题。尾气排放主要取决于引擎的工作情况，正如表 20-2 所示。加速的时候，燃烧很充分，一氧化碳和碳氢化合物含量很低，NO/NO_2 的比值较高。减速的时候，NO/NO_2 比值较低，由于化石燃料的不充分燃烧，碳氢化合物含量较高。排放物的这一变化，促使 EPA 制定就汽车加速-减速循环过程中尾气测定的标准。测试从冷启动到加速，再到匀速、减速，最后再到热启动。

表 20-2　发动机运行对废气排放物的影响（怠速时的排放情况）

项目	CO	HC	NO/NO_2
怠速	1.0	1.0	1.0
加速	0.6	0.4	100
匀速	0.6	0.3	66
减速	0.6	11.4	1.0

排放控制技术包括引擎调整、引擎改良、排放气体回注以及增加催化反应装置。一个运行良好的引擎是排放控制的第一道防线。

被广泛接受的引擎改良技术是可行的。水喷射可以减少 NO 的排放，喷射燃料能够减少 CO 和 HC 排放量。燃料喷射方式与水喷射方式是不兼容的，因为水的喷射阻碍了燃料喷射。分层充气发动机只需很低的空气和燃料比，将减少 CO 和 HC 排放量，同时 NO 不会明显增加。引擎的两个隔室（成层化）将实现这样的结果：第一间隔室接收和点燃空气和燃料混合物，第二间隔室为高效燃烧提供了一个浓烈的火焰。该引擎可以减少 90％ 的 CO 排放量。

通过引擎循环排放气体可以减少 60％ 的 CO 和碳氢化合物排放量。针对普通引擎的改良措施，我们只需增加一个废气再循环装置（EGR），外加必要的配件，该系统要在废气再循环之前，冷却废气，防止活塞表面热变形。废气再循环的方式尽管会增加引擎的磨损，但依然是受欢迎的和可接受的排放控制手段，但是自 1980 年之后，由于 CO 的排放控制标准减少 90％，该方法无法实现。

美国自从 1983 年以来，出售的新车都要求安装催化转换器来到达废气排放标准。现在，该装置是每辆车的标配设备。现代三级催化转换器执行两个功能：氧化 CO 和 HC，生成 CO_2 和 H_2O，减少 N_2 到 NO 的转换。使用铂-铑催化剂，在第一阶段，燃料充足情况下，消耗 O_2 来实现 NO 的减少。然后，空气被引入到第二阶段，CO 和 HC 在低温下被氧化。由于催化转换器受到无机铅污染将无法正常运行，因此汽车使用的汽油必须是无铅汽油。另外，催化转换器还需定期维护。

柴油引擎与汽油引擎一样，主要有三类污染物，可能各自的比例不同。此外，重型柴油车辆由于碳的不完全燃烧会产生恼人的黑烟。直到 1990 年推出《清洁空气法案》，美国开始对柴油车废气进行控制。因此，少许有关控制柴油车废气的研究提高到开发可应用的运行装置水平。

大幅降低排放量，以产生一个几乎无污染的发动机将需要一个外部的内燃机，它可以将三种主要污染物的去除率控制在 99％ 以上。虽然 1968 年就已经开始对移动的外部内燃机的研究，但是目前还没建成。一个工作模型需要一种工作燃料蒸汽，该燃料蒸汽不易燃，但具有比水低的热容，并且工作燃料和燃烧燃料之间的连接将允许外部内燃机驱动的汽车具有快速加速的性能。

天然气可用于燃料汽车，但天然气供应不足。除了缺乏一个稳定的供应外，更大的挑战是其加燃料系统与汽油车不同。电动汽车也是清洁的，但是电量储存有限，行驶距离有限。同时，发电的电力设备也会产生污染，世界上为电动汽车提供转换的电池材料供应较紧张。汽油/电混合动力汽车在 2001 年被引入，其使用带有充电马达的引擎。1990 年的《清洁空气法案》要求违反国家环境空气质量标准的城市，在冬季销售含氧燃料。含氧燃料是包含 10％ 的乙醇的汽油，这将提升 CO 到 CO_2 的转化效率。它在清洁城市空气中的功效有待见证。

20.7　全球气候变化控制

参与全球气候变化的两类型化合物是能够通过光化学反应产生游离卤素原子，进而破坏臭氧层的化合物，以及在近红外光谱区吸收能量化合物，最终会导致全球温度变化。第一组由氯氟烃组成。控制氯氟烃可以从控制制冷系统的泄漏着手。含氯氟烃的气溶胶很实用且方便，但是它们对于大多数应用商品来说不是必需的。气溶胶除臭剂、清洁剂、喷漆、发胶等可分别由滚涂、擦净、抹上油漆和打摩斯来替代。在许多应用领域，雾化液体能起到相同的工作功效。

20.8　总结

这一章是主要致力于描述控制空气污染的方法和装置，但这些装置通常属于很昂贵的控制技术。环境工程就是研发价廉且高效的控制装置，最有效的控制点通常是工艺线上最快的。最有效的控制是在工艺开始时实现的，或者更好的是研究一个能产生更少污染物的工艺。例如，公共汽车代替私家车，节能而不是无限扩大发电能力。这样的考虑才是好工程，能够实践且具有经济性，同时也是合理和明智的。

思考题

20.1 考虑成本、易于操作和最终处置废气的效率，根据以下特征，你会建议哪种排放控制装置？

(a) 粉尘颗粒直径 $5 \sim 10$ μm。

(b) 气体包含 20% 的 SO_2 和 80% 的 N_2。

(c) 气体包含 90% 的 HC 和 10% 的 O_2。

20.2 一个工厂排放的废气具有以下特点：80% N_2、15% O_2、5% CO，你会推荐哪种空气排放控制装置？

20.3 威士忌酒厂已聘请你当顾问，为新工厂的空气污染控制设备做设计，这个新工厂位于居民区的逆风向，你会遇到什么问题？你将采取什么控制策略？

20.4 尘埃平均密度为 $1.2 g/cm^3$，颗粒物尺寸分析如下：

平均直径/μm	颗粒物所占百分比％	平均直径/μm	颗粒物所占百分比/％
0.05	10		
0.1	20	1.0	35
0.5	25	5.0	10

该尘埃被直径为 0.51 m 的旋风除尘器捕集，空气入口宽度为 15 cm，入口长度为 25 cm，有 5 个外涡旋，进气流量为 2.0 m^3/s。

(a) 去除效率是多少？

(b) 在 20 ℃，1 个大气压下，压力损失是多少？

(c) 分离系数是多少？这是个高效的旋风除尘器吗？

20.5 一个板式静电除尘器去除直径 0.5 μm，流量为 2.0 m^3/s 的颗粒物，40 块板，间隔 5 cm，高 3 m，理想状态下，集尘板需要多深才能实现去除颗粒物的目标？

20.6 颗粒物电子漂移速度为 0.15 m/s 的尘埃，总的空气流量为 $60 m^3/s$，为了实现颗粒物去除 90% 的目标，需要多少个 10 m×10 m 的板？

20.7 根据问题 20.4 中所述的条件，参考图 20-12 的曲线，计算标准旋风除尘器、静电除尘器、袋式除尘器的去除效率。

20.8 确定直径为 0.5 m 旋风除尘器的除尘效率，流速为 0.4 m^3/s，气体温度为 25 ℃。入口宽度为 0.13 m^2，接触面积为 0.04 m^2，颗粒物直径为 10 μm，密度为 $2 g/cm^3$。

20.9 一个静电除尘器具有以下规格：高度为 7.5 m，长度为 5 m，通道数为 3 个，板间隔 0.3 m，流量为 18 m^3/s，颗粒物直径为 0.35 μm，电子漂移速度为 0.162 m/s。计算除尘效率。

20.10 对于问题 20.9，如果两倍的长度，除尘效率将增加多少？如果两倍的集尘板数并且流量为 9 m^3/s，除尘效率将增加多少？

20.11 炼铜厂每天用矿石（基本上为 CuS_2）生产 500 t 铜，在这个过程中产生的二氧化硫被捕集到制酸厂，生产质量分数为 98% 的工业硫酸，其相对密度为 2.3。如果 75% 的 SO_2 被收集到制酸厂，每天可以生成多少升质量分数为 98% 的硫酸？

20.12　一周有 168 小时，这样一天 24 小时就是一周的 14.3%。因此，如果每个星期有一次 24 小时没有电的周期，你一周可以减少你个人用电的 14.3%。你必须缩减或改变什么样的活动？你也可以将周期设定为每周有 3 个 8 小时、6 个 4 小时时段停电。但是你应在白天展开实施，包括高峰用电时间段，以及低谷用电时间段。如果一个火力发电厂的热转化效率为 42%，那么你个人减排的 CO_2 是多少？

第 21 章
空气污染法

同水污染一样，一套系统的法律法规可以对大气污染治理技术的使用进行管理。本章将对空气污染相关法律，从它的首部公共法律到已通过的联邦通用法律和行政计划的演变进行描述。监管机构遇到的问题和污染源是需要特别强调和解决的事情，因为它们可能影响自身系统也可能对未来的经济发展产生影响。图 21-1 提供了彻底解决这个问题的路径图。

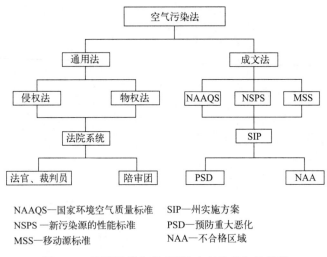

NAAQS—国家环境空气质量标准　　SIP—州实施方案
NSPS—新污染源的性能标准　　　　PSD—预防重大恶化
MSS—移动源标准　　　　　　　　NAA—不合格区域

图 21-1　美国联邦政府《清洁空气法案》示意图

21.1　空气质量及通用法

当大气污染源影响到个人或团体的利益时，可通过通用法律准则中的两个分支寻求帮助。近年来这些法律实施的效果很不错，可适用的特例如下：

- 侵权法
- 物权法

受侵害的原告一方可以以破坏个人幸福或损坏财产为由上诉并向被告方寻求补偿。

21.1.1　侵权法

侵权行为是一种发生在一个或多个人身上的侵害行为。人为的事故和接触空气中的有害化学物质都是典型的事件，这些都被包括在这个法律分支中。污染者需对人体健康的损害负责，包括三大类：侵权行为赔偿责任、过失和严格赔偿责任。

申请故意伤害责任需要进行证明，大气污染赔偿情况的证明是特别复杂的。首先必须确定"错误"是真实发生的，这一过程可能依赖于直接的统计证据或强大的推断，如实验室大鼠实验的结果。此外，犯"错误"的动机必须成立，涉及产生的证据以书面文件的形式或证词形式直接从被告个人或群体中获得。这样的证据不容易获得，如果故意伤害责任的证明达到法庭的要求，受到侵害的原告可以得到实际损失以及惩罚性赔偿。

对大气污染的不重视可能会导致更多的侵害事件发生。法庭上需要的证据主要是被告缺乏合理申诉的部分。这种经常被忽视的大气污染的例子包括未能检查静电除尘器的运行和维护，或未能设计大小适当的减排技术。同样，损害赔偿可以被判给原告。

严格赔偿责任不考虑被告的过失心境。在某些极端情况下，如果伤害发生，法院认为有些异常危险的行为需要进行严格的赔偿。法院会对危险行为相关的公用事业进行衡量。例如，某工业可能会排放放射性或高浓度有毒气体。

如果个人伤害是由已知的大气污染源引起的，受损方可以通过民法法院要求被告支付财产损失或要求禁令阻止污染源污染。在很多情况下，侵权法在处理控制大气污染和赔偿时是不恰当的。

21.1.2　物权法

物权法是侧重于损害和财产权利的理论；损害是基于对使用或享有财产的干扰，而财产权利是基于对财产的实际侵犯。物权法是建立在古代土地所有者行为上的，涉及到财产等方面的损害和侵犯。原告以一个物权法中的案例为基础来争取机会，分成许多小事件，以此希望法院能做到有效监管，因为它平衡着社会效用与个人财产权。

损害是公共法中涉及环境问题的最常见的一种法律行为。一方面，公共损害包括不合理的干扰，如公众常见的空气清洁权。政府工作人员应该代表被空气污染所伤害的公众把此案交于法庭。另一方面，私人损害是基于不合理干扰私有财产的使用权。损害行为的关键是法院如何定义不合理的干扰。基于先例和相关各方的争论，民法法院通过衡量特定情况，如公平、困难和伤害等，本着有利于原告或被告的规则进行公平的判罚。

非法侵入和损害的理论非常相似。主要的区别在于一些物理侵入，在技术上无论多么小也是一种侵权。损害理论的成立要求所占区域受到不合理的干扰，具体结果取决于法院如何定义不合理。非法侵入是相对简单的。非法侵入的例子包括物理行走、附近地表或地下地层的振动以及从单个烟囱中流出的气体和微观颗粒。

总之，通用法通常在处理空气污染的问题时证据不足。在法庭上需要严格的证据往往导致做出有利于被告的判罚。此外，案件的技术性和复杂性往往会限制法院采取保护受害者行动的能力，复杂的测试和专业人员的缺乏经常导致原告被迫撤诉。更糟糕的是，由于缺乏民法法庭具体案件的裁定法规，不仅阻止了法官对个人案件的裁决，更使得除个人外的群体遭受空气污染的伤害。

这些通用法律的一个关键方面是它们的变化程度。通常情况下，每个州都有自己的通用法律体系，个人对法院系统的依赖性一般仅限于通用法律适用的州。考虑到固有通用法律的缺点，国会通过了一个联邦《清洁空气法案》。

21.2　成文法

联邦制定控制空气污染的成文法始于 1963 年的联邦《清洁空气法案》和 1967 年的《空

气质量控制法》。虽然这些法律提供了常见的清洁空气目标和研究经费，但它们不适用于控制整个美国的空气污染问题，只适合于空气特别脏的区域。1970 年，美国修订了国家的《清洁空气法案》，EPA 颁布并执行清洁空气法规。1977 年，关于保护特别干净区域（"防止重大恶化"）的法规添加到了《空气清洁法案》中，同时加强了对违反规定的处罚及延长了每日汽车排放标准的法规的执行。1990 年，修正案专注有毒空气污染物和控制所有车辆污染物的排放，而 1970 年的修正案成为现有的联邦《清洁空气法案》的基础。

21.2.1 国家环境空气质量标准

EPA 被授权来确定美国环境空气污染物允许存在的浓度，这就是国家环境空气质量标准（NAAQS），也是历史上发布全国性策略来保护空气质量的焦点。国家环境空气质量标准的一级标准是保护人类健康，降低排污量。国家环境空气质量标准中二级标准则是一种"保护福利"。后者水平实际上被确定为保护植被所需的水平。这些标准在表 21-1 中列出。

表 21-1 部分国家环境空气质量标准（NAAQS）

污染物	一级标准		二级标准	
	10^{-6}	$\mu g/m^3$	10^{-6}	$\mu g/m^3$
直径小于 10 μm 的微粒物（PM_{10}）：24 h 的平均值	—	150	—	150
年几何平均值	—	50	—	50
二氧化硫 3 h 最大值	0.5	1300	—	—
二氧化硫 24 h 平均值	0.14	365	0.02	60
二氧化硫年算术平均值	0.03	80	0.1	260
氮氧化合物年平均值	0.053	100	0.053	100
一氧化碳 1 h 内最大值	9	10000	9	10000
一氧化碳 8 h 内最大值	35	40000	35	40000
臭氧 1 h 内最大值	0.12	210	0.12	210
铅季度算术平均值	—	1.5	—	1.5

国家环境空气质量标准是在广泛收集信息和数据的基础上制定的，这些数据来源于空气污染物对人类健康、生态系统、植被和材料的影响。这些文件被 EPA 称为"标准文件"，国家环境空气质量标准中存在的污染物有时也被称为"标准污染物"，数据显示所有标准污染物低于阈值时不存在损害行为。

在《清洁空气法案》的规定中，大多数执法权由 EPA 授予各州，各州必须声明可以根据国家环境空气质量标准规定的标准进行空气的净化。这意味着每个州都将实施计划（SIP），实施计划的文件包含国家所有有关空气污染控制的法规，包括各个州的地方性规章。实施计划必须经 EPA 批准，一旦批准将受联邦法律的约束。

21.2.2 排放标准

在《清洁空气法案》的第 111 章，EPA 有权对新的或明确来源的标准污染物制定排放标准（在《清洁空气法案》中被称为"性能标准"）。各州可对现有污染源设置性能标准且有权执行 EPA 的新污染源的性能标准（NSPS）。EPA 也委托某些地区（如：阿拉巴马州）来开发形成他们的新污染源的性能标准。新污染源的性能标准中行业的优先级列表从 1971 年开始产生；新的技术也可以推动新污染源的性能标准的修订。各个行业的列表和新污染源的性能标准比较长，表 21-2 给出部分典型的新污染源的性能标准。

表 21-2　从美国联邦法规（2001）引用的一些类型的新污染源的性能标准

设施	新污染源的性能标准			
	最小的尺寸	悬浮微粒/(kg/kJ)[①]	SO_2(kg/kJ)[①]	NO_x(kg/kJ)[①]
煤锅炉发电站	250 MBtu/h	1.3×10^{-8}	5.2×10^{-8}	8.6×10^{-8}
燃油锅炉发电站	250 MBtu/h	—	3.2×10^{-8}	1.29×10^{-8}
天然气锅炉发电站	—	—	—	1.29×10^{-8}
H_2SO_4 工厂	—	—	产酸 2 kg/t	—
MSW 焚化炉	250 t/d	24 mg/dscf[②]	30 ppm[③]	180 ppm[③]

①"kg/kJ"意思是每千焦耳热量输入对应的质量，除非另有说明，排放标准以 kg/kJ 为单位。
②"dscf"意思是每标准立方英尺干燥气体，修正为 7% 的氧气。
③"ppm"是体积浓度单位，即体积的百万分之一。

如果工业设施每年排放 10 吨列表污染物中的任何有害物质或者 25 吨有害物质的任意组合，那么工厂设施必须使用去除污染物的排放技术。工业污染源的类别是从数百个工厂中选出来的，包括：工厂外部燃烧的锅炉、印刷和出版、废油燃烧、汽油销售、玻璃制造。

每一个"主要来源"的定义是根据 10～25 t/a 的限制量来确定的，必须实现最大可行控制技术（MACT）的排放。基于诸多案例，一个实施计划可要求安装控制设备，改变某个工业或商业产出过程，在生产过程中替代材料，改变工作方法，培训和认证经营者和员工。最大可行控制技术中的要求还会影响《清洁空气法案》实施中涉及到的空气污染源问题。

在《清洁空气法案》的第 112 章，EPA 有权设置有害气体污染物的排放、性能国家标准（NESHAPS）。新的《清洁空气法案》要求 EPA 制定一个物质列表进行监管。基于正在进行的研究，物质可以被添加到列表中，也可从列表中移除。当前列表中包含大约 170 种污染物。一些化合物如表 21-3 所示。其中一些化合物是常用的物质，如：乙二醇（防冻剂）、苯乙烯（塑料成分）和甲醇（木醇）。

表 21-3　规定的危险物质的部分列表

二氯乙烷	六氯丁二烯	一溴甲烷	磷化氢
乙二醇	己烷	甲基氯	磷
乙烯亚胺（氮丙啶）	肼	二苯基甲烷二异氰酸酯	邻苯二甲酸酐
环氧乙烷	盐酸	卫生球	多氯联苯
亚乙基硫脲	氟化氢（氢氟酸）	硝基苯	喹啉
亚乙基二氯（1,1-二氯乙烷）	对苯二酚	对硫磷	醌
甲醛	林丹（所有异构体）	五氯苯酚	苯乙烯
七氯	甲醇	苯酚	四氯乙烯
六氯代苯	甲氧氯	碳酰氯	甲苯

续表

毒杀芬	醋酸乙烯酯	四氯代钛	锑化合物
1,2,4-三氯苯	溴乙烯	邻二甲苯	砷化合物(无机)
三氯乙烯	氯乙烯	间二甲苯	铅
2,4,5-三氯苯酚	偏二氯乙烯	对二甲苯	

21.2.3 预防严重恶化

1973 年，塞拉俱乐部因为一些地区的空气比国家环境空气质量标准中的要求更加清洁但未受到保护而起诉 EPA 没能保护美国部分地区空气的清洁，且控告胜诉。作为回应，国会将预防严重恶化（PSD）纳入了 1977 年和 1990 年的《清洁空气法案》。为了预防严重恶化的目的将美国分为一级和二级地区。一级就是所谓的强制一级区域，即所有的超过 5000 acre 的国家荒野地区和所有面积大于 6000 acre 的国家公园和纪念碑，美国原住民部落希望被指定为一级区域。美国余下的场所就是二级。

到目前为止，预防严重恶化涉及的污染物仅有二氧化硫和颗粒物。预防严重恶化限制了增量，如表 21-4。

表 21-4   预防严重恶化下允许的最大增量

类型	悬浮微粒		SO_2		
	年平均	24 h 内最大	年平均	24 h 最大	3 h 最大
I	5	10	2	5	25
II	19	37	20	91	512
III	37	75	40	182	700

一个行业想要建立一个新的设施必须用一年的天气数据模拟大气扩散模式，表明该设备将不超过允许的增量。在这样的情况下，该行业从 EPA 获得预防严重恶化许可，预防严重恶化排放许可制度对新设施选址有相当大的影响。此外，任何新项目在未达标区域，不仅需要最严格的空气污染控制技术，还必须保证新设施的任何排放能够被"抵消"。在新设施开始运行之前，其他一些设施必须能够消除其排放的 15 t/a 的颗粒物。

如果某处的环境浓度已经接近 NAAQS，而预防严重恶化限制允许它们超过标准，那么预防严重恶化限制明显没有实际意义的。

21.2.4 未达标准

一个区域中的一个或多个标准污染物每年有一次以上超过国家环境空气质量标准，该区域被称为该污染物的"非达标区"。如果有未达标的铅、钴或臭氧，那么减少交通计划和控制气体排放程序的计划是需要的。不遵守规定将导致联邦公路建设资金的损失。

如果一个固定源排放未达标，那么必须启动一个抵消计划。这一计划要求现有的固定污染源排放减少，总排放量在新的来源运行下将会比以前少。未达标地区新来源必须达到最低排放率（LAER），而不必考虑控制排放的成本。

抵消计划允许未达标地区的工业进行发展，但给空气污染控制工程师提出一个特别的挑战。抵消代表了原本不需要的减排。一些行动能够抵消排放，包括更严格地控制同一地区现有设施的排放，安装其他设施来减少排放量，以及通过安装控制设备或关闭设备来减少排放量。

21.3　移动污染源

汽车、卡车和公共汽车排放的规范由 1990 年《清洁空气法案》规定。标准规定 1996 年汽油发动机产生的 CO、非甲烷碳氢化合物和 NO_x 如下：

- CO：4.2 g/mile。
- NO_x：0.6 g/mile。
- 非甲烷碳氢化合物：0.31 g/mile。

这些是从 1994 年至 1996 年执行的标准。从 1997 年到 1999 年，使用汽油发动机的汽车必须满足以下条件：

- CO：3.4 g/mile。
- NO_x：0.4 g/mile。
- 非甲烷碳氢化合物：0.25 g/mile。

此外，轻型化的柴油动力车辆被要求达到 1996 年的排放标准。EPA 提议，到 2004 年时，以汽油为动力的车辆将全部满足在原来的基础上要严格两倍的排放标准。标准中也规定了以柴油为动力的卡车、含氧燃料、在高海拔运行的车辆等等。有关的详细讨论超出了本章的范围。读者可参考美国联邦法规第 40 篇 86 部分中进一步的细节介绍。

21.4　对流层臭氧

1990 年的《清洁空气法案》要求每个州建立臭氧未达标地区的类别。这些区域所有空气污染物都需要合理有效的控制技术（RACT）。合理有效控制技术的要求见表 21-5。每个州都必须对未达标领域的臭氧浓度进行分类。合理有效控制技术包括含氧燃料的使用，许多州从每年冬天 10 月份到来年 3 月份要求供应商只销售含氧燃料。

表 21-5　必须运用合理有效控制技术的污染源规模

未达标水平	必须运用合理有效控制技术的污染源规模/（t/a）
极度的	10
严峻的	25
严重的	50
中等的	100

21.5　酸雨

发电设施中的化石燃料被视为酸雨最主要的产生者；1990 年的《清洁空气法案》明确这些二氧化硫和氮氧化物来源的重要性。1990 年的规定中要求二氧化硫排放量在 1980 年全国排放水平上减少 900 万吨，二氧化氮排放在 1980 年的水平上减少 200 万吨。

21 个州已经实现了 111 个重要化石燃料的设施的减排，包括俄亥俄河谷、新英格兰东北部沿海、阿巴拉契亚州和北州中部。《清洁空气法案》（第 404 条）关于二氧化硫的排放提出受监管企业配额。相关企业可自由使用这些配额，转让出售给其他污染者，或者可以在将来使用。111 个设施的配额基于 1985 年到 1987 年的历史运营数据。每年都会举行可转让的排放许可证的拍卖会，任何人、地方环境组织、国家都能够参与报价。

二氧化碳和气候变化

虽然美国没有签署《京都议定书》，但大部分发达国家也同意削减二氧化碳排放量，美国也意识到限制排放和减少大气中的二氧化碳的必要性，但还没有明确的法律或法规被提出。

21.6   实施中的问题

监管机构的设立和污染源的确定在空气污染治理实施过程中都遇到了困难。因为现在大多数主要固定的气体污染源都已经安装了治理设备，以应对联邦污染控制的要求，监管机构也必须发展项目来保证长期的有效性。然而，机构的记录显示当前的程序并不总是有效的。

控制设备的设计和施工的明显缺陷使得管理难度加大。问题包括在建造控制设备时材料的不当使用，控制设备尺寸过小，控制设备的仪表不足以及控制组件的正确操作和维护难以达到要求等。此外，许多政府许可证审查员缺乏必要的实践经验来提出充分的评估和控制措施，并且倾向于过分依赖提供给他们的技术手册。

污染源许可证通常在监管框架中设计，并确保排放装置安装在必要的控制设备中。同时排放装置可执行记录功能，能够促进设备的正确操作和维护。然而，相关机构并不总是使用许可证程序来完成以上内容。例如在一些州，大部分的污染源没有任何操作记录，而是使用另一个独立的评估系统。尽管在其他州许多污染源往往保持良好的运行记录，但控制机构却并不要求它们如此操作。

一个机构检测违反排放要求的能力对其监管的结果是至关重要的。然而，许多机构依靠视觉和嗅觉监测而不是堆叠测试或监测。例如，空气污染控制机构通常对违规的问题进行通知，如臭味、灰尘和极度明显的排放，尽管人们意识到这种方法忽略了其他可能有害的污染物。

在规章制度方面气体污染物的排放也出现了问题。尽管大多数大型固定污染源安装了控制设备，但在生产过程中由于设计或控制设备故障可能导致出现严重的排放问题。控制设备设计不当可能是过量排放的主要原因，紧随其后的是流程不当和常规组件的故障。其他造成过度排放的原因包括维护不当、缺乏配件、建筑材料使用不当和缺乏仪器。在频率和持续时间方面，不同行业的超额排放会有很大的差异。

21.7   总结

空气污染法是由通用法和成文法组成的一个复杂的体系。虽然通用法律已经平衡了且将继续平衡污染者和经济发展之间的关系，但缺点依旧存在。联邦成文法试图填补空白，也在某种程度上成功地净化了空气。工程师必须认识到法律体系对行业的要求，尤其要注意的是不同国家和地区中新工厂的选址。

思考题

21.1　酸雨是一个日益严重的问题，尤其是在美国东北部。请讨论在通用法律体系中如何控制这个问题，也可将该方法的补救措施与联邦成文法的规定进行比较。

21.2　烟草烟雾污染会显著降低部分空气质量，许多法令限制了人们吸烟的范围。制定城市抽样条例，可以改善商场内以及室内和室外体育赛事观众区域的空气质量。

21.3　露天焚烧是指没有排放控制的燃烧。你会赞成一个允许在公海上露天燃烧危险物质的国际法吗？如果排放量被控制，你会赞成这样的法律吗？详细谈谈你的想法：你会设定每天允许燃烧的特定时间段，还是与岸有一定距离的燃烧或者是禁止某些废物焚化？

21.4　来自核能发电设施排放的污染物成为当地的政府官员关注的环境问题。放射性物质被列入有害空气污染物清单。如果你被指定保护附近居民的空气质量，你会采取什么措施？你将如何考虑以下几方面并设置规则？

（a）主导风向。

（b）居民的年龄。

（c）建立一个新学校。

请为核电站排放污染物提出一个标准。

21.5　假设你住在一个小镇上，有两个污染空气的固定污染源：洗衣/干洗设施和地区医院。镇上的汽车和前廊在夜晚习惯性变黑。在这种情况下应用什么空气法？考虑到它们可能没有被执行，你将会如何确认是否环境标准、排放标准或者它们两者都被违反了？如果仅仅其中之一被违反，如何建议居民对法律实施予以回应。

21.6　汽车的排放标准每英里以克为单位设置。为什么不是 ppm 或 g /（乘客·mile）？

21.7　一个小（25000 人）且贫穷的社区如何合法且以最便宜的方式处理固体废物？什么是最环保的方式（不仅仅是最便宜的）？

21.8　使用最新的世界年鉴或类似的参考文献，解释一下为什么在《京都议定书》中日本被认为是发达国家，而中国不是。

21.9　美国减少二氧化碳排放的方式是什么？给出一些定量证据支持你的答案。

第 22 章
噪声污染

声音的产生和发展使人类有了沟通的能力及从环境中获得有用信息的能力。声音可以提供警告，如火灾报警；获取信息，如茶壶发出的声音；进行享受，如音乐的聆听。除了这些有用和愉悦的声音，还有不必要的或无关的声音存在，通常将其定义为噪声。通常将噪声按照产生的物质分为卡车、飞机、工业机械、空调，以及其他类型的噪声。

噪声对耳朵的损伤是一个重要的问题。烦恼虽不易测量，但同样也是一个问题。在丹麦的一个工作场所关于干扰因素的调查中，有 38％的工人认为环境中噪声是最恼人的因素。

令人惊讶的是，城市噪声不单单是现代的现象。据说，在尤利乌斯·凯撒统治时期就禁止夜间驾驶车辆在罗马的鹅卵石街道上行驶，以便人们可以在晚上安睡（直至 1970 年）。在汽车被普遍使用之前，一个匿名投稿人在《科学美国人》（Taylor 1970）中描述了 1890 年伦敦的噪声污染：

澎湃的噪声就像伦敦中心区域强有力的心跳。这是超出所有人想象的一件事。平凡的伦敦街头，均匀铺着花岗岩。众多带铁跟高跟鞋的敲击声；轮胎、轮子震耳欲聋的刺纹的声音，像沿着篱笆拖动棍子；车辆吱吱作响声以及隆隆声，或轻或重，肆虐着；链子刺耳的叮当声随着人们传递信息或发出请求的尖叫、吼叫声而增强，引发了一场难以想象的喧闹。这不是微不足道的任何东西，而是噪声。

噪声污染会影响人们的生理和心理。这是一个危险的污染物，通常它的破坏是长期和永久的。

22.1 声音的概念

普通公民几乎对噪声没什么概念，如果有的话，也是声音是什么或者声音会怎么样这样的问题。以一个有善心的工厂经理的故事为例，他决定减少工厂的噪声水平，在工厂放置麦克风，通过扩音器将噪声传到外面去（利普斯科姆 1975）。

声音可传递能量但没办法传递质量。例如，一个石头扔出去引起了你的注意，这转移了岩石的质量。用棍子戳你，你的注意力可能会受到影响，而这种情况下棍子是不会消失的，但是能量从拿棍子的人转移到了目标对象。同样地，声音通过媒介传播，如空气等，而没有传输质量。就像棍子必须来回移动，空气中分子振动将能量转移。

空气分子的小位移能够在大气中产生压力波，见图 22-1。随着活塞在管中不断向右推进，空气中的其他分子不愿移动，因此会堆积在活塞一边（牛顿第一定律）。现在这些压缩分子就像一个弹簧，通过跳跃前进来释放压力，创造一波又一波的压缩空气分子在管内移动，由势能转化为动能。这些压力波在管中向右移动的速度为 344 m/s（20 ℃）。如果活塞振荡的频率为 10 个周期每秒，在管内会有一系列的压力波，压力波间隔为 34.4 米。这种关系表示为

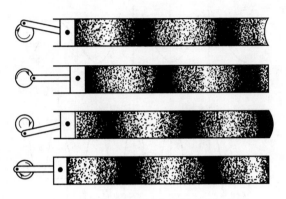

图 22-1　活塞产生的压力波通过空气传播

$$\lambda = c/\nu \tag{22.1}$$

式中　λ——波长，m；

　　　c——在一个给定的媒介中声音的速度，m/s；

　　　ν——频率，周期/s。

　　由于材料不同的物理性质和弹性模量，声音在不同的材料中具有不同的传播速度。

例 22.1　*在铸铁中声波速度大约为 3440 m/s。如果火车轰鸣频率为 50 周期/s，从轨道上听火车发出来的声音的波长是多少？*

$$\lambda = c/\nu = 3440/50 = 69 \text{（m）}$$

　　在声学中，频率周期每秒用赫兹[●]表示，通常写为 Hz。人耳能听到的声音频率范围是 20～20000 Hz。一个钢琴的中间 A（音乐会音高）是 440 Hz。频率是描述声音的两个基本参数中的一个。振幅作为声音的响亮程度，是另一个描述声音的基本参数。

　　如果声音的压力波只通过一个频率和时间相关联，产生的波是一个正弦波，如图 22-2 所示。

　　所有其他声音是由一系列合适的正弦波形成的，这些最初是由傅里叶证明的。尽管非随机和随机组合的正弦波可以很悦耳，但噪声的产生通常是随机组合的。

　　虽然人类的耳朵是一个非凡的工具，能够承受压力超过 7 个数量级的声音，但这不是一个声音能量的完美的受体。在噪声的测量和控制中，不仅需要知道什么是声压，也要知道一些关于声音如何变响亮的概念。在我们讨论这个话题之前，必须回顾声音的一些基础知识。

　　● 为纪念德国物理学家赫兹（1857—1894 年）。

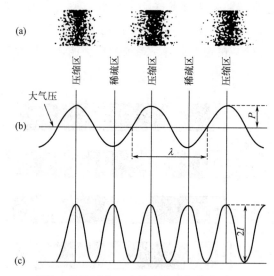

图 22-2 声波（显示了在一个特定的时间点的波的空间变化）

（a）空气中的压缩和稀疏区；（b）压力波（P 为压力振幅，$P_{rms} = P / \sqrt{2}$，λ 为波长）；（c）强度波，平均强度表示为 I

22.2 声压级、频率和传播

图 22-2 代表着纯音波：一个频率。声波是一种压缩波，振幅是一个压力振幅，测量用压力单位 N / m^2。像其他波现象一样，振幅的平方是强度，或

$$I = P^2 \qquad (22.2)$$

声波强度的检测以瓦特为单位，它本来是一个功率的单位。当一个人听到不同强度的声音时，听到声音的总强度不是不同声音强度之和。相反，人类的耳朵听了太多的声音的话往往会过载或饱和。这一现象的另一种表述是人类听到声音的强度是对数的而不是线性变化。一个被称为贝尔的单位被用来测量声强。定义声音强度水平（IL）用贝尔为单位：

$$IL_b = \lg\left(\frac{I}{I_0}\right) \qquad (22.3)$$

式中 I——声音强度，W；

I_0——最小可听见的声音的强度，通常情况下 $I_0 = 10^{-12}$ W。

贝尔是使用率不高的大单位。现在更常见的方便使用的单位是分贝（dB）。声强级用分贝定义是

$$IL = 10\lg\left(\frac{I}{I_0}\right) \qquad (22.4)$$

由于强度是压力的平方，可以用分贝作单位为声压级（SPL）写出一个类似的方程

$$SPL(dB) = 20\lg\left(\frac{P}{P_{ref}}\right) \qquad (22.5)$$

式中   SPL（dB）—— 声压级（dB）；

P——声波压强；

P_{ref}——参考压力，通常情况下为听觉的阈值，0.00002 N / m^2。

这些关系可能来源于另一个稍微不同的观点。1825 年，E. H. Weber 发现人们可以感

知小重质之间的差异性，但一个人如果已经拥有较大的重量，在增加同样的重量后不会有明显的感觉。对于声音而言也是同样的。例如，从最初的声压 2 N/m² 增加 2 N/m² 是十分明显的，而同样的声压 2 N/m² 被添加到 200 N/m² 中的区别是注意不到的。可精确地表示为

$$ds = K \frac{dW}{W} \tag{22.6}$$

式中　ds——可察觉的最小变化（例如：听力）；

$\quad\quad W$——负载（例如：背景 SPL）；

$\quad dW$——负载的变化；

$\quad\quad K$——常数。

方程（22.6）的积分形式就是韦伯-费希纳定律

$$s = K \lg W \tag{22.7}$$

这个公式用分贝定义：

$$dB = 10 \lg \frac{W}{W_{ref}} \tag{22.8}$$

式中，功率级 W 除以一个常数 W_{ref}，该常数是一个参考值，两者均用瓦特表示。

由于空气中的压力波正压和负压各一半，这些相加的结果就是 0。因此，声压以均方根（rms）值来衡量，并且这与能量波相关。同时，它也表明与声波相关的功率与 rms 的压力平方呈正相关。如下面公式所示：

$$dB = 10 \lg \frac{W}{W_{ref}} = 10 \lg \frac{P^2}{P_{ref}^2} = 20 \lg \frac{P}{P_{ref}} \tag{22.9}$$

式中，P 和 P_{ref} 分别是压力和参考压力。如果我们定义 $P_{ref} = 0.00002$ N/m²，最小可听声压级（SPL）可定义为公式（22.5）

虽然全频率范围测量声压是很常见的，但用一个特定的频率范围内的声压来描述噪声也是必要的。如频率分析图 22-3 所示，可以用于解决工业问题或评估某种声音对人耳的危险性。

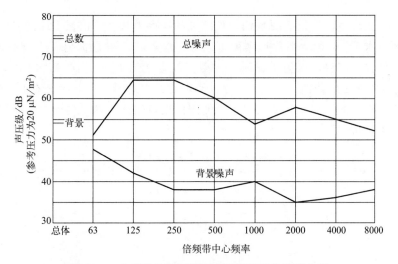

图 22-3　在有背景噪声情况下机器噪声的典型分析

　　除了振幅和频率，声音还有两个重要的特性。我们通过联想将卵石扔进一个大的池塘产生涟漪来直观地表现。涟漪类似于声压波，从声源向外传播，涟漪随着远离中心而逐渐消散。同样，噪声随着受体和声源之间距离的增加逐渐降低。

　　综上，声波的四个重要特征如下：

- 声压是声音的大小或振幅。
- 音高是由压力波动的频率决定的。
- 声波是从声源传播来的。
- 声压随着与声源的距离增加而减小。

　　叠加分贝的数学运算有点复杂，通过使用如图 22-4 所示的图形可大大简化。作为一个经验法则，增加两个相等的声音可增加 3 dB 声压级，如果第一个声音比第二个声音大 10 dB，那么后者的贡献可以忽略不计。

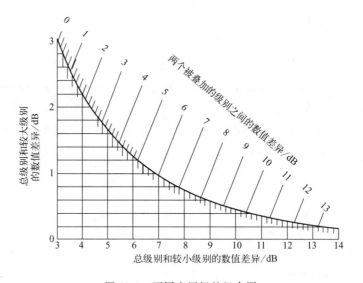

图 22-4　不同声压级的组合图

例如：组合 80 dB 和 75 dB，差值是 5 dB。5 dB 线与曲线相交在 1.2 dB，因此，总值为 81.2 dB

　　背景噪声（或环境噪声）需要从任何检测到的噪声中减去。依据上面的经验法则，如果声压级超过环境水平 10 dB，则背景噪声可以被忽略。一个声音被另一个响亮的声音覆盖，称之为屏蔽。例如，演讲可以被工业噪声屏蔽，如表 22-1 所示。这些数据显示，一个工厂 80 dB 的噪声将明显影响谈话。65 dB 的背景噪声使得沟通困难，电话交谈也同样受到影响，而 80 dB 环境下很难谈话。在某些情况下，使用白噪声被认为是可接受的，如风扇发出的一个频率的嗡嗡声，可以屏蔽其他更恼人的噪声。

表 22-1　语音屏蔽的声压级

距离/ft	语音干扰级/dB	
	正常	喊叫
3	60	78
6	54	72
12	48	66

例 22.2　喷气发动机的声音强度级别为 80 dB，可以从 50 ft 的距离外听到。一个地面乘务员站在距离喷气式飞机（四个引擎）50 ft 的地方。当第一个引擎打开时，到达她耳朵的有多少 SPL？两个、三个、四个引擎打开时到达耳朵的 SPL 为多少？

当第一个引擎开动时，SPL 是 80 dB，附近没有其他类似的噪声。为了更加确定，从图 22-4 可以确定，当第二个引擎开动时 SPL 是多少，我们注意到了两个引擎强度水平之间的差值是

$$80-80=0$$

从图 22-4 中可以看出，两级别之间的数值差异为 0，则总级别和较大级别之间的差值为 3。因此，总声压级为

$$80+3=83（dB）$$

当第三个引擎启动时，两个级别之间的差值：

$$83-80=3（dB）$$

总级别和较大级别之间产生 1.8 的差值，总的声压级为

$$83+1.8=84.8（dB）$$

当四个引擎都打开时，两个级别之间的差值为

$$84.8-80=4.8（dB）$$

总级别和较大级别之间产生 1.2 的差值，总声压级为 86 dB。

以上特征忽略了人类的耳朵。我们知道耳朵是一个令人惊讶的敏感的受体，但它是不是同样对所有的频率均敏感？我们能听到的低和高的声音听起来是同样的吗？这些问题的答案可在声级的概念中找到。

22.3　声级

假设你在一个非常安静的房间，听到 1000 Hz、40 dB 的纯质声音。反过来，如果将声音关闭，听一个 100 Hz 的纯音，调整响度，直到你判断它是与你刚刚听到的 40 dB、1000 Hz 的音调"同样响亮"，你将会非常惊讶地发现 100 Hz 同样响亮的音调是在 55 dB 左右。换句话说，为了听到同样响度的一个音调，在较低频率时必须有更多的能量能够产生，这表明人类的耳朵对于听到低频音调是相当低效的。

可以进行这样的实验，绘制许多人声音的平均响度的曲线（图 22-5）。这些曲线对应的单位是方，与 1000 Hz 参考音调的声压级（dB）相对应。根据图 22-5，一个人听到 65 dB、50 Hz 声音时判断这音调和 40 dB、1000 Hz 是同样响亮的。因此，50 Hz、65 dB 声音的响度级为 40 方。这些测量通常被称为声级（SL），不仅基于物理现象，而且通常有一个调整因子，称为容差系数，以此来对应于人耳的低效。

声级的测量是用一个由话筒、放大器、频率加权电路（滤波器）和一个输出刻度组成的声级计，如图 22-6 所示。加权电路能够过滤掉特定频率的声音从而使得人类听觉对更多的特征声音作出回应。通过使用，三个尺度的声级已经被国际标准化（图 22-7）。图 22-8 显示了一个典型的便携式声级计。

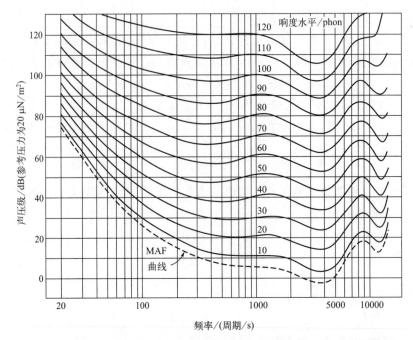

图 22-5　等响度曲线

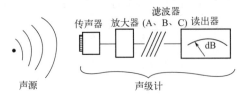

图 22-6　声级计的示意图

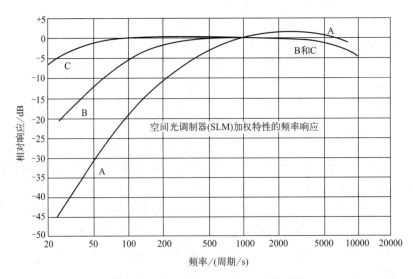

图 22-7　声级计的 A、B 和 C 滤波曲线

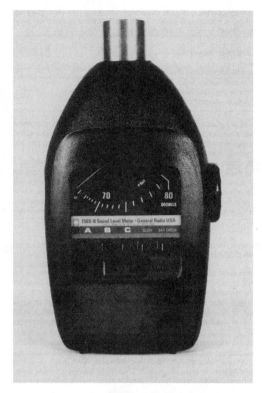

图 22-8   一种典型的便携式声级计

注意图 22-7 中 A 声级和图 22-5 中的反向的 40 方密切对应。类似地，B 声级接近反向 70 方的曲线。C 声级显示了一个基本平稳的响应，所有的频率权重均等并接近耳朵对强烈声音压力水平的响应。

标准声级计测量的噪声结果用 dB 表达，但是有指定的范围。如果在 A 范围内的声级计读取为 45 dB，测量报告为 45 dB（A）。

大部分噪声的条例和规定采用 dB（A），因为这种尺度非常接近人类对不是很响亮的声音的反应。对于非常响亮的声音，C 声级比较接近。然而使用多种范围会使得事情复杂化，所以超过 A 声级就很少使用。除了 A、B 和 C 声级，还有一个新的 D 声级，它几乎接近人类对飞机噪声的反应。

这带来了另一个涉及噪声测量的复杂问题。我们一般以不同的方式应对不同类型的噪声，即使它们可能在声级上相等。例如，一个交响乐团以 A 声级 120 dB 演奏，喷气发动机同样是 A 声级 120 dB，人们将产生截然不同的反应。大量的参数被设计出来解释其中人类反应的不同，就是所谓的用来定量测量人类对噪声的"最好的"方法，其中包括：

- 交通噪声指数（TNI）；
- 宋（sones），一种响度单位；
- 感知噪声水平（PNdB）；
- 噪声和数量指数（NNI）；
- 有效感觉噪声级（EPNdB）；
- 语音干扰级别（SIL）。

作为物理现象，声波的测量方法越来越多，压力波与人类的生理反应（听力）和心理反应（快乐或愤怒）相关。一直以来，科学家在这方面的研究变得越来越主观。

测量某些噪声是比较复杂的，尤其是那些通常情况下被称为"社区噪声"的噪声，如交通噪声和高歌聚会的噪声。随着时间的推移，虽然我们已经将噪声强度和频率视为随时间变化的常数，但对于瞬态噪声来说这显然是不准确的，如卡车经过声级计或测量点附近的一个热闹的聚会。一个不寻常的噪声可能发生在一段安静时期内，即"间歇噪声"，这仍然会对人有不同的影响。

22.4 测量瞬态噪声

瞬态噪声仍然是用声级计测量，但结果必须用统计术语报告。常见的参数是超过某一声级的时间百分比，用一个字母 L 和下标表示。例如，$L_{10} = 70$ dB（A），意味着在 A 声级下 10% 取样时间内的噪声超过 70 dB。瞬态噪声数据通过定期阅读声级计获得，将这些数据进行排序和绘图，再从图中读出 L 值。

例 22.3 假设表 22-2 中的交通噪声数据是以 10 s 的间隔收集的。列表中的这些数字排序后如图 22-5 进行绘制。值得注意的是，因为 10 组读数被挑选处理，最低读数（排名第一）对应于等于或超过 90% 时间的声级。因此，70 dB（A）与图 22-9 中的 90% 相对应❶。类似地，71 dB（A）是超过 80% 的时间。

表 22-2 例 22.3 的交通噪声样本数据和计算的结果

时间/s	dB(A)	等级	时间等于或超过百分比/%	dB(A)
10	71	1	90	70
20	75	2	80	71
30	70	3	70	74
40	78	4	60	74
50	80	5	50	75
60	84	6	40	75
70	76	7	30	76
80	74	8	20	78
90	75	9	10	80
100	74	10	0	84

噪声污染级（NPL）是一个广泛用来测量感知水平上瞬态噪音的参数，它考虑到脉冲噪音引起的刺激。NPL 定义为

$$\text{NPL}[dB(A)] = L_{50} + (L_{10} - L_{90}) + \frac{(L_{10} - L_{90})^2}{60} \tag{22.10}$$

正如前面定义的，L 指的是噪声等于或大于某个值的时间百分比，比例由下标表示。L_{10} 表达的是在 10% 的检测时间内瞬态噪声超过声级 dB（A）水平。

---

❶ 70 分贝（A）是最低值，它是被超过时间为 100% 的声级，制图时 70 分贝（A）应对应 100%。第二个值，71 分贝（A），是被超过时间 90% 的声级。两种方法都是正确的，误差随着数据的增加而减小。

参照图 22-9，L_{10}、L_{50} 和 L_{90} 分别对应着 80 dB（A），75 dB（A）和 70 dB（A）。这些数据可以被代入方程，用于计算 NPL。采取尽可能多的数据来计算会更准确。表 22-2 中 10 组数据几乎没有进行深入分析。百分比必须在总读数的基础上进行计算：如果记录的是 20 组读数，声级最低（排名第一）的对应 95％，第二个最低的对应 90％，等等。

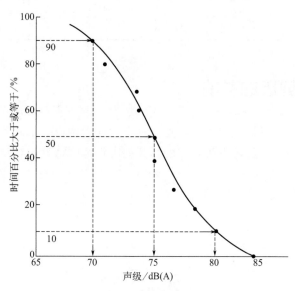

图 22-9　瞬态噪声检测结果
表 22-2 的数据根据声级被超过的时间所占的比例来绘制

22.5 声环境

我们周围的声音类型不同于贝多芬协奏曲和喷气式飞机的轰鸣声。本章的主题为噪声，通常被认为是不需要的声音或不需要忍受的声音。一些典型环境噪声的强度如图 22-10 所示。诸如此类的声音被法律禁止，大多数地方政府对"音量大和不必要的噪声"有规定，问题是大多数规定都难以执行。

在工业环境中，噪声是由联邦职业安全和健康法（OSHA）规定的，它对工作场所的噪声进行了限制。表 22-3 中列出了这些限制的噪声。其中对 8 小时工作日中应允的噪声级有一些分歧。一些研究人员和卫生机构坚持认为 85 dB（A）以上应该被限制。这不是表面上看起来那样挑剔，因为分贝的变化属于自然对数的范畴，从 85 dB 跳到 90 dB 实际上是增加了四倍的声压。

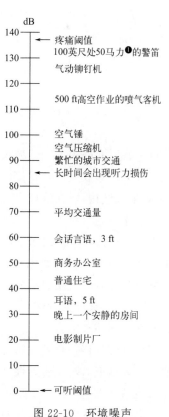

图 22-10　环境噪声

❶ 1 马力（hp）=745.6999 W。

表 22-3　OSHA 工业噪声最大允许水平

声级/dB(A)	任一工作日的最长时间/h	声级/dB(A)	任一工作日的最长时间/h
90	8	105	1
92	6	110	0.5
95	4	115	0.25
100	2		

22.6　噪声对健康的影响

人类的耳朵是一个不可思议的工具，想象一下设计和构造一个量表来准确称量一只跳蚤或一头大象的情况。我们已经习惯于我们的耳朵的听觉范围，然而直到最近我们才开始意识到噪声对心理影响的毁灭性。长期以来，我们也发现过度的噪声会影响我们听觉的能力（Suter 1992）。人类耳朵的听觉系统如图 22-11 所示。

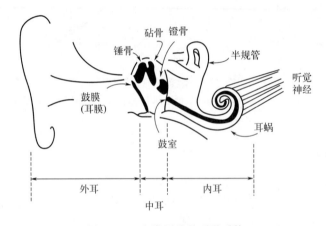

图 22-11　人类耳朵的听觉系统

声压波引起鼓膜振动，鼓膜振动可激活中耳中的三个骨头，分别为锤骨、砧骨和镫骨，这三个骨头能够放大从耳膜接收的振动，然后传送至内耳。这个充满液体的腔包内含有耳蜗（一个蜗牛式结构），在这里通过物理作用传播到微小的毛细胞。这些毛细胞像海藻摇曳一样运动，某些细胞只对某些频率有反应。这些毛细胞的机械运动转换为生物电信号，传输到大脑的听觉神经。耳膜有时可能发生急性损伤，但这只会在突发很大声的噪声情况下发生。更严重的是，内耳中的毛细胞也可发生慢性损伤，长时间暴露于一个特定的频率模式的噪声中，可能会导致听力临时消失、听力消失几小时或几天甚至永久消失，前者被称为"临时听阈位移"，后者被称为"永久性听阈位移"。根据字面意思的理解就是随着听觉阈值的变化导致你不能听到一些声音。

临时听阈位移一般不损害你的耳朵，除非长期暴露在声音中。在嘈杂环境中工作的人，一般在一天结束的时候听力会变糟。摇滚乐队的表演者会受到巨大噪声的影响（大大高于OSHA 允许水平），是临时听阈位移的受害者。如图 22-12 所示，研究发现在一个音乐会后表演者遭受了高达 15 dB 的临时听阈位移。

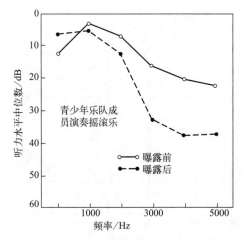

图 22-12　摇滚乐队表演者的临时听阈位移

[来源：美国公共卫生服务（1990）]

很长一段时间的重复噪声会导致永久性听阈位移，尤其是工业应用中受到一定噪声频率影响的人们最为明显。图 22-13 显示了一项对一个纺织厂工人情况的数据统计。注意那些在纺织轧机岗位的工人，她们处于噪声水平最高的位置，遭受了最严重的听力损失，特别是在机器发出的噪声频率为 4000 Hz 左右时。

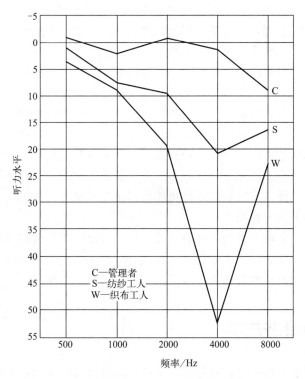

图 22-13　纺织工人的永久性听阈位移

随着人们逐渐变老，听力作为其中遭受的一种影响，将变得越来越不敏锐。这里听力的丧失，被称为老年性耳聋，如图 22-14。需注意的是最大的听力损失发生在更高的频率。语音频率约为 1000～2000Hz，这时听力损失是显而易见的。

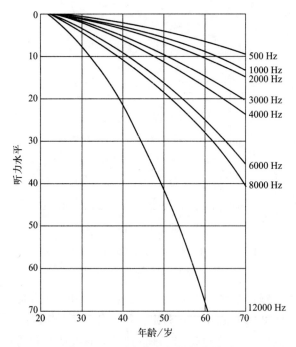

图 22-14　听力丧失与年龄的关系

然而除了老年性耳聋外，由于环境噪声的影响，还有一些其他严重的听力损失。1970年，泰勒在一项研究中发现，11％的九年级学生、13％的十二年级学生、35％的大学新生在2000 Hz时有大于15 dB的听力损失。这项研究得出的结论是，如此严重的听力损失是由暴露在摩托车和摇滚音乐等噪声中导致的，并且这些学生的听力水平在一定程度上已经恶化到平均65岁年龄的人的水平。

噪声还会影响身体其他机能，包括心血管系统。噪声改变心跳的节奏，使血液变稠、血管扩张、眼睛聚焦困难。过度噪声使得头痛和易怒变得常见。所有这些反应，我们远古祖先也都经历过。噪声意味着危险，感官和神经都"紧张起来"，准备击退危险。在现代充满噪声的世界中，我们总是会紧张起来，不知多少身体疾病是由于我们对噪声的反应造成的。我们也知道如果不能适应噪声，我们的身体机能将不再以某种方式反击过度的噪声。因此，从生理意义上来讲人们不能习惯噪声。

除了我们所能听到的噪声的问题外，也需要适当地提一下非常高或非常低频的声音存在的潜在问题，也就是不在我们通常所说的20～20000 Hz听力范围内的噪声。如果有的话，这些对健康的影响，仍有待继续研究。

22.7　噪声的经济成本

通过对吵闹和安静的医院中大量患者的案例记录进行比较发现，无论是医院内部活动或从外部传来的噪声，当医院比较吵的时候，患者在医院的康复时间增加，这可能会带来直接的经济影响。

在最近的法院审理案件中，工人已经赢得了在工作中听力受到损失的赔偿。退伍军人管理局（美国）每年花费数百万美元对听力障碍患者进行护理。其他成本，如治疗失眠、服用安眠药和公寓的隔音，这些都很难量化，但这样的例子比比皆是。华盛顿的约翰·肯尼迪文化中心由于附近存在国家机场而花了 500 万美元购置隔声材料。

22.8　噪声控制

根据其传播的特性，噪音的控制可分为三个不同策略：

① 减少噪声源；

② 中断声音的传播路径；

③ 保护接收者。

当我们考虑无论是在工业区和社区，还是在家里进行噪声控制时，我们应该记住可能解决所有问题的这三个方案。

22.8.1　工业噪声控制

工业噪声控制一般包括使用安静的替代品替换产生噪声的机器或设备，例如，来自风机的噪声可以通过增加叶片的数量或叶片的间距来降低叶片的转速，从而获得相同的空气流。工业噪声也可以通过中断噪声的传播路径来阻止；例如，一个嘈杂的汽车噪声可通过覆盖绝缘材料来降低声音。

通常在工业中用于控制噪声来保护接收者的方法是分发听力保护装置（HPDs）。这些听力保护装置必须具有足够衰减噪声的功能，来防止人们暴露在噪声中。值得注意的是这些听力保护装置一定要避免干扰人类对工作场所警告信号和语言的判断能力。

22.8.2　社区噪声控制

社区噪声的来源主要有三种：飞机、公路交通和施工。施工噪声必须由当地法令来控制（除非涉及联邦基金）。控制通常包括对空气压缩机、手提钻和手提式压实机等进行消声。由于消声器需要成本，所以承包商一般不会自己花钱来控制噪声，就必须施加外界压力。

美国调节飞机噪声的责任归航空管理局，其已制定了一项双管齐下的方法来解决这个问题。首先，它对飞机发动机产生噪声进行限制，不允许超过这些限制的飞机在机场使用，迫使制造商设计发动机以实现安静运行和推力。第二，改变飞行路径来远离密集的区域，如有必要，飞行员在噪声敏感区域不得用最大功率起飞。但这种方法在防止重大噪声损伤或噪声烦恼方面通常是不够的，在城市地区，飞机噪声仍然是一个现实问题。

超声速飞机存在一个特殊的问题，它们的引擎不仅具有噪声，而且超声波爆声可能产生相当大的经济损失。超声速军用飞机的损害使得美国禁止类似的商业超声速飞机使用。

社区噪声的第三大主要来源是交通。汽车或卡车在很多时候都可以制造噪声。排气系统、轮胎、发动机、齿轮和变速器都导致不同水平的噪声，其通过风在大气中的移动也会产生噪声。高架、高速公路和桥梁与交通运动产生的共鸣放大了交通噪声。最糟糕的是高速公路上的重型卡车在不同路上都可以产生噪声。车辆所产生的总噪声可能直接与卡车交通量相关。图 22-15 是一个典型的显示声级与交通量（每小时卡车数量）的函数图。显然，卡车体积是非常重要的。需要强调且要注意的是这个图绘制的只是"超过观察时间 10% 的声音水平"。声音水平的峰值可能更高。

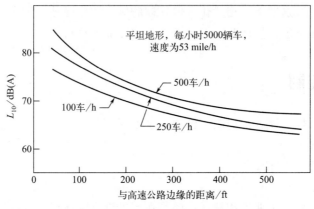

图 22-15 卡车密度和距离对噪声的影响

减少公路噪声可使用多种替代品。首先，通过控制声源使车辆安静；第二，高速公路可以远离人口密集地区；第三，通过墙壁或其他类型的障碍来阻挡噪声。

令人惊讶的是，植被是一个非常弱的噪声屏障，除非屏障是 50 yd（1 yd＝0.9144 m）或更深。巴尔的摩-华盛顿公园大道的对面车道被 100～200 yd 的相当茂密的植被分离开，它提供了一个优异的噪声和光线的屏障。较新的高速公路很少有这么奢侈的路边屏障。最有效的缓冲办法是降低高速公路高度或在路边建立木材或混凝土的障碍来屏蔽噪声。所有的这些措施都有局限性，包括：噪声将被墙壁反弹，很少或没有噪声的余音，墙壁可以阻碍公路通风，从而导致汽车和卡车排放出的尾气中 CO 和其他污染物积累。交通部制订了不同用途土地的噪声水平，如表 22-4 所示。

表 22-4 美国联邦公路管理局设定的噪声水平

土地分类	设计的噪声水平 L_{10}	土地使用的描述
A	60 dB(A)外部	安静的活动区，如圆形露天剧场
B	70 dB(A)外部	住宅、旅馆、医院、学校、公园、图书馆
	55 dB(A)外部	住宅、旅馆、医院、学校、公园、图书馆
C	75 dB(A)外部	不包含类别 A 和 B 的已开发的土地
D	无限制	未开发的土地

22.8.3 家庭中的噪声

私人住宅因为房间内产生的噪声和社区外部的噪声而变得更加吵闹。表 22-5 中列出一些常见噪声的例子。在其他方面，不同品牌的同类产品在产生噪声方面经常会有显著差异。因此，在购买器具时，问店员"噪声大不大"和"要花多少钱"同样重要。

表 22-5 一些家庭噪声制造者

项目(噪声源的距离)	声音水平/dB(A)	项目(噪声源的距离)	声音水平/dB(A)
吸尘器(10 ft)	75	窗式空调(10 ft)	55
50 mile/h 的安静的车(里面)	65	响了的闹钟(2 ft)	80
50 mile/h 的运动跑车(里面)	80	动力割草机(操作员座位上)	105
抽水马桶(5 ft)	85	雪地摩托(驾驶员座位上)	120
垃圾处理(3 ft)	80	摇滚乐队(10 ft)	115

　　澳大利亚鸽子溪附近的埃拉林电站是一个关于环境污染和控制的复杂性的有趣案例：当一个解决方案被认为是可能的时候就需要在这之前将各方面问题都考虑到。在平静的清晨，居民抱怨来自 1.5 km 远的电站的"隆隆噪声"。对鸽子溪噪声测量的结果发现工厂在运行没有发生任何变化的一个早晨，声级会从早晨五点半的 43 dB 增加到 6 点时的 62 dB。存在的问题是：大气逆温可"捕获"噪声，使它影响到鸽子溪附近沉睡的居民。当电站在装上阻性消声器的情况下工作时，这个噪声问题就解决了。消声器是在管道系统中工作的一系列的小分室，它是用来调整噪声源的主要工具。经过漫长的研究，鸽子溪问题最终被解决。

22.9　总结

　　虽然噪声污染被认为是世上的另一个烦恼，但并没有引起大量学者的注意。我们现在有足够的数据表明噪声对健康有害，应该被纳入严重的污染物列表当中。使用现有技术减少这种形式的污染是有可能的。然而，解决方案的成本使得私人企业不可能将噪声纳入考虑范围内，除非受政府或公众所迫企业才会拿出相应的解决方案。

思考题

　　22.1　如果一个办公室的噪声水平有 70 dB，而新机器发出 68 dB 增加到这种喧嚣中，那么组合后的噪声水平是多少？

　　22.2　有些动物，比如狗，它能够听到的有些声音的声压级不超过 0。说明一下这是如何发生的。

　　22.3　狗能听到的声压接近 2×10^{-6} N/m^2，那么这个声压级是多少分贝？

　　22.4　一个空气压缩机发出的压力波在 0.01N/ m^2。那么这个声压级是多少分贝？

　　22.5　在公式（22.9）中 P_{ref} 为什么选择 0.00002 N/m^2？如果 P_{ref} 应该为 0.00004 N/m^2，该怎么办？这将如何影响表 22-1 中的数字？

　　22.6　根据下表中的数据，计算 L_{10} 和 L_{50}。

时间/s	dB（A）	时间/s	dB（A）
10	70	60	65
20	50	70	60
30	65	80	55
40	60	90	70
50	55	100	50

　　22.7　假设你的宿舍距离公路 200 yd（1 yd＝0.9144 m）远。根据联邦高速公路管理局的指导方针，卡车交通量的"允许值"是多少？

　　22.8　如果 SL 是 80 dB（C）和 60 dB（A），你会怀疑大多数噪声是高频、中频还是低频？为什么？

　　22.9　除了例 22.3（表 22-2）中列出的数据外，测量了以下声级。通过使用所有 20 个数据点计算 L_{50}、L_{10} 和 NPL。

时间/s	dB（A）	时间/s	dB（A）
110	80	160	95
120	82	170	98
130	78	180	82
140	87	190	88
150	92	200	75

22.10 如果压力波是 $0.3\ N/m^2$，声压级是多少分贝？如果这是你所有的关于声音的所有信息，那么 SL[dB(A)]是多少？你需要什么数据更准确地估计 SL[dB(A)]？

22.11 如果你以比听得见的最微弱的声音强 10000 倍的功率唱歌，那你唱歌的分贝是多少？

22.12 120 dB 的声音比 0 dB 的声音强多少倍？

22.13 在一个分贝与赫兹（10～50000 Hz）的曲线图上，根据以下情况给出可能的频率分析：

（a）通过的货运列车；

（b）狗叫声；

（c）"白噪声"。

22.14 OSHA 规定暴露在 A 声级噪声中 8 小时的标准值是 90 dB。EPA 认为应该是85 dB（A）。请证明在声级比较中 OSHA 的声级是 EPA 的 4 倍。

22.15 房间里放置的一台机器的整体噪声水平为 90 分贝，另一台机器发出的噪声为95 分贝。

（a）房间里的声级是多少？

（b）根据 OSHA 标准，在一个工作日内，工人应该在房间里待多长时间？

22.16 三个声源：68 分贝、78 分贝和 72 分贝相结合会产生什么声压级？

22.17 一个职业噪声标准规定一天 8 小时，每周为 5 d 的工作噪声为 80 dB，那么如果每天 4 小时，每周有 5 天的工作，什么标准比较适合？

22.18 随身携带一个声级计一整天。测量和记录你的班级噪声 [dB(A)]，同理在你的房间里、体育赛事中、食堂里或者白天你去的任何地方进行测量。

22.19 寻找和测量三个你能想到的最讨厌的声音。与表 22-5 中的噪声进行比较。

22.20 在你的房间里测量和绘制一个闹钟声级 dB（A）与测量距离的图。如果你需要听到 70 dB（A）的声音才能起床，那么闹钟需要距离你多远？请在房间外侧画出同样的曲线。你的房间对声级有何影响？

22.21 模拟一个篮球比赛的声级频率曲线，计算噪声污染水平。

22.22 用声级计检测出的噪声：A 声级为 82 dB，B 声级为 83 dB 和 C 声级为 84 dB。这是高频率还是低频率的声音？

22.23 某台机器能够产生纯音，这种声音在 100 Hz 的 A 声级为 80 dB。

（a）一个遭受了 40 dB 的噪声引发的听觉阈值偏移的人在 100 Hz 下还能听到这声音吗？请解释原因。

（b）这个噪声的声级 [dB(C)] 测量结果是什么？

22.24 如何对声音强度进行必需的削减才可以将美国超声速运输机起飞的声音从120 dB 降到 105 dB？

附录

附录 A 单位转换系数

原单位		系数(乘以)	现单位	
acre	英亩	0.405	hm²	公顷
acre·ft	英亩·英尺	1233	m³	米³
atm	标准大气压	14.7	lbf/in²	磅力/英寸²
Btu	英制热单位	252	cal	卡路里
Btu/ft³	英制热单位/英尺³	1.054×10^3	J	焦
Btu/lb	英制热单位/磅	8905	cal/m³	卡路里/米³
Btu/lb	英制热单位/磅	2.32	J/g	焦/克
Btu/s	英制热单位/秒	0.555	cal/g	卡路里/克
Btu/t	英制热单位/吨	1.05	kW	千瓦
Btu/t	英制热单位/吨	278	cal/t	卡路里/吨
cal	卡路里	4.18	J	焦
cal	卡路里	3.9×10^{-3}	Btu	英制热单位
cal/g	卡路里/克	1.80	Btu/lb	英制热单位/磅
cal/m³	卡路里/米³	1.12×10^{-4}	Btu/ft³	英制热单位/英尺³
cal/t	卡路里/吨	3.60×10^{-3}	Btu/t	英制热单位/吨
cm	厘米	0.394	in	英寸
ft	英尺	0.305	m	米
ft/min	英尺/分	0.0058	m/s	米/秒
ft/s	英尺/秒	0.305	m/s	米/秒
ft²	英尺²	0.0929	m²	米²
ft³	英尺³	0.0283	m³	米³
ft³	英尺³	28.3	L	升
ft³/s	英尺³/秒	0.0283	m³/s	米³/秒
ft³/s	英尺³/秒	449	gal/min	加仑/分
ft·lbf	英尺·磅力	1.357	J	焦
ft·lbf	英尺·磅力	1.357	N·m	牛·米
gal	加仑	3.78×10^{-3}	m³	米³
gal	加仑	3.78	L	升
gal/(d·ft²)	加仑/(日·英尺²)	0.0407	m³/(d·m²)	米³/(日·米²)
gal/min	加仑/分	2.23×10^{-3}	ft³/s	英寸³/秒

原单位		系数(乘以)	现单位	
gal/min	加仑/分	0.0631	L/s	升/秒
gal/min	加仑/分	0.227	m^3/h	米^3/时
gal/min	加仑/分	6.31×10^{-5}	m^3/s	米^3/秒
gal/(min·ft^2)	加仑/(分·英尺^2)	2.42	$m^3/(h·m^2)$	米^3/(时·米^2)
10^6 gal/d	百万加仑/天	43.8	L/s	升/秒
10^6 gal/d	百万加仑/天	3785	m^3/d	米^3/天
10^6 gal/d	百万加仑/天	0.0438	m^3/s	米^3/秒
g	克	2.2×10^{-3}	lb	磅
hm^2	公顷	2.47	acre	英亩
hp	马力	0.745	kW	千瓦
in	英寸	2.54	cm	厘米
in Hg	英寸汞柱	0.49	lbf/in^2	磅力/英寸^2
in Hg	英寸汞柱	3.38×10^3	N/m^2	牛/米^2
in H$_2$O	英寸水柱	249	N/m^2	牛/米^2
J	焦	0.239	cal	卡路里
J	焦	9.48×10^{-4}	Btu	英制热单位
J	焦	0.738	ft·lb	英尺·磅
J	焦	2.78×10^{-7}	kW·h	千瓦时
J	焦	1	N·m	牛·米
J/g	焦/克	0.430	Btu/lb	英制热单位/磅
J/g	焦/克	1	W	瓦
kg	千克	2.2	lb	磅
kg	千克	1.1×10^{-3}	t	吨
kg/hm^2	千克/公顷	0.893	lb/acre	磅/英亩
kg/h	千克/时	2.2	lb/h	磅/时
kg/m^3	千克/米^3	0.0624	lb/ft^3	磅/英寸^3
kg/m^3	千克/米^3	1.68	lb/yd^3	磅/码^3
km	千米	0.622	mile	英里
km/h	千米/时	0.622	mile/h	英里/时
kW	千瓦	1.341	hp	马力
kW·h	千瓦时	3600	kJ	千焦
L	升	0.0353	ft^3	英尺^3
L	升	0.264	gal	加仑
L/s	升/秒	15.8	gal/min	加仑/分
L/s	升/秒	0.0288	10^6 gal/d	百万加仑/日
m	米	3.28	ft	英尺
m	米	1.094	yd	码
m/s	米/秒	3.28	ft/s	英尺/秒
m/s	米/秒	196.8	ft/min	英尺/分
m^2	米^2	10.74	ft^2	英尺^2
m^2	米^2	1.196	yd^2	码^2
m^3	米^3	35.3	ft^3	英尺^3

续表

原单位		系数(乘以)	现单位	
m^3	米^3	264	gal	加仑
m^3	米^3	1.31	yd^3	码^3
m^3/d	米^3/日	364	gal/d	加仑/日
m^3/h	米^3/时	4.4	gal/min	加仑/分
m^3/h	米^3/时	6.38×10^{-3}	gal/min	加仑/分
m^3/s	米^3/秒	35.31	ft^3/s	英尺^3/秒
m^3/s	米^3/秒	15850	gal/min	加仑/分
m^3/s	米^3/秒	22.8	10^6 gal/d	百万加仑/日
mile	英里	1.61	km	千米
mile^2	英里^2	2.59	km^2	千米^2
mph	英里/h	0.447	m/s	米/秒
mg/L	毫克/升	0.001	kg/m^3	千克/米^3
10^6 gal	百万加仑	3785	m^3	米^3
10^6 gal/d	百万加仑/日	43.8	L/s	升/秒
10^6 gal/d	百万加仑/日	157	m^3/h	米^3/时
10^6 gal/d	百万加仑/日	0.0438	m^3/s	米^3/秒
N	牛	0.225	lbf	磅力
N/m^2	牛/米^2	2.94×10^{-4}	in Hg	英寸汞柱
N/m^2	牛/米^2	1.4×10^{-4}	lbf/in^2	磅力/英寸^2
N·m	牛·米	1	J	焦耳
N·s/m^2	牛·秒/米^2	10	P	泊
lbf	磅力	4.45	N	牛
lbf/in^2	磅力/英寸^2	6895	N/m^2	牛/米^2
lb	磅	454	g	克
lb	磅	0.45	kg	千克
lb/ft^2/a	磅/英尺^2/年	4.89	kg/(m^2·a)	千克/(米^2·年)
lb/a/ft^3	磅/年/英尺^3	16.0	kg(a·m^3)	千克/(年·米^3)
lb/acre	磅/英亩	1.12	kg/ha	千克/公顷
lb/ft^3	磅/英尺^3	16.04	kg/m^3	千克/米^3
lbf/in^2	磅力/英寸^2	0.068	atm	大气压
lbf/in^2	磅力/英寸^2	2.04	in Hg	英寸汞柱
lbf/in^2	磅力/英寸^2	7140	N/m^2	牛/米^2
rad	拉德	0.01	Gy	戈
rem	雷姆	0.01	Sv	希
2000 lb	英吨(2000 磅)(美国)	0.907	t(1000 kg)	吨(1000 千克)
—	英吨(美国)	907	kg	千克
—	英吨/英亩	2.24	t/ha	吨/公顷
t(1000 kg)	吨(1000 千克)	1.10	2000 lb	英吨(2000 磅)(美国)
t/hm^2	吨/公顷	0.405	t/acre	吨/英亩
yd	码	0.914	m	米
yd^3	码^3	0.765	m^3	米^3
W	瓦	1	J/s	焦/秒

附录 B   原子序数和原子量表

元素名称	符号	原子序数	原子量
锕	Ac	89	227①
铝	Al	13	26.98
镅	Am	95	243①
锑	Sb	51	121.76
氩	Ar	18	39.95
砷	As	33	74.92
砹	At	85	210①
钡	Ba	56	137.33
锫	Bk	97	247①
铍	Be	4	9.01
铋	Bi	83	208.98
硼	B	5	10.81
溴	Br	35	79.90
镉	Cd	48	112.41
钙	Ca	20	40.08
锎	Cf	98	251①
碳	C	6	12.01
铈	Ce	58	140.12
铯	Cs	55	132.91
氯	Cl	17	35.45
铬	Cr	24	52.00
钴	Co	27	58.93
铜	Cu	29	63.55
锔	Cm	96	247①
镝	Dy	66	162.50
锿	Es	99	252①
铒	Er	68	167.26
铕	Eu	63	151.96
镄	Fm	100	②
氟	F	9	19.00
钫	Fr	87	223①
钆	Gd	64	157.25
镓	Ga	31	69.72
锗	Ge	32	72.64
金	Au	79	196.97
铪	Hf	72	178.49
𬭊	Db	105	②
𬭶	Hs	108	②
氦	He	2	4.00
钬	Ho	67	164.93
氢	H	1	1.01
铟	In	49	114.82

元素名称	符号	原子序数	原子量
碘	I	53	126.90
铱	Ir	77	192.22
铁	Fe	26	55.84
氪	Kr	36	83.80
镧	La	57	138.91
铹	Lr	103	②
铅	Pb	82	207.20
锂	Li	3	6.94
镥	Lu	71	174.97
镁	Mg	12	24.30
锰	Mn	25	54.94
䥑	Mt	109	②
钔	Md	101	②
汞	Hg	80	200.59
钼	Mo	42	95.94
𨨏	Bh	107	②
钕	Nd	60	144.24
氖	Ne	10	20.18
镎	Np	93	237[①]
镍	Ni	28	58.69
铌	Nb	41	92.91
氮	N	7	14.01
锘	No	102	②
锇	Os	76	190.23
氧	O	8	16.00
钯	Pd	46	106.42
磷	P	15	30.97
铂	Pt	78	195.08
钚	Pu	94	244[①]
钋	Po	84	209[①]
钾	K	19	39.10
镨	Pr	59	140.91
钷	Pm	61	②
镤	Pa	91	231.04[①]
镭	Ra	88	226[①]
氡	Rn	86	222[①]
铼	Re	75	186.21
铑	Rh	45	102.91
铷	Rb	37	85.47
钌	Ru	44	101.07
𬬻	Rf	104	②
钐	Sm	62	150.36
钪	Sc	21	44.96
𬭳	Sg	106	②

元素名称	符号	原子序数	原子量
硒	Se	34	78.96
硅	Si	14	28.09
银	Ag	47	107.87
钠	Na	11	22.99
锶	Sr	38	87.62
硫	S	16	32.06
钽	Ta	73	180.95
锝	Tc	43	98[1]
碲	Te	52	127.60
铽	Tb	65	158.93
铊	Tl	81	204.38
钍	Th	90	232.04
铥	Tm	69	168.93
锡	Sn	50	118.71
钛	Ti	22	47.87
钨	W	74	183.84
铀	U	92	238[1]
钒	V	23	50.94
氙	Xe	54	131.29
镱	Yb	70	173.04
钇	Y	39	88.91
锌	Zn	30	65.41
锆	Zr	40	91.22

① 所有这些元素的同位素都是有放射性的。它们的原子量呈现为整数，是最近似的值。

② 所有这些元素的同位素半衰期很短，没有给出原子量。

附录 C 物理常数

普通常数

阿伏伽德罗常数 $=6.02252 \times 10^{23}$

气体常数 $R=8.315$ kJ/(kg·mol·K) $=0.08315$(bar·m^3)/(kg·mol·K) $=0.08205$(L·atm)/(mol·K) $=1.98$ cal/(mol·K)

海平面重力加速度 $g=9.806$ m/s^2 $=32.174$ ft/s^2

水的物理性质：

密度 $=1.0$ kg/L

比热容 $=4.184$ kJ/(kg·℃) $=1000$ cal/(kg·℃) $=1.00$ kcal/(kg·℃)

融化热 $=80$ kcal/kg $=334.4$ kJ/kg

汽化热 $=560$ kcal/kg $=2258$ kJ/kg

20 ℃下的动力黏度 $=0.01$ P $=0.001$ kg/(m·s)

附录 D   符号列表

符号	符号意义
A	土壤流失量,$t/(acre \cdot a)$
A 或 a	面积,m^2 或 ft^2
A'	砂床的表面积,m^2 或 ft^2
A_i	分区的面积,acre
A_L	浓缩机极限面积,m^2
A_P	粒子的表面积,m^2 或 ft^2
AA	合格地区
amu	原子质量单位
B	含水层厚度,m 或 ft
BAT	最佳可行技术
BHP	制动马力
BOD	生物需氧量,mg/L
BOD_5	五日生物需氧量
BOD_{ult}	最终生物需氧量:碳＋氮
Bq	贝可,每秒一次放射性衰变
b	滤液体积与时间曲线的斜率
b	旋风分离器进口的宽度,m
C	污染物的质量浓度,g/m^3 或 kg/m^3
C	覆盖系数(无量纲比值)
C	哈森-威廉姆斯摩擦系数
C	雨水进入土壤的总渗透量,mm(第 13 章)
C_d	阻力系数
C_i	在任何一级固体浓度
C_p	定压比热容,$kJ/(kg \cdot K)$
C_o	流入固体浓度,mg/L
C_u	底流固体浓度,mg/L
CEQ	环境质量委员会
Ci	居里,$3.7 \times 10^{10} Bq$
CSO	组合下水道溢流
CST	毛细管抽吸时间
c	谢才系数
C	波速,m/s
cfs	ft^3/s
$D(t)$	t 时缺氧量,mg/L
D 或 d	直径,m 或 ft

符号	符号意义
D	溶解氧亏损,mg/L
D	稀释(试样体积/总体积)(第 4 章)
D_0	初始溶解氧亏损,mg/L
DOT	美国运输部
d	在管道中的流动深度,m(第 7 章)
d'	筛粒几何平均直径,m 或 ft
d_c	切割直径,m
dB	分贝
D_s	废水排放上游的缺氧量,mg/L
D_p	废水中的缺氧量,mg/L
du/dy	剪切速率或速度(u)与深度(y)的斜率
E	降雨能量,(ft · t)/(acre · in)
E	材料分离效率
E	蒸发量,m
E	指数符号,有时用于代替 10
EIA	环境影响评估
EIS	环境影响报告书
EIU	环境影响单元
EPA	美国环境保护署
EQI	环境质量指数
e	砂岩开孔空隙率
esu	静电电荷单位
eV	1 eV= 1.60×10^{-19} J
F	样品最终生化需氧量,mg/L
F	食品(生化需氧量),mg/L
FONSI	无显著(环境)影响的调查结果
F_B	浮力,N
F_D	阻力,N
F_g	重力,N
f	摩擦系数
F'	接种稀释水最终生化需氧量,mg/L
G	浓缩机流量,kg/(m^2 · s)(第 9 章)
G_L	浓缩机极限通量,kg/(m^2 · s)
G	速度梯度,s^{-1}(第 6 章)
Gy	吸收能量的单位,1 J/kg
g	重力加速度,m/s^2 或 ft/s^2
H 或 h	高度,m
H	溪流的深度,m(第 3 章)

符号	符号意义
H	烟囱有效高度,m(第 19 章)
H	总水头,m 或 ft(第 5 章)
H'	香农-韦弗多样性指数
H_L	通过一个过滤器的总水头,m 或 ft
Hz	赫兹,周期/s
h	几何堆叠高度,m
h	在初沉池中未去除的生化需氧量
h	垃圾填埋深度,m
h_d	净水头,m 或 ft
h_L	水头损失,m 或 ft
$(h_L)_t$	第 i 层介质在时间 t 的水头损失
h_s	静吸入水头,m 或者 ft
i	在生物处理步骤中未去除的生化需氧量
I	降雨强度,in/h
I	样本的初始生化需氧量,mg/L
I'	接种稀释水的初始生化需氧量,mg/L
j	消化作用中未被破坏的固体比值
J	Pielov 均匀度指数
K	土壤可蚀性因子,t/(acre · R)
K	较小损失的比例常数,无量纲
K_P	渗透系数,m^3/d 或 gal/d
K_T	原子每秒分裂比值 $= 0.693/t_{1/2}$
k	初沉池的入流悬浮物去除率
K_s	饱和常数,mg/L
k_1	脱氧常数,$(\log_e)s^{-1}$
k_2	复氧常数,$(\log_e)s^{-1}$
kW	千瓦
kW · h	千瓦时
L	过滤深度,m 或 ft(第 6 章)
L 或 l	长度,m 或 ft
LS	地形因子(无量纲比值)
L_o	最终的碳质需氧量,mg/L
L_1	旋风分离器的圆柱体长度,m
L_2	旋风分离器的圆锥体长度,m
L_F	进料颗粒大小,80%细于,μm
L_s	污水排放上游的最终生化需氧量,mg/L
L_p	产品尺寸,80%细于该尺寸,μm
L_p	废水出水的最终生化需氧量,mg/L

符号	符号意义
L_x	超过规定声级(L)的时间百分比,%
LAER	最低可达排放速率
LCF	潜在的癌症死亡人数
LD_{50}	半数致死量
LDC_{50}	半数致死浓度
LET	线性能量传递
M	放射性核素的质量,g
M	微生物群(SS),mg/L
MACT	最大可行控制技术
MeV	10^6 eV
MLSS	混合液悬浮固体浓度,mg/L
MSS	移动源标准
MSW	城市固体废物
MW_e	10^3 W(电量);发电设备的输出能量
MW_t	10^3 W(热量);发电设备的输出能量
m	质量,kg
m	将事件等级分配(如:低流)
N	涡旋离心机中的导线数量(第9章)
N	旋风分离器的有效匝数
N^0	阿伏伽德罗常量,6.02×10^{23} 原子数
NAA	不合格区域
NAAQS	国家环境空气质量标准
NEPA	国家环境政策法
NESHAPS	国家危险性空气污染物排放标准
NPDES	国家污染物排放清除系统
NPL	噪声污染级
NPSH	净正吸入压头,m 或 ft
NRC	核管理委员会
NSPS	新(固定)源性能标准
n	事件数量(如:低流量年份记录)
n	曼宁粗糙系数
n	转动次数/min(第6章)
n	一个区域中标识的子区数量
n_c	滚筒筛的临界速度,r/s
n_i	物种的个体数量(第3章)
OCS	大陆架外缘
OSHA	职业安全与健康管理局
P	侵蚀控制实践的因子(无量纲比值)

符号	符号意义
P	磷质量浓度,mg/L
P	功率,N/s 或 ft·lbf/s(第 6 章)
P	降水量,mm
P	压力,kg/m² 、lb/ft² 、N/m² 或 atm
ΔP	压降,mH₂O
P_{ref}	参考压力,N/m²
P_S	产品的纯度 x,%
PIU	参数重要性单位
PMN	预生产通知
POTW	公共(废水)处理厂
PPBS	规划、编程和预算系统
PSD	预防严重恶化
Q 或 q	流量,m³/s 或 gal/min
Q	排放速率,g/s 或 kg/s
Q	Ci 或 Bq 的数量
Q_h	热辐射率,kJ/s
Q_o	流入流量,m³/s
Q_p	污染物流量,10⁶ gal/d 或 m³/s(第 3 章)
Q_p	废水流量,m³/s
Q_s	流量,10⁶ gal/d 或 m³/s(第 3 章)
Q_s	废水排放上游流量,m³/s
Q_w	污泥流量,m³/s
q	基质去除速度,s⁻¹
R	采气井的影响半径,m(第 13 章)
R	降雨因子
R	污染物回收或收集率,%
R	沉淀池中悬浮颗粒物的总回收率,%
R 或 r	液压半径,m 或 ft
R	径流系数(第 13 章)
R_x	产品的回收率,%
R_e	雷诺数
RACT	合理可行的控制技术
RCRA	资源保护与回收法案
RDF	垃圾衍生燃料
ROD	决定记录(第 2 章)
r	半径,m、ft 或 cm
r	哈森-威廉姆斯方程中的水力半径,m 或 ft
r	过滤比阻力,m/kg

符号	符号意义
rad	吸收能量单位,1 erg/g
rem	伦琴当量人
S	降雨量,m
S	滚动间距,m
S	以生物需氧量估算的底物浓度,mg/L
S_o	进水生物需氧量,kg/h
S_d	沉积物输送比(无量纲因子)
S_0	以生物需氧量估算的流入底物浓度,mg/L
SIP	州实施计划
SIU	重要的个人用户
SIW	重大个人浪费
SL	声级
SPL	声压级
SS	悬浮固体,mg/L
Sv	希沃特剂量当量单位
SVI	污泥体积指数
s	液压梯度(第5章)
s	斜率(第7章)
s	感觉(听觉、触觉等)
T	温度,℃
TOSCA	有毒物质控制法
TRU	超铀材料或超铀废料
t	时间,s 或 d
t_c	临界时间,最小 DO 发生的时间,s
$t_{1/2}$	放射性核素的放射性半衰期
$\bar{t}$	絮凝时间,min
$\bar{t}$	保留时间,s 或 d
UC	不可分类(信息不足)
USDA	美国农业部
USLE	通用土壤流失方程
USPHS	美国公共卫生服务
u	平均风速,m/s
V	体积,m³ 或 ft³
V_p	每个颗粒占据的体积,m³ 或 ft³(第7章)

符号	符号意义
v	固体浓度 C_i 下的界面速度
v	流速,m/s 或 ft/s;表观流速,m/d 或 ft/d
v	桨叶相对于流体的速度,m/s 或 ft/s
V	水通过砂床的速度,m/s 或 ft/s
v_a	接近砂的水速,m/s 或 ft/s
v_d	漂移速度,m/s
v_i	入口气体速度,m/s
v_O	临界颗粒的沉降速度,m/s
v_p	部分满管中的速度,m/s 或 ft/s
v_R	径向速度,m/s
v_s	任何颗粒的沉降速度,m/s
v'	土壤孔隙中的实际水速,m/d 或 ft/d
V	滤液体积,m³
ω	密度,kg/m³ 或 lb/ft³
WHP	水马力
WEPA	威斯康星州环境政策法案
WPDES	威斯康星州污染物消除排放系统
W	功率,W
ω	单位体积滤液堆积滤饼,kg/m³
W	比能,kWh/t
W_i	邦德功指数,kWh/t
X	在样品瓶中接种稀释水的体积,mL
x	保留在两个筛网之间的粒子的质量分数
X_e	出水悬浮物,mg/L
X_o	进水悬浮物,kg/h
X	微生物浓度(视为悬浮物),mg/L
X_e	废水微生物浓度(视为悬浮物),mg/L
X_r	回流污泥微生物浓度(视为悬浮物),mg/L
X_0	进水微生物浓度(视为悬浮物),mg/L
x	粒子的直径,m
x_c	特征颗粒尺寸,m
x_0 , y_0	材料分离设备每次进料的质量
x_1 , y_1	每次通过出口流 1 从材料分离装置排出的组分 x 和 y 的质量

符号	符号意义
x_2, y_2	每次通过出口流 2 从材料分离装置排出的组分 x 和 y 的质量
x_1	可以被捕获的污染物的质量,kg
x_2	未被捕获的污染物的质量,kg
x_0	收集的污染物的质量,kg
x	厚度,m
Y	产率,$\Delta X / \Delta S$
Y	产率,kg(SS)/kg(BOD)
Y	小于特定尺寸的粒子的累积分数(按质量)
Y	BOD 瓶的体积,mL
Y_F	过滤器产率,$kg/(m^2 \cdot s)$
y	在时间 t 时氧气的使用量(或者生化需氧量),mg/L(第 4 章)
Z	海拔,m 或 ft
z	筒内污泥的深度,m
$z(t)$	分解所需的氧气,mg/L(第 4 章)
Σ	Σ 因子
α	α 放射物
β	β 因子
β	β 放射物
γ	γ 放射物
γ	运动黏度,cm^2/s(第 5 章)
ΔS	二级处理的净生化需氧量的利用,kg/h
ΔX	生物步骤的净固体产量,kg/h
η	塑性黏度,$N \cdot s/m^2$
$\Delta \omega$	筒和输送机的转速差别,rad/s
Θ_c	平均细胞停留时间或污泥龄,d
η	泵效率(第 5 章)
λ	波长,m
μ	动力黏度,$N \cdot s/m^2$ 或 $lb \cdot s/ft^2$
μ	增长速率常数,s^{-1}
μ	最大增长速率常数,s^{-1}
ν	声波频率,周期/s
ϕ	形状系数
ρ	密度,g/cm^3 或 kg/cm^3
ρ_s	固体密度,kg/m^3
σ_y	标准差,y 方向,m
σ_z	标准差,z 方向,m

符号	符号意义
ι	转速,rad/s
τ	剪切应力,N/m^2
τ_y	屈服应力,N/m^2
ω	旋转速度,rad/s

附录 E　参考文献

Ailbmann, L. "Full-Time Hazwaste Disposal," *Waste Age* 22 (3): 147-151 (1991).

Allen, C. H., and E. H. Berger. "Development of a Unique Passive Hearing Protector with Level-10 Dependent and Flat Attenuation Characteristics," *Noise Control Engineering Journal* 34 (3): 97-105 (May-June 1990).

Ambler, C. M. "The Evaluation of Centrifuge Performance," *Chemical Engineering Progress* 48: 3 (1952).

American Public Health Association. *Standard Methods for the Examination of Water and Wastewater*, 17th ed. Water Pollution Control Federation, American Water Works Association, 1989.

American Public Works Association. *History of Public Works in the United States*, 1776-1976. American PublicWorks Association, Chicago, 1976.

American Society of Civil Engineers and Water Pollution Control Federation. *Design and Construction of Sanitary and Storm Sewers*. American Society of Civil Engineers and Water Pollution Control Federation, New York, 1969.

Bachrach, J., and M. S. Baratz. "The Two Faces of Power," *American Political Science Review* 33: 947-952 (1962).

Baker, M. N. *The Quest for Pure Water*. American Water Works Association, New York, 1949.

Baron, R. A. *The Tyranny of Noise*. St. Martins Press, New York, 1970.

Beeby, A. *Applying Ecology* (London: Chapman & Hall, 1993).

Bell, D., et al. *Decision Analysis*. Harvard University Press, Cambridge, MA, 1989.

Benefield, L. D., and C. W. Randall. *Biological Process Design for Wastewater Treatment*. Prentice-Hall, Englewood Cliffs, NJ, 1980.

Bond, F. C. "The Third Theory of Communication," *Transactions of the American Institute of Mining Engineers* 193: 484 (1952).

Boorse, H. A., L. Motz, and J. H. Weaver. *The Atomic Scientists: A Biographical History*. Wiley, New York, 1989.

Cashwell, J. W., R. E. Luna, and K. S. Neuhauser. *The Impacts of Transportation within the United States of Spent Reactor Fuel from Domestic and Foreign Research Reactors* (SAND88-0714). Sandia National Laboratories, 1990.

Camp，T. R. "Sedimentation and the Design of Settling Tanks," *Transactions of the ASCE* 111：895 (1946).

Chanlett，E. "History of Sanitation," in *History of Environmental Sciences and Engineering* (P. A. Vesilind，Ed.). University of North Carolina Press，Chapel Hill, NC，1975. 465

Chian，E. S. K.，F. B. DeWalle，and E. Hammerberg. "Effect of Moisture Regime and Other Factors on Municipal Solid Waste Stabilization," in *Management of Gas and Leachate* (S. K. Banerji，Ed.). U. S. Environmental Protection Agency 600/9-77-026, Washington，DC，1977.

Code of Federal Regulations of the United States，Volume 49，Parts 170-180，U. S. Government Printing Office，Washington，DC，1991.

Code of Federal Regulations of the United States，Volume 10，Parts 20，60，61，71, 100，U. S. Government Printing Office，Washington，DC，1991.

Code of Federal Regulations of the United States，Volume 40，Part 191，U. S. Government Printing Office，Washington，DC，1991.

Cohen，B. L. "Catalog of Risks Extended and Updated," *Health Physics* 61：317 (1991).

Commoner，B. *The Closing Circle*. Bantam Press，New York，1970.

Darcy，H. *Les Fontaines Publiques de la Ville de Dijon*，Paris，France，1956.

De Camp，L. S. *The Ancient Engineers*，Doubleday，New York，1963.

Delbello，A. "AWastedWorld," *Waste Age* 22 (3)：139-144 (1991).

Dubos，R. "A Theology of the Earth," in *Western Man and Environmental Ethics* (I. G. Barbour，Ed.). Addison-Wesley，Reading，MA，1973.

Etzioni，A. "Mixed Scanning—A Third Approach to Decision Making," *Public Administration Review* (Dec. 1967).

Fallows，J. M. *The Water Lords*. Bantam Books，New York，1971.

Fryer，J. "Case History：Stack Silencers for the Eraring Power Station," *Noise Control Engineering Journal* 32 (3)：89-92 (May-June 1989).

Glasstone，S.，and W. H. Jordan. *Nuclear Power and Its Environmental Effects*. American Nuclear Society，La Grange Park，II，1980.

"General Pretreatment Regulations for Existing and New Sources of Pollution," *Federal Register* Part IV：27，736-773 (June 28，1990).

Goldberg，M.，City of Philadelphia，private communication (1988).

Grady，L.，and H. C. Lim. *Biological Wastewater Treatment*. Marcel Dekker，New York, 1980.

Greenberg，A. E.，Clesceri，L. S.，and Eaton，A. D. *Standard Methods for the Examination of Water andWastewater*，*18th Edition* (Washington，DC：American Public HealthAssociation,

AmericanWaterWorks Association，andWater Environment Federation，1992).

Gunn，A. S.，and P. A. Vesilind. *Environmental Ethics for Engineers*. Lewis，Chelsea,

MI，1986.

Hanna，S. R. ，G. A. Briggs，and R. P. Hosker. *Handbook on Atmospheric Diffusion*，*DOETIC-11223* U. S. Department of Energy，Washington，DC，1986.

Hardin，G. "The Tragedy of the Commons," *Science* 162：1243 (1968) .

Henriches，R. "Law—Part II：Resource Conservation and RecoverAct：The Comprehensive Emergency Response，Compensation and LiabilityAct," *Research Journal of the Water Pollution Control Federation* 65 (4)：310-314 (1991) .

Herricks，E. E. *Stormwater Runoff and Receiving Systems*，*Impact*，*Monitoring*，*and Assessment* (Boca Raton，FL：CRC Press，1995) .

Hickey，J. J. ，et al. "Concentration of DDT in Lake Michigan," *Journal of Applied Ecology* 3：141 (1966) .

Hill，J. "Wild Cranes," *Sierra* 76：6 (1991) .

Jordao，E. ，and J. R. Leitao. "Sewage and Solids Disposal：Are the Processes such as Ocean Disposal Proper? The Case of Rio de Janeiro，Brazil," *Water Science Technology* 22 (12)：33-43 (1990) .

Keeney，R. A. ，and H. Raiffa. *DecisionsWith Multiple Objectives*. Harvard University Press，Cambridge，MA，1974.

Kirby，R. S. ，S. Withington，A. B. Darling，and F. G. Kilgour. *Engineering in History*. McGraw-Hill，New York，1956.

Koppel，J. "The LULU and the NIMBY," *Environment* (March)：85-103 (1985) .

Kozlovsky，D. *An Ecological and Evolutionary Ethic*. Prentice-Hall，Englewood Cliffs，NJ，1975.

Lankton，L. D. "1842：The Old Croton Aqueduct Brings Water，Rescues Manhattan from Fire，Disease," *Civil Engineering* 47：10 (1977) .

Lawson，L. R. *Animal Gods*. New York，1978.

Leydet，F. *Time and the River Flowing*. Sierra Club Books，San Francisco，1964.

Leopold，A. *A Sand County Almanac*. Oxford University Press，New York，1949.

Liebman，J. C. ，J. W. Male，and M. Wathne. "Minimum Cost in Residential Refuse Vehicle Routes," *Journal of the Environmental Engineering Division of the American Society of Civil Engineers* 101 (EE3)：339 (1975) .

Lipscomb，D. M. ，reported in White，F. A. *Our Acoustic Environment*. Wiley，New York，1975.

MacIntyre，A. *A Short History of Ethics*. Macmillan，New York，1966.

Martin，L. ，and G. Kaszynsk. "A Comparison of the CERCLA Response Program and the RCRA Corrective Action Program," *Hazardous Waste and Hazardous Materials* 8 (2)：161-184 (1991) .

Marx，K. *Das Kapital* (1867) .

Moldan，B. ，and J. Schnoor. "Czechoslovakia：Examining a Critically III Environment," *Environmental Science and Technology* 26 (1)：63-69 (1992) .

Morris，R. D. ，A. M. Audet，I. F. Angiello，T. C. Chalmers，and F. Mosteller. "Chlorination, Chlorination By-products, and Cancer: a Meta-analysis," *American Journal of Public Health* 82: 955 (1992).

Nash, R. *The American Environment*. Prentice-Hall, New York, 1976.

Nash, R. *Conservation in America*. Prentice-Hall, New York, 1970.

National Academy of Sciences Committee on the Biological Effects of Ionizing Radiation (Arthur C. Upton, Chair). *Health Effects of Exposure to Low Levels of Ionizing Radiation (BEIR V)*. National Academy Press, Washington, DC, 1990.

National Center for Health Statistics. U. S. Department of Health and Human Services, 1985.

Newhouse, J. *War and Peace in the Nuclear Age*. Knopf, New York, 1988.

O' Connor, D. J. , and W. E. Dobbins. "Mechanisms of Reaeration of Natural Streams," *ASCE Trans*. 153: 641 (1958).

Pasquill, F. "The Estimation of the Dispersion of Windborne Material," *Met. Mag*. 90: 33 et seq. (1961).

Pasquill, F. , and F. B. Smith. *Atmospheric Diffusion*. Wiley, New York, 1983.

Paulsen, I. *The Old Estonian Folk Religion*. Indiana University Press, Bloomington, IN, 1971.

Pedersea, O. J. "Noise and People," *Noise Control Engineering Journal*, 32 (2): 73-78 (March-April 1989).

Pielou, E. C. *Ecological Diversity* (New York: John Wiley & Sons, 1975).

Popper, F. J. "The Environmentalist and the LULU," *Environment* 27: 7 (1985).

Puget Sound Air Pollution Control Agency. *Annual Report on Air Quality in the Puget Sound Air Quality Region* (1985).

Raverat, G. *Period Piece*, as quoted in Reyburn, W. *Flushed with Pride*. McDonald, London, 1969.

Research Journal of the Water Pollution Control Federation 63 (4): 302-307 (1990).

Reyburn, W. *Flushed with Pride*. McDonald, London, 1969.

Rheinheimer, G. *Aquatic Microbiology*, *3rd Edition* (New York: John Wiley & Sons, 1985).

Ridgway, J. *The Politics of Ecology*. Dutton, New York, 1970.

Rosin, P. , and E. Rammler. "Laws Covering the Fineness of Powdered Coal," *Journal of the Institute for Fuel* 7: 29 (1933).

Rowland, F. S. "Chlorofluorocarbons and the Depletion of Stratospheric Ozone," *American Scientist* 77: 37-45 (1989).

Schama, S. *Citizens: A Chronicle of the French Revolution*. Knopf, New York, 1989.

Schoenfeld, C. (Cornell University) as reported in the *Washington Post* (7 January 1981).

Schrenk, H. H. et al. "Air Pollution in Donora, Pa. ," *U. S. Public Health Service Bulletin No*. 306 (1949).

Shannon, C. E. , and W. Weaver. *The Mathematical Theories of Communication* (Urbana, IL: University of Illinois Press, 1949).

Shell, R. L. , and D. S. Shure. "A Study of the Problems Predicting Future Volumes of Wastes," *Solid Waste Management* (Mar. 1972) .

Shuster, K. A. , and D. A. Schur. "Heuristic Routing for Solid Waste Collection Vehicles" (U. S. Environmental Protection Agency OSWMP SW-113, Washington, DC, 1974) .

Slovic, P. "Perception of Risk," *Science* 236: 280-285 (1987) .

Smith, G. *Plague on Us*. Oxford University Press, Oxford, 1941.

Solzhenytsin, A. *The Gulag Archipelago*. Bantam Books, New York, 1982.

Still, H. *In Quest of Quiet*. Stackpole Books, Harrisburg, PA, 1970.

Stone, C. D. *Should Trees Have Standing*? Kaufman, Los Angeles, 1972.

Stratton, F. E. , and H. Alter. "Application of Bond Theory of Solid Waste Shredding," *Journal of Environmental Engineering Division of American Society of Civil Engineers* 104 (EEI) (1978) .

Streeter, H. W. , and E. B. Phelps. "A Study of the Pollution and Natural Purification of the Ohio River," *Public Health Bulletin* 146, USPHS, Washington, DC (1925) .

Strumm, W. , and J. J. Morgan. *Aquatic Chemistry*, *3rd Edition* (New York: John Wiley & Sons, 1996) .

Suter, A. "Noise Sources and Effects: A New Look," *Sound and Vibration* 26 (1): 18-31, (1992) .

Suter, G. W. II "Environmental Risk Assessment/Environmental Hazards Assessment: Similarities and Differences," in *Aquatic Toxicology and Risk Assessment* (W. G. Landis, and W. H. van der Schalie, Eds.), Vol. 13, p. 5. ASTM STP 1096, 1990.

Taylor, R. *Noise*. Penguin, New York, 1970.

Thomas, H. A. , Jr. "Graphical Determination ofBODCurve Constants," *Water Sewer-Works* 97: 123 (1950) .

Tschirley, F. H. *Scientific American* 254: 29 et seq. (1986) .

Udall, S. *The Quiet Crisis*. Addison-Wesley, Reading, MA, 1968.

U. S. Code 42 Sec. 7401 et seq. *The Clean Air Act* (PL101-549) as amended (1990) .

U. S. Code 42. 10101 et seq. *The NuclearWaste Policy Act* (PL97-425) as amended (1987) .

U. S. Code of Federal Regulations, Volume 40, Parts 50, 60, 61 (1991) .

U. S. Department of Energy. *Health and Environmental Consequences of the Chernobyl Nuclear Power Plant Accident*, DOE/ER-0332. U. S. Department of Energy, 1987.

U. S. Environmental Protection Agency. *Standard Methods for Water and Wastewater Analysis*. Washington, DC, 1991.

U. S. Geologic Survey. *Geologic Disposal of Radioactive Waste* (*USGS Circular 779*) . Washington, DC, 1979.

USDA Soil Conservation Service, "Sedimentation," *National Engineering Handbook*, Section 3. U. S. Government Printing Office, Washington, DC, 1978.

USDA Agricultural Research Service. "Present and Prospective Technology for Predicting Sediment Yield and Sources. " *Proceedings of the Sediment Yield Workshop*,

U. S. Department of Agriculture Sedimentation Laboratory, Oxford, MS, 1972.

USEPA Office of Research and Development, *Loading Functions for Assessment of Water Pollution from Nonpoint Sources*. NationalTechnical Information Service, Springfield, VA, 1976.

USEPA. *Results of the Nationwide Urban Runoff Program* (Washington, DC: U. S. Environmental Protection Agency, 1983).

USEPA Environmental Research Laboratory. *Silvicultural Activities and Nonpoint Pollution Abatement: A Cost-Effectiveness Analysis Procedure*. U. S. Environmental Protection Agency, Athens, GA, 1990.

USEPA. *Guidance Specifying Management Measures for Sources of Nonpoint Pollution in Coastal Waters, EPA-840 — B-93-001c* (Washington, DC: U. S. Environmental Protection Agency, 1983).

Vesilind, P. A. *Treatment and Disposal of Wastewater Sludges*. Ann Arbor Science, Ann Arbor, MI, 1979.

Vesilind, P. A., Rimer, A. E., andWorrel, W. A. "Performance Testing of a Vertical Hammermill Shredder," *Proceedings of the National Conference on Solid Waste Processing*. American Society of Mechanical Engineers, New York, 1980.

Wark, K., and C. F. Warner. *Air Pollution, Its Origin and Control*. Harper&Row, NewYork, 1986.

Weschmeier, W. H., and Smith, D. D. *Predicting Rainfall-Erosion Losses from Cropland East of the Rocky Mountains, USDA Handbook No. 282* (Washington, DC: U. S. Department of Agriculture, 1965).

Wetzel, R. G., and G. E. Likens. *Limnological Analysis, 2nd Edition* (New York: Springer-Verlag, 1991).

Wetzel, R. G. *Limnology, 2nd Edition* (Philadelphia, PA: Saunders College Publishing, 1983).

Wisely, W. H. *The American Civil Engineer, 1965-1974*. American Society of Civil Engineers, New York, 1974.

World Resources Institute. *World Resources 1987*. Basic Books, New York, 1987.

Worrell, W. A., and P. A. Vesiland. "Testing and Evaluation of Air Classifier Performance." *Resource Recovery and Conservation* 4: 247 (1979).

Worster, D. "The intrinsic Value of Nature, "*Environmental Review* 4: 1-23 (1981).